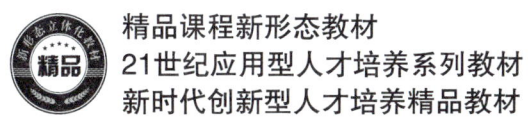

精品课程新形态教材
21世纪应用型人才培养系列教材
新时代创新型人才培养精品教材

模拟电子技术

主编 尹容衡 王 莎 高 燕

MONI DIANZI JISHU

湖南大学出版社·长沙

图书在版编目（CIP）数据

模拟电子技术/尹容衡，王莎，高燕主编. --长沙：湖南大学出版社，2025.8. --ISBN 978-7-5667-4130-1

Ⅰ. TN710

中国国家版本馆CIP数据核字第2025BE1331号

模拟电子技术

MONI DIANZI JISHU

主　　编：	尹容衡　王　莎　高　燕
责任编辑：	葛江月
印　　装：	北京俊林印刷有限公司
开　　本：	787 mm×1092 mm　1/16　印　张：21.5　字　数：510千字
版　　次：	2025年8月第1版　印　次：2025年8月第1次印刷
书　　号：	ISBN 978-7-5667-4130-1
定　　价：	58.00元

出 版 人：李文邦
出版发行：湖南大学出版社
社　　址：湖南·长沙·岳麓山　　邮　　编：410082
电　　话：0731-88822559（营销部），88820006（编辑室），88821006（出版部）
传　　真：0731-88822264（总编室）
网　　址：http://press.hnu.edu.cn
电子邮箱：1176142336@qq.com

版权所有，盗版必究
图书凡有印装差错，请与营销部联系

《模拟电子技术》编委会

主　审：陶桓齐　高　峰

主　编：尹容衡　王　莎　高　燕

副主编：谢　璐　海　洋　刘永娟　黄志勇

　　　　彭梅香　艾　清　贾耀曾

前言

　　党的二十大报告指出，新一轮科技革命和产业变革深入发展，国际力量对比深刻调整，我国发展面临新的战略机遇。这一重要论述指明了电子信息技术为我国抢占新一轮发展制高点、构筑国际竞争新优势提供的战略契机。其中模拟电子技术作为现代信息技术的基石，不仅支撑着各行业的智能化转型，还有助于提升国家核心科技竞争力。

　　在当前教学内容与授课学时矛盾突出的背景下，本书简明易懂、内容丰富，适应了新时期高等学校人才培养、教学改革和电子信息与电气工程学科迅速发展的需要，结合教学实践和教学经验，本书能够充分满足相关专业的教学要求。《模拟电子技术》既可作为电气类专业的基础课程的教材，也可以作为工程技术人员的参考书。

　　尽管电子与电气技术的发展迅速，但模拟电子技术课程的基础性和重要性的地位没有变，需要创新的是其课程的结构和内容。因此，本次编写本着"保证基础，注重应用，精选内容，启发创新"的原则，以拓展专业知识、满足专业需要，适应学科交叉、融合发展，方便自学和利于教学为目的，力图在论述电路原理和分析方法的同时，阐明电路结构的思维方法，有利于启发创新意识，达到触类旁通的效果。本书主要内容包括：绪论、半导体器件、三极管基本放大电路、多级放大电路、集成运算放大器及其运算电路、负反馈放大电路、信号发生与信号处理电路、功率放大电路、直流电源电路、模拟电子电路的分析与设计。

　　本书主要特点：

　　一、内容上体现系统性、科学性、先进性和实用性的特色；遵循教学规律，适应新的变化。

　　二、绪论部分方便读者在学习内容之前了解模拟电子电路的特点、现状与发展，有利于学生明确学习方向和掌握有效的学习方法。

　　三、最后一章模拟电子电路的分析与设计的内容从实用性出发，能够帮助读者提高实践动手能力，也有利于读者了解电子电路的设计过程和设计方法。

　　四、将集成运算放大器与信号运算电路的内容合并，以增强从器件到电路的系统性概念；将信号处理电路与波形发生和信号转换电路的内容合并，体现不同知识特点的关联性，便于比较不同电路结构的电路功能和分析方法。

　　五、明确基本概念，强调思维方式和分析方法，注重内涵的表达与外延的联系；侧重对电路结构的分析，使读者不仅知其然，也知其所以然，启发读者举一反三、触类旁通。

六、在各主要章节后设置适量的思考题，以利于读者理解和掌握基本概念、基本电路和基本分析方法；便于读者有效掌握知识要点，提高学习效率。

使用本书作为教材的教师可自主选择章节及相关知识点讲授，标有 * 号的章节可作为选修内容，建议讲课学时为 50~64 学时。

本书的出版得到了武汉纺织大学、湖北工业大学、武汉纺织大学外经贸学院的领导和专家的支持，在编写过程中，参考了诸多文献资料，在此致以衷心的感谢。

限于时间及编者的业务水平，书中难免有疏漏之处，敬请广大师生和读者批评、指正，不胜感激！

编　者

2025 年 4 月

目录

第1章 绪论 /1
1.1 电子技术的发展概述 /1
- 1.1.1 从电子管到集成电路 /2
- 1.1.2 可编程模拟器件 /2
- 1.1.3 现代通用电子技术 /4

1.2 电信号与电子信息系统 /4
- 1.2.1 信号 /4
- 1.2.2 模拟信号与数字信号 /5
- 1.2.3 电子信息系统 /5

1.3 模拟电子技术课程与学习 /7
- 1.3.1 模拟电子技术的课程特点 /7
- 1.3.2 模拟电子技术的课程学习 /8
- 1.3.3 电子电路的计算机辅助分析和设计软件 /9

第2章 半导体器件 /11
2.1 半导体器件基础 /11
- 2.1.1 本征半导体 /12
- 2.1.2 杂质半导体 /13
- 2.1.3 PN结 /14

2.2 半导体二极管 /18
- 2.2.1 二极管的结构 /18
- 2.2.2 二极管的伏安特性和等效电路 /19
- 2.2.3 稳压二极管 /22
- 2.2.4 特殊二极管 /24

2.3 晶体三极管 /27
- 2.3.1 晶体管的结构 /27
- 2.3.2 晶体管的电流放大原理 /28
- 2.3.3 晶体管的特性曲线 /31
- 2.3.4 晶体管的主要参数 /33

*2.4 场效应三极管 /36
- 2.4.1 结型场效应管 /36
- 2.4.2 绝缘栅型场效应管 /41
- 2.4.3 场效应管的主要参数 /46

本章小结 /47
练习题 /48

第3章 三极管基本放大电路 /53
3.1 放大电路的主要性能指标 /53
- 3.1.1 信号放大的概念 /53
- 3.1.2 放大电路的主要指标 /54

3.2 共射极基本放大电路的工作原理 /58
- 3.2.1 共射电路的组成结构 /58
- 3.2.2 共射电路的工作原理及波形 /59
- 3.2.3 放大电路的组成特性 /61

3.3 三极管放大电路的基本分析方法 /61
- 3.3.1 直流通路与静态计算 /62
- 3.3.2 交流通路与动态分析 /63
- 3.3.3 静态工作点的稳定 /64
- 3.3.4 图解分析法 /67
- 3.3.5 微变等效电路分析法 /73

3.4 三极管放大电路的三种基本连接 /78
- 3.4.1 基本共集连接的电路及射极输出器 /78
- 3.4.2 基本共基极连接的电路 /79
- 3.4.3 三种连接电路的性能比较 /81

*3.5 场效应管放大电路 /82
- 3.5.1 静态偏置与静态分析 /82
- 3.5.2 场效应管小信号等效电路 /85

3.5.3　场效应管放大电路的三种接法
　　　　　　　　　　　　　　　　　/86
　　3.5.4　场效应管放大电路的特点　/89
　本章小结　　　　　　　　　　　　/90
　练习题　　　　　　　　　　　　　/91

第4章　多级放大电路　　　　　/97

4.1　多级电路的耦合方式　　　　　/97
　　4.1.1　直接耦合　　　　　　　/98
　　4.1.2　阻容耦合　　　　　　　/98
　　4.1.3　变压器耦合　　　　　　/98
　　4.1.4　光电耦合　　　　　　　/99
4.2　多级放大电路的分析方法　　　/99
　　4.2.1　静态计算方法　　　　　/100
　　4.2.2　多级放大电路动态分析　/101
4.3　差分式放大电路　　　　　　　/103
　　4.3.1　直接耦合放大电路的零点漂移
　　　　　　　　　　　　　　　　　/103
　　4.3.2　一般差分式放大电路的特性
　　　　　分析　　　　　　　　　　/104
　　4.3.3　典型差分式放大电路及四种
　　　　　工作方式　　　　　　　　/105
　本章小结　　　　　　　　　　　　/109
　练习题　　　　　　　　　　　　　/110

第5章　集成运算放大器及其运算电路
　　　　　　　　　　　　　　　　　/115

5.1　集成运算放大电路概述　　　　/115
　　5.1.1　集成运放的电路组成及结构特点
　　　　　　　　　　　　　　　　　/116
　　5.1.2　集成运放电路中的电流源电路
　　　　　　　　　　　　　　　　　/118
5.2　集成运算放大器的种类及主要性能
　　　指标　　　　　　　　　　　　/121
　　5.2.1　集成运放的种类　　　　/121
　　*5.2.2　集成运放的主要性能指标/123
5.3　集成运算放大器的传输特性和理想
　　　模型　　　　　　　　　　　　/125

　　5.3.1　集成运放电压的传输特性　/125
　　5.3.2　集成运放的理想模型　　　/126
*5.4　集成运算放大器的使用　　　　/129
　　5.4.1　集成运放的引线判别与参数
　　　　　测量　　　　　　　　　　/129
　　5.4.2　集成运放的调零与消除自激
　　　　　振荡　　　　　　　　　　/129
　　5.4.3　集成运放的安全保护　　　/130
5.5　集成运放的比例运算电路　　　/131
　　5.5.1　反相比例运算电路　　　　/131
　　5.5.2　同相比例运算电路　　　　/134
5.6　集成运放的加法和减法运算电路
　　　　　　　　　　　　　　　　　/136
　　5.6.1　加法运算电路　　　　　　/136
　　5.6.2　减法运算电路　　　　　　/138
5.7　集成运放的积分和微分运算电路
　　　　　　　　　　　　　　　　　/141
　　5.7.1　积分运算电路　　　　　　/141
　　5.7.2　微分运算电路　　　　　　/143
5.8　集成运放的对数和指数运算电路
　　　　　　　　　　　　　　　　　/147
　　5.8.1　对数运算电路　　　　　　/147
　　5.8.2　指数运算电路　　　　　　/148
*5.9　集成运放的模拟乘法电路　　　/149
　　5.9.1　对数式模拟乘法电路　　　/149
　　5.9.2　变跨导式模拟乘法电路　　/150
　　5.9.3　模拟乘法器的应用　　　　/152
　本章小结　　　　　　　　　　　　/156
　练习题　　　　　　　　　　　　　/157

第6章　负反馈放大电路　　　　/165

6.1　反馈的基本概念　　　　　　　/165
　　6.1.1　反馈的定义　　　　　　　/165
　　6.1.2　反馈的判断　　　　　　　/166
　　6.1.3　四种类型的负反馈　　　　/169
6.2　负反馈放大电路的分析　　　　/170
　　6.2.1　负反馈放大电路的方块图及
　　　　　一般表达式　　　　　　　/170

6.2.2　基本负反馈放大电路　/173
6.2.3　深度负反馈电路分析　/176
6.3　负反馈对放大电路性能的影响　/178
　6.3.1　稳定放大倍数　/178
　6.3.2　改变输入输出电阻　/179
　6.3.3　减少非线性失真　/181
　6.3.4　扩展通频带　/182
*6.4　负反馈放大电路自激振荡的消除
　　　方法　/184
　6.4.1　自激产生的原因和条件　/184
　6.4.2　放大电路的稳定判据和稳定裕度
　　　　　/185
　6.4.3　消除自激的常用方法　/186
本章小结　/188
练习题　/189

第7章　信号发生与信号处理电路　/196

7.1　正弦波振荡电路　/197
　7.1.1　概述　/197
　7.1.2　RC文氏桥式正弦波振荡电路
　　　　　/199
　7.1.3　LC正弦波振荡电路　/201
　7.1.4　石英晶体正弦波振荡电路　/207
7.2　电压比较器　/208
　7.2.1　单限比较器　/209
　7.2.2　滞回比较器　/212
　7.2.3　窗口比较器　/214
　7.2.4　集成电压比较器　/215
7.3　非正弦波发生电路　/216
　7.3.1　矩形波发生器　/216
　7.3.2　三角波发生电路　/218
　7.3.3　锯齿波发生电路　/220
　7.3.4　函数发生器　/221
7.4　信号处理电路　/222
　7.4.1　有源滤波电路　/222
　7.4.2　模拟信号预处理放大电路　/233
　7.4.3　集成运放的信号转换电路　/235
本章小结　/238

练习题　/240

第8章　功率放大电路　/246

8.1　功率放大电路概述　/247
　8.1.1　功率放大电路的特点　/247
　8.1.2　功率放大电路的分类　/247
8.2　互补功率放大电路　/249
　8.2.1　OCL电路的组成及工作原理　/249
　8.2.2　OCL电路的输出功率及效率　/250
　8.2.3　OTL电路的工作原理　/253
　8.2.4　功率放大电路的安全运行　/254
*8.3　集成功率放大电路　/257
　8.3.1　集成功放电路的组成和原理
　　　　　分析　/257
　8.3.2　集成功放电路的主要性能指标
　　　　　/258
　8.3.3　集成功放电路的应用　/258
本章小结　/260
练习题　/260

第9章　直流电源电路　/266

9.1　直流电源电路的组成　/267
9.2　整流电路　/267
　9.2.1　单相半波整流电路　/267
　9.2.2　单相全波整流电路　/269
　*9.2.3　精密整流电路　/271
9.3　滤波电路　/273
　9.3.1　电容滤波电路　/274
　*9.3.2　倍压整流滤波电路　/275
　9.3.3　其他形式的滤波电路　/275
9.4　稳压二极管稳压电路　/276
　9.4.1　二极管稳压电路的组成及工作
　　　　　原理　/276
　9.4.2　二极管稳压电路性能指标　/277
　9.4.3　二极管稳压电路参数选择　/277
9.5　串联型稳压电路　/278
　9.5.1　串联型稳压电路的组成结构　/278
　9.5.2　串联型稳压电路的参数分析　/279

9.5.3 提高稳压电路性能的措施 /280
9.5.4 集成稳压器电路分析 /282
9.5.5 三端集成稳压器的应用 /284
*9.6 开关稳压电路 /289
9.6.1 开关稳压电路的特点和分类 /289
9.6.2 串联开关型稳压电路 /290
9.6.3 并联开关型稳压电路 /292
9.6.4 集成式脉冲调制开关稳压器电路 /292
本章小结 /294
练习题 /295

第10章 模拟电子电路的分析与设计 /301
10.1 电子电路图一般分析流程 /301
10.2 单元电路分析方法 /302
10.3 模拟电子电路分析实例 /303

10.3.1 红外线探测防盗报警电路 /303
10.3.2 高保真BTL功率放大器 /304
10.3.3 电话自动录音控制器 /305
10.4 模拟电子电路设计方法及案例 /306
10.4.1 模拟电子电路设计方法 /306
10.4.2 模拟电子电路设计实例 /309

附录 /313
附录A 常用半导体分立器件的主要参数 /313
附录B 部分模拟集成电路主要参数 /316
附录C 集成运算放大器国内外型号对照表 /318
附录D 本书部分文字符号说明 /327

参考文献 /332

第1章 绪论

学习目标

了解电子器件的发展历程和现代通用电子技术的分类；
掌握电信号、模拟信号和数字信号的基本知识；
了解电子信息系统的组成、模拟电子电路的类别和电子系统的组成原则；
了解模拟电子技术课程的性质和特点，明确课程学习应重视的问题；
了解电子电路的计算机辅助分析和设计软件。

素质目标

通过了解电子技术的发展历程和晶体管的诞生过程，引导学生理解技术创新规律，从而树立敢于质疑权威，挑战技术瓶颈的信心。

电子科学技术(简称电子技术)是19世纪末、20世纪初开始发展起来的新兴技术，是20世纪发展最迅速、应用最广泛、影响最深刻的技术领域，成为近代科学技术发展的一个重要标志。

1.1 电子技术的发展概述

电子技术研究的对象是电子器件和由电子器件组成的各种基本功能的电子电路，以及由基本的电子电路组成的各种装置或系统。电子电路又分为模拟电路和数字电路两大类，形成了模拟电子技术和数字电子技术两大技术领域。因此，电子器件就是两类电子技术和计算机技术以及信息技术发展的基础。从 20 世纪初真空电子管发明以来，电子器件已经由电子管发展到现在的超大规模集成电路，使电子技术产生了划时代的进步，电子器件的每一次发明，对电子技术都具有里程碑的意义，必然促进电子技术的一次飞跃发展。

1.1.1 从电子管到集成电路

人类在自然界生存的过程中，不断总结和丰富着自己的知识。电子科学技术就是在生产过程和科学实验中发展起来的。从 1883 年美国发明家托马斯·阿尔瓦·爱迪生(Thomas Alva Edison)发明白炽灯并发现爱迪生效应，即热电子效应，到 1904 年英国人约翰·安布罗斯·弗莱明(John Ambros Fleming)利用这个效应研制出第一只真空二极管，可作为电子管问世阶段。1906 年美国人在真空二极管的基础上增加一个栅极，从而使该器件成为真空三极管。电子管是电子器件的第一代产品，是早期电子技术上最重要的里程碑。晶体管发明前的半个多世纪中，电子管在电子技术中立下了很大功劳：电视机、雷达、计算机的出现，都和电子管的发明与应用分不开。但是电子管毕竟成本高，制造过程烦琐，体积大，耗电多，使得人们不得不研究新的器件。1948 年美国贝尔实验室的三位研究人员共同发明了晶体管。同电子管相比，晶体管具有诸多优越性：能耗低，寿命长；消耗电子极少；不需预热；结实可靠耐冲击、耐振动。这三位科学家因此而共同荣获 1956 年诺贝尔物理学奖。此后，在大多数电子技术领域晶体管已逐渐取代电子管。晶体管的发明将电子技术推向了一个新的发展阶段。

然而，单个晶体管的出现，仍然不能满足电子技术飞速发展的需要。随着电子技术应用的不断推广和电子产品发展的日趋复杂，电子设备中应用的电子器件越来越多。一台简易计算机就需要成千上万个晶体管，加之后来的导弹、卫星需要体积小、质量轻的电子制导系统，这些共同推动了集成电路技术的突破性发展。在晶体管技术基础上迅速发展起来的集成电路技术，带来了微电子技术的突飞猛进，极大降低了晶体管的成本。1958 年美国得克萨斯仪器公司技术的一位工程师杰克·基尔比(Jack Kilby)发明了第一个集成电路(IC)，2000 年其因此获诺贝尔物理学奖。集成电路的出现和应用，标志着电子技术进入到了一个新的里程。它不仅在面积只有几平方毫米的硅片上集成了成千上万的晶体管，还实现了材料、元件、电路三者之间的统一，同传统的电子元件在设计与生产方式、电路的结构形式等方面有着本质的不同。这种新型的器件不仅体积和功耗小，具有独立的电路功能，甚至还具有系统的功能。从此以后，集成电路技术有了长足的发展，使电子技术进入了微电子技术的时代。1971 年 11 月 15 日，Intel 公司的工程师特德·霍夫(Ted Hoff)发明了世界上第一个微处理器 4004，这款 4 位微处理器虽然只有 45 条指令，而且每秒只能执行 5 万条指令，但它的集成度高，重量轻，一块 4004 的集成电路还不到 30 g。这种类型的集成电路几乎集成了计算机的中央处理单元(CPU)所需的基本功能电路，再配上存储器集成电路，就构成了小型的计算机系统。至此，电子技术进入了集成电路的系统设计与相应软件设计的阶段。

1.1.2 可编程模拟器件

集成电路促进了晶体管的应用，但它只能按照事先设计的电路功能工作，一旦固定，不能进行任何修改，即不能根据使用的要求进行所谓的编程，也不能存储任何信息，严重限制了其灵活性。为解决这一问题，可编程模拟器件（PAD）于20世纪90年代应运而生。这类新型器件兼具模拟集成电路特性与现场可编程能力。其输入和输出以及内部状态都是随时间连续变化的模拟信号，而在使用时可以由用户通过现场编程和配置来改变其内部连接和元件参数，从而获得所需要的电路功能，成为专用集成电路（ASIC）。配合相应的开发工具，其设计和使用均可像数字电路的可编程逻辑器件一样方便、灵活和快捷。在模拟电路的设计中，可以随时修改、编辑和验证功能结果，极大地缩短产品的研制周期并增强其竞争力。与数字器件相比，它具有简洁、经济、高速度、低功耗等优势；而与普通模拟电路相比，它又具有全集成化、适用性强，便于开发和维护（升级）等显著优点。因此，它特别适用于小型化、低成本、中低精度电子系统的设计和实现，其未来应用将会日益广泛。目前应用的可编程序的模拟器件的部分型号有：

① 摩托罗拉公司MPAA系列器件。1997年摩托罗拉公司推出MPAA020系列可编程模拟器件，并提供开发工具软件Anadigm designer。MPAA020系列器件采用开关电容技术的离散时间系统，闭环带宽可达250 kHz，适用于常规信号处理。其内部结构为典型的阵列式，由20个相同的可编程模拟单元及一些辅助单元组成。

② FAS公司TRAC系列器件。TRAC（完全可重配置模拟电路）是英国FAS公司1997年推出的可编程模拟器件。现行产品型号有TRAC020、TRAC020LH（微功率类别）和ZXF36Lxx（模拟门阵列）等器件。采用电压运算技术——以随时间连续变化的模拟电压为信号参量。该技术的主要特点是显著改善带宽，提高函数的准确性，可解决各种常见的信号处理问题。器件参考模拟计算机的运算单元并加以扩充，使器件内部的每个配置模拟单元（CAB）均具备放大、加、减、取负、对数、反对数、积分、微分等8种运算功能，因此只需选定运算的类型和给出必要的参数，便可以很方便地完成对有关单元的设计，根本无须考虑单元电路的内部结构等具体细节。

③ Lattice公司ispPAC系列器件。Lattice公司的ispPAC系列等采用跨导运算技术，以模拟电流作为主要信号参量，以跨导运算放大器（OTA）取代电压运算放大器，以基于OTA的有源元件取代部分无源元件。该类器件利用D/A转换器按照配置数据改变OTA的偏置电流，从而改变其互导增益和电压放大器增益，实现对配置模拟单元的重置和参数调整。ispPAC系列包括PAC10、PAC20、PAC30等通用型器件和PAC80、PAC82等ISP滤波器。可实现较高精度的放大、迭加、积分和滤波等功能。

④ SIDSA公司PSoC系列器件和Cypress公司PSoC系列器件。与上述器件不同，PSoC系列器件称为数模混合现场可编程片上系统。集成规模更大，结构更复杂，功能更强。PSoC芯片包括一组面向信号调理和数据采集应用的可灵活配置的模拟单元（CAB）、现场可编程门阵列（FPGA）以及内嵌的微控制器，如增强型8051微处理器。这类混合信号片上系统是快速开发模拟、数字集成应用的理想器件。与分离的模拟、数字FPGA方案相比，采用PSoC混合信号片上系统，在提高系统质量的同时，可使产品设计周期缩短，减少板级空间和功耗，并使系统成本降低。

可编程模拟器件的产生，为模拟电路的设计和应用注入了新的活力，随着多种特色功能产品的推出，可编程模拟器件的技术必将不断成熟，品种日益丰富，必将成为模拟电路设计和应用的首选器件。

1.1.3 现代通用电子技术

现阶段的电子技术主要以下面三种技术基础为特征。

1.1.3.1 数字信号处理器(DSP)

随着半导体技术和大规模集成电路技术的发展，1982年世界上诞生了首枚数字信号处理器(DSP)芯片。DSP是在模拟信号变换成数字信号以后进行高速实时处理的专用处理器，其处理速度比最快的CPU还快10~50倍。这种DSP器件采用微米工艺N型金属-氧化物-半导体(NMOS)技术制作，虽功耗和尺寸稍大，但运算速度却比微处理器(MPU)快了几十倍，尤其在语音合成和编码解码器中得到了广泛应用。在数字化时代背景下，DSP已成为通信、计算机、智能控制等领域的基础器件，也将是未来集成电路中发展最快的电子产品。

1.1.3.2 嵌入式系统(ARM)

ARM是现今电子技术应用发展的又一个重要模式，始于微型计算机的嵌入式应用，等效于一个小型的计算机系统。ARM系列器件是应用嵌入式系统最典型的产品。嵌入式系统可定义为嵌入到对象体系中的专用计算机系统。嵌入性、专用性与计算机系统是嵌入式系统的三个基本要素。对象体系则是指嵌入式系统所嵌入的宿主系统。嵌入式系统按形态可分为设备级(工控机)、板级(单板、模块)、芯片级(MCU、SoC)技术发展方向。它可以不断扩展系统要求的外围电路，形成满足对象要求的应用系统。

1.1.3.3 电子设计自动化(EDA)

EDA技术是在计算机辅助设计(CAD)技术基础上发展起来的计算机软件系统，是指以计算机为工作平台，融合电子技术、计算机技术、信息处理及智能化技术的最新成果，进行电子产品的自动设计。自20世纪70年代以来，EDA技术经历了三个技术发展阶段：计算机辅助设计、计算机辅助工程和电子系统设计自动化(ESDA)阶段。ESDA代表了当今电子设计技术的最新发展方向，它的基本特征是：设计人员按照"自顶向下"的设计方法，对整个系统进行方案设计和功能划分，系统的关键电路用一片或几片专用集成电路实现，然后采用硬件描述语言(HDL)完成系统行为级设计，最后通过综合器和适配器生成最终的目标器件。

随着生产和科学技术发展的需要，电子技术得到高度发展和广泛应用(如空间电子技术、生物医学电子技术、信息处理和遥感技术、微波应用等)，它对社会生产力的发展也起到了变革性的推动作用。电子科学技术的水准是现代化的一个重要标志，是实现现代化的重要物质技术基础。

1.2 电信号与电子信息系统

1.2.1 信号

信号是信息的一种物理体现，一般是随时间或位置变化的物理量。信息又是消息中新的或有意义的内容。人们常常把来自外界的各种状态或报道统称为消息，即消息是反映知识状态的改变情况。因而信号是消息的表现形式,信号是信息的载体,信息通过信号来传播输送。例如广播和电视的声音和图像信息就是利用电磁波信号来传递的。

为了有效地传播和利用信息,常常需要将信息转换成便于传输和处理的信号。信号按物理属性可分为电信号和非电信号。它们可以相互转换。因为,电信号容易产生,便于控制,易于处理,应用最为广泛。而非电的物理量可以通过各种传感器较容易地转换成电信号,所以电子技术课程讨论的信号均为电信号,以下将电信号简称为信号。

1.2.2 模拟信号与数字信号

电信号是指随时间而变化的电压 u 或电流 i,一般记作 $u=f(t)$ 或 $i=f(t)$,称为信号的函数表示;也可以作出其随时间变化的波形,称为信号的图形表示。为了从不同角度进行分析,电信号可以有多种多样的表示形式和分类。如根据信号是否具有随机性而分为确定信号和随机信号;根据信号是否具有周期性而分为周期信号和非周期信号;根据信号对时间的取值是否具有连续性而分为连续时间信号和离散时间信号。在电子技术的电路中将电信号分为模拟信号和数字信号。

模拟信号是指在时间和数值上均具有连续性的信号。即对应任意时间值 t 均有确定的函数值 u 或 i,并且 u 或 i 的幅值是连续取值的。模拟信号分布于自然界的各个角落,如每天温度的变化和音乐声音的变化等。如图 1-1 所示波形即是典型的模拟信号。与模拟信号不同,数字信号在时间和数值上均具有离散性,u 或 i 的变化在时间上不连续;且它们的幅度数值是以一个最小量值的整数倍在变化。如图 1-2 所示。

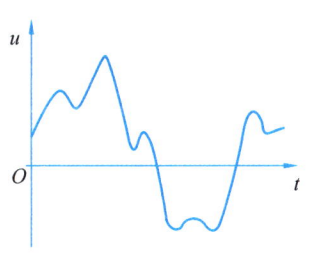

图 1-1 模拟信号波形

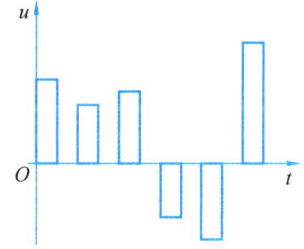

图 1-2 数字信号波形

电子系统中,不同形式的信息数据必须转换为相应形式的信号才能进行处理传输。大多数物理量所转换后的电信号均为模拟信号。在信号处理时,模拟信号和数字信号之间可以通过电子电路相互转换:将模拟信号转换为二进制形式的数字信号的过程,称为模/数(A/D)转换,将二进制形式的数字信号转换为模拟信号的过程,称为数/模(D/A)转换。

1.2.3 电子信息系统

1.2.3.1 电子信息系统组成

电子信息系统可简称为电子系统。广义而言,电子系统包含了硬件电路和软件程序两大部分。本书的电子系统是指电信号传输处理的硬件电路部分，它是电子系统的物理基础。因此，模拟电子电路属于电子系统的硬件部分。典型的电子系统框图如图1-3所示。从电路结构而言，系统包含信号源电路、传输处理电路及负载电路三个部分。

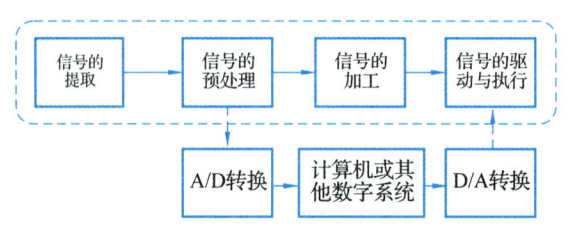

图1-3 电子系统框图

在这一系统中，首先进行信号的采集或提取。信号来源于信号源的各种物理量的传感器、接收器、转换器或特定的测试信号发生器，其次是信号与处理。因为在实际的系统中，各种不同类别的信号源提供的信号幅度、频率等差别很大，物理参数不符合电路要求。有时还分不清哪些是有用信号，哪些是无用信号或干扰信号，因此要对信号进行预处理。根据不同情况，预处理可以有隔离、滤波、阻抗变换以及幅度放大等环节。当信号达到一定要求后，再进行信号的运算、转换、比较、组合等不同形式的加工。最后经过功率放大，用以驱动执行单元（也称负载）。当信号要数字化处理时，则需要先进行A/D转换，然后将转换后的数字信号传输到计算机或其他数字系统进行处理，再经D/A转换后，输出模拟信号以驱动相应的负载。

就信号的具体处理而言，不同形式的信号需要经过不同的电路处理，对模拟信号进行处理的电路称为模拟电路，对数字信号处理的电路称为数字电路。因此，电子系统的电路部分一般也是一个模拟与数字的混合系统，其中信号的采集、预处理、加工、功率驱动等由模拟电路组成，计算机与其他数字系统则由数字电路组成，A/D和D/A转换由模拟电路和数字电路的接口电路组成。

1.2.3.2 模拟电子电路的类别

从以上论述可知，模拟信号的处理是最基本的处理。实际中，模拟电子电路是最复杂、最困难的一部分电路，因而也是电子系统中最重要的电路。电子系统常用的模拟电路可分为：放大电路、运算电路、滤波隔离电路、信号转换电路、信号发生电路、直流电源电路等六类。

① 放大电路。用于模拟信号电压电流或功率放大。

② 运算电路。用于模拟信号的比例、加、减、乘、除、积分、微分、对数、指数等模拟量运算。

③ 滤波隔离电路。主要用于信号地提取、分离、阻抗变换、缓冲隔离或抗干扰。

④ 信号转换电路。主要完成电流到电压的转换或将电压信号转换为电流信号，直流信号到交流信号的转换，将直流电压转换为与之成正比的频率等。

⑤ 信号发生电路。主要用于产生正弦波、矩形波、三角波和锯齿波。

⑥直流电源电路。用于将低压、低频率的交流电转换为不同输出电压和电流的直流稳压电源。

1.2.3.3 电子系统的组成原则

一个实际的电子系统不但要实现其预期的功能和性能指标，而且还要考虑系统的可靠性、安全性和经济性，即系统在规定的环境下能够长期、稳定的工作，具有一定的抗干扰能力。因此，电子系统设计时，在满足功能指标要求的前提下，还应尽量达到以下几点。

①电路结构简单。同样的功能下，电路越简单，元件数目越少，电线和焊点就越少，则故障率就越低，系统的可靠性就越高。因此，设计时能用集成电路的就少用分立元件，能用大规模电路的就少用小规模集成电路。

②满足电磁兼容性。电子系统一般工作在比较复杂的电磁环境中，既有来自大自然的电磁波，也有来自周围用电设备和电器的电磁场影响，还有自身工作的电磁辐射波。因此，既要考虑防止外来电磁波对自身系统的干扰，也要考虑减少电子系统对其他系统的影响，这就是电磁兼容性的实际意义。

③统筹兼顾各个性能指标。对于一个实用的电子系统，只要能够满足设计要求，就不要过多追求某项优质指标，应有平衡兼顾的思想。因为，对一般电子电路而言，当某种指标的过度提升，会导致其他性能的变坏。

④具备可测可调性，方便维护。系统设计中，不仅要选择优质的原理方案，还要合理引出测试点，设置故障自检电路，使系统的调试、安装、维护简单而易于操作。

⑤合理选择元器件，兼顾性价比。在到达系统要求的前提下，能选择通用器件就少选专用器件。适当调整电路结构，尽量减少器件更换。电子系统中由于电路结不同构，虽有相同的电路元件，但有不同的电路性能效果。

1.3 模拟电子技术课程与学习

1.3.1 模拟电子技术的课程特点

模拟电子技术课程是电子技术入门的专业基础课。其课程教学目的是使学生初步掌握模拟电子电路的基本理论、基本知识、基本方法和技能，为电子技术设计奠定坚实而宽厚的基础。因此，本课程与先修的高等数学、大学物理以及电路分析等课程相比，有着明显的差别。模拟电子技术课程的特点表现在它的工程性、实践性和灵活性都比较强。

1.3.1.1 工程性

模拟电子技术的内容一般来自于工程应用，因此在课程中应从工程的角度去思考和处理问题。

①本课程特别强调电子电路的定性分析，因为它是一个对电路性能指标是否满足实际工

程要求的可行性分析过程。

②模拟电子电路的定量分析中一般采用数值估算方法，容许一定的偏差，比如变化在百分之几以下等。因为实际工程中，在满足基本性能指标的前提下，总是容许存在一定范围的误差，难以达到绝对精确。

③不同参数的定量分析估算需要建立不同的等效模型。模拟电子电路的基本属性仍然是电路，与电路分析中的电路相比，其特殊之处在于模拟电路是含有非线性半导体器件的非线性电路。在求解模拟电路参数时，需要将其转换成等效模型的线性电路来分析。应注意的是，不同的问题，不同的条件，应建立不同的等效模型。

④合理的近似估算。在近似分析和估算中，应学会抓住主要矛盾，放弃次要问题。必须明确：要研究的是什么问题，处于什么条件，忽略了哪些次要因素和参数。做到近似的有根有据，合情合理。

1.3.1.2 实践性

实践性强是模拟电子电路的又一个重要特点。因为任何一个实用的模拟电子电路几乎都需要通过调试和测量才能达到预期的设计效果。因此，掌握常用电子测量仪器的使用方法、电子电路的测试方法、电路故障的判断和排除方法、元器件参数测量方法、仿真调试方法是基本的教学要求，而对被测电路原理的理解和掌握是正确判断和排除故障的基础，了解各种元件参数对电路性能的影响是正确调试的前提，掌握一种仿真软件是提高分析和解决问题能力的必要手段。

1.3.1.3 灵活性

模拟电子电路组成基础是电路元器件。随着电子器件的发展，具有相同和相近功能与特性的模拟电子电路不是唯一的。也就是说，对于实现同一性能指标的具体模拟电路可能有多种可选的电路结构好组成方案。应根据工程要求和条件，合理地灵活选择。

1.3.2 模拟电子技术的课程学习

综合上述模拟电子技术课程的特点，在模拟电子技术课程的学习中应重视以下几点。

1.3.2.1 掌握基本概念、基本电路、基本分析方法

对于任何一个基本概念，必须掌握其基本含义，了解其引入的必要条件和物理意义以及注意事项。因基本概念的含义不变，而概念的应用是灵活的。

基本电路的组成原则不变，而电路形式是多种多样的，没有必要也不可能记住所有电路。掌握不同类型的基本电路，是学好模拟电子电路的关键。基本电路不是某个电路，是指具有同样功能和结构特征的同类电路。至少了解其功能特点、组成特点、性能特点。

基本分析方法包括电路的识别方法，性能指标的估算方法和描述方法，电路结构形式和电路参数的选择方法等。

1.3.2.2 综合、辩证地分析模拟电路中的问题

模拟电子电路是多个元器件的有机组合体。尽管某个元件只有单一的功能，但对整体电

路的影响是相互联系的。一个元件对电路通常是利弊相随。因此，电路中的问题应全面综合、辩证地考虑，不能顾此失彼。从实际应用的观点出发，电路中没有最好的，只有最合适的电路。对于千差万别的应用环境，只要在某一场合最合适的电路，也就是最好的电路。

1.3.2.3 模拟电路分析中灵活应用电路基本定理和定律

模拟电子电路的分析是在半导体器件用线性等效电路代替的基础上进行的。因此，线性电路的基本定理和定律都可以用于模拟电子电路的分析计算。如基尔霍夫定律、戴维南定理、诺顿定理和叠加原理也就成为模拟电子电路分析的理论依据和有效方法。

1.3.3 电子电路的计算机辅助分析和设计软件

随着计算机技术的飞速发展，以计算机辅助设计(CAD)为基础的电子设计自动化(EDA)技术已经成为电子学领域的重要学科。EDA 技术使电子电路和电子系统的设计产生革命性的变化，它避免了靠硬件调试来达到设计目标的烦琐过程，实现了电路设计的软件化。

EDA 技术自 20 世纪 70 年代出现以来，取得了重大进展。电子电路设计与仿真工具包括 SPICE/PSPICE、Multisim、MATLAB、System View、MMICAD 等。下面简单介绍前三个软件。

1.3.3.1 SPICE

SPICE 是由美国加州大学推出的电路分析仿真软件，是 20 世纪 80 年代世界上应用最广的电路设计软件，1998 年被定为美国国家标准。1984 年，美国 MicroSim 公司推出了基于 SPICE 的微机版 PSPICE。现在用得较多的是 PSPICE 6.2，可以说在同类产品中，它是功能最为强大的模拟和数字电路混合仿真 EDA 软件，在国内普遍使用。最新推出了 PSPICE 9.1 版本。它可以进行各种各样的电路仿真、激励建立、温度与噪声分析、模拟控制、波形输出、数据输出、并在同一窗口内同时显示模拟与数字的仿真结果。无论对哪种器件哪些电路进行仿真，都可以得到精确的仿真结果，并可以自行建立元件及元件库。

1.3.3.2 Multisim

Multisim(EWB 的最新版本)软件是交互图像技术有限公司在 20 世纪末推出的电路仿真软件。其最新版本为 Multisim 14.0，相对于其他 EDA 软件，它具有更加形象直观的人机交互界面，特别是其仪器仪表库中的各仪器仪表与操作真实实验中的实际仪器仪表完全没有两样，但它对模数电路的混合仿真功能却毫不逊色，几乎能够百分之百地仿真出真实电路的结果，并且它在仪器仪表库中还提供了万用表、信号发生器、瓦特表、双踪示波器、四踪示波器、波特仪、字信号发生器、逻辑分析仪、逻辑转换仪、失真度分析仪、频谱分析仪、网络分析仪、电压表及电流表等仪器仪表。还提供了我们日常常见的各种建模精确的元器件，比如电阻、电容、电感、三极管、二极管、继电器、可控硅、数码管等等。模拟集成电路方面有各种运算放大器和其他常用集成电路。数字电路方面有 74 系列集成电路、4000 系列集成电路等等，还支持自制元器件。

1.3.3.3 MATLAB

MATLAB 的一大特性是拥有众多面向具体应用的工具箱和仿真块，包含完整的函数集，可对图像信号处理、控制系统设计、神经网络等特殊应用进行分析和设计。它具备以下功能：数据分析；数值和符号计算；工程与科学绘图；控制系统设计；数字图像信号处理；财务工程；建模、仿真、原型开发；应用开发及图形用户界面设计；数据采集、报告生成和通过 MATLAB 语言编程产生独立 C/C++ 代码。MATLAB 被广泛应用于信号与图像处理、控制系统设计、通讯系统仿真等诸多领域。开放式的结构使其很容易针对特定需求进行扩充，从而在不断深化对问题的认识的同时，提高自身的竞争力。

第 2 章 半导体器件

学习目标

熟悉下列概念及其定义：自由电子与空穴、载流子、扩散与漂移、空间电荷区、耗尽层、PN 结、导电沟道、单向导电性等。

掌握普通二极管和稳压二极管的外部特性和主要参数，以及其物理意义；

掌握晶体管的输入特性和输出特性以及主要参数，正确理解其工作原理；

掌握场效应管的转移特性、输出特性和主要参数，正确理解其工作原理。

素质目标

通过半导体器件在绿色照明领域的应用，学生能主动关心前沿科技，形成可持续发展的服务理念。

半导体器件是各种电子电路的基础元件，无论是数字电路还是模拟电路，集成电路还是分立元件都离不开半导体器件。

2.1 半导体器件基础

自然界的各种物质中，就其导电特性而言大致可分为导体、绝缘体、半导体三大类。通常将容易传导电流的物质称为导体(电阻率小于 $10^{-4}\ \Omega \cdot cm$)，如铜、银、铁、铝等都是良好的导体；将不能传导电流的物质(电阻率大于 $10^9\ \Omega \cdot cm$)称为绝缘体；将导电性能介于导体与绝缘体之间的一类物质统称为半导体。通常半导体器件所用的主要材料是硅(Si)和锗

(Ge)这两种物质。物质的导电性能主要与其原子结构有关。导体一般为低价元素，且外层价电子受原子核的束缚力很小，如在金属导体中，大量外层电子极易挣脱原子核的束缚而成为自由电子，这些自由电子被称为运载电荷的载流子。它们在外电场的作用下产生定向运动，从而形成电流。高价元素或高分子物质的最外层电子受原子核束缚很强，很难成为自由电子。所以其导电性能很差，而成为绝缘体。半导体材料硅和锗均为为四价元素，它们的最外层电子既不像导体那样容易挣脱，也不像绝缘体那样束缚得很紧，因而其导电性能介于两者之间。此外，半导体还有其不同的特性，如受外界光和热的激发或者掺入微量的杂质时，其导电能力会明显增强。这说明半导体的导电性能不同于其他物质。这些特性也就决定了用半导体制成各类电子器件的可能性。因此，有必要了解半导体的结构和导电机理。

2.1.1 本征半导体

2.1.1.1 本征半导体及共价键

不含杂质的、结构完整的单晶半导体称为本征半导体。

在本征半导体中，硅和锗的原子按一定的间距排列成很规则的空间点阵（又称晶格），原子之间靠得很近，其中每个原子最外层的电子不仅受到自身原子核的束缚，同时还受到相邻原子核的影响。因此，一个价电子不仅要围绕自身原子核运动，同时也常出现在相邻原子所属的轨道上。于是相邻的两个原子各有一个价电子在同一轨道上，形成共有的一对价电子。这样的特殊组合称为共价键结构。如图2-1所示，图中标有"+4"的圆圈表示除去四个价电子后的正离子。

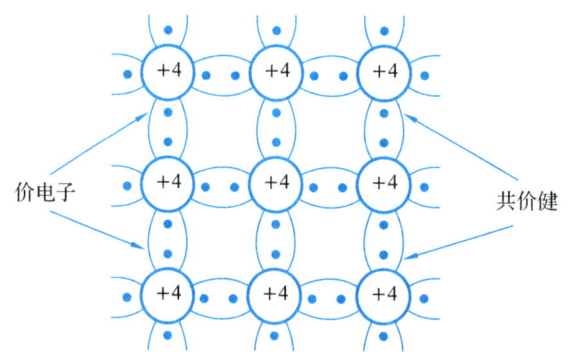

图2-1 本征半导体结构示意图

共价键中的电子受原子核的吸引力很强，称为束缚电子。当热力学温度为零度（即绝对零度 $T=0$ K 或 -273 ℃）以及无外界激发时，其共键价中的电子不能挣脱束缚而自由移动。因此，这时的半导体不能导电而成为绝缘体。

2.1.1.2 本征半导体中的两种载流子

随着温度的升高，如在室温条件下，本征半导体内有少量的价电子，由于热运动而获得足够的能量，将克服共价键的束缚而成为自由电子。成为一种可以移动参与导电的载流子，即带负电荷的电子载流子。同时，值得注意的是，由于在两个原子的共价键中，失去一个电子而留下了一个空位置，我们称为空穴。而这一个空穴是原子失去一个电子而形成的，所以具有空穴的原子成为正离子，或者说空穴是带正电荷的。在本征半导体中，自由电子与空穴总是成对出现，故称为电子-空穴对。因此，自由电子与空穴的数目相等。如图2-2所示，在外加电场的作用下，一方面自由电子在逆电场方向上产生定向移动形成电子电流。另一方面，由于共价键上的空穴存在，吸引相邻价电子逆电场的方向依次（或者顺序）填补空穴，为了区别于自由电子的运动，我们将这种填补空穴的过程称为空穴运动，其运动结果是形成沿电场正方向的空穴电流，因此，也将空穴看成是带正电荷的载流子。这样本征半导体中的电流可以认为是由两种极性相反的载流子形成的，即自由电子和空穴共同运动的结果，通常我们称为双极性电流。这就是半导体导电的特殊性质之一，而金属导体中只有一种载流子：即自由电子参与导电。

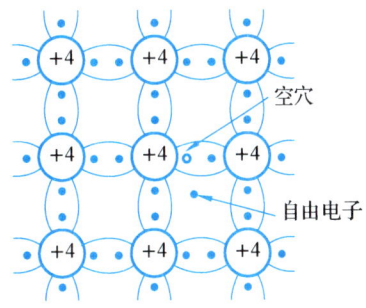

图 2-2　本征半导体中的自由电子与空穴

2.1.1.3　本征半导体中载流子的浓度

由于物质的热运动，半导体中的电子-空穴对不断产生，我们称之为本征激发。同时，当电子在运动过程中与空穴相遇，则填补空穴使电子-空穴对消失，这一过程称为复合。在一定的温度下，本征激发与复合这两种运动将达到动态平衡，使电子-空穴对的浓度保持一定。但是，载流子的浓度对温度十分敏感，可以证明，本章半导体中载流子的浓度，除与半导体材料本身的性质有关外，还与温度密切相关，而且随着温度的升高，浓度呈指数增长。因此，半导体材料的这种对温度的敏感性，既可以被利用于制作热敏和光敏器件，也是导致半导体器件温度稳定性差的直接原因。

2.1.2　杂质半导体

由于本征半导体中载流子的浓度很低，总的导电能力很差，但是通过扩散工艺在本征半导体中掺入某种特定的杂质元素，将大大改善半导体的导电性能，从而形成杂质半导体。按照掺入杂质元素的性质不同，可以形成 N 型半导体和 P 型半导体，也可通过控制掺杂元素的浓度来控制杂质半导体的导电性能，使制造可控半导体器件成为可能。

2.1.2.1　N 型半导体

在纯净的 4 价硅或锗的晶体中掺入少量的 5 价杂质元素，如磷、锑、砷等，则原来晶格中的部分硅原子被杂质原子取代。由于杂质原子的最外层有五个价电子，而它与周围的四个硅原子组成共价键时，将多出一个电子，这个电子不受共价电的束缚，而只受自身原子核的吸引，但吸引力很小，在室温下因热运动作用，即可成为自由电子。于是 5 价杂质原子因失去电子而成为正离子。如图 2-3 所示。由于 5 价杂质原子可以提供多余的电子，所以称为施主原子。在这种掺入 5 价元素的杂质

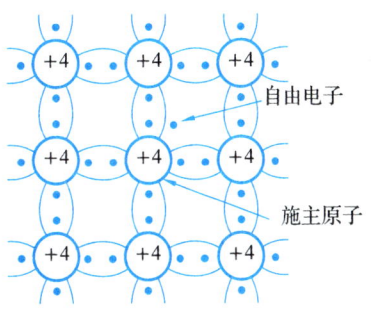

图 2-3　N 型半导体示意图

半导体中主要依靠电子导电，故称为电子型半导体，或 N 型半导体①。由于其中的自由电子浓度大大高于空穴的浓度。因此 N 型半导体中的电子被称为多数载流子（简称多子），而对应的空穴被称为少数载流子（简称少子）。并且掺入的杂质数量越多，多子（自由电子）的浓度越高，导电能力也越强。

2.1.2.2 P 型半导体

在纯净的硅或锗的晶体中，掺入少量的 3 价杂质元素，如硼、镓、铟等，由于此时的杂质元素的最外层只有 3 个价电子，当它和周围的四个硅原子组成共价键时，因缺少一个电子而形成"空缺"（空缺为电中性），当硅原子的外层"空缺"被填补时，3 价杂质原子因多得一个电子而成为负离子。如图 2-4 所示。3 价的杂质原子可以产生多余的空穴，起到接受电子的作用，故被称为受主原子。在这种 3 价的杂质半导体中主要依靠空穴导电，故称为空穴型半导体或 P 型半导体②。由于空穴浓度大大高于自由电子的浓度，因此 P 型半导体中的空穴称为多数载流子，而自由电子则称为少数载流子，正好与 N 型半导体相反。

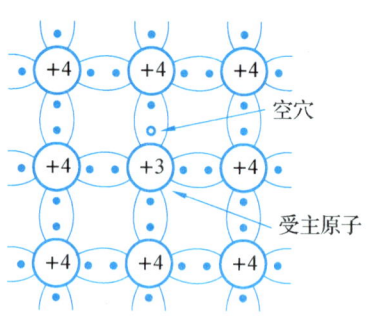

图 2-4　P 型半导体示意图

从以上分析可知，在杂质半导体中，无论是 N 型还是 P 型半导体，多数载流子的浓度主要取决于掺入杂质的浓度，受温度的影响较小。而少数载流子由本征激发形成，受温度的影响较大。这也是影响半导体器件温度稳定性的基本原因。

综上所述，掺杂能使半导体的导电能力大大提高，但是仅仅提高导电能力不是最终目的。因为导体的导电能力比杂质半导体更强。我们的目的在于掺入不同性质、不同浓度的杂质，并使 N 型和 P 型半导体采用不同的方式组合起来，制造出特性不同、品种繁多、用途各异的半导体器件。

2.1.3　PN 结

2.1.3.1　PN 结的形成

如果采用特定的工艺，将 P 型半导体和 N 型半导体制作在一块硅片上，那么在它们的交界面上将形成一个 PN 结。下面来分析 PN 结中载流子的运动情况。

由物理学可知，在无外力的作用下，物质总是从浓度高的地方向浓度低的地方运动，这种由浓度差别而产生的运动常称为扩散运动。在 P 型和 N 型半导体的交界面两侧，由于电子和空穴浓度的差别很大。因此，N 区的电子（多数载流子）要向 P 区扩散；同时，P 区的空穴（多数载流子）也要向 N 区扩散。如图 2-5(a)所示。为简单起见，图中 P 区内有负号的圆圈表示除去空穴后的负离子（受主原子），小圈表示带正电荷的空穴。N 区有正号的圆圈表示除去自由电子外的正离子（即施主原子），小黑点表示带负电荷的自由电子。当电子和空穴在两侧相遇时，两侧的电子和空穴将发生复合而消失。

---

①　电子带负电，故用 N(negative) 表示。
②　空穴带正电，故用 P(positive) 表示。

在 P 区因复合掉空穴，而出现负离子区，N 区因复合掉电子而出现正离子区。于是在交界面的两侧只留下了一个不能移动的空间电荷区，从而形成了由带电离子组成的空间内电场，方向由 N 区指向 P 区，这就是 PN 结。两侧的电荷区具有一定的宽度，电位差为 U_D，也称电位壁垒。如图 2-5(b)所示。随着扩散运动的进行，空间电荷区不断加宽，内电场增强，这也正好阻止多数载流子的扩散运动。N 区的载流子不能向低电位处运动，P 区的空穴不能向高电位处运动。所以，空间电荷区又称为阻挡层或高阻区。但是在内电场力的作用下，N 区的空穴将向 P 区运动，P 区的电子将向 N 区运动，这种在电场作用下的定向运动称为漂移运动。在无外电场和温度一定的条件下，多数载流子的扩散运动与少数载流子的漂移运动在数量上相等，从而达到一个动态平衡，空间电荷区的宽度也处于稳定状态，PN 结中的总电流也为零，故也称空间电荷区为耗尽层。一般稳定状态下硅材料的电位壁垒大小为 0.6~0.8 V，锗材料的电位壁垒大小为 0.2~0.3 V。

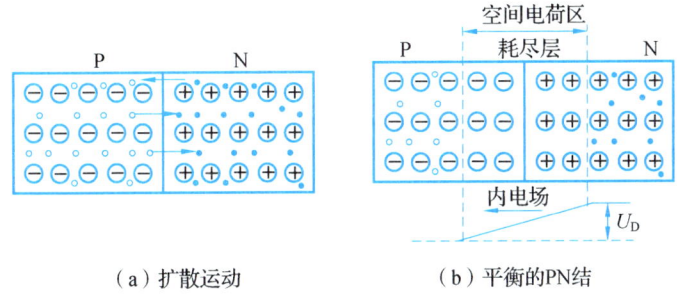

（a）扩散运动　　　　（b）平衡的 PN 结

图 2-5　PN 结的形成

2.1.3.2　PN 结的单向导电性

如果在 PN 结的两端外加一个电压，则将打破空间电荷区原来的平衡状态，也就是扩散运动与漂移运动的载流子数量不再相等，PN 结将有电流流通。

（1）PN 结外接正向电压时导通

设在 PN 结的从商在外加一个正向电压，即电源的正极接 P 区，电源的负极接 N 区，一般也称这种连接方式为正向接法或正向偏置(简称正偏)。如图 2-6 所示。

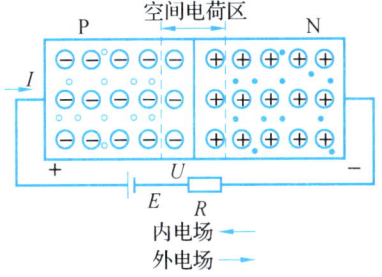

图 2-6　正向偏置的 PN 结

由于正向偏置时，一方面外电场的方向与 PN 结的内电场方向相反，削弱了内电场的强度。另一方面在外电场的作用下，P 区中的空穴向右移动，与空间电荷区的一部分负离子中和(或复合)；N 区中的电子向左移动，与空间电荷区的一部分正离子中和(或复合)。结果多子移向耗尽层，使得空间电荷区的宽度变窄，电位壁垒也将低，这样有利于多数载流子的扩散运动，而不利于少数载流子的漂移运动。因而电路中的扩散电流将大大超过漂移电流，综合后形成一个较大的正向流 I，其方向是从 P 区流向 N 区，这一状态称为 PN 结正向导通。如图 2-6 所示。正向偏置时，由于 PN 结导通的正向压降只有零点几伏，为了防止电路中电流过大而损坏 PN 结，一般应接入一个限流电阻 R。

（2）PN 结外接反向电压而截止

在 PN 结的两端外加一个反向电压，即电源的正极接 N 区，而电源的负极接 P 区，称这种连接方法为反向接法或反向偏置(简称反偏)。如图 2-7 所示。

反向偏置时，一方面外电场与内电场的方向一致，增强了内电场的作用，从而加强漂移运动，减少扩散运动。另一方面，外电场使 P 区中的空穴和 N 区中的电子，各自向着运离耗尽层(交界面)的方向移动，即向电源两端移动，从而增加了电荷区的宽度，同时也使电位壁垒增高。其结果将不利于多数载流子的扩散运动，而有利于少数载流子的漂移运动。因而漂移电流将超过扩散电流，于是，回路中将产生一个基于少数载流子运动的反向电流 I，方向如图 2-7 所示。因为少数载流子的浓度很低，所以反向电流的数值非常小。通常忽略不计，故称 PN 结反向偏置时截止。但在一定温度下当外加反向电压超过某个值(约零点几伏)后，反向电流将不再随着反向电压的增加而增大，所以又称为反向饱和电流，通常用 I_S 表示。正是因为反向饱和电流是少数载流子产生的，所以对温度的敏感性很强，随着温度的升高，I_S 将急剧增大。

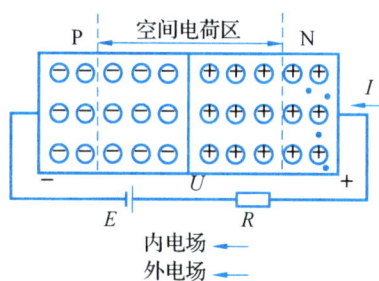

图 2-7 反向偏置的 PN 结

综上所述，当 PN 结正向偏置时，回路中将产生一个较大的正向电流，PN 结处于导通状态；当 PN 结反向偏置时，回路中的反向电流非常小，几乎等于零，PN 结处于截止状态。因此，PN 结具有单向导电特性。

2.1.3.3　PN 结的伏安特性

（1）PN 结的电流方程

根据半导体物理的原理，从理论上分析可知，PN 结所加端电压 u 与流过它的电流 i 的关系为

$$i = I_S(e^{\frac{qu}{kT}} - 1) = I_S(e^{\frac{u}{U_T}} - 1) \tag{2-1}$$

式中：I_S 为 PN 结反向饱和电流，q 为电子的电量，k 为玻耳兹曼常数，T 为热力学温度（K）。$U_T = \dfrac{kT}{q}$，其中 k 和 q 为常量，故 U_T 是热力学温度 T(K)的函数，称 U_T 是 T 的电压当

量。在常温下，$T=300$ K 时，$U_T \approx 26$ mV。

(2) PN 结的伏安特性

由 PN 结的电流方程式(2-1)可知，给 PN 结外加一个正向电压 $u>0$，且 $u \gg U_T$ 时，则上式中的 $e^{u/U_T} \gg 1$，可得 $i \approx I_S e^{u/U_T}$，表示 PN 结正向电流 i 与电压 u 基本上呈指数关系；若给 PN 结外加一个反向电压，即 $u<0$，而且 $|u| \gg U_T$，则 $e^{u/U_T} \ll 1$，可得 $i \approx -I_S$。表示 i 在在一定范围内基本不变。由式(2-1)画出 i 与 u 的关系曲线，如图 2-8 所示，称为 PN 结的伏安特性。其中 $u>0$ 的部分称为正向特性，$u<0$ 的部分称反向特性。

(3) PN 结的反向击穿特性

从 PN 结的伏安特性曲线可知，当 PN 结的反向电压在一定的范围时，即 $u<U_{BR}$，仅有很小的饱和电流，而当反向电压增大到一定数值后，反向电流将急剧增加，这一现象称为反向击穿(电击穿)。发生反向击穿所需要的电压称为 PN 结的反向击穿电压记为 U_{BR}。根据反向击穿产生的机理不同，可分为雪崩击穿和齐纳击穿两种情况，在掺杂浓度较低，耗尽层宽度较宽时，低的反向电压不会产生电击穿。只有当反向电压增加到较大值时，耗尽层电场(内电场)将使少子加快漂移速度，从

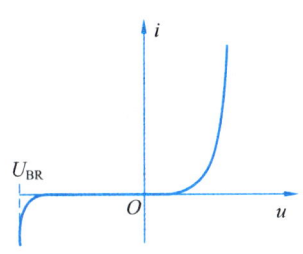

图 2-8 PN 结的伏安特性

而与共价键中的电子相碰撞，把电子撞出共价键，产生电子-空穴对。这一新产生的电子-空穴在电场作用下又撞击其他价电子，使载流子雪崩式地倍增，致使电流剧增。这种击穿称为雪崩击穿，其击穿电压较高，一般大于 6 V。如果掺杂浓度较高，则耗尽层宽度很小，不太大的反向电压就可以在耗尽层形成很强的电场，从而直接破坏共价键，拉出价电子，产生电子-空穴对，不通过碰撞使电流急剧增加，这种击穿称为齐纳击穿。其击穿电压较低，一般小于 6 V。无论哪种击穿，若对其电流不加限制，则都可造成 PN 结永久性损坏。另外，PN 结击穿后，在有限的反向电流范围内，其两端电压基本不变，利用这一特性，可做成稳压管。

但必须注意，PN 结除了以上反向电击穿外，还会发生反向热击穿。例如虽然反向电压不太高，但反向电流和反向电压的乘积超过了 PN 结允许的耗散功率时，也会因热量来不及散发使 PN 结温度上升而烧毁击穿，这一现象称为热击穿。热击穿使 PN 结永久损坏，所以必须避免。

(4) PN 结的电容效应

由于 PN 结存在空间电荷区，所以在一定的条件下，PN 结具有电容的特性。根据产生电容的不同分为势垒电容和扩散电容。

势垒电容：当 PN 结外加电压变化时，空间电荷区的宽度将随电压变化，即耗尽层的电荷量随外加电压而增加或者减少，这一现象与电容器的充电放电过程相似。如图 2-9(a)所示。空间电荷区(也称势垒区)宽窄的变化而形成的电容效应称为势垒电容，记为 C_b。C_b 与电压具有非线性关系，它与 PN 结面积、空间电荷区的宽度、半导体的介电常数及外加电压有关。对于一个定型的 PN 结，C_b 与外加电压 u 的关系如图 2-9(b)所示。从图中知，当 PN 结外加反向电压时，C_b 随着 u 而明显改变。因此，可利用这一特性性制成各种变容二极管。

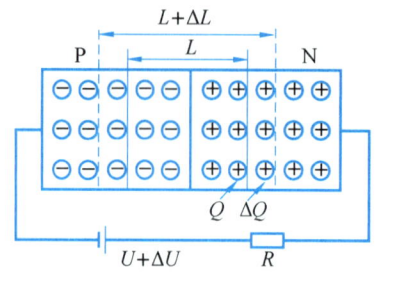 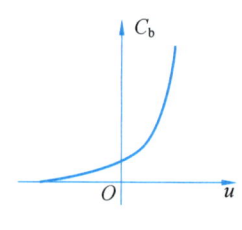

（a）空间电荷区的电荷随外加电压变化　　（b）势垒电容与外加电压的关系

图 2-9　PN 结的势垒电容

扩散电容：PN 结正向偏置时，N 区的电子扩散到 P 区，而 P 区的空穴也同时扩散到 N 区，在 PN 结的交界面处，多数载流子的浓度最高，随着扩散的进行，离交界面越远，载流子的浓度越低。由于存在一定的浓度梯度，这些扩散的载流子在扩散区积累了电荷，当 PN 结正向电压增大时，多数载流子扩散加强，积累电荷将增加；如果 PN 结正向电压减小，积累电荷将减少。这种外电压引起的扩散区内的电荷积累的改变，与电容的充放电过程相同，此电容效应称为扩散电容，记为 C_d。与 C_b 一样，C_d 也具有非线性，它与流过 PN 结的正相电流 i、温度的电压当量 U_T 及 PN 结面积 S 有关。i 越大，S 越大；U_T 越小，C_d 就越大。

由此可见，PN 结的结电容 C_j 是 C_b 与 C_d 的和，即

$$C_j = C_b + C_d \tag{2-2}$$

由于 C_b 与 C_d 一般都很小（结面积小的约为 1 pF，结面积大的为几十至几百皮法），对于低频信号呈现很大的容抗，其作用可不计，因而只有在高频率的信号时，才考虑 PN 结电容的作用。

思考题

1. PN 结的反向饱和电流主要受哪些因素影响？
2. PN 结处于反向偏置时，耗尽层的宽度是增加还是减小？为什么？

2.2　半导体二极管

半导体二极管实质上就是一个 PN 结，是 PN 结的一个基本应用，也是使用最普通的半导体器件。例如用作整流、检波、限幅、钳位和开关元件等。尽管品种繁多，用途各异，但其基本的工作原理是相同的，因为都是基于 PN 结的单向导电性。本节主要介绍二极管的结构、特性、应用参数和特性二极管。

2.2.1　二极管的结构

将 PN 结用外壳封装起来，并从 P 端和 N 端各引出一个电极，就构成了半导体二极管，

如图 2-10 所示。其中图 2-10(a) 为常见的两种二极管结构图，图 2-10(b) 为通用二极管的符号。其中由 P 区引出的电极为阳极，由 N 区引出的电极为阴极。

二极管的种类很多，但根据制造的材料不同主要有硅二极管和锗二极管。按管子结构的不同则主要有点接触型、面接触型（简称面接型）及平面型等几类。点接触型二极管的特点是 PN 结的面积小，管子中不允许通过较大的电流，同时它的结电容也小（在 1 pF 以下），可以工作在高频（100 MHz 以上）状态，适应于检波与小功率整流电路。面接型二极管则相反，因 PN 结的面积大，允许流过较大的电流，但结电容也大，只能在较低频率状态下工作，可用于大电流整流电路。此外还有一种开关型二极管，适用于在脉冲数字电路中作为开关应用。

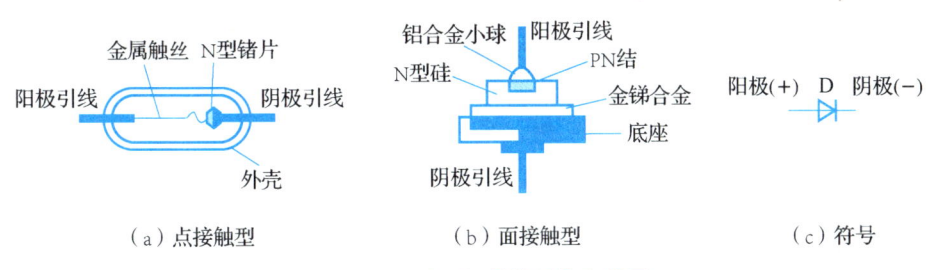

（a）点接触型　　　（b）面接触型　　　（c）符号

图 2-10　两种二极管的结构和符号

2.2.2　二极管的伏安特性和等效电路

2.2.2.1　二极管的伏安特性

半导体二极管的性能与 PN 结一样，具有单向导电性，电压与电流呈非线性关系，其伏安特性也与 PN 结相同。但是由于二极管存在半导体的体电阻和引线电阻，所以当外加正向电压时，在相同的电流下，二极管的端电压大于 PN 结上的电压。电流越大，电阻的影响就越大，二极管的端电压将越高。相反，由于二极管的管壳表面存在漏电流，当外加反向电压时，二极管比 PN 结的反向电流大一些。因此，一个典型的二极管的伏安特性曲线如图 2-11 所示。但在近似分析时，仍然采用 PN 结的电流方程式，即

$$i = I_S(e^{\frac{u}{U_T}} - 1) \tag{2-3}$$

来描述二极管的伏安特性，也称为二极管的电流方程。

（1）正向特性

二极管处于正向偏置下的电压和电流关系，即图 2-11 中 u 大于零的部分。从图可知，当正向电压增大到一定值时，正向电流才从零开始按指数规律增加。这个使二极管开始导通的临界电压值，称为开启电压（也称门槛电压），用 U_{th} 表示。一般硅管的开启电压值为 0.5 V 左右，锗管的为 0.1 V 左右。当正向电压继续增加时，电流则快速上升，使电流快速上升的电压称为导通电压 U_{on}（硅管的导通电压为 0.6～0.7 V，锗管的导通电压约 0.2 V）。

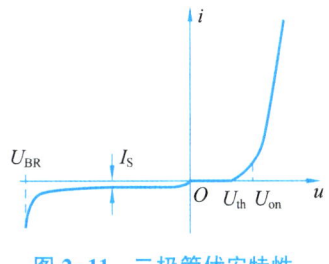

图 2-11　二极管伏安特性

(2) 反向特性

二极管反向偏置的电压电流关系称为反向特性,即 u 小于零的部分。从图可知,当二极管加上反向电压时,将产生很小的反向电流。当反向电压达到一定数值(超过零点几伏)时,反向电流在较大的电压范围内基本不变,这时的电流被称为反向饱和电流,用 I_S 表示。当反向电压很大时,二极管和 PN 结一样会产生击穿现象,如图中 U_{BR} 所示。二极管的击穿电压 U_{BR} 对于不同的型号有很大的差别,可从几十伏到几千伏。

2.2.2.2 二极管的主要参数

使用二极管之前需要了解二极管的有关参数。常用的有以下几个参数。

(1) 最大整流电流 I_F

I_F 是指二极管长期运行时,允许通过的最大正向平均电流。它是由二极管允许的升温所限定的,在规定的散热条件下,管子的平均正向电流不得超过此值,否则,将因结温过高而损坏。

(2) 最高反向工作电压 U_R

它是二极管工作时允许外加的最大反向电压值。工作时不得超过此值,否则,二极管将可能被击穿而损坏。一般选择 U_R 为击穿电压 U_{BR} 的一半。

(3) 反向电流 I_R

I_R 是指在常温(25 ℃)下,二极管两端加上规定的反向电压(未击穿)时,流过管子的反向电流。I_R 越小越好,愈小表明二极管的单向导电性愈好。由于反向电流 I_R 是少数载流子形成的。所以 I_R 受温度影响大。

(4) 最高工期频率 f_M

f_M 是二极管工作的上限频率。因二极管与 PN 结一样,其结电容由势垒电容组成。所以 f_M 的值主要决定于 PN 结结电容的大小。若超过此值,则单向导向性将受影响。

2.2.2.3 二极管的电路模型

二极管是一种非线性元件,在电路中不便于对其进行分析和计算。因此为简便起见,在一定条件下的电路中,常常用线性元件的电路模型来模拟二极管特性。这种能够模拟二极管特性的电路称为等效电路模型(简称等效电路)。根据二极管在实际工作中的不同要求,可以建立不同的电路模型。将二极管的伏安特性折线化后,得到二极管的三种等效电路,如图 2-12 所示。图中,一组伏安特性曲线对应一种等效电路,虚线为实际的伏安特性,粗实线则表示等效后的伏安特性。

(1) 理想二极管等效电路

在大信号工作时主要考虑二极管的单向导电性,因而忽略其导通电压和反向电流,可以将二极管作为理想二极管,则等效电路如图 2-12(a)所示。折线化的特性表示二极管加正向电压导通时正向电压降为零,加反向电压截止时反向电流为零。即反向截止具有理想的开关特性。理想二极管的符号用去掉中间横线的二极管符号表示。

(2) 正向电压恒定的等效电路

根据二极管的伏安特性曲线可知,一旦二极管导通之后电压变化范围很小,可以认为端电压恒定,在不大的信号电压下反向电流为零,因此正向电压恒定的等效电路如图 2-12(b)所示。折线化的特性表明,二极管正向导通时,正向压降为一个常量 U_{on},加反向电压截止时，电流为零。因而等效电路是理想的二极管串联一个电压源组成，即 $u=U_{on}$。

（3）正向电压与电流成线性关系的等效电路

在小信号情况下，为了真实的描述二极管的伏安特性，既要考虑正向压降，又能反应电压与电流关系的等效电路如图 2-12(c) 所示。折线化的特性说明，当二极管的正向电压 u 大于导通电压 U_{on} 后，其电流 i 与 u 成线性关系。即 $u=U_{on}+i_D r_D$。反向偏置时，电流为零，等效电路由理想二极管串联电压源 U_{on} 和电阻 r_D 组成。$r_D=\Delta U/\Delta I$ 为直流电阻，表示直流电压变化量与直流电流变化量之比，也称静态电阻。

当二极管外加大的正向直流电压与小的交流信号时，可用直流电压（或称直流工作点）基础上的动态电阻 r_d（也称微变电阻）来替代 r_D。动态电阻表示交流电压变化量与交流电流变化量之比，即 $r_d=\Delta u_D/\Delta i_D|_{\Delta\to 0}=du_D/di_D$。由二极管的电流方程式（2-3）有

$$di_D=d[I_S(e^{u_D/U_T}-1)]=\frac{I_S}{U_T}e^{u_D/U_T}du_D\approx\frac{i_D}{U_T}du_D|_{i_D=I_D}=\frac{I_D}{U_T}du_D$$

因此得

$$r_d=du_D/di_D=U_T/I_D=26/I_D(\text{当 }T=300\text{ K 时}) \tag{2-4}$$

在实际的近似分析时，以上三个等效电路中以图 2-12(a) 误差最大，图 2-12(c) 误差最小，一般情况下多采用图 2-12(b) 所示的电路。

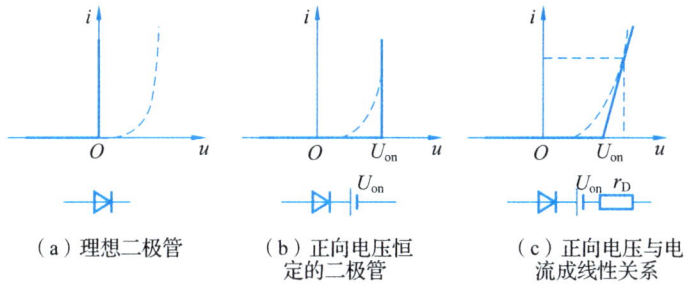

（a）理想二极管　　（b）正向电压恒定的二极管　　（c）正向电压与电流成线性关系

图 2-12　二极管伏安特性折线近似法的等效电路

2.2.2.4　二极管电路的分析

在图 2-13 所示的电路中，二极管为正向偏置状态，电路中的电流 I 可根据以上的等效电路来计算。当不考虑二极管的正向压降时，即二极管为理想的二极管特性，则 $I=\dfrac{U}{R}$；若考虑正向压降时，即二极管由理想二极管串联电压源 U_{on} 代替，则 $I=\dfrac{U-U_{on}}{R}$；如果想得到更精确的回路电流 I，可将二极管由理想二极管串联电压源 U_{on} 和电阻 r_D 代替，则有 $I=\dfrac{U-U_{on}}{R+r_D}$。

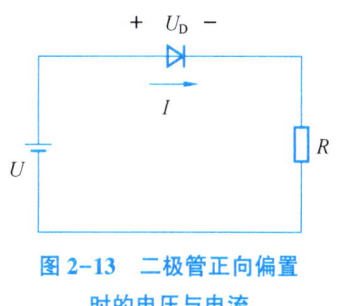

图 2-13　二极管正向偏置时的电压与电流

对于二极管的正向导通电压 U_{on}，一般情况下普通小功率的硅管可取 0.6~0.7 V；而锗管可取 0.2 V。

【例 2-1】电路如图 2-14 所示，$E_1=7\text{ V}$，$E_2=5\text{ V}$，$E_3=6\text{ V}$，设二极管的导通电压 $U_{on}=0.6\text{ V}$，不计正向电阻 r_d 时，分别估算开关在位置 1 和位置 2 的输出电压 U_O 的值。

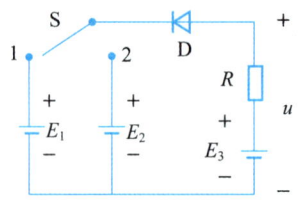

图 2-14　例 2-1 电路

解：当开关置于位置 1 时，二极管因加反向电压而处于截止状态，所以输出电压为
$$U_O=E_3=6\text{ V}$$
当开关置于位置 2 时，二极管因加正向电压而处于导通状态，所以输出电压为
$$U_O=E_2+U_{on}\approx(5+0.6)\text{ V}=5.6\text{ V}$$

【例 2-2】电路如图 2-15（a）所示，设二极管为理想二极管，且直流电压 $E=5\text{ V}$，交流电压 $u_i=10\sin\omega t\text{ V}$，即 $U_{IM}>E$。试画出输出电压 u_o 的波形。

解：当 $u_i-E<0$，即 $u_i<E$ 时，二极管截止，反向电流为零。所以，此时输出电压为
$$u_o=E$$
当 $u_i-E>0$，即 $u_i>E$ 时，二极管导通，正向压降为零。所以，此时输出电压为
$$u_o=u_i$$
故输出电压 u_o 的波形如图 2-15（b）所示。

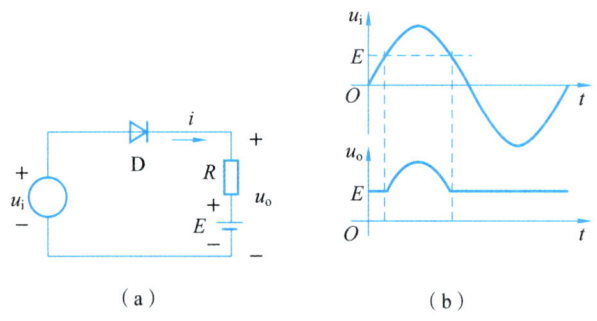

图 2-15　例 2-2 的电路

2.2.3　稳压二极管

以上介绍了普通二极管的基本特性，而实际中按照不同的用途和要求，已经制造出功能各异的多种二极管，稳压二极管就是其中之一。稳压二极管是由硅材料制成的面接触型的二极管，简称稳压管，又称齐纳管。它的显著特点是在反向齐纳击穿时，只要在一定的反向电流范围内（或者说是在一定的功耗范围内），稳压管两端的电压几乎不变，具有很好的稳压特性。稳压管的击穿是一种软击穿，一旦外加电压去掉后，稳压管又可恢复原来的正常状态，且可以反复击穿，因此，它被广泛用于稳压电源和限幅电路之中，一般工作在反向击穿

区。而普通二极管则不同，一旦击穿，将永久损坏。

2.2.3.1 稳压管的伏安特性和符号

稳压管的伏安特性与普通二极管相似，如图2-16(a)所示。其正向特性仍为指数曲线，也存在一定的死区电压和导通电压。其反向特性则不同，当反向击穿后，其击穿区的曲线比较陡峭，几乎与纵轴平行，即电流在一定的范围内变化时，电压几乎不改变，表现出很好的稳压特性。

图2-16(b)是稳压管的电路符号和等效电路。为了区别于普通二极管符号，在其符号的阴极(负端)用一折线表示。等效电路中，二极管D_1表示的是实际稳压管正向偏置时以及加反向电压下而未击穿的情况；理想二极管D_2、电压源U_Z和电阻r_Z的串联支路表示的是稳压管反向击穿时的等效电路。

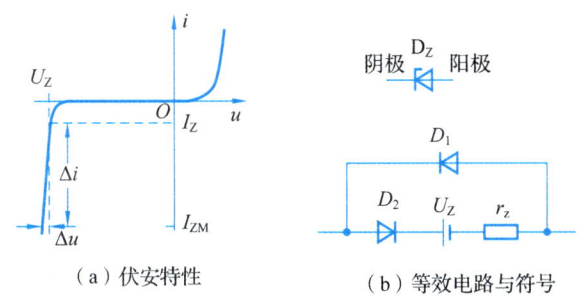

(a) 伏安特性　　　(b) 等效电路与符号

图2-16　稳压管的伏安特性及其等效电路

2.2.3.2 稳压管的主要参数

(1) 稳压管的稳定电压U_Z

U_Z是指在一定电流范围内，稳压管在反向击穿区的稳定工作电压。是挑选稳压管的主要依据之一。不同型号的稳压管，其稳定电压U_Z的值不同。由于半导体制造工艺的分散性，即使是同一型号的稳压管，U_Z也有一定的差别。如型号为2CW14的稳压管，其U_Z范围为6.0~6.5 V，而对于某一个具体的稳压管，其稳压值是完全确定的。

(2) 稳定电流I_Z

I_Z是指稳压管能正常工作时的参考电流值。当工期电流低于I_{Zmin}时，则稳压性能将变差一些，所以有$I_Z>I_{Zmin}$的要求。但当工作电流高于I_Z时，只要在规定的耗散功率内，稳压管是可以工作的，且I_Z越大，稳压性能越好。

(3) 额定功耗P_{ZM}

额定功耗P_{ZM}是指稳压二极管的稳定工作电压U_Z与最大稳定电流I_{ZM}的乘积值，即$P_{ZM}=U_Z I_{ZM}$。由于功耗转化为热量而使管子发热，所以，P_{ZM}的值取决于稳压管允许的温升，超过此值将损坏稳压管。一般通过P_{ZM}的值可确定I_{ZM}的值。

(4) 动态电阻r_Z

动态电阻r_Z是反向工作时稳压管两端电压与电流的变化量之比。即

$$r_Z = \Delta u_Z / \Delta i_Z \tag{2-5}$$

由式(2-5)可知，稳压管的r_Z愈小，则$\Delta u_Z = r_Z \cdot \Delta i_Z$也愈小，表明稳压性能愈好。对于

不同型号的管子，r_Z 将不同，一般从几欧姆到几十欧姆。

(5) 电压的温度系数 α

温度系数 α 表示在稳压管电流不变时，环境温度变化 1 ℃所引起的稳定电压的变化量。即 $\alpha=\dfrac{\Delta U_Z}{\Delta T}$。一般而言，稳定电压大于 7 V 的稳压管，具有正温度系数，属于雪崩击穿型，即温度升高时，其稳定的电压 U_Z 也上升；稳定电压小于 4 V 时的稳压管具有负温度系数，属于齐纳击穿型，即温度升高时，其稳定电压 U_Z 将下降。稳定电压在 4~7 V 之间的稳压管，温度系数比较小，因此，这一类稳压管温度稳定性较好。

最后讨论一下稳压管在使用中应注意的几个问题：首先应使稳压二极管反向偏置，即 N 端接电源正极，如图 2-17 所示；其次，稳压管要与负载 R_L 并联；最后是一定要串联限流电阻 R，限制流过稳压管的电流不超过规定值，以保证安全工作。

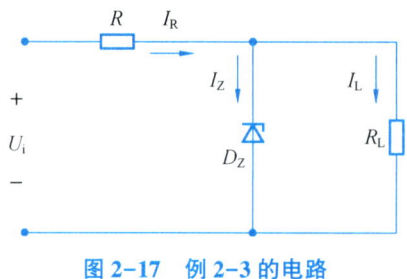

图 2-17 例 2-3 的电路

【例 2-3】在图 2-17 所示的电路中，已知稳压管的 $U_Z=6$ V，最小工作电流 $I_{Zmin}=5$ mA，最大功耗 $P_{ZM}=150$ mW，负载电阻 $R_L=600$ Ω，电源电压 $U_i=12$ V，求限流电阻 R 的取值范围。

解：从电路可知，正常工作时，R 上流过的电流 I_R 是稳压管与负载电流之和，即 $I_R=I_Z+I_L$，其中 $I_Z=(I_{min}\sim I_{max})$。在考虑 R 的最大值(因为电压不变也就是 I_R 的最小值)时应以保证负载电流和稳压管最小工作电流为条件，而确定电阻 R 的最小值(也就是 I_R 的最大值)时应考虑负载断开时，稳压管的最大限制电流。故

$$I_{Rmin}=I_{Zmin}+I_L,\quad I_{Rmax}=I_{Zmax}$$
$$I_{Zmax}=P_{Zm}/U_Z=150/6=25 \text{ mA}$$

$I_L=6/600=10$ mA，所以，I_R 的范围为 15 ~ 25 mA。

则 R 上的电压为

$$U_R=U_i-U_Z=12-6=6 \text{ V}$$
$$R_{max}=\dfrac{U_R}{I_{Rmin}}=\dfrac{6}{15\times10^{-3}}=400 \text{ Ω}$$
$$R_{min}=\dfrac{U_R}{I_{Rmax}}=\dfrac{6}{25\times10^{-3}}=240 \text{ Ω}$$

因此，R 的取值范围为 240~400 Ω。

2.2.4 特殊二极管

随着电子技术的发展，除了稳压管外，其他特殊功能的二极管及其应用也越来越广泛，

下面作一个简单的介绍。

2.2.4.1 发光二极管

发光二极管是一种将电能转换为光能的半导体器件,它包含了可见光、不可见光、激光等类型。这里只对可见光发光二极管进行简单的说明。可见光发光二极管也简称为LED,其外形有圆形、方形等,如图2-18(a)所示,符号如2-18(b)所示。其发光颜色,目前有红色、绿色、橙色、黄色等。不同的颜色取决于不同的材料:有磷、砷、镓等。发光二极管的结构与普通二极管一样,由PN结组成,伏安特性曲线也类似,同样具有单向导电性。但正向导通电压比普通二极管高,红色的导通电压在1.6~1.8 V间,绿色的为2 V左右。当发光管加上正偏电压后,注入到N区和P区的载流子被复合而释放能量,当电流加大到一定值时开始发光。发光的亮度与正向电流成比例。电流越大,发光的亮度越强。但使用时应注意,不要超过其最大功耗以及最大正向电流和反向最大工作电压,以免只为了追求亮度而忽略了发光二极管的安全性。

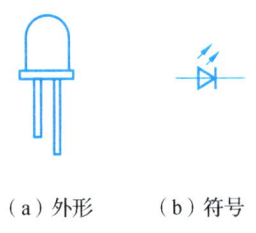

(a)外形　　(b)符号

图2-18　发光二极管示意图

2.2.4.2 光电二极管

光电二极管是一种将光能转换为电能的半导体器件。也有可见光和不可见光(如远红外光)之分。其外形与发光管类似,只是其管壳上有一个用于接受入射光的穿口,使用时应注意方向。其符号、特性曲线如图2-19(a)所示。

由光电二极管的伏安特性曲线可知在无光照时,与普通二极管一样,具有单向导电性,外加正向电压时,电流与电压成指数关系。外加反向电压时,也有反向电流,其大小与光照有关:当无光照时通常小于0.1 μA,称为暗电流,见图2-19(a)曲线①;在有光照时,反向电流迅速变化,称为光电流,并随着光照的强度增加而变大。即在伏安特性坐标内,特性曲线随光照增加而下移,它们分布在第三、四象限内,见曲线②③④。在三象限的一定电压范围内,不同光照的特性曲线近似一组与横轴平行的直线。这就意味着:当照度一定时,电流的大小与电压无关,光电二极管可等效为恒流电源。照度改变时,光电流也改变。在光电流大于几十微安时,将与照度成线性关系。利用这一突出特性,光电管广泛用于各种摇控、测量、报警及光电传感电路之中。

光电二极管工作在正向电压时(即第一象限)的电路如图2-19(b)所示;在不同条件下的等效电路如图2-19的(c)(d)(e)所示。图中(c)表示无光照时加正向电压的等效电路,与普通二极管情形相似。图中(d)表示有光照时,光电管加反向电压的电路,光电二极管等效为恒流源充电,吸收能量,并且电阻R上的电压与光照呈线性关系。图中(e)表示有光照,且无偏置时的电路情况,此时的光电二极管可作微型光电池,电流从高电位流出,输出能量。

在实际的测量控制电路中,因光电二极管输出的能量微小,需要进行放大处理,才能有效应用。

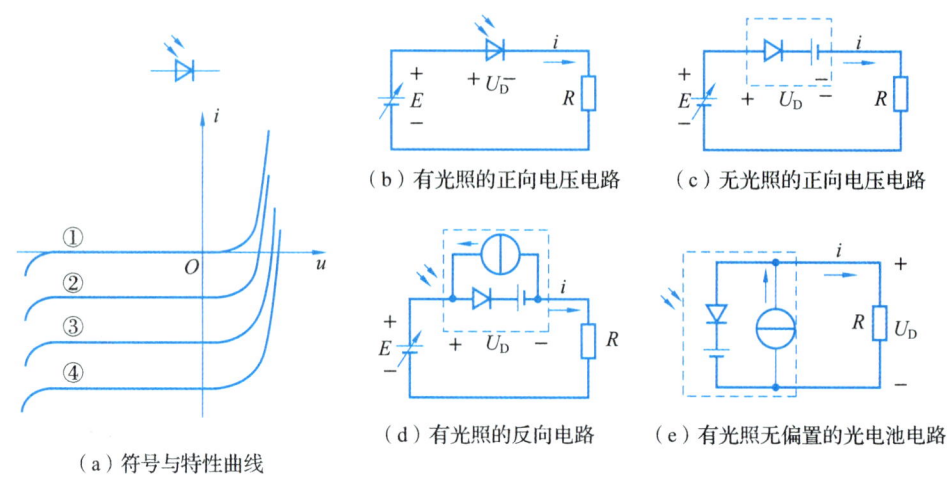

(a)符号与特性曲线　　(b)有光照的正向电压电路　　(c)无光照的正向电压电路　　(d)有光照的反向电路　　(e)有光照无偏置的光电池电路

图 2-19　光电二极管的伏安特性及等效电路

2.2.4.3　其他二极管

特殊用途二极管,除了以上所述外,还有利用 PN 结的结电容制成的变容二极管,可用于电子调谐、频率自动控制、压控振荡、调频调相、锁相和滤波等电路之中。利用不同掺杂浓度的 PN 结制成的隧道二极管,可用于振荡、保护、脉冲触发等电路之中。利用接触势垒制成的金属-半导体的肖特基二极管,其正向导通电压在 0.3~0.4 V 之间,结电容小,常用于超高频、混频、检测、高速数字集成电路等场合。

【例 2-4】电路如图 2-20(a)所示。已知光电二极管的暗电流为零,在一定的光照下,光电流为 $I_{DS}=50\ \mu A$, $R_1=100\ k\Omega$, $R_2=50\ k\Omega$, $U_i=10\ V$,试问:无光照和有光照两种条件下二极管两端的电压各为多少?

解:①无光照时,光电管的暗电流为零,所以

$$U_D=\frac{-U_i}{R_1+R_2}\cdot R_1=\frac{-10\times 100\times 10^3}{150\times 10^3}=\frac{-100}{15}\approx -6.7\ V$$

②有光照时,光电管的光电流为 50 μA,等效为恒流源,如图 2-20(b)所示,则有

$$U_S=I_{DS}\times R_1=50\times 10^{-6}\times 100\times 10^3=5\ V$$

$$U_D=-\left(U_i-\frac{U_i+U_S}{R_1+R_2}\times R_2\right)=-\left(10-\frac{15}{150\times 10^3}\times 50\times 10^3\right)=-5\ V$$

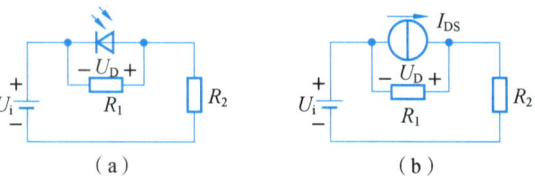

(a)　　(b)

图 2-20　例 2-4 的电路

> **思考题**
>
> 1. 为什么面接触型二极管无法在高频状态下工作？
> 2. 何谓稳压二极管的动态电阻？对稳压管来说，动态电阻要求高还是低？

2.3 晶体三极管

晶体三极管又称双极型三极管（BJT[①]）或半导体三极管，也简称晶体管，它是组成各种电子电路的核心部件，其外部有三个电极引线。图2-21是常用的几种晶体管的外形。按使用功率的大小图2-21(a)、2-21(b)、2-21(c)分别对应小功率管、中功率管和大功率管。按工作的信号频率不同又分为高频率管和低频率管。按制成的材料不同又分为硅管和锗管。但是无论怎样划分，它们的基本结构是相同的。下面分别阐述晶体管的结构及类型、电流放大原理、特性曲线及主要参数等内容。

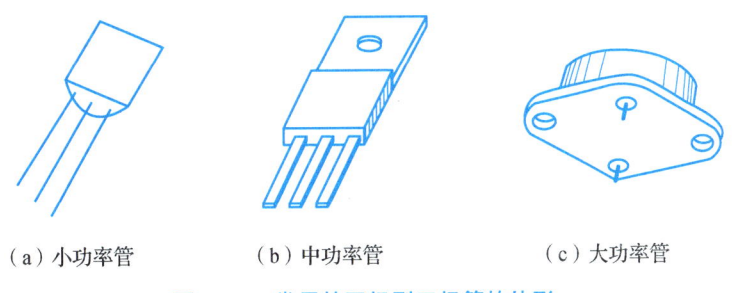

(a) 小功率管　　(b) 中功率管　　(c) 大功率管

图2-21　常用的双极型三极管的外形

2.3.1 晶体管的结构

晶体三极管是一种根据不同掺杂方式在一块硅片上制造出来的半导体器件，其内部结构具有两个PN结，三个掺杂区，并引出三个对应的电极。采用平面工艺制成的NPN型硅晶体管的结构如图2-22(a)所示，其示意图和电路符号如2-22(b)所示。图中位于中间的P区称为基区，它的几何厚度很薄，只有几微米，且杂质浓度很低；位于左边（结构图中的上层）的N区称为发射区，它的掺浓度高，几何尺寸比基区大；位于右边（结构图中的下层）的N区称为集电区，它的掺浓度低于发射区，几何尺寸大，因而PN结面积也大。晶体三极管的外特性与三个区域中的上述特点有关。它们引出的三个电极分别为基极（或b极）、发射极（或e极）、集电极（或c极）。

晶体管根据P型和N型半导体材料的组合方式可分为NPN型和PNP型。图2-22(c)所示为PNP型管的结构示意图和电路符号。但无论哪种类型，基区总是在中间，发射和集电

[①] 双极型三极管的英文缩写是BJT（bipolar junction transistor）

极分别位于基区的两边,并且称发射区与基区间的 PN 结为发射结,集电极与基区间的 PN 结为集电结。符号中规定 NPN 发射极箭头指向符号外,PNP 发射极箭头指向符号内。

本节如无特殊说明,则以 NPN 型管为例来说明晶体管的电流放大原理、特性曲线和主要参数。

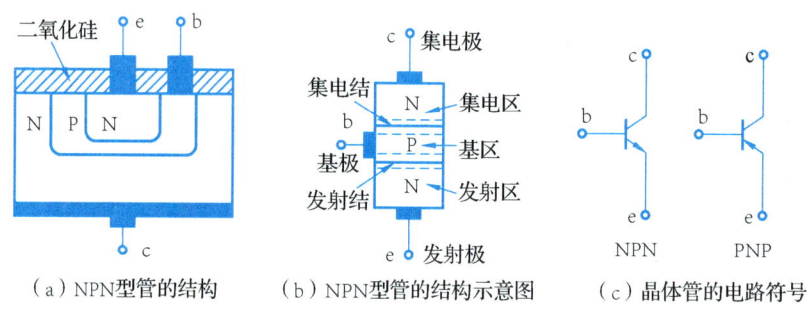

（a）NPN 型管的结构　　（b）NPN 型管的结构示意图　　（c）晶体管的电路符号

图 2-22　晶体管结构示意图及符号

2.3.2　晶体管的电流放大原理

晶体三极管与二极管相比较我们发现从其组成来看,两者都是由 P 型和 N 型的杂质半导体材料组成,不同的是前者有两个 PN 结,而后者只有一个 PN 结。但是它们的性能特点却大不一样,三极管能放大电流,而二极管则没有任何放大作用。为何有如此大的差别呢?这还得从三极管的内部结构与外部电源的条件来进行分析。

从内部结构来看,主要有两个特点:一是发射区的杂质浓度高,NPN 型管的发射区为 N 型,故其多子(电子)的浓度很高。二是基区的几何尺寸很小(只有几微米),且基区的杂质浓度也很低,NPN 型管的基区为 P 型,其多子(空穴)的浓度很低。

从外部条件来看,外加电源应使发射结处于正向偏置,而使集电结处于反向偏置状态。这是电流放大的基本条件。按照能量守恒原理,所谓放大,只不过是用小能量控制大能量转换,并不能直接放大能量。图 2-23 是满足以上内、外部条件的三极管基本共发射极放大电路①。设 Δu_i 为需要放大的输入量,加在基极回路。u_O 为放大后的输出量,由集电极回路取出。

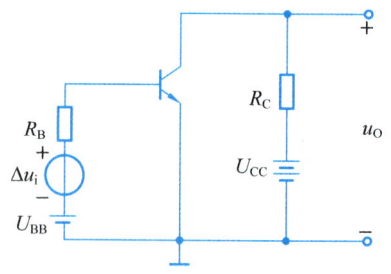

图 2-23　共发射极放大电路

下面从半导体内部载流子的运动和外部电流关系来进一步分析晶体三极管的电流放大过程。

2.3.2.1　内部载流子的运动过程

图 2-23 所示的电路中,当 $\Delta u_i = 0$ 时,可作出晶体管内部载流子运动的示意图,如图 2-24 所示,其中将有以下三个过程发生。

(1) 发射区发射电子形成发射极电流 I_E

---

① 由于发射极是输入和输出两个回路的公共端,故称该电路为共发射极电路。

因为发射结正向偏置，而发射区的电子浓度高，于是扩散运动使发射区发射出大量的电子，经过发射结到达基区，形成电子电流 I_{EN}。电流的方向与电子运动的方向相反，指向 e 极。同时基区中的多数载流子空穴也向发射区扩散，而形成空穴电流 I_{EP}，电流的方向与空穴运动的方向相同，也指向 e 极。于是两股电流相加，形成了三极管发射极的电流：$I_E = I_{EN} + I_{EP}$。由于基区的空穴比发射区电子浓度低很多，一般空穴电流可以忽略不计，认为 I_E 主要由发射区的多子（自由电子）电流所产生。

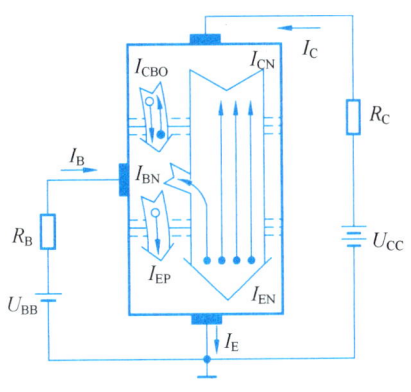

图 2-24 载流子运动和电流关系

（2）基区的复合形成基极电流 I_B

扩散的电子到达基区后，一方面与基区的多子（空穴）复合。同时基极的外电源 U_{BB} 不断补充被复合掉的空穴（正电荷），形成基极电流 I_{BB}，电流的方向由基极指向基区。另一方面，由于基区很薄，且杂质浓度和空穴数量小，集电结又加了反向电压，即电位高于基极。所以扩散到基区的大部分自由电子继续扩散，到达集电结，只有少部分在基区复合。因而基极电流 I_{BB} 比发射极电流 I_E 小得多。

（3）集电结收集电子漂移运动形成集电结电流 I_C

由于集电极反向偏置，外电场的方向也阻止集电区的电子向基区运动，却有利于将基区中扩散过来的电子收集到集电区，而形成漂移的集电极电流 I_{CN}，与此同时，集电区的少子（空穴）与基区的少子（电子）在外电场作用下，也参与漂移运动而形成 I_C 的一部分，这个电流被称为反向饱和电流 I_{CBO}。于是，$I_C = I_{CN} + I_{CBO}$。但是，I_{CBO} 的数量值很小，可忽略不计。所以集电极的电流主要由发射区发射的电子，经过漂移而形成的。

2.3.2.2 晶体管的电流分配关系

从图 1-24 可知集电极电流都由两部分组成，即

$$I_E = I_{EN} + I_{EP} = I_{CN} + I_{BN} + I_{EP} \tag{2-6}$$

$$I_C = I_{CN} + I_{CBO} \tag{2-7}$$

$$I_B = I_{BN} + I_{EP} - I_{CBO} \tag{2-8}$$

从外部电极看，则有

$$I_E = I_C + I_B \tag{2-9}$$

2.3.2.3 晶体管电流放大系数

（1）直流放大系数

一般希望发射区发射的电子绝大多数能够到达集电极，只有极少数在基区复合。即要求：I_{CN} 在 I_E 中占的比例尽可能大。通常将 I_{CN} 与 I_E 的比定义为共基极直流放大系数。用符号 $\bar{\alpha}$ 表示，即

$$\bar{\alpha} = \frac{I_{CN}}{I_E} \tag{2-10}$$

三极管的 $\bar{\alpha}$ 值一般在 0.95~0.99 范围内，将式（2-10）代入式（2-7）得

$$I_C = \bar{\alpha} I_E + I_{CBO} \qquad (2-11)$$

当 $I_{CBO} \ll I_C$ 时，则由式(2-11)得

$$I_C \approx \bar{\alpha} I_E$$

$$\bar{\alpha} \approx \frac{I_C}{I_E} \qquad (2-12)$$

即 $\bar{\alpha}$ 近似等于 I_C 与 I_E 之比。将 $I_E = I_C + I_B$ 代入式(2-11)得

$$I_C = \bar{\alpha}(I_C + I_B) + I_{CBO}$$

上式经整理后得

$$I_C = \frac{\bar{\alpha}}{1-\bar{\alpha}} I_B + \frac{1}{1-\bar{\alpha}} I_{CBO} \qquad (2-13)$$

设 $\bar{\beta} = \dfrac{\bar{\alpha}}{1-\bar{\alpha}}$，得

$$\bar{\alpha} = \frac{\bar{\beta}}{1+\bar{\beta}} \qquad (2-14)$$

$\bar{\beta}$ 称为共射极直流电流放大系数。一般 $\bar{\beta}$ 值为几十至几百。

将式(2-14)代入式(2-13)得

$$I_C = \bar{\beta} I_B + (1+\bar{\beta}) I_{CBO}$$

令

$$I_{CEO} = (1+\bar{\beta}) I_{CBO} \qquad (2-15)$$

I_{CEO} 为三极管穿透(即基极开路)电流，可得

$$I_C = \bar{\beta} I_B + I_{CEO} \qquad (2-16)$$

当 $I_{CEO} \ll I_C$ 时，可得

$$\bar{\beta} \approx \frac{I_C}{I_B} \qquad (2-17)$$

即 $\bar{\beta}$ 近似等于 I_C 与 I_B 之比。$\bar{\alpha}$ 和 $\bar{\beta}$ 是表征三极管放大作用的两个重要参数。

(2) 交流放大系数

在图 2-23 所示的电路中，当有输入电压 Δu_i 作用时，晶体管的基极电流将在 I_B 的基础上叠加动态电流 Δi_B，于是，集电极电流也将在 I_C 的基础上叠加动态电流 Δi_C。通常将集电极电流变化量 Δi_C 与基电极电流变化量 Δi_B 之比定义为共射极交流电流放大系数，用 β 表示，即

$$\beta = \frac{\Delta i_C}{\Delta i_B} \qquad (2-18)$$

同样将集电极电流变化量 Δi_C 与发射极电流变化量 Δi_E 之比定义为共基极交流电流放大系数，用 α 表示，即

$$\alpha = \frac{\Delta i_C}{\Delta i_E} \qquad (2-19)$$

根据 α 与 β 的定义，以及晶体管中三个电流的关系，有

$$\alpha = \frac{\Delta i_C}{\Delta i_E} = \frac{\Delta i_C}{\Delta i_B + \Delta i_C} = \frac{\Delta i_B \beta}{\Delta i_B + \Delta i_B \beta} = \frac{\beta}{1+\beta}$$

即

$$\beta = \frac{\alpha}{1-\alpha}$$

或

$$\alpha = \frac{\beta}{1+\beta}$$

如果在 Δu_i 作用时，β 基本不变，则集电极电流为

$$i_C = I_C + \Delta i_C = \bar{\beta} I_B + I_{CEO} + \beta \Delta i_B \approx \bar{\beta} I_B + \beta \Delta i_B$$

当

$$i_B = I_B + \Delta i_B$$

则

$$i_C = \beta i_B \approx \bar{\beta} i_B$$

因此

$$\beta \approx \bar{\beta} \tag{2-20}$$

上式表明，在一定范围内，可以用晶体管在某一直流量下的 $\bar{\beta}$ 来取代加动态信号时的 β。由于在 I_E 较宽的数值范围内 $\bar{\beta}$ 基本不变，因此在近似分析中，不对 $\bar{\beta}$ 与 β 加以区分。β 也不亦太高，一般选取几十至一百多倍的管子为好，β 太大，则晶体管性能不稳定。

同样，对于共基极电流放大系数也有

$$\alpha \approx \bar{\alpha} \tag{2-21}$$

2.3.3 晶体管的特性曲线

特性曲线是表示各电极之间电流与电压的函数关系曲线。通过特性曲线可以分析或估算电路的性能、参数、指标等。晶体管的特性曲线分为输入特性曲线与输出特性曲线。

对于本节以 NPN 型管为例的共发射极放大电路而言，输入特性曲线是描述基极电流 i_B 与基极-发射极电压 u_{BE} 之间的关系的曲线。输出特性曲线是描述集电极电流 i_C 与集电极-发射极电压 u_{CE} 之间的关系。

特性曲线可通过实际电路测量得出。图 2-25 是晶体三极管共射特性曲线的逐点测试电路。

2.3.3.1 共发射极输入特性

共发射输入特性是指当电压 u_{CE} 不变时，输入电流 i_B 与发射结电压 u_{BE} 之间的关系。用函数式表式为

$$i_B = f(u_{BE}) \big|_{u_{CE}=常数} \tag{2-22}$$

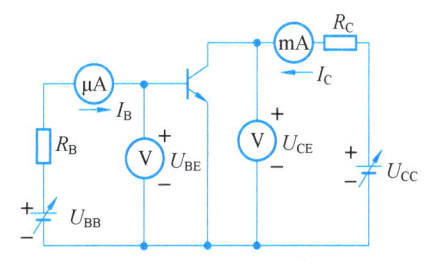

图 2-25 共射特性曲线测试电路

根据式（2-22），对于 u_{CE} 的一个值将有一条 i_B-u_{BE} 曲线。

先分析 $u_{CE}=0$ 时的情况。由图2-26（a）可知：当 $u_{CE}=0$ 时，相当于发射结与集电结并联，如图2-26（b）所示。因此，输入特性曲线与PN结的伏安特性相似，i_B 和 u_{BE} 呈指数关系。如图2-27中 $u_{CB}=0$ 的曲线所示。

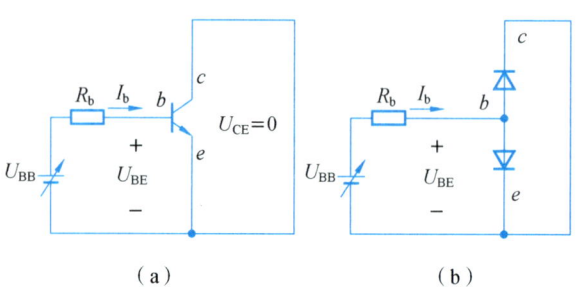

图2-26　$u_{CE}=0$ 时三极管的输入回路

当 $u_{CE}>0$ 时，在晶体管内部，电压 u_{CE} 能使电子向集电极扩散，当 $u_{CE}>u_{BE}$ 时，u_{CE} 使发射区发射的电子中的大部分被收集到集电区，成为集电极电流，只有小部分电子在基区复合，形成基极电流。所以与 $u_{CE}=0$ 时相比，在相同的 u_{BE} 之下，$u_{CE}\geqslant 1\text{ V}$ 时的基极电流 i_B 将有所减少，若要获得同样的基极电流 I_B，则必须加大 u_{BE}，使发射区发射更多的电子，结果就使输入特性曲线右移。见图2-27中 $u_{CE}\geqslant 1\text{ V}$ 的曲线。

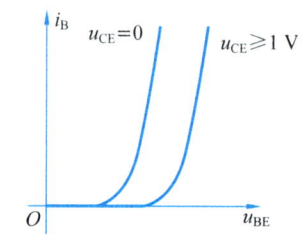

图2-27　三极管输入特性曲线

当 u_{CE} 继续增大时，理论上讲，输入特性曲线将继续右移，但是实际并非如此，这是因为当 u_{CE} 增大到一定的值（如1 V）后，集电结的电场已足够将注入基区的电子收集到集电极，即使 u_{CE} 增大，i_C 也不可能明显增加，也就是说 i_B 基本不变。所以 u_{CE} 大于1 V后，不同的 u_{CE} 的各条输入特性曲线几乎重叠在一起。所以对于小功率管常近似用 $u_{CE}=1\text{ V}$ 的曲线表示 u_{CE} 更大的情况。

2.3.3.2　共发射极输出特性

共发射极输出特性是指当基极电流 i_B 不变时，输出的集电极电流 i_C 与电压降 u_{CE} 之间的关系。用函数式表示为

$$i_C=f(u_{CE})\big|_{i_B=\text{常数}} \tag{2-23}$$

由式（2-23）可知，对于 i_B 的每一个确定值都有对应的一条 i_C-u_{CE} 曲线。所以如果选择一系列的 i_B 值，将有一簇输出曲线，如图2-28所示。

具体分析 $i_B=I_{B1}$ 的一条曲线的情况，当 u_{CE} 从零开始逐渐增大时，晶体管内部的集电结电场随之增强，收集基区中扩散来的载流子（发射区发射的电子）的能力也逐渐提升，因而电流 i_C 也就慢慢增大，如图2-28中的 O—A 段。而当 u_{CE} 增大到一定数值时，集电结内的电场足以将基区电子的绝大部分收集到集电区来，形成集电极电流 i_C。即使 u_{CE} 再怎么增大，收集的电子也不能明显增多，表现为输出电流曲线几乎平行于横轴，即 i_C 只取决于 i_B 与 β 的乘积，而与 u_{CE} 无关。

从输出特性曲线可知，晶体管有三个工作区域。

（1）截止区

一般将 $I_B \leq 0$ 所对应的区域称为截止区。如图 2-28 中 $I_B = 0$ 的一条曲线与横轴所包围的区域。在此区域内，晶体管的内部特征为发射结电压小于导通电压 U_{on}，集电结处于反向偏置。此时 $i_B = 0$，$i_C \leq I_{CEO}$（反向穿透电流）。小功率硅管的 I_{CEO} 一般小于 1 μA，锗管也只有几十微安。因此，在近似分析中认为 $i_C = 0$，所以晶体管处于截止状态。对于 NPN 型管共射电路，一般认为 $u_{BE} \leq 0$ 且 $u_{CE} > U_{BE}$，即 $U_{BC} < 0$ 为可靠截止条件。

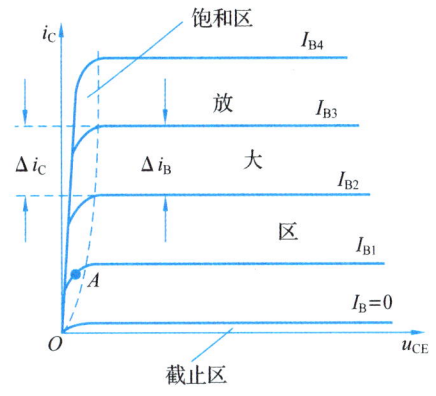

图 2-28 晶体管的输出特性曲线

（2）放大区

一般将 $I_B \geq 0$ 所对应的平行线区域称为放大区。如图 2-28 中虚线与 $I_B = 0$ 的输出线所包围的平行线区域。在此放大区域内，晶体管内部特征为发射结正向偏置，且集电结反向偏置。此时，i_C 几乎只与 i_B 有关，而与 u_{CE} 无关。表现出晶体管的电流放大作用，或者说电流 i_B 对 i_C 的控制特点。即

$$I_C = \overline{\beta} I_B, \quad \Delta i_C = \beta \Delta i_B$$

所以，在理想情况（$I_{CEO} = 0$）下的近似分析中，认为放大状态下的输出特性曲线是一簇平行于横轴的直线，或者说是一系列受 i_B 控制的恒流源。对于 NPN 型管的共射电路，一般认为 $u_{BE} \geq U_{OP}$（开启电压），且 $u_{BC} < 0$ 为基本放大条件。

（3）饱和区

一般将各条输出特性曲线上升的区域称为饱和区。如图 2-28 中的纵坐标与虚线所包围的区域。在此区域内晶体管的内部特征为：发射结与集电结都处于正向偏置，集电结已失去收集电子的能力。此时，i_C 随 u_{CE} 增大而明显增大，且 i_C 小于 $\overline{\beta} I_B$，不同基极电流 i_B 所对应的各条 i_C 曲线几乎重叠在一起，十分密集，表明 i_C 不受 i_B 的控制，晶体管失去放大作用，此状态称为晶体管的饱和状态。

当 $u_{CE} = u_{BE}$，即 $u_{BC} = 0$ 时，可以认为晶体管已处于临界饱和或者临界放大状态。晶体管饱和时的管压降用 U_{CES} 表示，对于小功率管，硅管的 $U_{CES} < 0.4$ V，锗管为 $U_{CES} < 0.2$ V。对于共射电路 $u_{BE} > U_{on}$，且 $u_{CE} < u_{BE}$，即 $u_{BC} > 0$ 为完全饱和条件。

2.3.4 晶体管的主要参数

晶体管的参数根据其结构和特性不同有几十个，用于计算机辅助分析和设计。这里介绍几个常用的主要参数，以便于作电路的近似分析，以及作为选择晶体管的依据。它们在产品手手册中均可查到。

2.3.4.1 直流参数

（1）共基极直流电流放大系数 $\overline{\alpha}$

$$\bar{\alpha} = \frac{I_C - I_{CBO}}{I_E}$$

当忽略 I_{CBO} 时，

$$\bar{\alpha} \approx \frac{I_C}{I_E}$$

（2）共射极直流电流放大系数 $\bar{\beta}$

$$\bar{\beta} = \frac{I_C - I_{CEO}}{I_B}$$

当忽略 I_{CEO} 时，

$$\bar{\beta} \approx \frac{I_C}{I_B}$$

由于 $\bar{\alpha}$ 与 $\bar{\beta}$ 相互联系，所以有以下关系：

$$\bar{\beta} = \frac{\bar{\alpha}}{1-\bar{\alpha}}; \quad \bar{\alpha} = \frac{\bar{\beta}}{1+\bar{\beta}}$$

（3）集电极与基极间反向饱和电流 I_{CBO}

I_{CBO} 是发射极 e 开路时，集电极和基极之间的反向饱和电流。小功率硅管 I_{CBO} 为纳安级，锗管的 I_{CBO} 要大很多，为几微安至几十微安。I_{CBO} 越小，晶体管的性能越好。

（4）集电极与发射极间穿透电流 I_{CEO}

I_{CEO} 是指基极 b 开路时，集电极和发射极之间的电流。由式（2-15）可知：

$$I_{CEO} = (1+\bar{\beta}) I_{CBO}$$

因此，$\bar{\beta}$ 值越大，I_{CEO} 也越大。I_{CEO} 愈小，则放大作用愈强。

由于 I_{CBO} 和 I_{CEO} 都是少数载流子的漂移运动形成的，所以对温度非常敏感。当温度升高时，I_{CBO} 和 I_{CEO} 将急剧增大。因此，实际中应选用 I_{CBO} 和 I_{CEO} 尽可能小的晶体管。

2.3.4.2 交流参数

交流参数是交流条件下起作用的参数，它反映晶体管对动态信号的性能指标。

（1）共基极交流电流放大系数 α

在共基极接法中，电压降 u_{CB} 一定时，α 为集电极电流变化量与发射极电流变化量之比。

$$\alpha = \frac{\Delta i_C}{\Delta i_E} \bigg|_{u_{CB}=常数}$$

（2）共射极交流电流放大系数 β

在指共射接法中，当电压降 u_{CE} 一定时，β 为集电极电流变化量与基极电流的变化量之比。

$$\beta = \frac{\Delta i_C}{\Delta i_B} \bigg|_{u_{CE}=常数}$$

（3）特征频率 f_T

f_T 是指晶体管的共射电流放大系数 β 随信号频率变化而下降到 $\beta=1$ 时的工作频率。由于 PN 结结电容的存在，晶体管的电流放大系数 β 将是工作频率的函数。在一定频率段，不

仅 β 下降，还会产生相移。因此，实际选用时，应使 $f_T \gg f$(工作频率)。

2.3.4.3 极限参数

晶体管的极限参数是指保证晶体管安全工作，或电流电压不超过允许值的参数。

(1) 集电极的最大允许电流 I_{CM}

I_{CM} 是正常工作时 i_C 的最大值。当 i_C 过大时，晶体管的 β 将下降，当 $i_C = I_{CM}$ 时，晶体管的 β 将下降到额定值的三分之二。

(2) 集电极最大允许耗散功率 P_{CM}

对于共射电路，集电极耗散功率为管压降 u_{CE} 与集电极电流 i_C 的乘积。即 $P_C = i_C u_{CE}$。由于集电极消耗的电能转换为热能，晶体管的温度上升，若温度过高，其性能会显著变差，甚至 PN 结会永久损坏。硅管与锗管的温度上限分别为 150 ℃ 和 70 ℃。P_{CM} 是决定晶体管温升的参数，因此，必须对其加以限制。对于确定的晶体管，$P_{CM} = i_C u_{CE}$ 是一个常数，选取不同的电压、电流值，在输出特性的坐标中可得到 P_{CM} 的一条双曲线。如图 2-29 所示。在曲线的左下方是安全区，$i_C u_{CE} < P_{CM}$。在右上方是过损耗区(或非安全区)，$i_C u_{CE} > P_{CM}$。当大功率晶体管按额定值使用时，应加规定的散热片，否则要降低额定值使用。

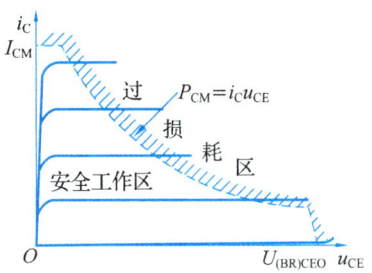

图 2-29　晶体管安全工作区

(3) 极间反向击穿电压

极间反向击穿电压是指晶体管中，某一电极开路时，另外两个电极之间所允许的最大反向电压值。超过此值，晶体管可能会被击穿而损坏。反向击穿电压主要有以下几种。

U_{CBO} 是发射极开路时，集电极与基极间的反向击穿电压。

U_{CEO} 是基极开路时，集电极与发射极之间的反向击穿电压。

U_{EBO} 是集电极开路时，发射极与基极之间的反向击穿电压。

对于不同型号的晶体管，U_{CBO} 为几十伏到上千伏，U_{CEO} 小于 U_{CBO}，而 U_{EBO} 只有零点几伏到几伏。

为了防止晶体管在使用中损坏，必须使晶体管在图 1-29 所示的安全区工作内工作，且发射结的反向电压要小于 U_{EBO}。对于工作频率高的电路，应选用高频管或超高频管；在开关电路中应选择开关管；对于功率管，应保证散热条件；若管温升高，或要求反向电流小，则应选择硅管；若要求发射结导通电压低，则应选用锗管。

思考题

1. 能否将晶体管的发射极和集电极交换使用？为什么？
2. 与 NPN 型晶体管相比，PNP 型晶体管的偏置电压和载流子传输过程有什么不同？
3. 温度变化时，会引起晶体管的哪些参数发生变化？如何变化？

*2.4　场效应三极管

场效应三极管是一种较新型的半导体器件，它是利用输入端的电场效应来控制其电流的，所以称为场效应管（FET[①]）。由于参与导电的载流子是只有一种极性的多数载流子，所以又称为单极性晶体管。与前面介绍的双极性晶体管相比，单极性晶体管不仅具有体积小、重量轻、寿命长等特点，还具有输入电阻高（可达 $10^7 \sim 10^{12}$ Ω 以上）、噪声低、耗电低、热稳定性好、抗辐射能力强、便于集成制造等优点。所以，单极性晶体管已被广泛应用于各类模拟和数字电路中，特别是大规模集成电路中。

根据结构不同，场效应管可分为结型场效应管和绝缘栅型场效应管两类。本节将分别介绍它们的结构、工作原理、特性曲线和主要参数。

2.4.1　结型场效应管

结型场效应管（JFET[②]）分为 N 沟道结型场效应管和 P 沟道结型场效应管。图 2-30 是结型场效应管的结构示意图以及两种结型场效应管的电路符号。

2.4.1.1　结型场效管的结构

图 2-30（a）中，在同一块 N 型半导体材料的两侧，利用扩散的方法制作出两个高浓度的 P 区（用 P^+ 表示），形成两个 PN 结，从这两个 P^+ 区引出两个接触电极，并将两个电极连接在一起作为控制栅极 g，在 N 型半导体的两端各引出一个接触电极，分别称为漏极 d 和源极 s。栅极与源极间的 PN 结为栅源结。图 2-30（b）中电路符号的箭头表示栅源结正向偏置时电流由 P^+ 指向 N 的方向。场效应管的 g、s、d 电极分别对应双极性晶体管的 b、e、c 电极。

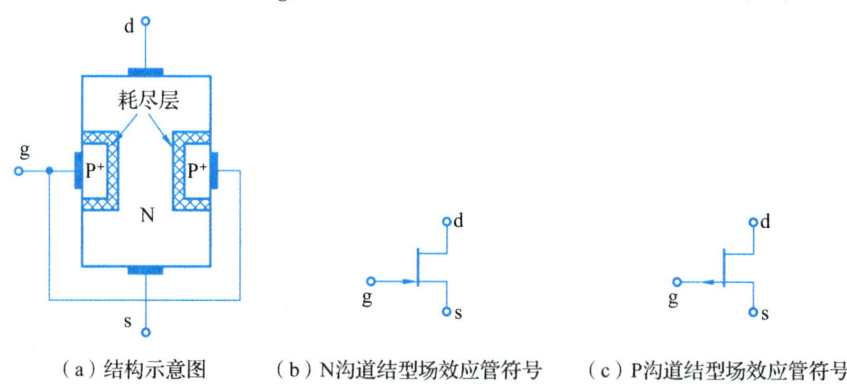

（a）结构示意图　　（b）N沟道结型场效应管符号　　（c）P沟道结型场效应管符号

图 2-30　结型场效应管的结构示意图和符号

在两个 PN 结的交界处，由于多数载流子的扩散而形成一个空间电荷区，即耗尽层，在无外加电压的状态下，这个耗尽层并不宽。所以漏极与源极间存在一个非耗尽的 N 型掺杂区域，这一区域存在大量可移动的载流子，因而此区域称为导电沟通。由 N 型半导体材料

---

① FET 是场效应管（filed effect transistor）的英文缩写。
② JFET 是结型场效应管（junction filed effect transistor）的英文缩写。

形成的导电沟道，称为 N 沟道结型场效应管，而由 P 型半导体材料形成的导电沟道则称为 P 沟道结型场效应管。对于 N 沟通结型场效应管，由于 P⁺区的浓度高，所以形成非对称的耗尽层，N 区比 P 区大得多，如图 2-30(a)所示。P 沟道场效应管的结构与 N 沟道场效应管的结构正好相反，是在 P 型半导体的两侧做成高浓度的 N 区(用 N⁺表示)，导电沟道为 P 型。图 2-30(c)中电路符号的箭头表示电流由 P 指向 N⁺ 的方向。上述两种结型场效应的工作原理类似，下面以 N 沟道结型场效应管为例进行分析。

2.4.1.2　N 沟道结型场效应管的工作原理

（1）导电沟道的可控特性

将栅极 g 悬空，在漏极与源极之间加正向电压 u_{DS}（即 $u_{DS}>0$），N 沟道结型场效应管中的多数载流子（电子）则在电场的作用下，由源极向漏极移动，形成漏极电流 i_D，如图 2-31 所示。这一过程相当于导电沟道为电流 i_D 提供了一条通道。在漏极与源极间电压一定时，漏极电流 i_D 的大小取决于沟道的电阻，而导电沟道的电阻大小与半导体材料的电阻率、沟道长度、沟道的截面积有关。当材料电阻率和沟道长度一定时，通过沟道的电流的大小仅由导电沟道的有效截面积决定，因此，通过改变导电沟道的截面积，就可以控制漏极电流 i_D 的大小。

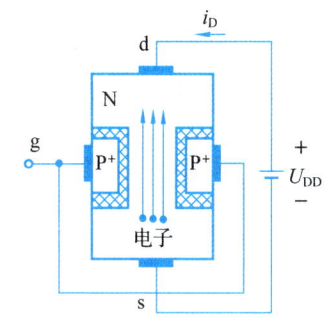

图 2-31　N 沟道结型场效应管电流示意图

（2）栅源电压改变沟道大小

根据沟道形成的结构可知，改变两个 PN 结的耗尽层的大小就可以控制沟道导电的有效截面积的大小。因此，如果在栅极和源极之间加上负电压（即 $u_{GS}<0$），就可以改变沟道的导电能力，如图 2-32 所示。此时两个 PN 结均为反向偏置，加大这个反偏电压，耗尽层不断变宽，沟道的导电截面积逐渐减小，沟道电阻就随之增大，漏极电流 i_D 将减小。当减小栅源间的反向偏置电压时，漏极电流将增大。所以只要改变栅极和源极之间的反向偏置电压数值，就可以控制漏极电流的大小，这就是结型场效应管的简单工作原理，通过分析特性曲线，可进一步说明工作原理。

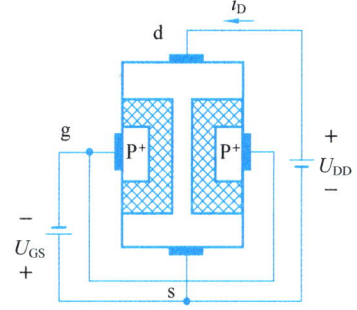

图 2-32　栅极与源极间反向电压改变沟道大小

另外，由于漏极电流的大小是由加在两个 PN 结的反向电压所控制的，输入端没有电流的注入，只有电压的变化，所以，这类器件也称为电压控制型器件。同时由于 PN 结反向偏置，可忽略极小的反向输入电流，因此，场效应管的输入电阻很高。

2.4.1.3　N 沟道结型场效应管的特性曲线

由于场效应管的栅源之间反向偏置，输入电流为零，所以场效应管的特性曲线是用输入端的转移特性曲线和输出端的输出特性（也称漏极特性）曲线来描述的。

（1）转移特性曲线

场效应管的转移特性曲线是指在漏极和源极之间电压 u_{DS} 不变时，漏极电流 i_D 与栅源电压 u_{GS} 间的关系曲线。即

$$i_D = f(u_{GS})|_{u_{DS}=\text{常数}} \qquad (2-24)$$

转移特性曲线表示了栅源之间电压 u_{GS} 对漏极电流 i_D 的控制作用。测试场效应管特性曲线的电路如图 2-33 所示。通过测试描绘 N 沟道结型场效应管的输入转移特性曲线，如图 2-34 所示。由图可知，当 $u_{DS}=0$ 时，i_D 达到最大，此时的漏极电流称为沟道饱和电流，用 $i_D = I_{DSS}$ 表示；当栅源间的反向偏置电压 u_{GS} 越负时，i_D 越小。即 $|u_{GS}|$ 增加时，PN 结耗尽层的宽度将逐渐增加，导电沟道截面积减小，沟道电阻增大，所以 i_D 随 u_{GS} 的绝对值 $|u_{GS}|$ 的增大而减小，当 i_D 减小到近似为零时，栅源之间的电压称为夹断电压，用 $u_{GS}=U_P$ 来表示。

N 沟道结型场效应管的转移特性曲线可以近似用以下公式表示：

$$i_D = I_{DSS}\left(1-\frac{u_{GS}}{U_P}\right)^2 \quad (U_P \leq u_{GS} \leq 0) \qquad (2-25)$$

（2）输出特性曲线

场效应管的输出特性曲线也称漏极特性曲线，是表示在栅极与源极之间电压 u_{GS} 为定值时，漏极电流 i_D 与漏源电压 u_{DS} 之间关系的曲线。其表达式为

$$i_D = f(u_{DS})|_{u_{GS}=\text{常数}} \qquad (2-26)$$

用图 2-33 的电路可测试出 N 沟道结型场效应管的输出特性曲线。测量的过程是选择一个 u_{GS} 的值，并使其固定为常数，然后逐渐改变电压 u_{DS}，分别记下对应的 i_D 值，在 i_D-u_{DS} 坐标系中，就可画出一条输出特性曲线。再改变 u_{GS} 值，使其为另一个常数，可逐一地画出对应于不同的 u_{GS} 的一簇输出特性曲线，如图 2-35 所示。

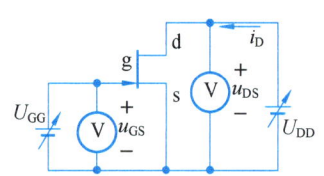

图 2-33 场效应管特性曲线测试电路

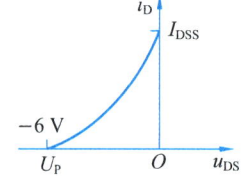

图 2-34 N 沟道结型场效应管转移特性曲线

从图 2-35 中可以看出，场效应管输出特性曲线与双极性三极管的共射极的输出特性相似。但两者之间有一个重要的区别，即场效应管的输出特性以栅源间电压 u_{GS} 为参变量，而双极性三极管输出特性是以基极电流 i_B 为参变量。

输出特性曲线有三个工作区和一个击穿区。三个工作区为可变电阻区、恒流区和夹断区；对应双极性三极管输出特性曲线中的饱和区、线性区和截止区。

可变电阻区（又称非饱和区）：如图 2-35 中的Ⅰ区。表示在此区内，当 u_{DS} 较小时，i_D 随 u_{DS} 的变化而直线上升，二者基本上呈线性关系，此时的沟道等效为一个线性电阻。但 u_{GS} 不同时，直线斜率不同，沟道相当于可变电阻。

恒流区（也称饱和区[①]，或线性放大区）：如图 2-35 中的

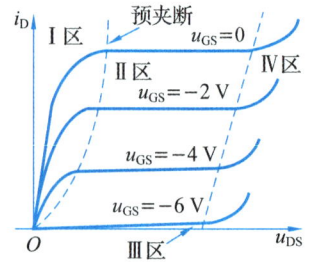

图 2-35 N 沟道结型场效应管输出特性

---

① 应当注意，场效应管输出特性曲线中的饱和区或恒流区，类似于双极型三极管输出特性曲线中的放大区，不是双极型三极管的饱和区，二者不可混淆。

Ⅱ区，即预夹断轨迹的右边区域。在该区中，漏极电流 i_D 随栅源间电压 u_{GS} 而变化。但当 u_{GS} 一定时，i_D 基本上不随漏源电压 u_{DS} 而变化。各条特性曲线近似为水平的直线，故称为恒流区。其电流 i_D 呈饱和特性，场效应管用于放大电路时就工作在恒流区。

夹断区：如图 2-35 中的Ⅲ区，当 $u_{GS} \leq U_P$ 时，导电沟道被夹断，$i_D \approx 0$。场效应管为截止状态，相当于开关断开。

击穿区：如图 2-35 中Ⅳ区所示，当 u_{DS} 增大到一定的程度时，漏极电流会急剧增大，管子将被击穿。

下面根据 N 沟道结型场效应管工作原理，对输出特性曲线的形成进行简单的分析。

① 当 $u_{GS}=0$ 时，特性曲线如图 2-36 所示。在 $u_{DS}=0$，$u_{GS}=0$ 的条件下，PN 结为零偏置状态，此时 PN 结的耗尽层很窄，导电沟道很宽，如图 2-37(a) 所示，因漏源之间的电压为零 ($u_{DS}=0$)，即使是沟道再宽，也无电流产生，所以 $i_D=0$，即曲线经过原点。如果逐渐增大漏源电压 u_{DS}，在 u_{DS} 较小的时候，管子内部沿着沟道各点的 PN 结反向电压值仍很小，耗尽层的宽度几乎没有改变，与 $u_{DS}=0$ 的情况基本相同，沟道电阻近似常数。因此，漏极电流 i_D 随 u_{DS} 几乎呈直线增长，如图 2-36 中的

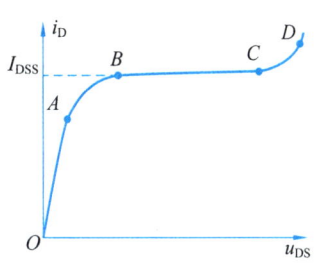

图 2-36 $u_{GS}=0$ 时的输出特性曲线

O—A 段。但事实上，由于沟道呈长矩形结构，在 u_{DS} 大于零的小范围内，沿着沟道各点的电位是不同的，这使得沟道各点上 PN 结的反向电压不同。靠近漏极一端的反向电压高一些，所以耗尽层要宽一些；而靠近源极那一端反向电压低一些，耗尽层就窄一些，这样有效的导电沟道呈不等宽的燕尾形，如图 2-37(b) 所示。

当 u_{DS} 继续增加时，沟道中靠近漏极端的 PN 结的反向电压明显增大，耗尽层显著加宽，导电沟道更窄。由于沟道变窄，则沟道电阻增大，所以 i_D 随 u_{DS} 的增加而缓慢增加，如图 2-36 中曲线的 A—B 段。

当 u_{DS} 再继续增加到较大值时，靠近漏极一端的两个耗尽层在沟道中首先开始合拢，沟道处于预夹断状态，如图 2-37(c) 所示，沟道预夹断时的漏源电压称为漏源饱和电压 $u_{DSS(|U_P|)}$，对应的漏极电流称为饱和电流，用 I_{DSS} 表示。这时的工作状态对应图 2-36 中的 B 点，这一点是可变电阻区到恒流区的转折点。当沟道处于预夹断状态后，如果再增加 u_{DS}，只能使耗尽层继续扩大，合拢处向源极方向延伸；如图 2-37(d) 所示，此时 u_{DS} 的增加值几乎全落在夹断后的耗尽层上，用于克服夹断区对 i_D 的阻力。或者换句话说，由于耗尽层的电阻比导电沟道的电阻大得多，所以从耗尽层的合拢处到源极间的导电沟道上的电压几乎没有增加，保持预夹断时的值。因此，漏源电压 u_{DS} 增大时，漏极电流 i_D 也就不会有明显的变化，从而进入饱和的恒流状态，如图 2-36 中的 B—C 段。

当 u_{DS} 增加到很大时，栅漏间反向电压将很大，使 PN 结反向击穿，漏极电流急剧上升。如图 2-36 中的 C—D 段。使 PN 结击穿的漏源电压称为漏源击穿电压，用 $U_{(BR)DS}$ 表示。

② 以上分析了 $u_{GS}=0$ 的输出特性曲线，接下来我们再分析 $u_{GS}<0$ 时的输出特性曲线（即 u_{GS} 为负值时 i_D 与 u_{DS} 的关系）。

$u_{GS}<0$ 时，i_D 随 u_{DS} 变化的规律与 $u_{GS}=0$ 时的情况基本相同。只是在栅源之间加上负电

压后，即使 $u_{DS}=0$ 时，耗尽层也因两个 PN 结的反向偏置而变宽，所以在 $u_{GS}<0$ 时，对于相同的 u_{DS}，导电沟道比 $u_{GS}=0$ 时更窄，沟道电阻更大一些，如图 2-38(a) 所示。

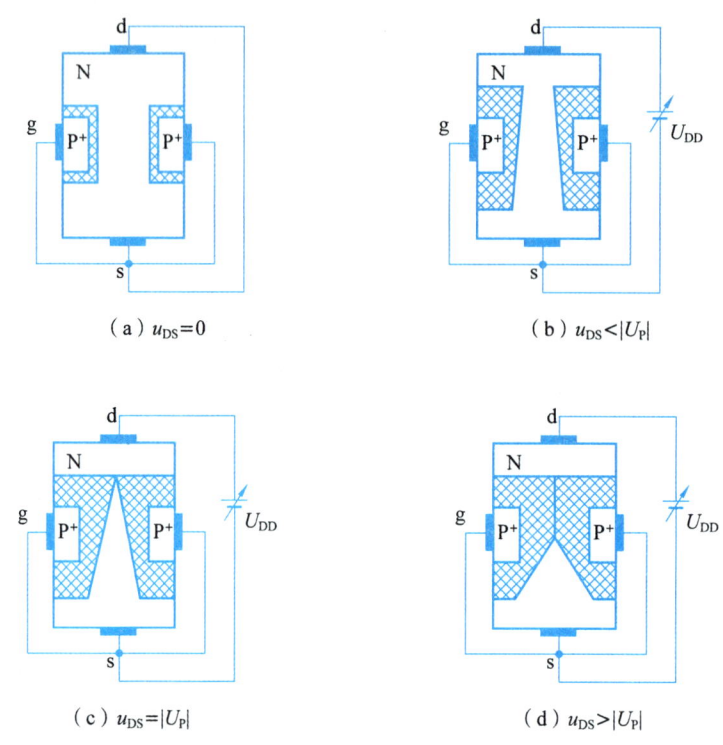

图 2-37　$u_{GS}=0$ 时，u_{DS} 对导电沟道的影响

$u_{GS}<0$ 时的情况与 $u_{GS}=0$ 时的有所不同。首先，$u_{GS}<0$ 时的漏极电流 i_D 比 $u_{GS}=0$ 时的要小，且 u_{GS} 负得越多，i_D 就越小，如图 2-35 中的Ⅱ区中 $u_{GS}<0$ 的特性曲线所示；其次，在 u_{GS} 为负电压后，漏极饱和电流 I_{DSS} 也比 $u_{GS}=0$ 时的饱和电流要小，如图 2-35 中的Ⅰ区所示；再次，当 u_{GS} 负电压增加到夹断电压 U_P 时，即 $u_{GS}\leqslant U_P$，耗尽层将增加到使整个导电沟道被夹断，如图 2-38(b) 所示。因此，在 u_{DS} 小于击穿电压 $U_{(BR)DS}$ 的范围内，漏极电流 i_D 都几乎为零，如图 1-35 中的Ⅲ区所示，场效应管处于截止状态；最后，从图 2-38(b) 中可

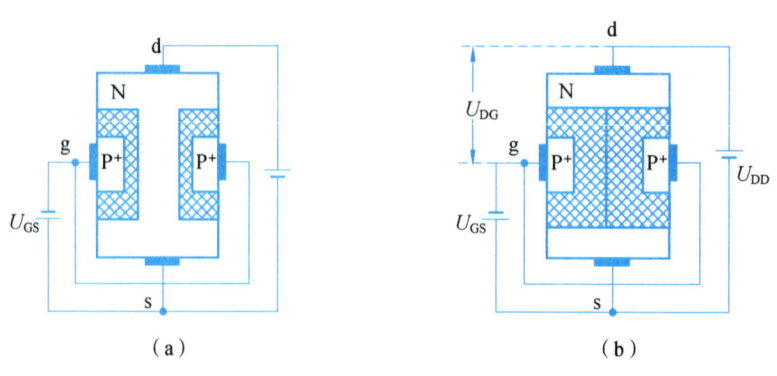

图 2-38　$u_{GS}<0$ 时，u_{DS} 对沟道的影响

知,由于预夹断所需要的漏栅电压 u_{DG} 是个定值,且 $u_{DG}=u_{DS}-u_{GS}$,即 $u_{DS}=u_{DG}+u_{GS}$。也就是说,当 $u_{GS}<0$ 时,预夹断所需的 u_{DS} 值将降低,如图 1-35 中预夹断轨迹所示;另外,因 PN 结的反向击穿电压 $u_{(BR)DG}$ 也是一个定值,且 $u_{(BR)DG}=u_{(BR)DS}-u_{GS}$,当 u_{GS} 为负电压时,产生击穿所需的漏源电压 u_{DS} 值也将降低,如图 2-35 中Ⅳ区左边的虚线所示。

由于 P 沟道结型场效应管与 N 沟道结型场效应管相比只是沟道的半导体材料不同,PN 结的方向相反,因而只是栅源的控制电压极性不同,两者的工作原理一样,特性曲线也相似,在此就不重复说明了。

2.4.2 绝缘栅型场效应管

绝缘栅型场效应管由金属氧化物组成,所以又称为金属-氧化物-半导体场效应管,简称 MOS 场效应管①。与结型场效应管相比,其输入电阻更高,可达 10^{10} Ω 以上。由于它的温度稳定性高,集成化制造的工艺简单,因此被广泛用于大规模和超大规模集成电路中。MOS 场效应管的结构与结型场效应管完全不同,但两者的特性却很相似。从导电沟道来分,MOS 场效应管也有 N 沟道和 P 沟道两个类型,每一类型又分为增强型和耗尽型两种。下面将以 N 沟道增强型 MOS 场效应管为例,重点讨论它们的结构、工作原理和特性曲线。

2.4.2.1 N 沟道增强型 MOS 场效应管

(1)结构与符号

N 沟道增强型 MOS 场效应管的结构示意图如图 2-39(a)所示。它以一块掺杂浓度较低的 P 型半导体材料为衬底,在其上利用扩散工艺制作出两个掺杂的 N 型区(用 N^+ 表示),分别引出两个电极,作为源极 s 和漏极 d,再在整个半导体表面上覆盖一层二氧化硅(SiO_2)绝缘层,并在两个 N^+ 区之间绝缘层外蒸发一层金属铝作栅极 g。可见这种场效应管的栅极 g 与 P 型半导体衬底及源极 s 之间都是绝缘的,因而得名绝缘栅场效应管。衬底引出一根引线 B,一般也常将它与源极在管子内部连在一起。图 2-39(b)是其电路符号。其箭头的方向表示由 P 型衬底指向 N 型沟道。

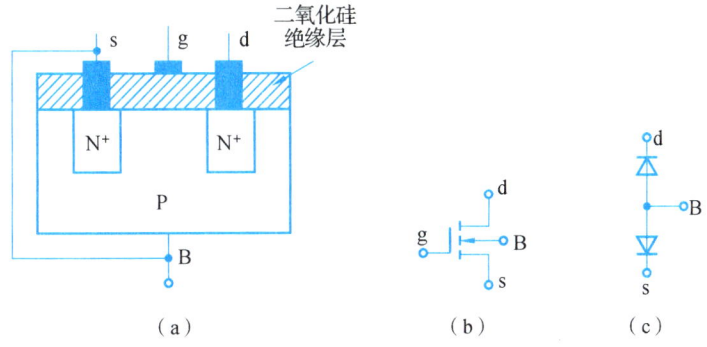

图 2-39 N 沟道增强型 MOS 场效应管的结构示意图

---

① MOS 场效应管(metal-oxide-semiconductor field effect transistor)的英文缩写是 MOSFET。

当栅源电压 $u_{GS}=0$，或者栅极悬空时，在漏区和源区之间是 P 型衬底，因此漏源之间相当于两个背靠背的 PN 结。如图 2-39(c)所示。无论漏源之间加上何种极性电压，总是不能导通，场效应管为关断状态。

（2）工作原理

MOS 场效应管的工作原理与结型场效应管的有所不同。结型场效应管是利用 U_{GS} 来控制 PN 结耗尽层的宽窄，从而改变导电沟道大小，以控制漏极电流 i_D 的。而 MOS 场效应管则是利用 U_{GS} 来控制"感应电荷"的多少，以改变形成"感应电荷"的导电沟道状况，然后达到控制漏极电流 i_D 的目的。当栅源之间电压 $U_{GS}=0$ 时，漏源之间不存在导电沟道，则称之为增强型场效应管。反之，若 $U_{GS}=0$ 时，已经存在导电沟道，则称为耗尽型 MOS 场效应管。下面通过图 2-40 的五种情况来讨论 N 沟道增强型 MOS 场效应管工作原理。

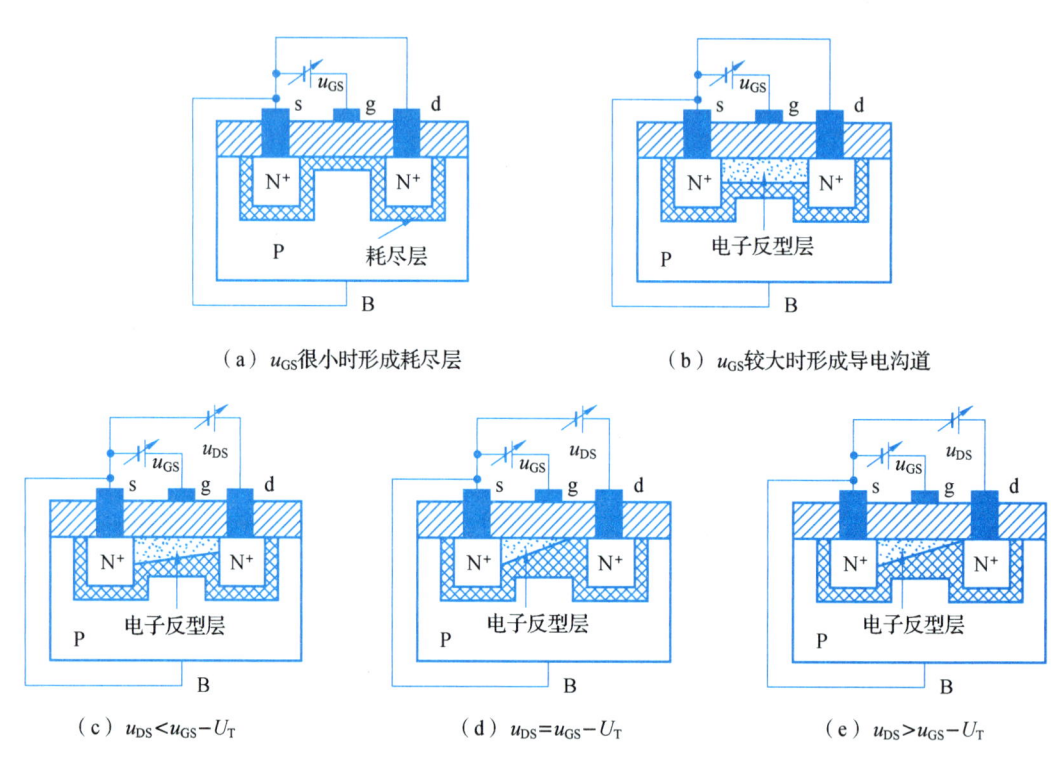

图 2-40 N 沟道增强型 MOS 场效应管工作原理

① 当栅源电压 $u_{GS}>0$，而且数值很小时，同时有漏源电压 $u_{DS}=0$，其工作状况如图 2-40(a)所示。由于源极与 P 型衬底相连，因此栅极金属铝极板与 P 型衬底之间构成以氧化物绝缘层为介质的电容电场，电场的方向从金属栅极指向 P 型半导体。这一电场使 P 型半导体表面的空穴离开表面，而电子则受电场吸引而移向 P 型半导体表面。当 u_{GS} 的值较小时，只有少量的电子移到表面与 P 型半导体中的空穴复合，结果是在 P 型半导体表面形成新的耗尽层。所以，这时漏源之间仍然没有导电沟道，即使加上漏源电压（$u_{DS}>0$），漏极电流仍为零。

② 如果继续增大栅源间的电压 u_{GS}，当 u_{GS} 超过某一临界值之时，所产生的电容电场强度

吸引了足够多的电子，便在耗尽层与绝缘层之间形成了以电子占多数的可移动的表面电荷层，或称 N 型薄层，如图 2-40(b) 所示。这一 N 型层是在 P 型衬底上形成的，故称为反型层。场效应管的漏极与源极之间形成了 N 型的导电沟道，于是得名 N 沟道 MOS 管。从耗尽层到开始形成反型层所需要提供的栅源间最小电压 u_{GS} 被称为开启电压，用 U_T 表示，如图 2-41(a) 中所示。当漏源之间加上正向电压，即 $u_{DS}>0$ 时，就会有一定的漏极电流 i_D 通过 N 型沟道。显然，在 $u_{GS}>U_T$ 时，随着 u_{GS} 的增大，感应的负电荷越多，导电沟道就越宽（或厚），则沟道电阻越小，漏极电流也就越大。

③由于导电沟道有一定的长度，在加上 u_{DS} 之后，沿着漏源方向，沟道内会产生电压降，形成电位梯度，因此沟道的宽度（或厚度）是不一样的，即在靠近源极处，电位低，电子浓度高，则沟道就宽；而在靠近漏极处，电位较高，电子浓度低，则沟道就窄。此时导电沟道呈楔型，如图 1-40(c) 所示。在此状态下，当 u_{GS} 固定（即导电沟道宽度不变）时，只要满足栅漏电压 $u_{GD}=u_{GS}-u_{DS}>U_T$，即 $u_{DS}<u_{GS}-U_T$ 的条件，则漏极电流 i_D 将随 u_{DS} 的增加而线性上升，如图 2-41(b) 中预夹断轨迹的左边所示，沟道呈现可变电阻特性。

④当 u_{DS} 增大到一定的程度时，靠近漏极处的沟道继续减小，直到沟道为零，如图 2-40(d) 所示。此时栅漏电压 $u_{GD}=u_{GS}-u_{DS}=U_T$（开启电压），即 $u_{DS}=u_{GS}-U_T$，称此状态为预夹断。

⑤与结型场效应管相似，沟道被夹断后，若继续增加 u_{DS}，则只能加长夹断区，如图 2-40(e) 所示，增加的电压都降在耗尽层的电阻上。漏极电流 i_D 几乎没有变化而趋于饱和。在此状态下，$u_{GD}<U_T$，即 $u_{DS}>u_{GS}-U_T$，具有漏极电流 i_D 的变化几乎仅取决于 u_{GS} 的恒流特性，如图 2-41(b) 中预夹断轨迹的右边所示，因此认为 i_D 是受 u_{GS} 电压控制的恒流源。这就是 N 沟道增强型 MOS 场效应管的基本工作原理。

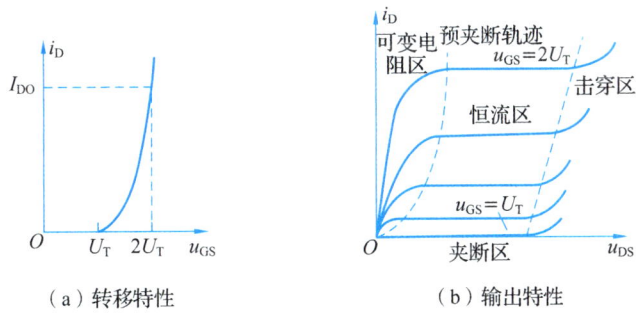

(a) 转移特性　　(b) 输出特性

图 2-41　N 沟道增强型 MOS 场效应管的特性曲线

(3) 特性曲线

N 沟道增强型 MOS 场效应管的转移特性曲线和输出特性曲线分别示于图 2-41(a) 和 (b)。由图 2-41(a) 的转移特性可知，当 $u_{GS}<U_T$ 时，由于尚未形成导电沟道，因此 i_D 基本为零。当 $u_{GS} \geq U_T$ 时，形成了导电沟道，而且随着 u_{GS} 的增大，导电沟道变宽，沟道电阻减小，于是 i_D 也随之增大。

图 2-41(a) 所示的转移特性可用以下近似公式表示：

$$i_D = I_{DO}\left(\frac{u_{GS}}{U_T} - 1\right)^2 \quad (\text{当 } u_{GS} > U_T \text{ 时}) \tag{2-27}$$

式中：I_{DO} 为当 $u_{GS} = 2U_T$ 时的 i_D 值，见图 2-41（a）。

与结型场效应管相比，N 沟道增强型 MOS 场效应管的输出特性同样可以分为可变电阻区、恒流区（或饱和区）、夹断区，以及一个击穿区，如图 2-41（b）所示。当 u_{DS} 增加到一定值时，漏极电流急剧增大，管子也将被击穿，如果 $u_{GS} = 0$ 时的击穿电压为 $U_{(BR)GD}$，而 $U_{(BR)DS} = u_{GS} - U_{(BR)GD}$，则栅源的击穿电压 $U_{(BR)DS}$ 将随 u_{GS} 的增加而增加，如图 2-41（b）中斜的虚线所示。

2.4.2.2 N 沟道耗尽型 MOS 场效应管

根据前面的分析可知，对于 N 沟道增强型 MOS 场效应管，只有当 $u_{GS} > U_T$ 时，漏极和源极之间才存在导电沟道。耗尽层的 MOS 场效应管则不然，由于在制造过程中预先在二氧化硅的绝缘层中掺入了大量的正离子，因此，即使 $u_{GS} = 0$，这些正离子产生的电场也能在 P 型衬底中"感应"出足够多的负电荷，形成"反型层"，从而产生 N 型的导电沟道，所以当 $u_{DS} > 0$ 时，将有一个较大的漏极电流 i_D，如图 2-42（a）所示。图 2-42（b）是其电路符号，增强型电路符号中的虚线在耗尽型电路符号中为实线，表示不加电压时就存在沟道。

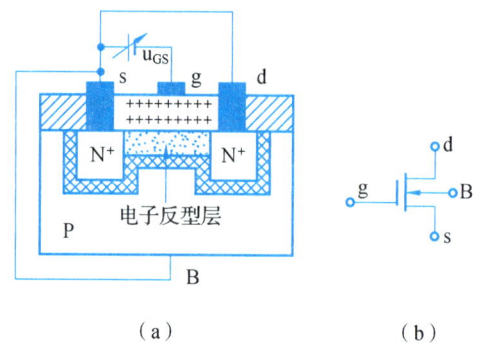

（a） （b）

图 2-42 N 沟道耗尽型 MOS 管示意图及符号

如果使这种场效应管的栅极电压 $u_{GS} < 0$，则由于栅极接电源的负端，其电场将削弱原来二氧化硅绝缘层中正离子产生的电场，使感应负电荷减少，于是 N 型的沟道变窄，从而使 i_D 减小。当 u_{GS} 更负，达到某一值时，感应电荷将被"耗尽"，导电沟道消失，于是 $i_D \approx 0$。因此，这种场效应管称为耗尽型 MOS 场效应管。$i_D \approx 0$ 时的 u_{GS} 称为夹断电压，用符号 U_P 表示，与结型场效应管类似。

与 N 沟道结型场效应管不同之处在于，耗尽型 MOS 场效应管允许在 $u_{GS} > 0$ 的情况下工作。此时导电沟道比 $u_{GS} = 0$ 时更宽，因而 i_D 更大。由图 2-43（a）和（b）所示的 N 沟道耗尽型 MOS 场效应管的转移特性和输出特性可见，当 $u_{GS} > 0$ 时，i_D 增大；当 $u_{GS} < 0$ 时，i_D 减小。

P 沟道 MOS 场效应管的工作原理与 N 沟道的类似，在此不再赘述，它们的符号也与 N 沟道 MOS 管相似，但衬底 B 上箭头的方向相反。为了便于比较，现将各种场效应管的符号和特性曲线列于表 2-1 中。

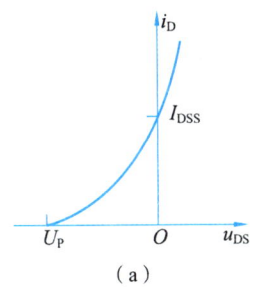
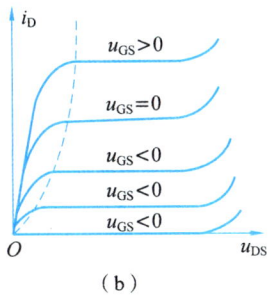

(a)　　　　　　　　(b)

图 2-43　N 沟道耗尽型 MOS 场效应管特性曲线

表 2-1　各种场效应管的符号及特性曲线

分 类		符 号	转移特性曲线	输出特性曲线
N 沟道结型	耗尽型			
P 沟道结型	耗尽型			
N 沟道绝缘栅型	增强型			
	耗尽型			

续表

分类		符号	转移特性曲线	输出特性曲线
P 沟道绝缘栅型	增强型	(d, B, s)	U_T, i_D, O, u_{DS}	$u_{GS}=U_T$, i_D, O, u_{DS}
	耗尽型	(g, d, B, s)	i_D, U_P, O, u_{DS}, I_{DSS}	i_D, O, u_{DS}, $u_{GS}=0$

2.4.3 场效应管的主要参数

2.4.3.1 直流参数

(1) 饱和漏极电流 I_{DSS}

这是耗尽型场效应管的一个重要参数。它的定义是当栅源之间的电压 u_{GS} 等于零，而漏源之间的电压 u_{DS} 大于夹断电压 U_P 时对应的漏极电流。

(2) 夹断电压 U_P

U_P 也是耗尽型场效应管的一个重要参数。其定义是当 u_{DS} 一定时，使 i_D 减小到某一个微小电流时所需的 u_{GS} 值。

(3) 开启电压 U_T

U_T 是增强型场效应管的一个重要参数。它的定义是当 u_{DS} 一定时，使漏极电流达到某一数值时所需加的 u_{GS} 值。

(4) 直流输入电阻 R_{GS}

即栅源之间所加电压与产生的栅极电流之比。由于场效应管的栅极几乎不取电流，因此其输入电阻很高。结型场效应管的 R_{GS} 一般在 10^7 Ω 以上，绝缘栅场效应管的输入电阻更高，一般大于 10^9 Ω。

2.4.3.2 交流参数

(1) 低频跨导 g_m

用以描述栅源之间的电压 u_{GS} 对漏极电流 i_D 的控制作用。它的定义是当 u_{DS} 一定时，i_D 与 u_{GS} 的变化量之比，即

$$g_m = \frac{\Delta i_D}{\Delta u_{GS}} \bigg|_{u_{DS}=常数} \qquad (2-28)$$

若 i_D 的单位是毫安(mA)，u_{GS} 的单位是伏(V)，则 g_m 的单位是毫西门子(mS)。

(2) 极间电容

这是场效应管三个电极之间的等效电容，包括 C_{GS}、C_{GD} 和 C_{DS}。极间电容越小，则场效应管的高频性能越好，极间电容一般为几个皮法。

2.4.3.3 极限参数

(1) 漏极最大允许耗散功率 P_{DM}

场效应管的漏极耗散功率等于漏极电流与漏源之间电压的乘积，即 $P_D = i_D u_{DS}$。这部分功率将转化为热能，使管子的温度升高。漏极最大允许耗散功率取决于场效应管允许的温升。

(2) 漏源击穿电压 $U_{(BR)DS}$

这是在场效应管的漏极特性曲线上，当漏极电流 i_D 急剧上升产生雪崩击穿时的 u_{DS}。工作时外加在漏源之间的电压不得超过此值。

(3) 栅源击穿电压 $U_{(BR)GS}$

结型场效应管工作时，栅源之间的 PN 结处于反向偏置状态，若 u_{GS} 过高，PN 结将被击。MOS 场效应管的栅极与沟道之间有一层很薄的二氧化硅绝缘层，当 u_{GS} 过高时，可能将二氧化硅绝缘层击穿，使栅极与衬底发生短路。这种击穿不同于一般的 PN 结击穿，而与电容器击穿的情况类似，属于破坏性击穿。栅源间发生击穿，MOS 管即被破坏。

> **思考题**
>
> 1. 为什么 MOS 场效应管的输入电阻比晶体管高？
> 2. 场效应管又称为单极型管，而半导体三极管又称为双极型管，这是为什么？

本章小结

本章以半导体材料作为切入点，分别介绍了本征半导体和杂质半导体的基本知识，阐述了半导体二极管、晶体管(BJT)和场效应管(FET)等内容。现总结如下。

1. 常温下半导体中存在两种导电的载流子，即自由电子和空穴。纯净的半导体也称本征半导体，其导电性能很差。掺入少量其他元素后称为杂质半导体，这种杂质半导体不仅导电能力有很大提高，而且还能实现可控导电。杂质半导体有两种，即 P 型半导体和 N 型半导体。当两种杂质半导体结合在一起时，在它们的交界处，载流子将产生两种有序运动，因浓度差而产生的运动称为扩散支运动，因电位差而产生的运动称为漂移运动。当两种运动达到动态平衡时，在交界处产生一个空间电荷区(或称耗尽层)，从而形成 PN 结。它是制造各种半导体器件的基础。正确理解 PN 结的单向导电性、温度敏感性、反向击穿性和结电容效应，有利于了解各类半导体器件的特性和参数。

2. 利用一个 PN 结加上两个电极，经过外壳封装，就构成二极管。它与 PN 结一样具有单向导电特性。加上正向电压时，电流与电压成指数关系；加上反向电压时，产生漂移电流，电流值很小。其在电路中作整流、检波、限幅、钳位之用。特殊的二极管与普通的二极管一样，也具有单向导电性。利用 PN 结的反向击穿特性，可以制成稳压二极管；利用 PN

结的结电容，可制成变容二极管；利用 PN 结的光敏特性，可制成光电二极管。利用发光材料，可以制成发光二极管。

3. 晶体管也称双极型三极管。有 NPN 型和 PNP 型两种结构。其内部都包含着两个 PN 结和三个掺杂区：即发射结、集电结和发射区、基区、集电区。其三个掺杂区对外引出三个电极，分别称为发射极 b、基极 e、集电极 c。由于三个掺杂区的掺杂浓度和体积结构的不同，晶体管具有电流放大作用，因而被称为电流控制型器件。晶体管放大的外部条件是：发射结加上正向偏置电压，集电结加上反向偏置电压。表示晶体三极管放大作用的重要参数是共射电流放大系数 $\beta = \Delta i_C / \Delta i_B$，以及共基电流放大系数 $\alpha = \Delta i_C / \Delta i_E$。晶体管各电极电流与电压的关系是用特性曲线表示的，共发射状态的输入特性与二极管正向特性相似，呈指数关系；输出特性分为截止、饱和、放大等三个区域，分别对应着晶体管的三个工作状态及外部条件。除放大系数 β、α 外，晶体管的主要参数还有 $I_{CBO}(I_{CEO})$、I_{CM}、$U_{(BR)CEO}$、P_{CM} 和 f_T 等。

4. 场效应管利用栅极与源极之间的电场效应来控制漏极电流，因而被认为是一种电压控制型器件。根据结构不同，场效应管分为结型和绝缘栅（或 MOS）型两类。每一类又有 N 沟道和 P 沟道之分。MOS 管又分为增强型和耗尽层型两种形式。场效应管的控制过程是通过栅源之间的外加电压改变导电沟道的宽窄来实现的。表示场效应管各电极之间电压和电流的关系是转移特性和输出特性曲线。与晶体管相类似，在输出特性曲线上场效应管分为夹断区（截止区）、恒流区（线性放大区）、可变电阻区等三个工作区域。其主要参数有 g_m、U_P 或 U_T、I_{DSS}、I_{DM}、$U_{(BR)DS}$、P_{DM}、极间电容等。

练习题

一、选择题

1. 在半导体材料中，本征半导体的自由电子浓度_____空穴浓度。
A. 大于　　　　　B. 小于　　　　　C. 等于

2. PN 结在外加正向电压时，其载流子的运动中，扩散_____漂移。
A. 大于　　　　　B. 小于　　　　　C. 等于

3. N 型半导体的多数载流子是电子，因此它_____。
A. 带负电荷　　　B. 带正电荷　　　C. 呈中性

4. 处于放大状态的晶体管，集电结的载流子运动形式_____运动。
A. 只有漂移　　　B. 只有扩散　　　C. 兼有漂移和扩散

5. 当环境温度增加时，稳压二极管的正向电压将_____。
A. 增大　　　　　B. 减小　　　　　C. 不变

6. 场效应管的夹断电压 $U_P = -10\text{ V}$，则此场效应管为_____。
A. 耗尽型　　　　B. 增强型　　　　C. 结型

7. 某晶体管的发射结电压大于零，集电结也电压大于零，则它工作在_____状态。
A. 放大　　　　　B. 截止　　　　　C. 饱和

8. 场效应管是一种_____控制型器件。
A. 电流　　　　　B. 电压　　　　　C. 光电

9. 对于结型场效应管，当 |U_{GS}| > |U_P|，那么管子将工作在_____区。
A. 可变电阻　　　　B. 恒流　　　　C. 夹断　　　　D. 击穿

二、判断题

1. PN 结加上反向电压时电流很小，是因为空间电荷减少了。　　　　　　　（　）
2. 当共射晶体管的集电极电流几乎不随集-射电压的变化而改变时，则称晶体管工作在饱和状态。　　　　　　　　　　　　　　　　　　　　　　　　　　　（　）
3. P 型半导体中空穴占多数，因此它带正电荷。　　　　　　　　　　　（　）
4. 晶体管有电流放大作用，因此它具有能量放大作用。　　　　　　　　（　）
5. 二极管正向偏置时，PN 结的电流主要是多数载流子的扩散运动。　　　（　）
6. 结型场效应管的漏源电压 u_{DS} 大于夹断电压 U_P 后，漏极电流 i_D 将为零。（　）

三、画图题

1. 电路如题图 2-1 所示，设二极管正向导通电压为 0 V，反向电阻为无穷大，输入电压为 $u_i = 10\sin\omega t$ V，$E = 5$ V，试分别画出输出电压 u_o 的波形。

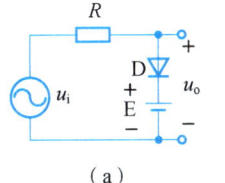
（a）

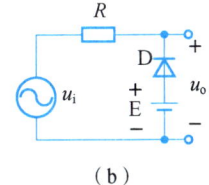
（b）

题图 2-1

2. 题图 2-2 所示为半导体二极管正向伏安特性的近似曲线，试画出由恒压源 U，电阻 r_d 和理想二极管 D 组成的该二极管正向工作的电路模型，并写出 U 及 r_d 的表达式。

3. 已知一个 N 沟道增强型 MOS 场效应管的开启电压 $U_T = 3$ V，$I_{DO} = 4$ mA，请画出转移特性曲线示意图。

题图 2-2

四、问答题

1. 二极管电路如题图 2-3 所示，写出各电路的输出电压值。设 $u_D = 0.7$ V。

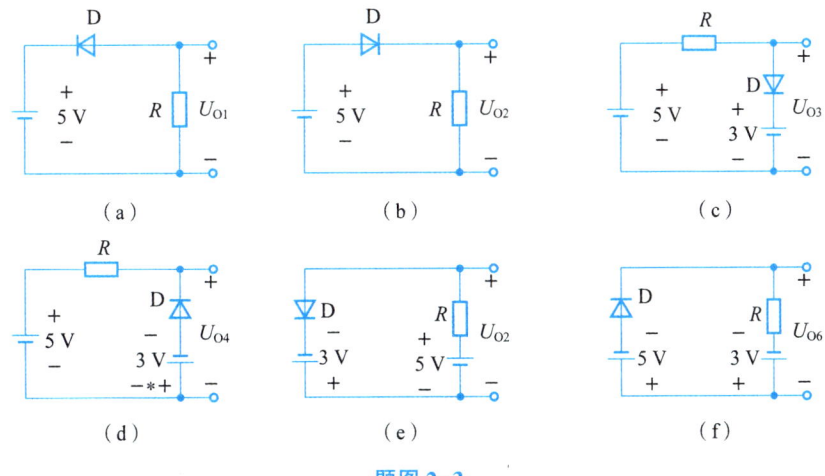

题图 2-3

2. 稳压二极管电路如题图 2-4 所示，已知 D_{Z1}、D_{Z2} 的稳定电压分别为 $U_{Z1} = 5$ V，$U_{Z2} = 8$ V，试求输出电压 U_{O1}，U_{O2}。

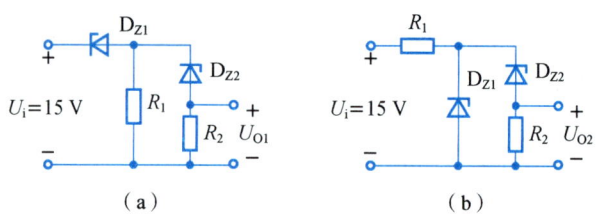

题图 2-4

3. 电路如题图 2-5 所示，设 $U_{CC} = 10$ V，$\beta = 100$，$U_{BE} = 0.7$ V，$U_{CES} = 0$，试问：
① $R_B = 100$ kΩ，$U_{BB} = 3$ V 时，I_C 等于多少？
② $U_{BB} = 2$ V 时，$U_O = 5$ V 时，R_B 等于多少？

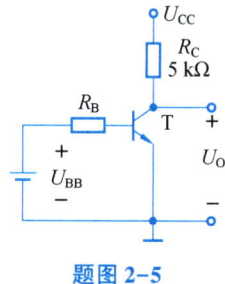

题图 2-5

4. 两只硅稳压二极管的正向电压均为 0.5 V，稳定电压分别为 $U_{Z1} = 6$ V，$U_{Z2} = 8$ V，若与一电阻串联后接入直流电源中，当考虑稳压管正负极性的不同组合时，可获得哪几种较稳定的电压值。

5. 电路如题图 2-6 所示，其中 $R = 2$ kΩ，硅稳压管 D_{Z1}、D_{Z2} 的稳定压 U_{Z1}、U_{Z2} 分别为 5V、10 V，正向压降为 0.6 V，不计稳压管的动态电阻和耗散功率，试求各电路输出电压。

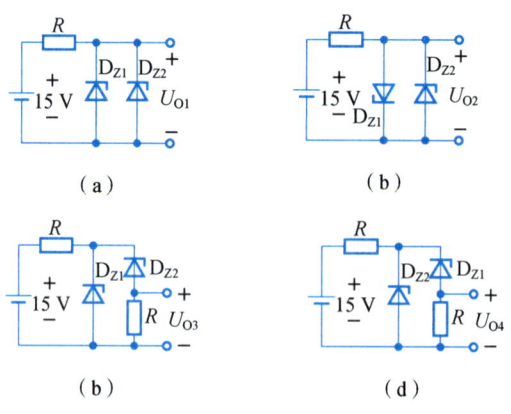

题图 2-6

6. 电路如题图 2-7 所示，已知稳压管 D_Z 的稳定电压 $U_Z = 6$ V，稳定电流的最小值

$I_{Zmin}=5$ mA，最大值 $I_{Zmax}=20$ mA。

①当 $U_i=8$ V 时，求 R 的范围；

②当 $R=1$ kΩ 时，求 U_i 的范围。

7. 在如题图 2-8 所示电路中，$R=400$ Ω，已知稳压管 D_Z 的稳定电压 $U_Z=10$ V，最小电流 $I_{Zmin}=5$ mA，最大管耗为 $P_{ZM}=150$ mW。

①当 $U_i=20$ V 时，求 R_L 的最小值；

②当 $U_i=26$ V 时，求 R_L 的最大值；若 $R_L\to\infty$，则将会产生什么现象？

8. 电路如题图 2-9 所示，设二极管为理想二极管。根据以下条件，求二极管中的电流和 Y 的电位。

①当 $V_A=V_B=5$ V 时；

②当 $V_A=10$ V，$V_B=0$ 时；

③当 $V_A=6$ V，$V_B=5.8$ V 时。

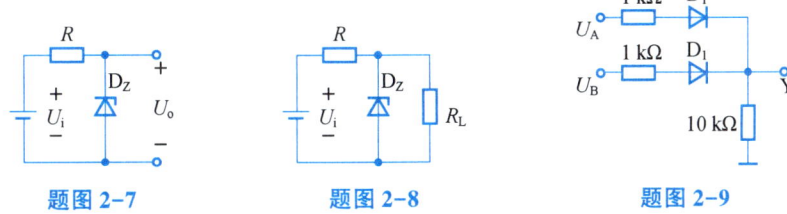

题图 2-7　　　　题图 2-8　　　　题图 2-9

9. 已知三极管的输出特性曲线如题图 2-10 所示，试求图中当 $I_C=6$ mA，$U_{CE}=6$ V 时，电流的放大系数 $\bar{\beta}$、$\bar{\alpha}$。

10. 已知处于放大状态的晶体管的三个电极对公共参考点的电压为 U_1、U_2、U_3，如题图 2-11 所示，试分别判断：它们是 NPN 型还是 PNP 型？是硅管还是锗管？并标出三个电极的符号。

①T_1：$U_1=3.6$ V，$U_2=2.9$ V，$U_3=12$ V；

②T_2：$U_1=3.1$ V，$U_2=2.9$ V，$U_3=8$ V；

③T_3：$U_1=6.5$ V，$U_2=11.3$ V，$U_3=12$ V；

④T_4：$U_1=4.5$ V，$U_2=9.8$ V，$U_3=10$ V。

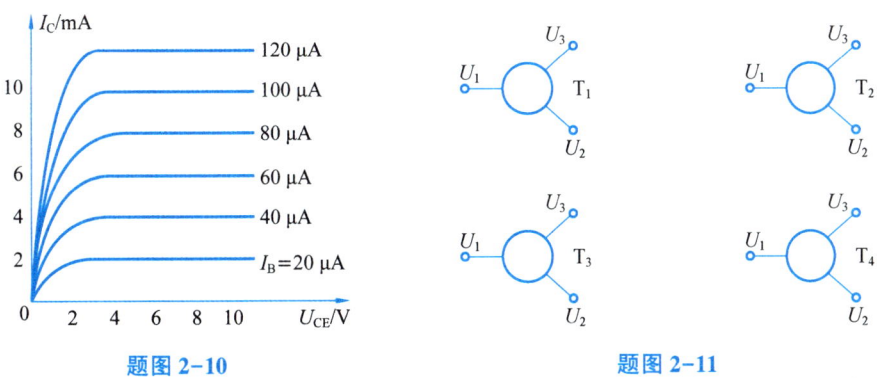

题图 2-10　　　　　　　　题图 2-11

11. 已测得三极管的各极电位如题图 2-12 所示，试判别：它们各处于放大、饱和与截止中的哪种工作状态？

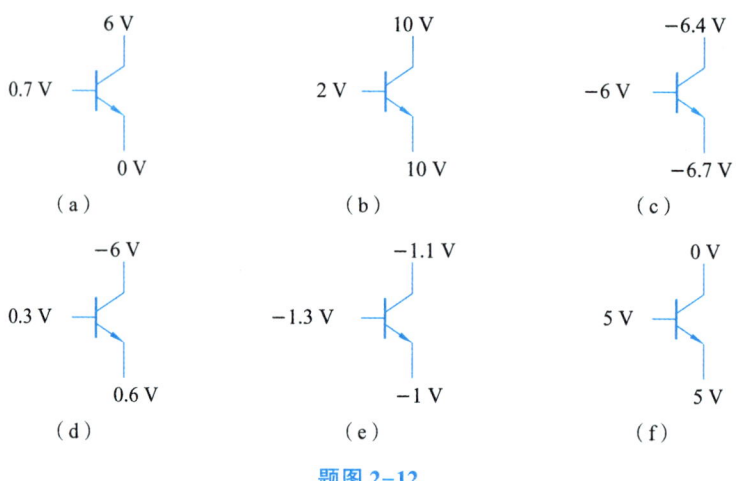

题图 2-12

12. 已知某一晶体三极管(BJT)的共基极电流放大倍数 $\alpha = 0.99$。

① 在放大状态下，当其发射极的电流 $I_E = 5$ mA 时，求 I_B 的值。

② 如果耗散功率 $P_{CM} = 100$ mW，此时 U_{CE} 最大为多少是安全的？

③ 当 $I_{CM} = 20$ mA 时，若要正常放大，I_B 最大为多少？

第 3 章　三极管基本放大电路

学习目标

掌握放大电路的基本概念和主要性能指标；
理解基本放大电路的工作原理，掌握放大电路的分析步骤和分析方法；
熟悉基本放大电路的三种组态及分析计算；
掌握场效应管放大电路的分析计算。

素质目标

通过对本章的学习，培养学生科学分析与工程实践能力，引导学生树立严谨务实、创新驱动的现代工程理念，强化节能环保意识与规范操作的职业素养。

3.1　放大电路的主要性能指标

3.1.1　信号放大的概念

放大是一个在许多领域中都广泛使用的概念。在电子学中，放大有其特定的含义：一个需要被放大的电信号(例如从天线或传感器得到的信号)，其电压、电流的幅度往往是很小的，通常是毫伏、毫安，甚至是微伏、微安或更小的数量级，不足以推动负载(例如喇叭、指示仪表、执行机构)。这个信号被放大以后，它随时间而变化的规律要与放大前严格一致，但是其电压、电流的幅度得到了较大提高。信号的这种变化过程称为放大，实现放大功能的电子电路称为放大电路(或放大器)。

放大表面上看是将信号的幅度由小变大,但其本质是实现能量的控制和转换。由于输入信号的能量过于微弱,需要另外提供一个能源,由能量较小的输入信号控制这个能源,使放大电路输出较大的(受输入信号控制的)能量,然后推动负载。这种小能量对大能量的控制作用,就是放大作用。所以放大电路具有以下基本特点。

①放大电路主要用于放大微弱信号,输出电压或电流在幅度上得到了放大,输出信号的能量得到了加强。

②输出信号的能量实际上是由直流电源提供的,只是经过三极管的控制,使之转换成信号能量,提供给负载。放大电路的结构示意图见图3-1。

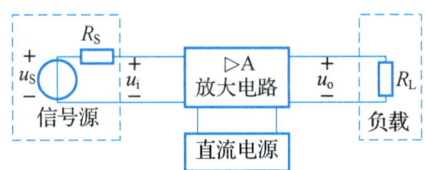

图3-1　放大电路的结构示意图

能够控制能量转换的器件称为有源器件,如半导体三极管、场效应管、集成放大器等。双极型三极管(BJT)的基极电流对集电极电流有控制作用。同样,场效应管的栅源之间的电压对漏极电流也有控制作用。因此,这两种器件都可以实现放大作用,它们是组成放大电路的核心器件。

3.1.2　放大电路的主要指标

放大电路的性能指标可以衡量一个放大器性能的好坏和特点。性能指标主要包括放大倍数(或增益)、输入电阻、输出电阻、通频带等。

由于放大电路可以看成是一个有源四端双口网络,为讨论放大电路的性能指标,将放大电路的等效网络画于图3-2中,并按双口网络的一般约定画出了电流的方向和电压的极性,同时假定输入信号为正弦波,图中的电流和电压均采用向量表示。这样,我们就可以由这个网络的端口特性来描述放大电路的性能指标。

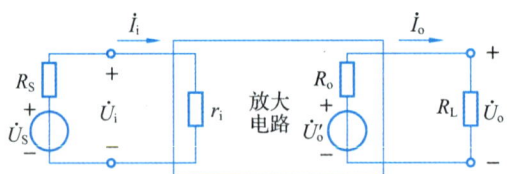

图3-2　放大电路等效网络示意图

3.1.2.1　放大倍数(或增益)

为衡量放大电路的放大能力,规定不失真时的输出量与输入量的比值叫做放大电路的放大倍数,或称为增益$\dot{A}$,即

$$\dot{A} = \frac{\dot{X}_o}{\dot{X}_i} \tag{3-1}$$

根据输入量和输出量的不同,可以有以下四种增益的定义方法。

(1) 电压放大倍数

$$\dot{A}_{uu} = \dot{A}_u = \frac{\dot{U}_o}{\dot{U}_i} \tag{3-2}$$

(2) 电流放大倍数

$$\dot{A}_{ii} = \dot{A}_i = \frac{\dot{I}_o}{\dot{I}_i} \tag{3-3}$$

(3) 互阻放大倍数

$$\dot{A}_{ui} = \dot{A}_r = \frac{\dot{U}_o}{\dot{I}_i} \tag{3-4}$$

(4) 互导放大倍数

$$\dot{A}_{iu} = \dot{A}_g = \frac{\dot{I}_o}{\dot{U}_i} \tag{3-5}$$

对于正弦交流信号来说,表达式中的电压和电流可以用有效值,也可以用峰值。在这几个放大倍数中,$\dot{A}_u$ 和 $\dot{A}_i$ 是无量纲的,$\dot{A}_g$ 的单位是西门子(S),$\dot{A}_r$ 的单位是欧姆(Ω)。不同场合下使用的放大电路可能要求不同性质的放大倍数。对于低频小信号电压放大器,我们最关心的是电压放大倍数,因此,如不作特殊说明,书中所讨论的放大电路均为电压放大电路。除了这四个放大倍数以外,有时还需要讨论功率放大倍数,定义为输出功率与输入功率的比值。

(5) 功率放大倍数

$$\dot{A}_p = \frac{P_o}{P_i} \tag{3-6}$$

这些增益反映了放大电路在输入信号控制下,将直流电源能量转换为交流输出能量的能力。工程上经常用以 10 为底的对数来表示电压放大倍数和电流放大倍数的大小,单位是 B(贝尔,Bel),也常用它的十分之一单位分贝(dB)。

$$\dot{A}_u = 20 \lg \left| \frac{\dot{U}_o}{\dot{U}_i} \right| \tag{3-7}$$

$$\dot{A}_i = 20 \lg \left| \frac{\dot{I}_o}{\dot{I}_i} \right| \tag{3-8}$$

由于功率与电压(或电流)的平方成比例,因此功率增益表示为

$$\dot{A}_p = 10 \lg \left| \frac{P_o}{P_i} \right| \tag{3-9}$$

利用对数的方式来表达增益的好处是可以用较小的数值范围来描述较宽的放大倍数变化范围。例如,放大倍数 $10^2 \sim 10^5$ 可用分贝表示为 40~100 dB。而且在计算多级放大电路的总增益时,利用对数的运算可以将乘法转换为加法,便于电路的分析和设计。

3.1.2.2 输入电阻和输出电阻

(1) 输入电阻 R_i

从放大电路的输入端看进去的等效电阻被称为放大电路的输入电阻，定义为

$$R_\mathrm{i}=\frac{\dot{U}_\mathrm{i}}{\dot{I}_\mathrm{i}} \qquad (3-10)$$

式中：$\dot{U}_\mathrm{i}$ 和 $\dot{I}_\mathrm{i}$ 代表输入端口的输入电压和输入电流。

输入电阻的大小决定了放大电路从信号源得到的信号幅度的大小。如图 3-2 所示，放大电路的输入电阻 R_i 相当于信号源的负载。从图中可以看出，信号源的内阻 R_s 和放大电路的输入电阻 R_i 是串联的，在信号源内阻不为零时，放大电路得到的输入电压并不是信号源提供的全部电压。$\dot{U}_\mathrm{i}$ 和 $\dot{U}_\mathrm{s}$ 之间在在着这样的关系：

$$\dot{U}_\mathrm{i}=\frac{R_\mathrm{i}}{R_\mathrm{i}+R_\mathrm{s}}\dot{U}_\mathrm{s} \qquad (3-11)$$

从式(3-11)可以看出，信号源为电压源时，放大电路的输入电阻越大，从信号源处得到信号的能力越强，越有利于获得较大的输出幅度。请读者思考：如果是电流源输入，适合什么样输入电阻的放大电路？

（2）输出电阻 R_o

输出电阻是从放大电路输出端看进去的等效电阻，定义为

$$R_\mathrm{o}=\frac{\dot{U}_\mathrm{o}}{\dot{I}_\mathrm{o}}\bigg|_{R_\mathrm{L}=\infty,\,U_S=0} \qquad (3-12)$$

式(3-12)表示输出电阻被定义为在输入电压源短路（电流源开路）并保留 R_S 和负载开路（因为负载并不属于放大电路）的情况下，放大电路的输出端所加测试电压 $\dot{U}_\mathrm{T}$ 与其产生的测试电流 $\dot{I}_\mathrm{T}$ 的比值。如图 3-3 所示。必须指出，这是理论上的定义方法，不能用来实际测量。

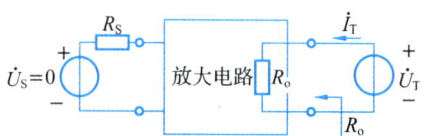

图 3-3　放大电路的输出电阻

输出电阻的大小决定了放大电路带负载的能力。在图 3-2 中，放大电路的输出信号相当于负载的信号源，放大电路的输出电阻相当于信号源内阻。可以看出，负载上得到的输出电压 $\dot{U}_\mathrm{o}$ 并不与放大电路开路输出电压 $\dot{U}'_\mathrm{o}$ 相等，它们之间符合这样的关系：

$$\dot{U}_\mathrm{o}=\frac{R_\mathrm{L}}{R_\mathrm{L}+R_\mathrm{o}}\dot{U}'_\mathrm{o} \qquad (3-13)$$

因此，放大电路的输出电阻越小，负载上得到的电压信号就越多，负载变化对输出电压大小的影响就越小，称放大电路的带负载能力越强。

实验分析时，在保持输入信号不变的前提下，分别测出放大电路输出端开路和加载（接 R_L）时的电压 $\dot{U}'_\mathrm{o}$ 和 $\dot{U}_\mathrm{o}$，输出电阻 R_o 可由下式来决定：

$$R_\mathrm{o}=\left(\frac{\dot{U}'_\mathrm{o}}{\dot{U}_\mathrm{o}}-1\right)R_\mathrm{L} \qquad (3-14)$$

注意：放大倍数、输入电阻、输出电阻通常都是在正弦信号下的交流参数，只有在放大电路处于放大状态且输出不失真的条件下才有意义。

3.1.2.3 最大输出幅度

在不失真情况下，放大电路的最大输出电压或电流的大小，用 U_{omax} 和 I_{omax} 表示。

3.1.2.4 通频带

由于放大电路存在电抗元件或等效电抗元件，信号频率过高或过低，放大倍数都要明显地下降。但是，在中间一段频率范围内，各种电抗的影响都可忽略，放大倍数基本不变，将此放大倍数称为中频放大倍数，记做 A_{um}。将放大倍数下降至 $0.707A_{\text{um}}$（$\sqrt{2}A_{\text{um}}$）时所对应的高、低频率分别称上限频率 f_{H} 及下限频率 f_{L}，如图 3-4 所示。

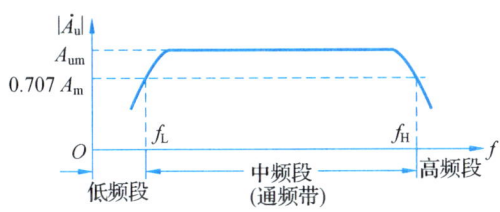

图 3-4 放大电路的频率指标

通频带为

$$f_{\text{bW}} = f_{\text{H}} - f_{\text{L}} \tag{3-15}$$

其值越大，放大电路对信号频率的适应能力越强。对收音机和扩音机来说，通频带宽意味着可以将原乐曲中丰富的高、低音都能完美地播放出来。

3.1.2.5 非线性失真系数 D

三极管的输入、输出特性曲线是非线件的，即使在放大区也不是完全的线性。因此，输出波形不可避免地要发生失真。这种由于二极管的非线性造成的输出信号失真称为非线性失真。具体表现为：当输入某一频率的正弦交流信号时，输出波形中除了被放大的该频率的基波输出外，还含有一定数量的谐波。谐波的总量与基波成分的比值称为非线性失真系数。

$$D = \sqrt{\left(\frac{U_{\text{o2}}}{U_{\text{o1}}}\right)^2 + \left(\frac{U_{\text{o3}}}{U_{\text{o1}}}\right)^2 + \cdots + \left(\frac{U_{\text{on}}}{U_{\text{o1}}}\right)^2} \tag{3-16}$$

式中：U_{o1}、U_{o2}、U_{o3}…分别为输出信号中基波分量和各次谐波分量的幅度。

一般情况下，放大电路的非线性失真系数应小于百分之几。对于一些要求高的电子设备，如高保真的音响系统，其非线性失真系数可以做到小于千分之一。小信号放大时非线性失真很小，一般只有在大信号工作时要考虑非线性失真系数。

3.1.2.6 线性失真

放大器的实际输入信号一般是包含丰富频率分量的复杂信号，而放大电路中有许多电抗参数和分布参数，所以放大电路对输入的不同频率分量具有不同的放大倍数和相移，这样会造成输出信号中各频率分量之间大小、相位等比例关系发生变化，这样，输出波形就必然发生失真。由这种原因造成的波形失真，称为放大器的线性失真，也叫频率失真。

线性失真和非线性失真都会造成输出波形的失真，但本质不同。非线性失真时输出信号会产生新的频率分量(各次谐波);而线性失真时,只是输出信号个各种频率分量的幅度和相移发生相对变化,没有产生新的频率分量。

3.1.2.7 最大输出功率 P_{omax} 和效率 η

三极管是一个能量控制器件,它能通过三极管的控制作用,把直流电源提供的能量转换成交流电能输出。所以,放大电路的最大输出功率就是在输出信号不失真时,放大电路向负载提供的最大交流功率,用 P_{omax} 来表示。

规定放大器的最大输出功率与直流电源提供的功率之比叫作放大器的效率 η。效率越高,在交流输入信号的控制下,能量转换能力就越强。

除了以上的几种主要性能指标以外,还有信噪比、抗干扰能力、温度漂移等等。有了这些性能指标,不仅可以衡量放大电路的性能,还可以根据放大电路的实际情况,确定其使用场合和范围。例如,有些性能指标在一般的条件下非常容易达到,可以不作特殊考虑,但在一些特殊的使用条件下,则变得十分难以达到,甚至成了影响放大器性能的关键参数。因此,在实际工作中,还要具体情况具体分析,才能获得最佳的放大结果。对于本书讨论的低频小信号电压放大电路来说,主要的指标是电压放大倍数、输入电阻和输出电阻。

思考题

1. 某放大电路输入信号为 1 mA 时,输出电压为 0.5 V,该电路的增益是多少?属于哪一类型的放大电路?

2. 一电压放大电路输出端接 10 kΩ 的负载电阻时,输出电压为 1 V,负载电阻断开时输出电压为 1.1 V,该电路的输出电阻为多少?

3. 计算放大电路的通频带时,为什么选取放大倍数下降到最高值的 $\sqrt{2}/2$ 时作为上下限频率的分界点?

3.2 共射极基本放大电路的工作原理

3.2.1 共射电路的组成结构

由一只三极管组成的放大电路,是放大器中最基本的单元电路,称为单管放大电路。放大电路与输入信号和输出信号,分别构成了输入回路和输出回路。图 3-5 是一单管共发射极(以下简称共射)放大电路的原理电路图。电路中有一只双极型三极管作为放大器件,因此是单管放大电路。

它由三极管 T,直流电源 U_{CC},基极电阻 R_b,集电极电阻 R_c,负载电阻 R_L,耦合电容 C_1 和 C_2 等元件组成。需要放大的信号 u_i 从 BJT 的基极送入,放大后的信号 u_o 从 BJT 的集电极送出。发射极是输入回路和输出回路的公

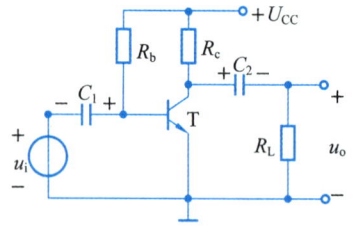

图 3-5 单管共射放大电路

共端。

各元件的作用如下：

NPN 型三极管 T 担负着放大作用，它具有能量转换和电流控制的能力，当微弱的输入信号 u_i 使二极管基极电流 i_B 产生微小变化时，就会使集电极电流 i_C 产生较大的变化。它是放大电路的核心。

U_{CC} 是集电极直流电源，为信号的功率放大提供能量。

R_c 是集电极负载电阻，集电极电流 i_c 通过 R_c，从而将电流的变化转换为集电极电压的变化，然后传送到放大电路的输出端。

基极偏置电阻 R_b 的作用是为三极管的发射结提供正向偏置电压，同时给三极管提供一个静态基极电流 I_b。静态基极电流的大小对放大作用的优劣，以及放大电路的其他性能有着密切的关系。

C_1、C_2 是耦合隔直流电容。没有加输入信号时，放大电路各处电压和电流均为直流量。电路的输入信号通常是随时间而变化的信号，一般是正弦波信号。负载上获得的输出信号应该与输入信号波形一致，但幅度将被放大。给放大器加输入信号后，电路中既有直流量，又有交流量，处于一种交直流混合工作的状态。输入耦合电容 C_1 保证信号加到发射结，并且不影响发射结直流偏置，输出耦合电容 C_2 保证信号输送到负载，并且不影响集电结直流偏置，起到了"隔直通交"的作用。"隔直"是指利用电容对直流开路的特点，隔离信号源、放大器、负载之间的直流联系，以保证它们的直流工作状态相互独立。"通交"是指利用电容对输入交流信号短路的特点，使输入信号能顺利地通过它。为了使电容对输入信号的交流阻抗接近于零，使交流信号在电容上的压降小到可以忽略不计，必须选用电容量很大的电解电容，连接时应注意其极性。在中频（几十赫至几十千赫）放大电路中，C_1 和 C_2 通常为几微法至几十微法。

在单管共射放大电路中，仅仅具备上述各个组成部分还不足以保证电路很好地起放大作用。为了使三极管在放大区工作，还必须使发射结正向偏置，集电结反向偏置，为此，U_{CC}、R_c 和 R_b 等元件的参数应与电路中三极管的输入、输出特性有适当的配合关系。

综上可知，当输入电压有一个变化量 Δu_i 时，在电路中将依次产生以下各个电压或电流的变化量：Δu_{BE}、Δi_B、Δi_C、Δu_{CE} 和 Δu_o。当电路参数满足一定条件时，可能使输出电压的变化量 Δu_o 比输入电压的变化量 Δu_i 大得多，也就是说，当在放大电路的输入端加上一个微小的变化量 Δu_i 时，在输出端将得到一个放大了的变化量 Δu_o，从而实现了放大作用。

3.2.2 共射电路的工作原理及波形

在输入交流信号之前，放大电路中只有直流量。电路必须保证 BJT 工作在放大状态，且有合适的直流工作点（即指合适的直流电压、电流值）。

被放大的交流信号 u_i 送入放大器后，通过电容 C_1 加到 BJT 的发射结，使得三极管基极与发射极之间的电压随之发生变化，在直流电压 U_{BE} 的基础上叠加了一个交流量 u_{be}，变成了混合量 $u_{BE}=U_{BE}+u_{be}$。当发射结电压发生变化时，又将引起基极电流产生相应的变化，即基极电流在直流电流 I_B 的基础上叠加了一个交流量 i_b，变成了 $i_B=I_B+i_b$。依此类推，基极电流的变化将引起集电极电流发生更大的变化（在放大区 BJT 有电流放大作用），即 $i_C=I_C+i_c=$

$\bar{\beta}I_B+\beta i_b$。集电极电流的变化量 i_c 通过集电极负载电阻 R_C 使集电极电压也发生相应的变化：当 i_c 增大时，R_C 上的电压降也增大，因为 $u_{CE}=U_{CE}+u_{ce}$，于是 u_{CE} 将降低，因为 R_C 上的压降与 u_{CE} 之和等于 U_{CC}，而 U_{CC} 是恒定不变的，所以 u_{CE} 的变化量 u_{ce} 与 R_C 上压降的变化量 i_cR_C 数值相等而极性相反，即 $u_{ce}=-i_cR_c$。在本电路中，集电极电压的变化量 u_{ce} 即等于输出电压 u_o，故 $u_o=\Delta u_{CE}=u_{ce}$。

图 3-6 为放大器正常工作情况下的波形图。

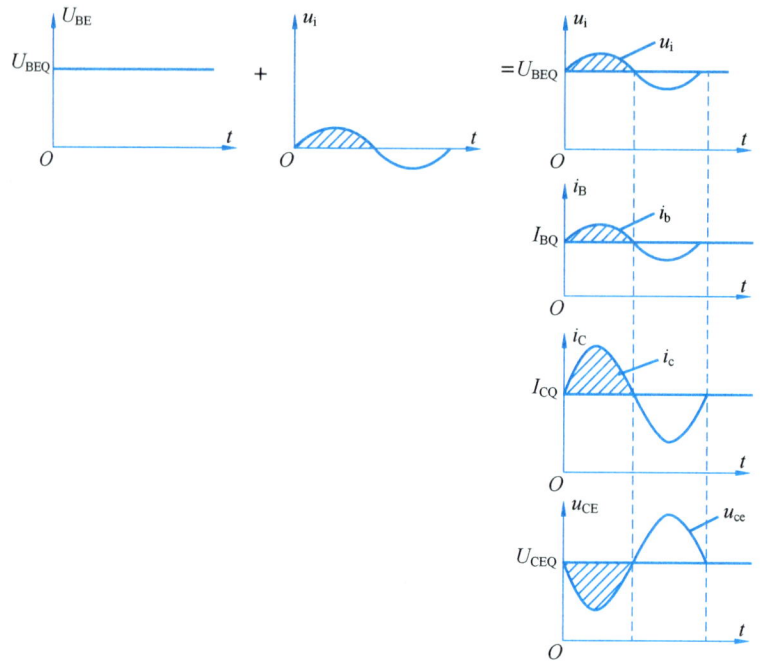

图 3-6　放大器正常工作情况下的波形图

由以上分析可以总结出以下三点：

① 放大电路中的信号是交直流共存的，电压和电流的瞬时值(即混合量)是在原来静态直流量的基础上叠加交流量而形成。即

$$i_B=I_B+i_b \tag{3-17}$$

$$i_C=I_C+i_c \tag{3-18}$$

$$u_{CE}=U_{CE}+u_{ce} \tag{3-19}$$

虽然交流量有正负极性的变化，但混合量的方向始终是不变的。

② 放大后的输出电压 u_o 是与 u_i 同频率的正弦波，由于放大器工作在三极管的近似线性区，可以认为放大器不失真地放大了交流信号。

③ 输出电压 u_o 与输入电压 u_i 的相位差是 180°，也即 u_o 与 u_i 反相，这是共射放大电路的特点。

综上所述归纳如下几点：

① 输出电压 u_o 与 u_i 相比被放大了很多倍，体现了电路有电压放大作用。

② U_{BE}、I_B、U_{CE}、I_C 均为直流量，不随信号的变化而变化。

③u_{be}、i_b、u_{ce}、i_c均为交流量,在信号的传输放大过程中,交流量是叠加在直流量之上的。但是,在输出端直流量和交流量要分离,在负载上只有交流量。

由上述分析可以看到,放大电路中直流、交流共存,并且起着不同的作用。直流是基础,它保证 BJT 工作在放大状态,并同时为 BJT 提供合适的直流偏置(亦称为静态工作点);交流信号是被放大的对象,输出到负载 R_L 上。那么,放大电路如果不加直流量,仅输入交流信号能否正常工作呢?显然是不行的。因为输入信号的幅度很小,一般在毫伏数量级,而 BJT 是一个存在死区的非线性器件。如此小的交流信号加到 BJT 的发射结上,根本不足以克服其死区。也就是说,BJT 仍然处于截止状态,放大电路当然不能正常工作。即使信号的峰值较大,由于交流信号的幅度和极性随时间而变,也不能保证 BJT 在信号的整个周期内均处于导通状态。因此,要想输入信号被不失真地放大,必须给放大电路加合适的直流偏置,即提供合适的静态工作点。

放大电路在其输出端实现了信号的放大,既可能有电流放大,也可能有电压放大,还可能两者兼而有之,总之实现了功率放大。这是否与能量守衡定律相矛盾呢?当然不会。放大器自身是不可能产生和放大能量的。被放大了的交流信号的能量是由直流电源提供的。放大器的作用是在放大器件——三极管的控制下,按照输入信号的变化规律,将能量转换为输出信号的交流能量。因此,放大的作用实质是放大器件的控制作用,放大器只是一种能量控制与转换电路。

3.2.3 放大电路的组成特性

从以上的分析可以总结出基本放大电路的一般组成特性:

①为了使 BJT 在输入信号的整个周期内均处于放大区(或 FET 工作于恒流区),必须给放大电路设置合适的静态工作点。对于 BJT 放大电路,外加直流电源的极性必须使 BJT 的发射结正向偏置,而集电结反向偏置。

②输入回路的接法应该使输入信号(电压或电流)能够尽量不损失地加载到放大器件的输入端,并引起输入回路中的电压或电流产生相应的变化量。

③输出回路的接法应该使输出回路中电压或电流的变化量(即输出信号),能够尽可能多地传送到负载上。

只要符合上述几项原则,即使构成放大电路的三极管元件(可以是 BJT 或 FET)不同,电路的接法不同(共射、共集或共基),仍然能够实现放大作用。

> **思考题**
>
> 1. 放大电路中,直流电源起着怎样的作用?放大电路为什么要建立合适的静态?
> 2. 如果将基本放大电路中的 NPN 型管改成 PNP 型管,有哪些元件的连接需要改变?

3.3 三极管放大电路的基本分析方法

放大电路的分析就是在理解放大电路工作原理的基础上,求解静态工作点和各项动态性能指标。通过对电路工作状态的分析以及对电路参数和性能指标的估算,来判断放大电路能否正常工作、评价电路性能的优劣,以便正确设计和选用放大电路。放大电路建立合适的静态工作点,是保证信号被正常放大的前提。分析放大电路必须要正确地区分静态和动态,即正确区分直流通路和交流通路。分析电路的步骤是先静态后动态。

3.3.1 直流通路与静态计算

3.3.1.1 直流通路

当放大电路中不加输入信号(即 $u_i=0$)时,电路中各处的电压、电流都是固定不变的直流量,这时电路处于直流工作状态,简称静态。在直流工作状态下,对直流量的分析计算称为静态分析。静态分析旨在求解放大电路静态工作点的值(I_{BQ}、I_{CQ} 和 U_{CEQ}),应该在直流通路中进行。直流通路是在直流电源作用下,直流电流流经的通路。如图 3-7 所示。

画直流通路应根据三条原则:①电容视为开路;②电感视为短路(若有直流电阻,则保留其直流电阻);③信号源视为短路,但保留其内阻。

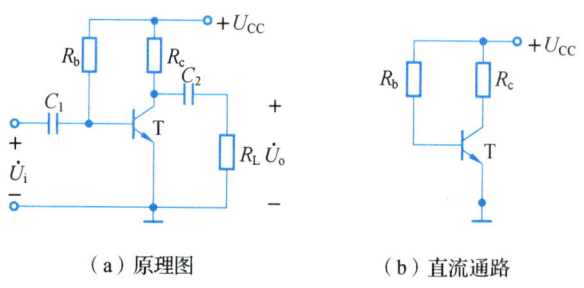

(a)原理图　　　　　　(b)直流通路

图 3-7　基本共射放大电路及其直流通路

3.3.1.2 静态计算

当外加输入信号为零时,在直流电源 U_{CC} 的作用下,三极管的基极回路和集电极回路均存在着直流电流和直流电压,这些直流电流和电压在三极管的输入、输出特性上各自对应一个点,称为静态工作点。静态工作点处的基极电流、基极与发射极之间的电压分别用符号 I_{BQ}、U_{BEQ} 表示,集电极电流、集电极与发射极之间的电压则用 I_{CQ}、U_{CEQ} 表示,下标 Q 是 quiescent 的第一个字母,译成静态。静态分析的任务是确定放大电路的静态工作点,即求出 I_{BQ}、I_{CQ} 和 U_{CEQ}。放大电路的静态工作点可以通过直流等效电路分析法来求得。

直流等效电路分析法是在放大电路的直流通路基础上,画出直流等效电路,根据线性电路的计算方法,计算放大电路的静态工作点 U_{BEQ}、I_{BQ}、I_{CQ} 和 U_{CEQ}。通常,硅管的 $|U_{BEQ}|=0.7\ \text{V}$,锗管的 $|U_{BEQ}|=0.3\ \text{V}$,无须求解。

以基本共射放大电路为例,如图 3-8(a)所示。用等效电路分析法进行静态分析。

基本共射放大电路的直流等效电路如图 3-8(b)所示。其静态分析方法和步骤如下。

列输入回路方程求 I_{BQ}:由 $U_{CC}=I_{BQ}R_b+U_{BEQ}$ 可得

$$I_{BQ}=\frac{U_{CC}-U_{BEQ}}{R_b} \tag{3-20}$$

根据放大区电流方程得
$$I_{CQ} = \beta I_{BQ} \quad (3-21)$$
列输出回路电压方程求 U_{CEQ}，由
$$U_{CC} = I_{CQ}R_C + U_{CEQ}$$
可得
$$U_{CEQ} = U_{CC} - I_{CQ}R_C \quad (3-22)$$

由上面的分析可知，当 R_b 确定后，I_{BQ} 就确定了，因此，I_{BQ} 称为固定偏流，故此放大电路也称为固定偏置电路。

熟练掌握晶体管直流模型后，无须画出放大电路的直流等效电路，根据实际电路的直流通路，用以上方法计算即可。

【例3-1】设图3-8（b）的单管共射放大电路中，$U_{CC}=12$ V，$R_c=3$ kΩ，$R_b=280$ kΩ，NPN型硅三极管中，$\beta=50$，试估算静态工作点。

解：设三极管的 $U_{BEQ}=0.7$ V，则根据式（3-20）、式（3-21）可得
$$I_{BQ} = \frac{U_{CC}-U_{BEQ}}{R_B} = \frac{12-0.7}{280} \approx 40 \ \mu A$$
$$I_{CQ} \approx \beta I_{BQ} = 50 \times 0.04 = 2 \ mA$$
$$U_{CEQ} = U_{CC} - I_{CQ}R_C = 12 - 2 \times 3 = 6 \ V$$

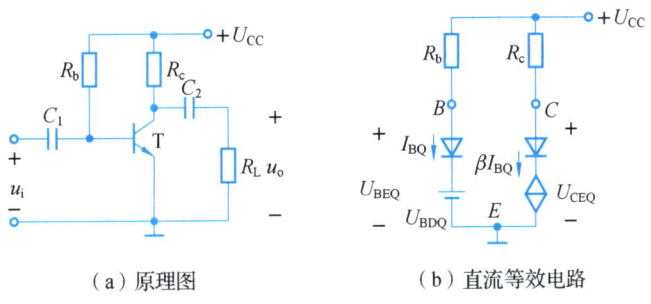

（a）原理图　　　　　（b）直流等效电路

图3-8　基本共射放大电路及其直流等效电路

3.3.2　交流通路与动态分析

在静态工作点的基础上，给电路输入交流信号后，电路中各处的电压、电流都处于交、直流混合在一起的工作状态。

电路中的电压 u_{CE}、电流 i_B 和 i_C 均包含两个分量，即
$$i_B = I_B + i_b$$
$$i_C = I_C + i_c$$
$$u_{CE} = U_{CE} + u_{ce}$$

其中，I_B、I_C 和 U_{CE} 是在电源单独作用下产生的电流、电压，实际上就是放大电路的静态值，称为直流分量。而 i_b、i_c 和 u_{ce} 是在输入信号单独作用下产生的电流、电压，称为交流分量。

这时，如果我们对外加的交流信号及其响应单独进行分析的话，即只对电路的交流工作状态（简称动态）进行分析，就是动态分析。动态分析旨在计算放大电路的性能指标（如 R_i、

R_o、A_u、U_{OM}等），应该通过交流通路进行。交流通路是在输入信号作用下，交流信号流经的通路。由于放大电路中存在电抗性元件和直流电源，所以直流通路与交流通路是不一样的。放大电路中的电抗性元件对直流信号和交流信号呈现不同的阻抗。例如，电容对直流信号的阻抗是无穷大，即不允许直流信号通过；但对交流信号而言，电容容抗的大小为$\frac{1}{\omega C}$，当电容值足够大、输入信号的频率足够高时，交流信号在电容上的压降可以忽略，即电容可视为短路。电感对直流信号的阻抗为零，相当于短路；而对交流信号而言，感抗的大小为ωL。此外，对于理想电压源，如U_{CC}等，由于其电压恒定不变，即电压的变化量等于零，故在交流通路中相当于短路。而理想电流源，由于其电流恒定不变，即电流的变化量等于零，故在交流通路中相当于开路。

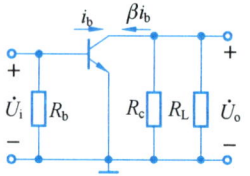

图 3-9 基本共射放大电路的交流通路

画交流通路应遵循两条原则：①大容量的电容（如耦合电容、射极或基极旁路电容等）视为短路；②无内阻的直流电源（如U_{CC}、U_{EE}等）视为短路。例如图 3-8（a）的交流通路如图 3-9 所示。

动态分析方法有图解法和小信号等效电路法两种。这两种分析方法在后面做详细介绍。

3.3.3 静态工作点的稳定

静态工作点不稳定的原因很多，环境温度变化、电源电压波动，以及晶体管特性的分散性都会造成工作点的变化。在这些因素中，以温度的变化和晶体管特性的分散性影响最大。

3.3.3.1 温度对静态工作点的影响

前面介绍的共发射极基本放大电路的静态基极电流为

$$I_{BQ} = \frac{U_{CC} - U_{BE}}{R_b} \approx \frac{U_{CC}}{R_b}$$

U_{CC}和R_b固定后I_{BQ}近似为固定值，因此称为固定偏置放大电路。调整R_b可获得一个合适的静态工作点Q。

固定偏置放大电路虽然简单且容易调整，但静态工作点Q极易受温度等因素的影响而上下移动，造成输出动态范围减小或出现非线性失真。

三极管是一种对温度比较敏感的元件，几乎所有参数都与温度有关。例如，温度每升高 1 ℃，发射结正向压降U_{BE}减小 2～2.5 mV，电流放大系数β增大 0.5%～2%；温度每升高 10 ℃，反向饱和电流I_{CBO}约增加一倍；等等。前面所讲的固定偏置放大电路的静态集电极电流为

$$I_{CQ} = \bar{\beta} I_{BQ} + (1+\beta) I_{CBO}$$

而I_{CQ}受晶体管参数β和I_{CBO}影响很大。即固定共射放大电路静态工作点受温度影响严重。当温度升高时，三极管的I_{CBO}、β增大。发射结电压U_{BE}减小，其结果均使I_C增大。这样，静态工作点将升高，特别是在高温时偏向饱和区，使电路不能正常工作。

3.3.3.2 稳定静态工作点的措施

放大电路静态工作点的移动，轻则使晶体管的动态参数变化，放大电路的性能恶化，重

则使工作点移至非线性区域，产生严重的饱和失真或截止失真，失去放大作用，甚至超过安全区，造成晶体管的损坏。因此，放大电路应采用合适的偏置电路，以保证工作点的稳定。

稳定静态工作点的措施归纳起来有三种：①利用温度补偿的方法，即依靠温度敏感器件直接对基极电流产生影响，使之产生与 I_C 变化相反的变化；②直流负反馈 Q 点稳定电路；③在模拟集成电路中，可以采用恒流源偏置技术，即利用电流源为放大电路提供稳定的偏置电流。下面介绍几种常用电路。

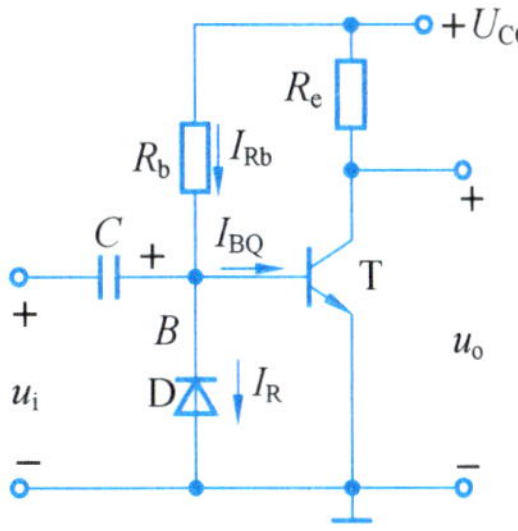

（1）二极管温度补偿电路

使用温度补偿方法稳定静态工作点时，必须在电路中采用对温度敏感的器件，如二极管、热敏电阻等。图 3-10 所示电路稳定 Q 点原理如下：由于电源电压 U_{CC} 远大于晶体管 b、e 间导通电压 U_{BEQ}，因此 R_b 中静态电流为

图 3-10　二极管稳定补偿电路

$$I_{R_b} = \frac{U_{CC} - U_{BEQ}}{R_b} \approx \frac{U_{CC}}{R_b}$$

节点 B 的电流方程为

$$I_{R_b} = I_R + I_{BQ}$$

式中：I_R 为二极管的反向电流。温度升高一方面会导致 I_C 增大，另一方面也会使 I_R 增大，导致 I_B 减小，从而使 I_C 随之减小。当参数配合得当时，I_C 可基本不变。其过程简述如下：

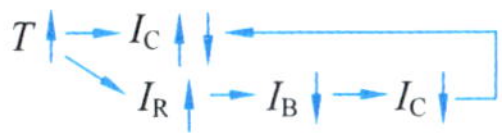

$$T\uparrow\ I_C\uparrow\ \ I_R\uparrow\ I_B\downarrow\ I_C\downarrow$$

从这个过程的分析可知，该电路是利用二极管的温度特性对基极电流产生影响，使之产生与 I_C 变化相反的变化，从而达到稳定 Q 点的作用。

（2）直流负反馈 Q 点稳定电路

利用直流负反馈稳定 Q 的方法有两种：直流电压负反馈电路，如图 3-11（a）所示；直流电流负反馈电路，如图 3-11（b）所示。现以 3-11（b）图为例说明其稳定 Q 点的原理。

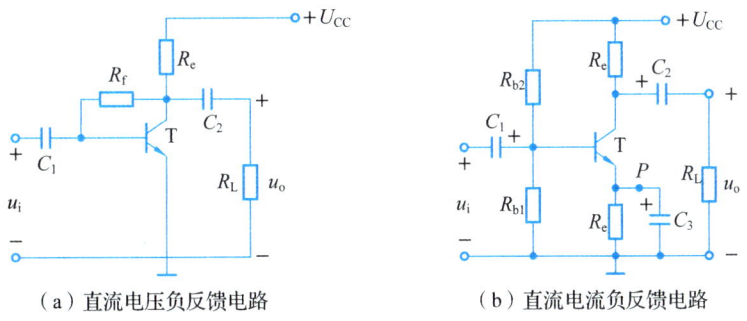

（a）直流电压负反馈电路　　　　（b）直流电流负反馈电路

图 3-11　负反馈电路

图 3-12（b）为图 3-12（a）所示电路的直流通路。由图 3-12（b）可得

$$I_1 = I_2 + I_B$$

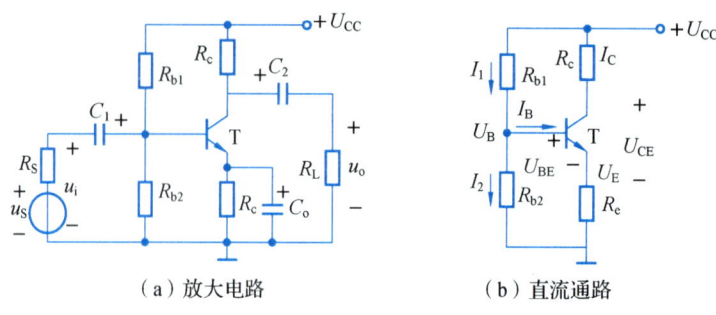

(a) 放大电路　　　　　　(b) 直流通路

图 3-12　分压式电流负反馈偏置放大电路

适当选择电阻 R_{B1} 和 R_{B2} 的值，使之满足 $I_2 \gg I_B$，则 $I_1 = I_2 + I_B \approx I_2$，即基极电流 I_B 与 I_1 或 I_2 相比可忽略不计，电阻相当于串联，根据分压公式，得三极管基极电位的静态值为

$$U_B = \frac{R_{b2}}{R_{b1}+R_{b2}} U_{CC}$$

可见，当 $I_2 \gg I_B$ 时，U_B 仅由 R_{b1}、R_{b2} 对 U_{CC} 分压决定，与晶体管的参数无关，不受温度影响。因为

$$U_{BE} = U_B - U_E = U_B - I_E R_e$$

若使

$$U_B \gg U_{BE}$$

则

$$I_C \approx I_E = \frac{U_B - U_{BE}}{R_e} \approx \frac{U_B}{R_e}$$

也可认为 I_C 不受温度影响，基本稳定。

因此，只要满足 $I_2 \gg I_B$ 和 $U_B \gg U_{BE}$ 两个条件，U_B 和 I_E 或 I_C 就与晶体管的参数几乎无关，不受温度变化的影响，从而静态工作点能得以基本稳定。

实际设计电路时，I_2 不能取得太大，否则，R_{b1} 和 R_{b2} 就要取得较小。这不但要增加功率损耗，而且会使放大电路的输入电阻减小，从信号源取用较大的电流，使信号源的内阻压降增加，加在放大电路输入端的电压 u_i 减小。一般 R_{b1} 和 R_{b2} 为几十千欧。基极电位 U_B 也不能太高，否则，由于发射极电位 $U_E (\approx U_B)$ 增高而 U_{CE} 便相对减小（U_{CC} 一定），因而减小了放大电路输出电压的变化范围。根据经验，一般可按以下范围选取 I_2 和 U_B，即

$$I_2 \approx (5 \sim 10) I_B$$
$$U_B = (5 \sim 10) U_{BE}$$

适当选择 R_{b1} 和 R_{b2}，使 $U_B \approx U_{CC} R_{b1}/(R_{b1}+R_{b2})$ 基本保持不变。当工作温度升高或换用 β 大的晶体管，集电极电流 $I_{CQ} (\approx I_{EQ})$ 增大，由于 $U_{BE} = U_B - U_E$，当 I_{EQ} 流过 R_e，R_e 上的压降 U_E 增大，则晶体管 b、e 极间的实际偏压 U_{BE} 将减小，从而使基极电流 I_{BQ} 减小，牵制了 I_{CQ} 的增大，达到了稳定工作点的目的。以上过程可以表示为

$$T\uparrow (或 \beta\uparrow) \rightarrow I_{CQ}(\approx I_{EQ})\uparrow \rightarrow U_E\uparrow \rightarrow U_{BEQ}\downarrow \rightarrow I_{BQ}\downarrow$$
$$\leftarrow I_{CQ}(\approx I_{EQ})\downarrow \leftarrow$$

从上述过程看出，这种放大电路的工作点之所以能保持稳定，关键是在电路上采取了两方面的措施：一是通过 R_{b1} 和 R_{b2} 的分压使 U_B 基本与晶体管参数无关，保持恒定；二是让输出回路中的电流 I_{CQ} 流过 R_e，使输入回路的参数 U_{BEQ}（即 I_{BQ}）产生与 I_{CQ} 相反的增量致使 I_{CQ} 回落，从而维持基本不变。这就是所谓"电流负反馈"。由于有以上措施，所以，图 3-12（a）称为分压式电流负反馈偏置放大电路。

反馈电阻 R_e 不仅有直流负反馈作用，对交流信号也有负反馈作用。如果不希望引入交流负反馈，可以在 R_e 两端并联一个大容量电容 C_e，对 R_e 中的交流信号予以旁路，使 T 的射极交流接地，C_e 称为射极旁路电容。

3.3.3.3 分压式电流负反馈 Q 的稳定电路的静态分析

当满足 $I_2 \gg I_B$ 时，$I_1 = I_2 + I_B \approx I_2$，由如图 3-12（b）所示的直流通路得三极管基极电位的静态值为

$$U_B = \frac{R_{b2}}{R_{b1} + R_{b2}} U_{CC}$$

集电极电流的静态值为

$$I_C \approx I_E = \frac{U_B - U_{BE}}{R_e}$$

基极电流的静态值为

$$I_B = \frac{I_C}{\beta}$$

集电极与发射极之间电压的静态值为

$$U_{CE} = U_{CC} - I_C(R_c + R_e)$$

3.3.4 图解分析法

根据电路的基本理论，对非线性电路进行分析，一个常用的有效方法是图解分析法。这种方法的核心思想就是针对非线性器件的特性曲线和其他线性器件的特性曲线，采用作图的方法进行分析求解。

三极管是非线性器件，其输入回路的电流与电压之间的关系可以用输入特性曲线来描述；输出回路的电流与电压之间的关系可以用输出特性曲线来描述。图解法就是在三极管的输入、输出特性曲线上，直接用作图的方法求解放大电路的工作情况。

3.3.4.1 静态图解分析法

图解法静态分析的任务是，用作图的方法确定放大电路的静态工作点，即求出 I_{BQ}、I_{CQ} 和 U_{CEQ}。

采用图解法分析放大电路的关键，一是要画出 BJT 的输入、输出特性曲线，用图形表示其电压和电流之间的关系；二是要画出电路输入、输出回路相关部分的线性特性——输入直流负载线和输出直流负载线，表示出这一部分的电压与电流之间的关系。两条曲线的交点就是所要求的解。下面详细介绍采用图解法求解基本共射放大电路的方法和步骤。

对图 3-7（a）所示的基本共射放大电路用图解法进行静态分析时，应首先画出其直流通

路如图 3-7（b）所示，然后按照如下的分析方法和步骤进行。其静态图解分析过程如图3-13所示。

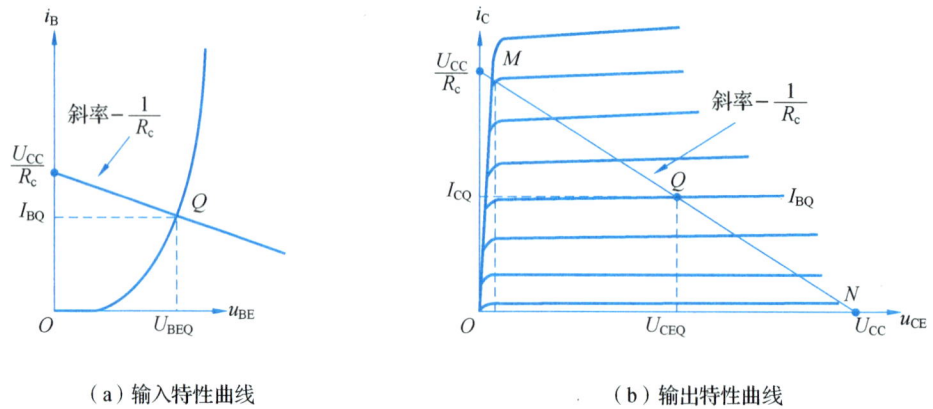

（a）输入特性曲线　　　　　　　　　（b）输出特性曲线

图 3-13　放大电路静态工作状态的图解分析

①列输入回路方程（即输入直流负载线方程）。

$$U_{BE} = U_{CC} - I_B R_b \tag{3-23}$$

②在输入特性曲线的平面上，作出输入直流负载线，两线的交点即是放大电路的静态工作点（也称为 Q 点），从图 3-13(a) 上可读出 I_{BQ} 和 U_{BEQ} 的值。

列输出回路方程（即输出直流负载线方程）

$$U_{CE} = U_{CC} - I_C R_c \tag{3-24}$$

③在输出特性曲线的平面上，作出输出直流负载线。作法为：分别在 X 轴和 Y 轴上确定两个特殊点 $N(U_{CC}, 0)$ 和 $M(0, U_{CC}/R_c)$，过 M、N 两点所作的直线即为输出直流负载线。

④输出直流负载线与 I_{BQ} 所确定的那条输出特性曲线的交点，就是 Q 点。从图 3-13(b) 上可读出 I_{CQ} 和 U_{CEQ} 值。

从原理上说，基极回路的 I_{BQ} 和 U_{BEQ} 可以在输入特性曲线上作图求得，但是，由于器件手册通常不给出三极管的输入特性曲线，而输入特性也不易准确测得，因此，一般不在输入特性上用图解法求 I_{BQ} 和 U_{BEQ}。通常结合估算法，认为 U_{BEQ} 的值已知（硅管工程估算值为 0.7 V，锗管的为 0.3 V），再利用式（3-23）估算 I_{BQ} 的值。这种分析结果一般能够符合实际工程的要求。

3.3.4.2　动态图解分析法

用图解法对放大电路进行动态分析，旨在确定最大不失真输出电压 U_{om}，分析非线性失真情况时，也可测出电压放大倍数。对图 3-7（a）所示的共射放大电路进行动态分析时，应首先画出其交流通路，如图 3-9 所示。然后按照如下的方法和步骤进行。

（1）交流负载线

给放大电路加输入交流信号后，其输出交流电压 u_o 和电流 i_o 将沿着交流负载线变化。交流负载线是有交流输入信号时，工作点运动的轨迹，可以在三极管的输出特性平面上作出。由于每次交流信号过零点的时候恰为静态，所以，交流负载线与直流负载线必然相交于

Q 点。交流通路的输出回路方程为

$$\dot{U}_O = -\dot{I}_C(R_c // R_L) = -\dot{I}_C R'_L \tag{3-25}$$

式中：$R'_L = R_L // R_c$，称为交流负载电阻。

由式(3-25)可知，交流负载线的斜率为 $-\dfrac{1}{R'_L}$，即 $\tan\alpha = -\dfrac{1}{R'_L}$，因而可得出交流负载线的具体作法之一：通过输出特性曲线上的 Q 点，做一条与横轴夹角为 α 的直线 AB，即为交流负载线，如图 3-14 所示。

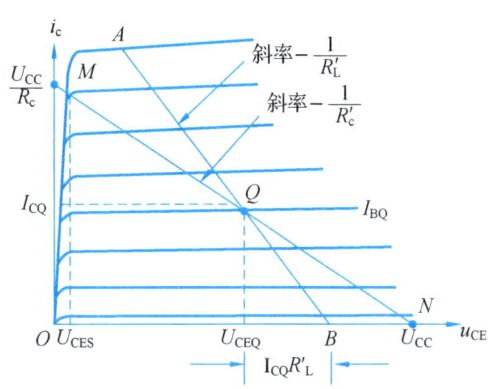

图 3-14 放大电路动态工作状态的图解分析

从图中可以计算出线段 $OB = U_{CEQ} + I_{CQ}R'_L$，则 B 点坐标为 $(U_{CEQ} + I_{CQ}R'_L, 0)$，由此可以得到交流负载线的作法之二：过 Q 和 B 两点作直线 AB，即为交流负载线。

（2）波形失真分析

信号（电压或电流）波形被放大后幅度增大，而形状应保持原状。如发生不对称或局部变形现象，都称为波形失真。由于三极管非线性特性而引起的失真，称为非线性失真。包括饱和失真和截止失真两种。饱和失真是由于放大电路的工作点到达了三极管的饱和区而引起的；而截止失真则是由于放大电路的工作点到达了三极管的截止区而引起的。放大器要求输出信号与输入信号之间是线性关系，应尽量避免失真现象出现。

静态工作点位置的设置对输出波形的失真情况有直接的影响。

（3）静态工作点偏低时产生截止失真

当静态工作点偏低（Q 点接近截止区），交流量的负向峰值到来时，BJT 工作在截止区，交流信号不能被放大，输出电流波形的负半周被削顶，而输出电压波形正半周被削顶，产生截止失真。增大 U_{CC} 值（实际一般不采用）或减小 R_b 值，可以使输入直流负载线向上平行移动，使 Q 点上移，从而消除截止失真，如图 3-15 所示。

（4）静态工作点偏高时产生饱和失真

当静态工作点偏高（Q 点接近饱和区），交流量正向峰值到来时，BJT 将在饱和区工作。交流信号不能被线性放大，输出电流波形的正半周被削顶。而输出电压波形负半周被削底，产生饱和失真。为了消除饱和失真，可以增大 R_b 值，使输入直流负载线向下平行移动，使 Q 点下移；也可以减小 R_c 值，改变交流负载线的斜率，增大 U_{CEQ} 值；或者更换一只 β 值较小的管子，使得在 I_{BQ} 相同的情况下，减小 I_{CQ} 值。如图 3-16 所示。

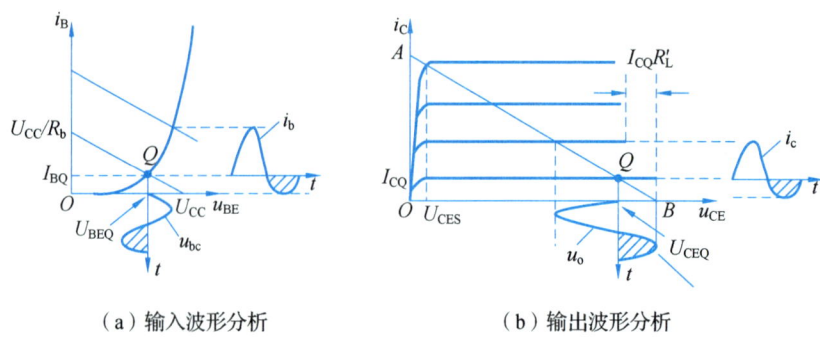

（a）输入波形分析　　　（b）输出波形分析

图 3-15　放大电路放大电路产生截止失真的情况

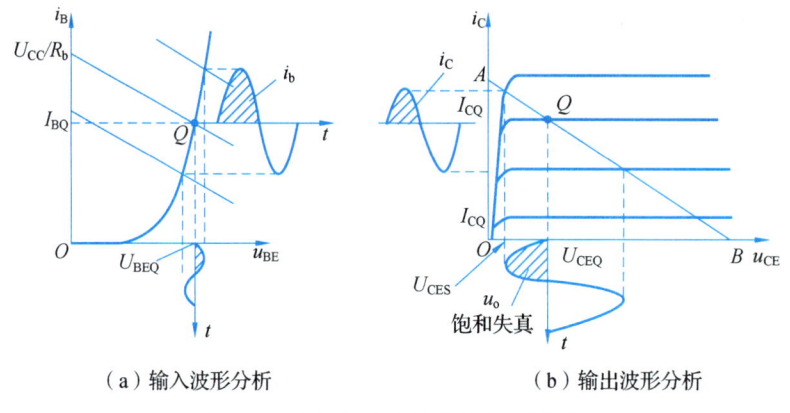

（a）输入波形分析　　　（b）输出波形分析

图 3-16　放大电路产生饱和失真的情况

在实验室用示波器观察基本共射放大电路的输出信号波形失真情况，如图 3-17 所示。

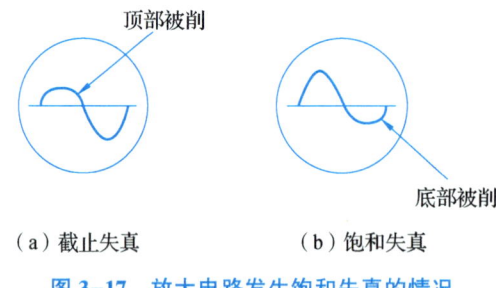

（a）截止失真　　　（b）饱和失真

图 3-17　放大电路发生饱和失真的情况

（5）求最大不失真输出电压

显然，在动态分析时，如果放大电路的输出端未接负载（即 $R_L \to \infty$），则交流负载线与直流负载线重合。而带负载时的交流负载线比空载时更陡，所以对应同样的 u_i 变化范围，带负载时 u_{CE} 的变化范围比空载时缩小了，交流输出电压的幅度减小了。在 BJT 的线性区，要使输出信号的峰值尽可能大，静态工作点应选择在交流负载线 AB 的中点（其横坐标值为 $\dfrac{V_{CC}-U_{CES}}{2}$）附近。设三极管的饱和管压降为 U_{CES}，则最大不失真输出电压的有效值可用如下公式计算：

$$U_{om} = \frac{1}{\sqrt{2}} \min\{U_{CEQ} - U_{CES}, I_{CQ}R'_L\} \qquad (3-26)$$

（6）求解电压放大倍数

利用图解法求解电压放大倍数可遵循如下步骤：首先将输入信号 u_i 叠加在静态发射结上，得到 $u_{BE}(u_{BE} = U_{CE} + u_{ce})$，作 BJT 输入特性曲线得到 $i_B(i_B = I_B + i_b)$，根据放大区电流关系得到 $i_C(i_C = I_C + i_c = \bar{\beta}I_B + \beta i_b)$，作 BJT 输出特性曲线得到 $u_{CE}(u_{CE} = U_{CE} + u_{ce})$，$u_{ce}$ 即为输出电压 u_o，如图 3-18 所示。

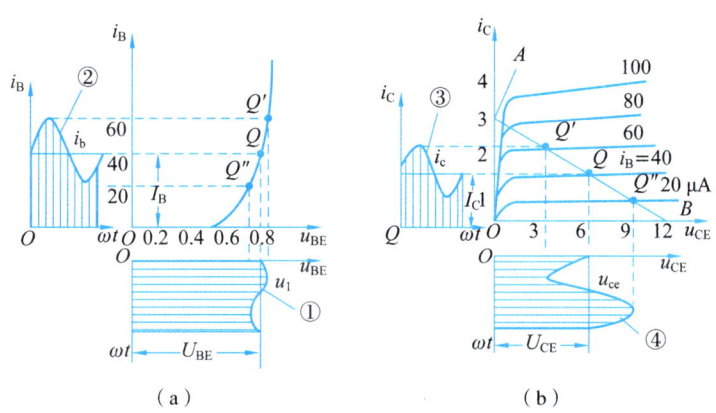

图 3-18 基本放大电路电压放大倍数图解

分别测量输出电压 U_{OPP} 与输入电压 U_{IPP} 的峰值，即可求得电压放大倍数 A_u，其表达式如下：

$$A_u = \frac{U_{OPP}}{U_{IPP}} \qquad (3-27)$$

（7）输出功率和功率三角形

放大电路向电阻性负载提供的输出功率可由下式计算：

$$P_o = \frac{U_{OM}}{\sqrt{2}} \times \frac{I_{OM}}{\sqrt{2}} = \frac{1}{2}U_{OM}I_{OM} \qquad (3-28)$$

在输出特性曲线上，正好是三角形 △QBD 的面积，这一三角形称为功率三角形，如图 3-19 所示。要想 P_o 大，就要使功率三角形的面积大，即必须使最大值 U_{OM} 和 I_{OM} 都要大。对于小信号一般侧重于电压放大，通常不考虑放大电路的输出功率，而是考虑推动负载的输出级，需要用图解法分析放大电路的输出功率和效率。

可见，图解法最大特点是能全面直观和形象地分析放大电路的静态和动态工作情况。设置静态工作点，求放大倍数，分析波形失真和动态范围，都能借助曲线图完成。其缺点是在特性曲线

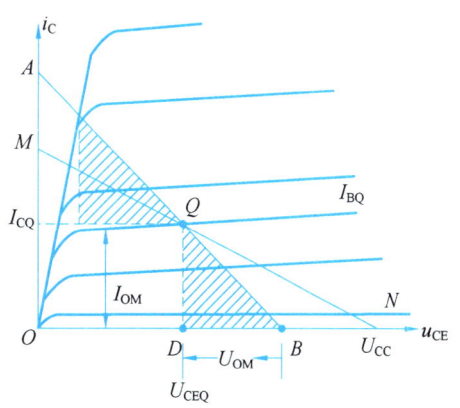

图 3-19 放大电路的输出功率三角形

上作图麻烦且容易不准确,动态参数分析不全面(不能求 R_i 和 R_o 等),对于分析频率较高或复杂的电路均不适用。

另外,应特别注意直流负载线与交流负载线的区别与联系。直流通路中的负载线是直流负载线,用于分析静态参数;交流通路中的负载线是交流负流线,用于分析动态指标。

当放大电路与负载直接连接(不接输出电容),或者虽接有输出电容但是空载时,直流负载线与交流负载线合二为一,变成同一条直线。

【例 3-2】 电路如图 3-20 所示,设 $U_{CC}=15\text{ V}$,R_b 调整到 300 kΩ,$R_c=3\text{ kΩ}$,$R_L=2\text{ kΩ}$,三极管的输出特性曲线见图 3-21。试求:①在输出特性曲线上画出直流负载线;②定出 Q 点;③画出交流负载线;④确定电路最大不失真输出时 u_{CE} 的变化范围,计算最大不失真输出电压(有效值)的大小。

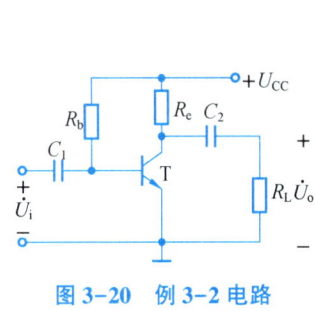

图 3-20 例 3-2 电路

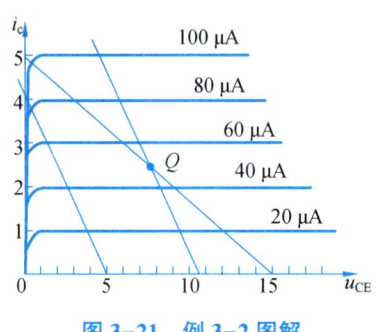

图 3-21 例 3-2 图解

解: ①电路的直流负载线方程为

$$U_{CE}=U_{CC}-I_C R_C=15-3I_C$$

根据方程在坐标轴上的交点(15 V,0 mA)和(0 V,5 mA),连接这两点作出直流负载线。

②固定式偏置电路的基极电流可以通过下式计算:

$$I_{BQ}=\frac{V_{CC}-U_{BEQ}}{R_b}=\frac{15-0.7}{300}=47.7\text{ μA}$$

在图 3-22 中找出 $I_{BQ}=50(\text{μA})$ 的那条曲线与直流负载线的交点,即为 Q 点,由图中可读出 Q 点的纵坐标为 2.5 mA,横坐标为 7.5 V,即 $I_{CQ}=2.5\text{ mA}$,U_{CEQ} 约为 7.5 V。

③画交流负载线方法一:选辅助线方程为

$$U_{CE}=5-I_C R_L'$$

因为

$$R_L'=R_C /\!/ R_L=1.2\text{ kΩ}$$

由此可得辅助线与坐标轴的交点分别是(5 V,0 mA)和(0 V,4.2 mA),在这两点之间画一直线即为辅助线,过 Q 点做辅助线的平行线即得交流负载线。

画交流负载线方法二:根据交流负载线方程

$$u_{CE}=U_{CEQ}+I_{CQ}R_L'-i_C R_L'$$

求交流负载线在 U_{CE} 轴上的截距。

当 $i_C=0$ 时,

$$u_{CE} = U_{CEQ} + I_{CQ}R_L' = 7.7 + 2.5 \times 1.2 = 10.5 \text{ V}$$

过(10.7 V，0 mA)点和 Q 点画直线，即为交流负载线。

④Q 点沿交流负载线移动范围对应的 u_{CE} 变化范围为 4.6~10.7 V，所以此时输出电压有效值为

$$U_o = \frac{10.7 - 4.6}{2\sqrt{2}} = 2.15 \text{ V}$$

3.3.5 微变等效电路分析法

微变等效电路分析法(又叫小信号等效电路分析法)是在输入低频小信号的前提下，用 BJT 的 h 参数模型代替交流通路中的三极管，得到放大电路的微变等效电路，然后利用线性电路的基本定理来计算放大电路的性能指标(如电压放大倍数、输入电阻和输出电阻等)。

为什么只有在输入信号很小——"微变"的情况下，才能使用这种方法呢？我们知道，三极管是一个非线性元件，它的输入和输出特性曲线都不是直线，所以，只有在输入信号较小、相应的动态工作范围也较小的情况下，才能把三极管工作点附近"微变"范围内的特性用一段直线来近似，也就是等效成线性的微变等效模型。如果将交流通路中的三极管用微变等效模型替代，就叫做微变等效电路。当然，由于三极管的特性曲线是弯曲的，如果静态工作点的位置不同，这段近似直线的斜率也不同，意味着这个等效模型的参数将随着 Q 点的不同而不同。

3.3.5.1 三极管的微变等效模型

对于图 3-20(a)中共发射极接法三极管的输入端口来说，当输入信号较小时，输入特性曲线上以静态工作点为中心，很小的动态工作范围可近似认为是一段直线。这段直线代表三极管输入端口——基极 b 和发射极 e 之间的等效电阻，该电阻的大小将随着静态工作点的不同而变化，为动态电阻，叫做三极管的输入电阻 r_{be}。对于一般的低频小功率三极管，r_{be} 可以由公式来估算，其中的 $r_{bb'}$ 是三极管基区体电阻，I_{EQ} 是三极管静态时的发射极电流。

$$r_{be} = r_{bb'} + (1+\beta)\frac{26}{I_{EQ}} \approx 200 + (1+\beta)\frac{26}{I_{EQ}} \qquad (3-29)$$

对于三极管集电极和发射极间的输出端口来说，三极管放大区的输出特性曲线可近似看成是一簇平行于 X 轴的直线，这些直线代表基极电流对集电极电流的控制能力。所以，三极管的输出端可以等效成一个电流控制电流源 i_c，控制变量是 i_b，受控系数是 β。

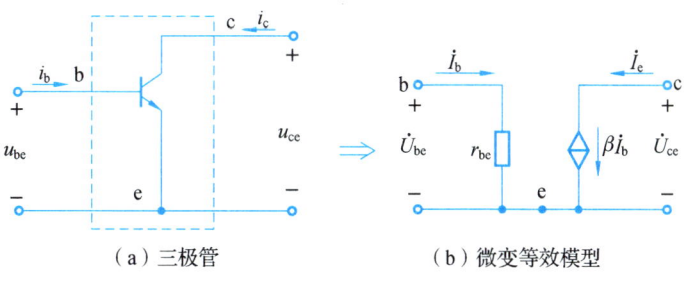

(a) 三极管　　　　　　(b) 微变等效模型

图 3-22　三极管及其微变等效模型

综上所述，得到放大区三极管的微变等效模型如图 3-22(b)所示。因为在分析和测量放大电路时经常用正弦信号作为输入，而且电路中的直流量在静态估算时已经考虑，此时不再计算在内，所以在三极管的微变等效模型以及应用模型的分析中，改为用向量来表示交流电压和电流。

3.3.5.2 微变等效电路分析法

图 3-23 所示固定偏置共射放大电路，用微变等效电路法进行动态分析的方法和步骤如下：

（1）画出放大电路的微变等效电路

分析如图 3-24 所示的共射放大电路，可以先画出它的交流通路，然后把图中的 BJT 用其 h 参数简化模型来替代，即可得到共射放大电路的微变等效电路，如图 3-24 所示。由于习惯采用正弦信号作为放大电路的测试信号，因此将微变等效电路中的电压和电流都看成正弦量，采用复数符号标定。

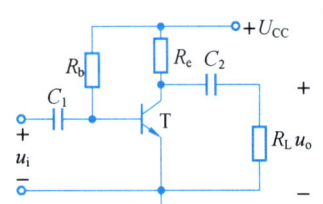

图 3-23　固定偏置共射放大电路

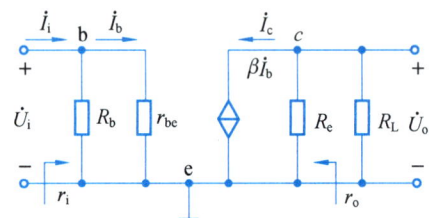

图 3-24　固定偏置共射放大电路的微变等效电路

（2）计算电压放大倍数

列输入回路方程可得

$$\dot{U}_i = r_{be}\dot{I}_b$$

由 BJT 输入电阻的计算公式可得

$$r_{be} = r_{bb'} + (1+\beta)\frac{26}{I_{EQ}} \approx 300 + \beta\frac{26}{I_{EQ}}$$

列输出回路方程可得

$$\dot{U}_o = -\dot{I}_c R'_L = -\beta \dot{I}_b R'_L$$

式中：$R'_L = R_C // R_L$。

由电压放大倍数计算公式，可得：

$$\dot{A}_u = \dot{U}_o / \dot{U}_i = -\beta R'_L / r_{be} \qquad (3-29)$$

式(3-29)中的负号表示输入电压与输出电压的极性相反，这是共射放大电路的基本特征之一。

（3）计算输入电阻 r_i

根据输入电阻的定义，结合图 3-23 可得

$$r_i = \dot{U}_i / \dot{I}_i = R_b // r_{be} \approx r_{be} \qquad (3-30)$$

（4）计算输出电阻 r_o

在图 3-24 中，将负载开路，根据输出电阻计算公式可得

$$r_o = R_C \quad (3-31)$$

【例3-3】单级共射放大电路如图3-25所示，已知三极管的 $\beta = 45$，$U_{BEQ} = 0.7$ V，$R_b = 470$ kΩ，$R_C = 6$ kΩ，$R_e = 1$ kΩ，$R_L = 4$ kΩ，$R_S = 1.25$ kΩ，$U_{CC} = +20$ V，耦合电容 C_1、C_2、C_e 的容量足够大。试完成下列分析计算：

①计算电路的静态工作点。

②计算源电压放大倍数，$\dot{A}_{US} = \dfrac{\dot{U}_o}{\dot{U}_S}$。

③输入、输出电阻。

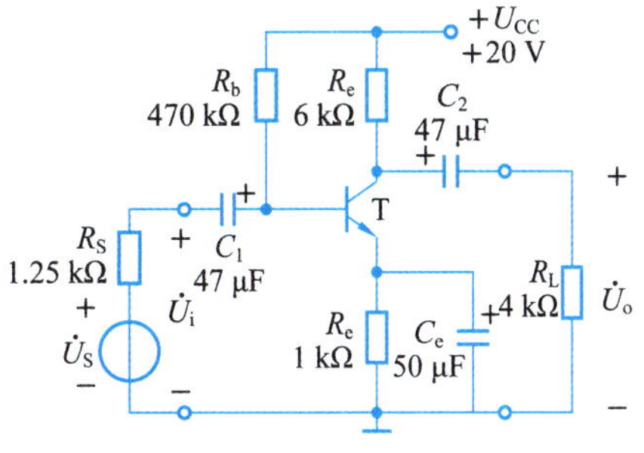

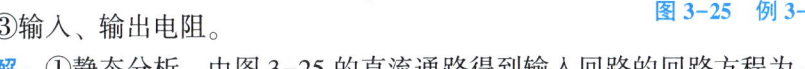

图 3-25 例 3-3 的电路图

解：①静态分析。由图3-25的直流通路得到输入回路的回路方程为：

$$U_{CC} = I_B R_b + U_{BE} + (1+\beta) I_B R_e$$

一般有 $I_E \approx I_C$，可得基极电流

$$I_B \approx \dfrac{U_{CC} - U_{BE}}{R_b + \beta R_e} = \dfrac{20 - 0.7}{470 + 45 \times 1} \approx 37 \ \mu A$$

所以

$$I_C = \beta I_B = 45 \times 0.037 = 1.665 \text{ mA}$$

$$U_{CE} = U_{CC} - R_C I_C = 20 - 1.665 \times 6 \approx 10 \text{ V}$$

②由于射极旁路电容 C_e 的存在，将交流通路中的射极电阻 R_e 短路，因此，电路的微变等效电路如图3-26所示。

$$r_{be} = 300 + (1+\beta) \dfrac{26}{1.665} \approx 1 \text{ kΩ}$$

电压放大倍数为

$$\dot{A}_u = -\beta \dfrac{R_C // R_L}{r_{be}} \approx -108$$

所以

$$\dot{A}_{us} = \dfrac{r_i}{r_i + R_s} \dot{A}_u = \dfrac{1}{1 + 1.25} \times (-108) \approx -48$$

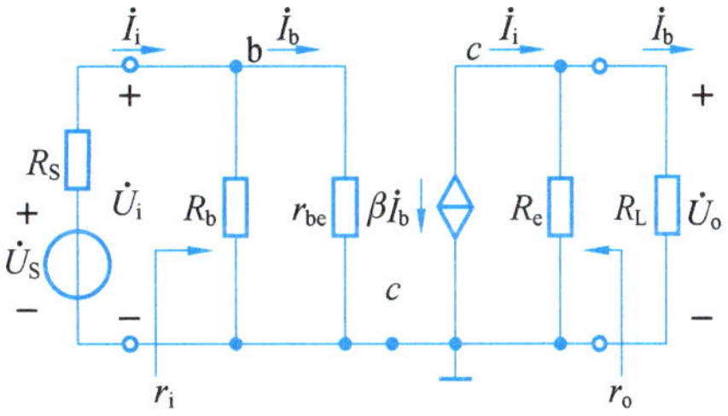

图 3-26 例 3-3 的微变等效电路

③计算输入电阻。

$$r_i = R_b // r_{be} \approx r_{be} = 1 \text{ kΩ}$$

计算输出电阻。

$$r_o = R_C = 4 \text{ kΩ}$$

【例3-4】单级共发射极放大电路如图所示，但没有旁路电容。①计算电路的静态工作点。②计算源电压放大倍数 $\dot{A}_{US} = \dfrac{\dot{U}_o}{\dot{U}_S}$。③计算输入、输出电阻。

解：①静态分析。本例的电路仅与例3-3相差一个射极旁路电容，因为该电容在直流通路中是相当于开路，所以本例的静态工作点与例3-3相同。

②计算源电压放大倍数 $\dot{A}_{us}$。微变等效电路如图3-28所示。

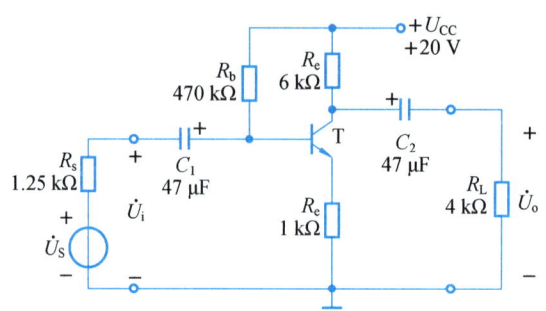

图 3-27 例 3-4 的原理电路

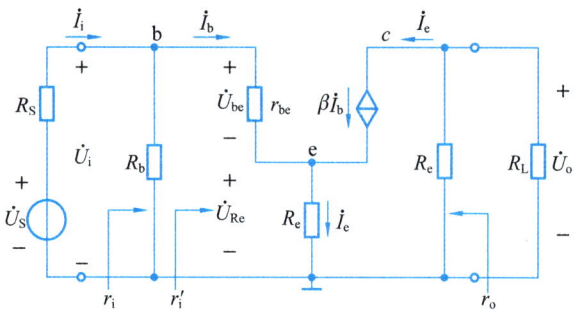

图 3-28 例 3-4 的微变等效电路

从图中可以看出，由于射极电阻的存在，输入电压 $\dot{U}_i$ 由 r_{be} 上的压降 $\dot{U}_{be}$ 和射极电阻上的压降 $\dot{U}_{Re}$ 组成，因此 $\dot{U}_i$ 和 $\dot{U}_o$ 分别表示为

$$\dot{U}_i = \dot{U}_{be} + \dot{U}_{Re} = \dot{I}_b r_{be} + (1+\beta)\dot{I}_b R_e$$

$$\dot{U}_o = -\beta \dot{I}_b (R_c /\!/ R_L)$$

故

$$\dot{A}_u = -\beta \frac{R_c /\!/ R_L}{r_{be} + (1+\beta)R_e} \approx -2.3$$

由 $\dot{U}_i$ 的公式，可得输入电阻为

$$r_i = \frac{\dot{U}_i}{\dot{I}_i} = \frac{\dot{U}_i}{\dot{I}_{Rb} + \dot{I}_b} = \frac{\dot{U}_i}{\dfrac{\dot{U}_i}{R_b} + \dfrac{\dot{U}_i}{r_{be} + (1+\beta)R_e}} = R_b /\!/ [r_{be} + (1+\beta)R_e] \approx 43 \text{ k}\Omega$$

所以

$$\dot{A}_{us} = \frac{r_i}{r_i + R_s} \dot{A}_u = \frac{43}{43 + 1.25} \times (-2.3) \approx -2.23$$

③ 计算输入电阻和输出电阻。

本例的输入电阻也可以用观察和计算结合的方法来求得，即由观察可知：

$$r_i = R_b /\!/ r_i'$$

而

$$r_i' = \frac{\dot{U}_i}{\dot{I}_b} = \frac{\dot{I}_b r_{be} + (1+\beta)\dot{I}_b R_e}{\dot{I}_b} = r_{be} + (1+\beta)R_e$$

所以输入电阻为

$$r_i = R_b \,/\!/\, [r_{be} + (1+\beta)R_e] \approx 43 \text{ k}\Omega$$

和前述计算的结果相同，为求放大电路的输出电阻，将电路的微变等效电路重画于图3-28中。从图中可以看出：

$$r_o = R_c \,/\!/\, r_o'$$

因为 $\dot{U}_s = 0$ 时，$\dot{I}_b = 0$，所以被控支路电流 $\dot{I}_c$ 也为 0，受控源支路相当于开路，即 $r_o' \to \infty$，因此本电路的输出电阻仍为 R_c。

从例 3-3 和例 3-4 的数据可以看出，交流通路中的射极电阻可以提高放大器的输入电阻，但降低了电压放大倍数。射极电阻实际上起到了负反馈的作用，虽然使电路的放大倍数下降，但可以改善放大电路多方面的性能。比如使输入电阻提高，使放大电路能获得更大的输入电压信号。至于放大倍数的下降可以通过再加一级放大电路来实现。

综上所述，对放大电路进行分析的步骤是从静态分析到动态分析。分析的方法有图解法和估算法两种，这两种分析方法各有长短，互为补充，可根据不同情况选用适当的方法。

静态分析时可以采用估算法，如果有较准确的三极管特性曲线，也可以采用图解法来确定 Q 点，比较直观。

动态分析时，如输入信号幅度较大，动态工作范围也较大，不适用微变等效模型，此时应该利用图解法来分析；如输入信号的幅度较小，就适用微变等效电路法。当放大电路比较复杂时，作图变得相当困难，也不能采用图解分析法。另外，如果要分析放大电路的最大输出电压幅度、或者要安排电路的静态工作点、或研究放大电路的失真等情况时，也比较适合采用图解法。在后续的章节中，我们都可以看到微变等效电路法和图解法的例子。

> **思考题**
>
> 1. 采用图解分析法分析基本放大电路静态工作点时，分别改变 R_b、R_c、V_{cc} 和 R_L 时，直流负载线如何变化？静态工作点会如何变化？
>
> 2. 放大电路的直流负载线和交流负载线有什么不同？什么情况下这两条线是重合的？
>
> 3. 放大电路产生饱和失真和截止失真的原因有哪些？如何解决？

3.4 三极管放大电路的三种基本连接

3.4.1 基本共集连接的电路及射极输出器

共集基本放大电路如图 3-29 所示，集电极作为交流信号的公共端，由发射极取出输出信号，因此也称为射极输出器。假定 BJT 的 $\beta=80$，$r_{be}=1\ \text{k}\Omega$，$R_L=3\ \text{k}\Omega$。放大电路的静态和动态分析如下：

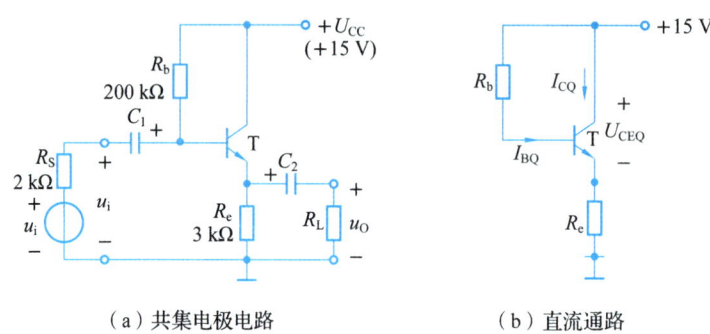

（a）共集电极电路　　　　　（b）直流通路

图 3-29　共集电极电路静态分析

3.4.1.1 静态分析

根据直流通路图 3-29（b）求解 Q 点：
列输入回路电压方程：

$$U_{CC}=I_{BQ}R_b+U_{CEQ}+(1+\beta)I_{BQ}R_e$$

得

$$I_{BQ}=\frac{U_{CC}-U_{BEQ}}{R_b+(1+\beta)R_e}\approx 32\ \mu\text{A}$$

$$I_{EQ}=(1+\beta)I_{BQ}\approx 2.6\ \text{mA}$$

$$U_{CEQ}=V_{CC}-I_{EQ}R_e\approx 7.2\ \text{V}$$

3.4.1.2 动态分析

首先画出微变等效电路如图 3-30（a）所示。

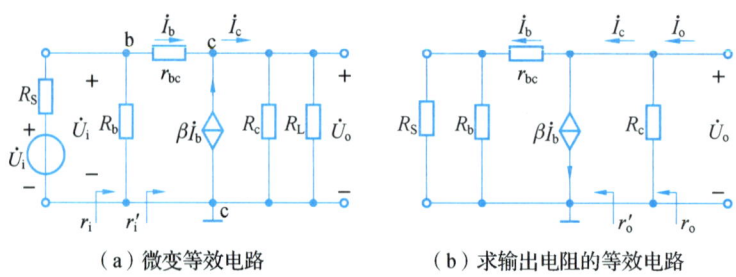

（a）微变等效电路　　　　　（b）求输出电阻的等效电路

图 3-30　共集电极电路微变等效电路及求输出电阻的等效电路

(1) 求解电压放大倍数

列输入回路和输出回路方程

$$\dot{U}_i = \dot{I}_b r_{be} + \dot{I}_e (R_e // R_L) = \dot{I}_b r_{be} + (1+\beta) \dot{I}_b R'_L$$

$$\dot{U}_o = \dot{I}_e (R_e // R_L) = (1+\beta) \dot{I}_b R'_L$$

$$\dot{A}_u = \frac{(1+\beta) R'_L}{r_{be} + (1+\beta) R'_L} \approx 1 \tag{3-32}$$

(2) 求解输入电阻

$$r'_i = \frac{\dot{U}_i}{\dot{I}_b} = r_{be} + (1+\beta) R'_L$$

$$r_i = R_b // r'_i = R_b // [r_{be} + (1+\beta)(R_e // R_L)] \approx 76 \text{ k}\Omega \tag{3-33}$$

(3) 求解输出电阻

将信号源 $\dot{U}_s$ 短路,保留其内阻 R_s,负载 R_L 开路,输出端信号源 $\dot{U}_o$ 与流入电流 $\dot{I}_o$ 之比即为输出电阻。如图 3-32(b)所示。

$$r'_o = \frac{\dot{U}_o}{\dot{I}_e} = \frac{\dot{I}_b (r_{be} + R_s // R_b)}{(1+\beta) \dot{I}_b}$$

$$r_o = R'_o // R_e = R_e // \frac{r_{be} + R_s // R_b}{(1+\beta)} \approx 37 \text{ }\Omega \tag{3-34}$$

可见,射极输出器的电压放大倍数接近于 1 而小于 1,输出电压与输入电压同相,因此,射极输出器又称为射极跟随器。输入电阻高且与 R_L 有关,输出电阻小且与 R_s 有关,这是共集电路特有的。

针对射极输出器的特点,该电路可作为多级放大电路的输入级、隔离级、输出级。在测量电路中用射极输出器作输入级,因其输入电阻大,对信号源索取电流小,在内阻 R_s 上压降小,使 $\dot{U}_i \approx \dot{U}_s$,接近检测信号电压。

用射极输出器作中间级,可起"隔离"和"阻抗变换"作用。当其用于隔离前后级之间的相互影响时,称为隔离级(或缓冲级);当其用于匹配前后级的阻抗时,称为阻抗变换器。

3.4.2 基本共基极连接的电路

共基极放大电路如图 3-31(a)所示。

3.4.2.1 静态分析

图 3-31(a)共基放大电路的直流通路如图 3-31(b)所示,由此可得

$$U_b = \frac{R_{b2}}{R_{b1} + R_{b2}} \cdot U_{CC}$$

$$I_{CQ} \approx I_{EQ} = \frac{U_B - U_{BE}}{R_e}$$

$$I_{BQ} = \frac{I_{CQ}}{\beta}$$

$$U_{CEQ} = U_{CC} - I_{CQ} R_c - I_{EQ} R_e$$

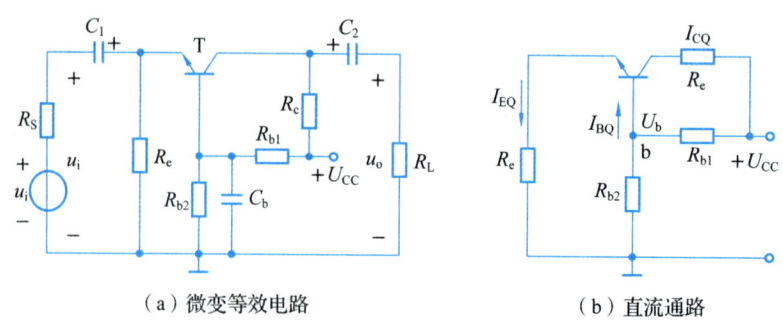

（a）微变等效电路　　　　（b）直流通路

图 3-31　共基极电路及直流通路

3.4.2.2　动态分析

微变等效电路如图 3-32 所示，电压放大倍数、输入电阻和输出电阻求解如下。

（1）电压放大倍数

列出输入和输出回路电压方程，即

$$\dot{U}_i = \dot{I}_b r_{be}$$

$$\dot{U}_o = \dot{I}_c (R_c /\!/ R_L) = \beta \dot{I}_b R'_L$$

$$r_{be} = r_{bb'} + (1+\beta)\frac{26}{I_{EQ}}$$

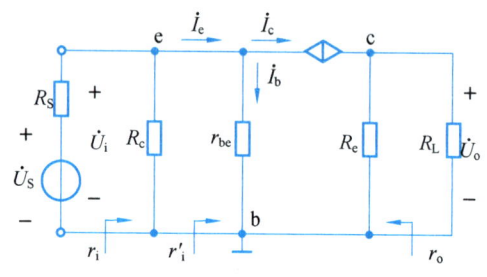

图 3-32　微变等效电路

$$A_u = \frac{\dot{U}_o}{\dot{U}_i} = \frac{\beta R'_L}{r_{be}} \tag{3-35}$$

说明共基极电路输出与输入信号同相位。

（2）输入电阻

由

$$r'_i = \frac{\dot{U}_i}{\dot{I}_e} = \frac{r_{be}\dot{I}_b}{(1+\beta)\dot{I}_b} = \frac{r_{be}}{1+\beta}$$

得

$$r_i = R_e /\!/ r'_i = R_e /\!/ \frac{r_{be}}{1+\beta} \tag{3-36}$$

（3）输出电阻

求输出电阻用输出端加等效信号源法，令 $u_s = 0$，保留 R_e，则 $\dot{I}_b = 0$，$\dot{I}_c = \beta \dot{I}_b = 0$（即受控电流源开路），所以 r_o 与共射电路相同。

$$r_o = R_c \tag{3-37}$$

总结共基放大电路的特点如下。

①输入电流为 $\dot{I}_e$，输出电流为 $\dot{I}_c$，因而电流放大倍数小于 1。共基放大电路与共射放大电路的电压放大倍数差不多，但其功率放大倍数要小得多。

②输入电阻很小，一般只有几欧至几十欧，输出电阻较大，与共射电路相同。在负载电阻和输入电阻一定的情况下，多级共基放大电路的电压和功率放大倍数与单级的几乎一样。

③晶体管反向击穿电压 $U_{(BR)CBO}$ 大于共射电路的击穿电压 $U_{(BR)CEO}$，因而共基放大电路可能运用在更高电源电压下。

④晶体管共基截止频率 f_α 远大于共射截止频率 f_β，因而共基放大电路的频带宽，常用于无线电通信和宽频带放大电路。

⑤当输入恒定时，u_{ce} 变化引起的 i_e 变化很小，即共基电路是很好的恒流源电路。

基于这些特点，功率放大和高频放大常采用共基电路，或用共基与其他组态组成双管放大电路。

3.4.3 三种连接电路的性能比较

由 BJT 构成的三种组态放大电路是指 BJT 的三种交流连接方式，并且三种交流连接方式的特性有所不同，但 BJT 都应在放大状态工作，都使用稳定的直流偏置电路保证 Q 点稳定，无论用电流源偏置或用分压式电流负反馈偏置，它们的直流通路是类似的。表 3-1 列出了这三种放大电路的基本特性，以便于比较。

表 3-1 三种放大电路的比较

	共发射极放大器	共基极放大器	共集电极放大器
简交流通路	(电路图)	(电路图)	(电路图)
A_u	$-\dfrac{\beta R'_L}{r_{be}}$（大，反相）	$\dfrac{\beta R'_L}{r_{be}}$（大，同相）	$\dfrac{(1+\beta)R'_L}{r_{be}+(1+\beta)R'_L}$（<1，同相）
r_i	$R_b // r_{be}$（中）	$R_e // \dfrac{r_{be}}{1+\beta}$（小）	$R_b // [r_{be}+(1+\beta)R'_L]$（大）
r_o	R_c（大）	R_c（大）	$\dfrac{r_{be}+R'_S}{1+\beta} // R_e$（小，且与 R_S 有关） $(R'_S = R_S // R_b)$
应用	功率增益最大，R_i、R_o 适中，易于与前后级接口，使用广泛	高频放大时性能好，常与 CE 和 CC 组态结合使用。如 CE-CB 组态、CC-CB 组态。	R_i 大而 R_o 小，可作高阻抗输入级和低阻抗输出级、隔离级和输出级

由表 3-1 可见，共射（CE）组态 R_i 和 R_o 都居中且两者差别不大，其电压增益和电流增益都较高。由于具备这些优点，它是最常用的一种组态，而且还可以将多个共射放大器级联起来，构成多级放大器，以获得更高的增益。

共集（CC）组态的 A_u 小于 1，所以不能用多个共集电路组成多级放大电路。共基（CB）组态输入电阻最低，A_u 较高，但 $A_i<1$，所以也不宜单纯由共基电路组成多级电路。从目前我们所看到的这些特性，还看不出它突出的优点，实际上共基放大电路的通频带很宽，在高频和宽带的领域，它是大有用武之地的。

三种组态放大电路中，只有共射组态 $\dot{A}_u$ 是负值，即输出电压与输入电压极性相反，故称为反相放大器。共基和共集组态都是同相放大器。

> **思考题**
> 1. 三种连接的放大电路各有什么特点？
> 2. 共集电极放大电路主要应用在哪些场合？为什么？

*3.5 场效应管放大电路

由于场效应管具有很高的输入电阻，适用于对高内阻信号源的放大，通常用在多级放大电路的输入级。

与双极型晶体管相比，场效应管的源极、漏极和栅极分别相当于双极型晶体管的发射极、集电极和基极。两者的放大电路也相似。双极型晶体管放大电路是用 i_B 控制 i_C，当 U_{CC} 和 R_C 确定后，其静态工作点由 I_B 决定。场效应管放大电路用 u_{GS} 控制 i_D，当 U_{DD} 和 R_D、R_S 确定后，其静态工作点由 U_{GS} 决定。

场效应管放大电路的组成原则与三极管相同，要求有合适的静态工作点，使输出信号波形不失真而且幅度最大。与晶体管基本放大电路相对应，场效应管基本放大电路也有三种接法(或称为组态)，即共源、共漏和共栅放大电路。同样，这三种接法也因其"交流地电位"而得名。其分析方法与三极管基本相同。

3.5.1 静态偏置与静态分析

场效应管是电压控制器件，因此放大电路要求建立合适的偏置电压，而不要求偏置电流。场效应管有结型(JFET)、绝缘栅型(MOSFET)，N沟道、P沟通、增强型、耗尽型之分。它们各自的结构不同，伏安特性有差异，因此在放大电路中对偏置电路有不同要求。JFET 的 U_{GS} 与 U_{DS} 必须反极性偏置，即 U_{GS} 与 U_{DS} 极性相反；增强型 MOSFET 的 U_{GS} 与 U_{DS} 必须同极性偏置；耗尽型 MOSFET 的 U_{GS} 可正偏、零偏或反偏。因此，JFET 和耗尽型 MOSFETT 通常采用自给偏压和分压式偏置电路，而增强型 MOSFET 通常采用分压式偏置电路。

考虑 FET 管子的输入电阻很高，其栅极几乎不取用电流，可以认为 $I_{GS}=0$。对 FET 放大电路进行静态分析有两种方法：图解法和估算法。静态分析时只需计算三个参数：U_{GSQ}、I_{DQ} 和 U_{DSQ} 即可，下面分别举例说明不同偏置电路的静态分析方法。

3.5.1.1 自给偏压放大电路

自给偏压就是通过场效应管本身的源极电流来产生栅极所需的偏置电压，如图3-33(a)所示。当源极电流流过 R_s 时将产生压降，而栅极虽然通过电阻 R_g 接地，由于栅极电流几乎为零，栅极对地电位 U_G 近似为零。即

$$U_{GS}=U_G-U_S \approx -I_S R_s <0$$

可见依靠 JFET 自身的源极电流 I_S 所产生的电压降 $I_S R_s$，使得栅-源极间获得了负偏置

电压。为了防止对交流信号产生负反馈作用，在 R_s 两端并联旁路电容 C_s，C_s 的数值应足够大，使其在最低工作频率下的电抗值和 R_s 相比较仍足够小。

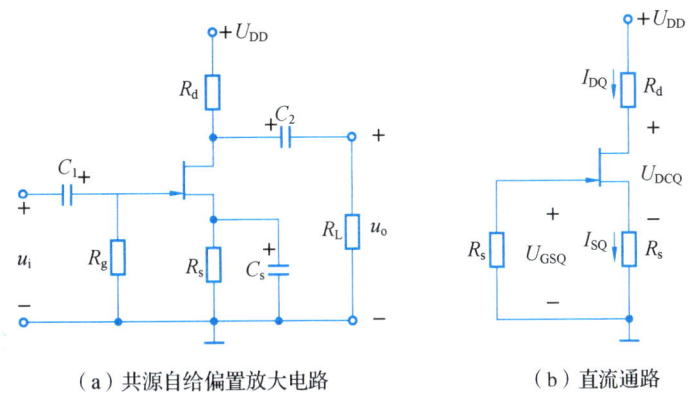

（a）共源自给偏置放大电路　　　　（b）直流通路

图 3-33　源自给偏置放大电路及其直流通路

（1）估算法

根据直流通路的画法：①电容视为开路。②电感视为短路(若有直流电阻，则保留其直流电阻)。③信号源视为短路，但保留其内阻。图 3-33(a)所示电路的直流通路如图 3-33(b)所示。由此列输入回路电压方程：

$$U_{GSQ} = U_{GQ} - U_{SQ} = -I_{SQ}R_s = -I_{DQ}R_s \tag{3-38}$$

JFET(或耗尽型 FET)的电流方程：

$$I_{DQ} = I_{DSS}\left(1 - \frac{U_{GSQ}}{U_{GS(off)}}\right)^2 \tag{3-39}$$

联立式(3-38)和式(3-39)并舍去不合理的一组解，可求得 U_{GSQ} 和 I_{DQ}。

列输出回路电压方程：

$$V_{DD} = I_{DQ}(R_d + R_s) + U_{DSQ}$$

求得

$$U_{DSQ} = U_{DD} - I_{DQ}(R_d + R_s) \tag{3-40}$$

（2）图解法静态分析

首先列输出直流负载线方程：

$$U_{DSQ} = U_{DD} - I_{DQ}(R_D + R_s) \tag{3-41}$$

在 JFET 的输出特性曲线上作出直流负载线，如图 3-34（b）所示，与晶体管类似，直流负载线与横轴交点为 U_{DD}，纵轴交点为 $\dfrac{U_{DD}}{R_d + R_s}$，斜率为 $-\dfrac{1}{R_d + R_s}$。建立 i_D-u_{GS} 坐标系。连接直流负载线与各条输出特性曲线的交点得到 $i_D = f(u_{GS})$ 曲线，如图 3-34（a）所示，这条曲线被称为动态转移特性曲线，表示在 u_{GS} 变化时不保持固定的 i_D-u_{DS} 关系。

其次，列输入直流负载线方程：

$$U_{GS} = -I_D R_s$$

在图 3-34(a)中的转移特性曲线平面上，作出输入回路的直流负载线，它通过原点，斜率为 $-\dfrac{1}{R_s}$。显然，静态的 U_{GS} 与 I_S 既要满足动态转移特性曲线所确定的约束关系，又要满足输入回路直流负载线所确定的约束关系，因此静态工作点位于两条线的交点 Q。在图 3-34 (a)和(b)上读出 Q 点的值(U_{GSQ}、I_{DQ} 和 U_{DSQ})即为所求参数。

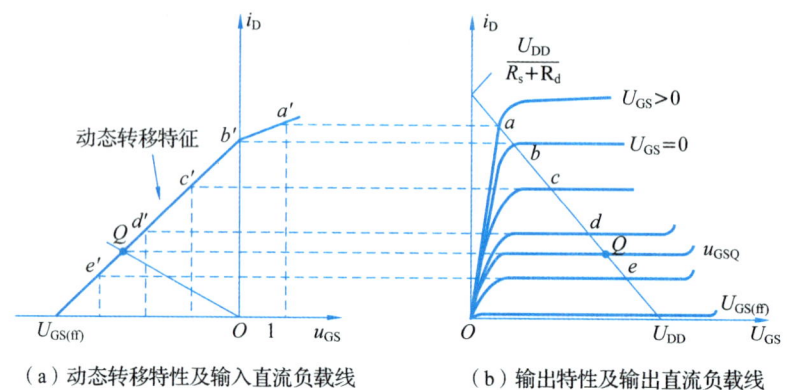

(a) 动态转移特性及输入直流负载线　　(b) 输出特性及输出直流负载线

图 3-34　共源自给偏置放大电路静态图解

3.5.1.2　增强型 JFET 分压式偏置电路

增强型 JFET 分压式偏置电路如图 3-35(a)所示。该电路利用电阻对电源 U_{DD} 进行分压，从而给栅极提供固定的偏置电压：

$$U_G = U_A = \frac{R_{g1}}{R_{g1}+R_{g2}} U_{DD} \tag{3-42}$$

源极对地的电压和自偏置时一样，可用下式表示：

$$U_S = I_S R_s \tag{3-43}$$

因此栅源极间偏置电压由上述两部分所构成：

$$U_{GS} = U_G - U_S = \frac{R_{g1}}{R_{g1}+R_{g2}} U_{DD} - I_S R_s \tag{3-44}$$

式(3-44)表明，分压式偏置电路中栅源偏压可分别通过调节上述两部分电压来取得，因而灵活性更大，调节也更方便。静态工作点的确定方法仍可分别用估算法或图解法。

(1) 估算法

首先画出直流通路如图 3-35(b)所示。

由输入回路电压方程：

$$U_{GQ} = U_A = \frac{R_{g1}}{R_{g1}+R_{g2}} U_{DD}$$

$$U_{SQ} = I_{DQ} R_s$$

得

$$U_{GSQ} = \frac{R_{g1}}{R_{g1}+R_{g2}} U_{DD} - I_{DQ} R_s \tag{3-45}$$

增强型 JFET 的电流方程：

$$I_{DQ} = I_{DO} \left(\frac{U_{GSQ}}{U_{GS(th)}} - 1 \right)^2 \tag{3-46}$$

联立式(3-45)和式(3-46)并舍去不合理的一组解，可求得 U_{GSQ} 和 I_{DQ}。

列输出回路电压方程：

$$U_{DD} = I_{DQ}(R_d + R_s) + U_{DSQ}$$

求得

$$U_{DSQ} = U_{DD} - I_{DQ}(R_d + R_s) \tag{3-47}$$

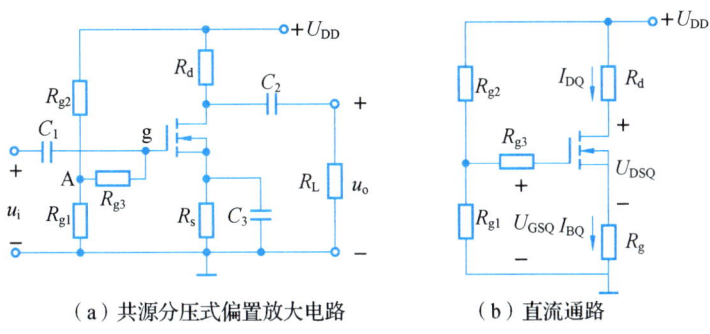

（a）共源分压式偏置放大电路　　　（b）直流通路

图 3-35　共源分压式偏置放大电路及直流通路

（2）图解法

利用前述方法首先作出动态转移特性曲线，如图 3-36 所示，然后根据式（3-47），在图 3-36 中作出输入回路的直流负载线，它与横轴交于 $\dfrac{R_{g1}U_{DD}}{R_{g1}+R_{g2}}$，与纵轴交于 $\dfrac{R_{g1}U_{DD}}{(R_{g1}+R_{g2})R_s}$，斜率为 $-\dfrac{1}{R_s}$。显然，动态转移特性曲线与负载线的交点 Q 即为该电路的静态工作点。

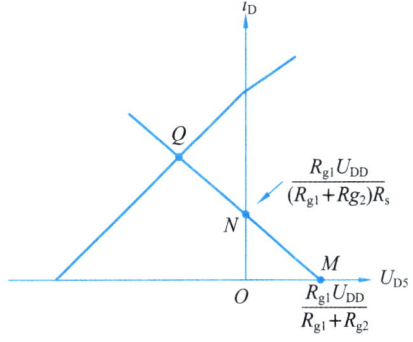

图 3-36　共源分压式偏置放大电路转移特性

3.5.2　场效应管小信号等效电路

如果输入信号较小，场效应管工作在线性放大区，也就是场效应管的饱和区，那么和分析三极管放大电路一样，也可以采用微变等效电路分析法，此时，我们首先要知道的就是场效应管的微变等效模型，如图 3-37 所示。

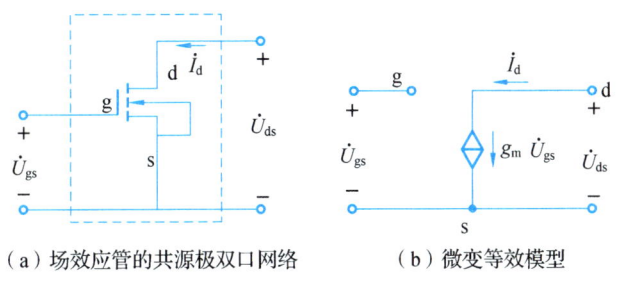

（a）场效应管的共源极双口网络　　（b）微变等效模型

图 3-37　场效应管的微变等效模型

在图 3-37（b）等效模型的输入回路中，由于场效应管的 r_{gs} 相当大，在其简化模型中栅极和源极之间等效为开路。因为场效应管为电压控制器件，所以场效应管的输出回路等效为电压控制电流源，g_m 为场效应管的跨导，也就是受控源的系数。g_m 的数值可以利用图解法在管子的特性曲线上求得，也可由跨导 g_m 的定义求导得出，即

$$g_m = \frac{\partial i_D}{\partial u_{GS}} = -\frac{2I_{DSS}}{U_{GS(off)}}\left(1-\frac{U_{GS}}{U_{GS(off)}}\right)$$

由于场效应管是电压控制器件，因此场效应管微变等效模型的输入和输出回路是靠栅源电压 $\dot{U}_{gs}$ 来联系的。在输入回路中有 $\dot{U}_{gs}$，输出回路中出现的是 $g_m\dot{U}_{gs}$。在场效应管放大电路的交流分析中，要时刻注意利用 $\dot{U}_{gs}$ 来联系输入和输出回路。

3.5.3 场效应管放大电路的三种接法

FET 放大电路也有三种基本的组态：共源 CS、共漏 CD、共栅 CG。其动态分析方法与 BJT 放大电路类似，首先用 FET 的低频小信号模型代替其交流通路中的 FET，从而画出其微变等效电路，然后根据线性电路的计算方法求解动态参数。

三种接法的 FET 放大电路的性能与对应的 BJT 的三种接法电路的性能也有相似之处。

3.5.3.1 共源基本放大电路

共源组态的基本放大电路如图 3-38（a）所示。共源放大电路与共射放大电路只是在偏置电路和受控源的类型上有所不同，分析方法基本相同。

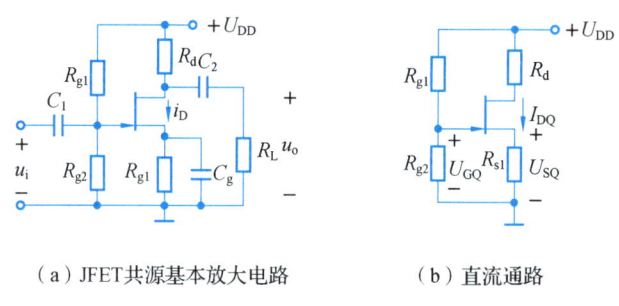

（a）JFET共源基本放大电路　　（b）直流通路

图 3-38　JFET 共源基本放大电路及直流通路

（1）静态分析

将 JFET 共源基本放大电路的直流通路画出，如图 3-38（b）所示。图中 R_{g1}、R_{g2} 是栅极偏置电阻，R_{s1} 是源极电阻，R_d 是漏极负载电阻，分别对应分压式共射放大电路中的 R_{b1}、R_{b2}、R_e、R_c。

根据图 3-38（b）可写出下列方程：

$$U_G = U_{DD}\frac{R_{g2}}{R_{g1}+R_{g2}}$$

$$U_{GSQ} = U_G - U_S = U_G - I_{DQ}R_{s1}$$

$$I_{DQ} = I_{DSS}\left[1-\frac{U_{GSQ}}{U_{GS(off)}}\right]^2$$

$$U_{DSQ} = U_{DD} - I_{DQ}(R_d+R_{s1})$$

于是可以解出 U_{GSQ}、I_{DQ} 和 U_{DSQ}。

（2）动态分析

画出图 3-38（a）电路的微变等效电路，如图 3-39 所示。与 BJT 相比，FET 的输入电阻为无穷大，输入端相当于开路，电压控制的电流源 $g_m\dot{U}_{gs}$ 两端还并联了一个输出电阻 r_{ds}。而在 BJT 的简化模型中，因输出电阻 r_{ce} 很大，可视为开路，此处 r_{ds} 可暂时保留。其他部分与双极型三极管放大电路情况一样。

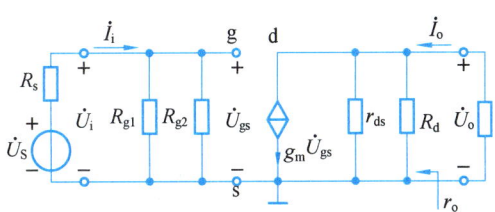

图 3-39 微变等效电路

① 求电压放大倍数。

由输出回路电压方程：

$$\dot{U}_o = -g_m U_{gs}(r_{ds}//R_d//R_L)$$

$$\dot{A}_u = \frac{-g_m \dot{U}_{gs}(r_{ds}//R_d//R_L)}{\dot{U}_{gs}} = -g_m(r_{ds}//R_d//R_L) = -g_m R'_L$$

考虑信号源内阻 R_s 时的源电压放大倍数为

$$\dot{A}_{us} = -g_m R'_L \cdot R_i/(R_i+R_s)$$

式中：R_i 是放大电路的输入电阻。

② 求输入电阻。

$$r_i = \dot{U}_i/\dot{I}_i = R_{g1}//R_{g2}$$

③ 求输出电阻。

为计算放大电路的输出电阻，可按双口网络计算原则将放大电路画成图 3-40 的形式。将负载电阻 R_L 开路，并想象在输出端加上一个电源 $\dot{U}_o$，将输入电压信号源短路，但保留其内阻。根据 R_o 的定义有

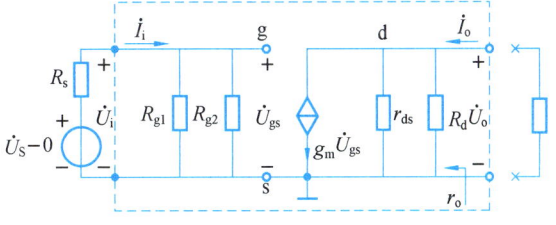

图 3-40 计算 r_o 的等效电路

$$r_o = \dot{U}_o/\dot{I}_o = r_{ds}//R_d \approx R_d$$

3.5.3.2 共漏组态基本放大电路

共漏组态基本放大电路如图 3-41（a）所示，其直流工作状态和动态分析如下。

（1）静态分析

将图 3-41（a）所示共漏基本放大电路的直流通路画出，如图 3-41（b）所示，于是有

$$U_G = \frac{U_{DD}R_{g2}}{R_{g1}+R_{g2}}$$

$$U_{GSQ} = U_G - U_S = U_G - I_{DQ}R$$

$$I_{DQ} = I_{DSS}\left[1 - \frac{U_{GSQ}}{U_P}\right]^2$$

$$U_{DSQ} = U_{DD} - I_{DQ}R$$

由此可以解出 U_{GSQ}，I_{DQ} 和 U_{DSQ}。

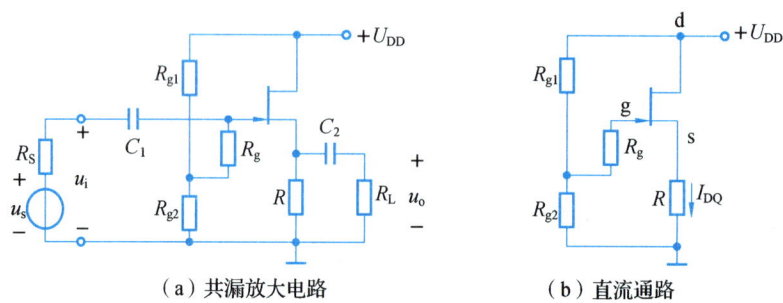

（a）共漏放大电路　　　　　（b）直流通路

图 3-41　共漏放大电路及直流通路

（2）动态分析

画出图 3-41（a）所示共漏基本放大电路的微变等效电路，如图 3-42（a）所示。

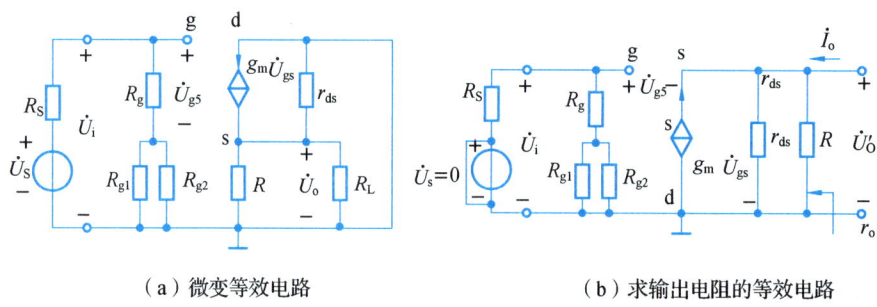

（a）微变等效电路　　　　　（b）求输出电阻的等效电路

图 3-42　微变等效电路及求输出电阻的等效电路

① 求电压放大倍数。

由图 3-42（a）可知

$$\dot{A}_u = \frac{\dot{U}_o}{\dot{U}_i} = \frac{g_m \dot{U}_{gs}(r_{ds}//R//R_L)}{\dot{U}_{gs} + g_m \dot{U}_{gs}(r_{ds}//R//R_L)} = \frac{g_m R_L'}{1 + g_m R_L'} \approx 1$$

式中

$$R_L' = r_{ds}//R//R_L \approx R//R_L$$

$\dot{A}_u$ 为正，表示输入与输出同相，当 $g_m R_L' \gg 1$ 时，$\dot{A}_u \approx 1$。

比较共源和共漏组态放大电路的电压放大倍数可知，它们与共射和共集放大电路有基本相同的特性。

② 求输入电阻。

$$r_i = R_g + (R_{g1}//R_{g2})$$

③ 求输出电阻。

计算输出电阻的原则与其他组态相同，将图 3-42（a）电路改为图 3-42（b）电路。

由于

$$\dot{U}_o = -\dot{U}_{gs}$$

所以
$$\dot{I}_o = \frac{\dot{U}_o}{R // r_{ds}} - g_m \dot{U}_{gs} = \frac{\dot{U}_o}{R // r_{ds} // \frac{1}{g_m}}$$

$$r_o = \frac{\dot{U}_o}{\dot{I}_o} = R // r_{ds} // \frac{1}{g_m} = \frac{R // r_{ds}}{1+(R // r_{ds})g_m} \approx \frac{R}{1+g_m R} = R // \frac{1}{g_m}$$

3.5.3.3 共栅组态基本放大电路

共栅放大电路如图3-43(a)所示，其微变等效电路如图3-43(b)所示。

(1) 静态分析

与共源组态放大电路图3-43(b)相同，此略。

(2) 动态分析

① 求电压放大倍数。

$$\dot{A}_u = \frac{\dot{U}_o}{\dot{U}_i} = \frac{-g_m U_{gs}(R_d // R_L)}{-U_{gs}} = g_m(R_d // R_L) = g_m R'_L$$

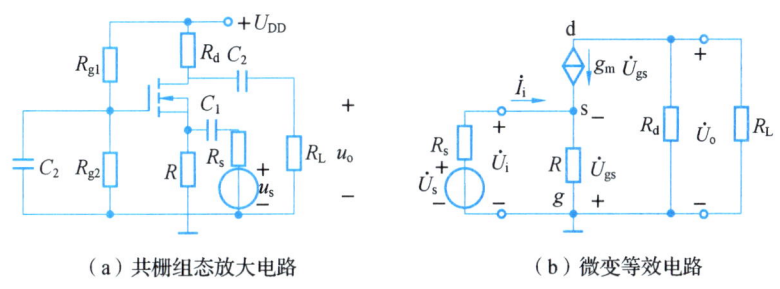

(a) 共栅组态放大电路　　　　(b) 微变等效电路

图3-43　共栅组态放大电路及微变等效电路

② 求输入电阻。

$$r_i = \frac{\dot{U}_i}{\dot{I}_i} = \frac{-\dot{U}_{gs}}{-\frac{\dot{U}_{gs}}{R} - g_m \dot{U}_{gs}} = \frac{1}{\frac{1}{R}+g_m} = R // \frac{1}{g_m}$$

③ 求输出电阻。

$$r_o \approx R_d$$

3.5.4　场效应管放大电路的特点

场效应管与晶体管相比，最大的特点是组成的放大电路输入电阻很高。在需要高输入电阻的场合常常采用场效应管放大电路作输入级。然而由于栅源间存在等效电容，而且电容值很小，只有几皮法到十几皮法，同时由于栅源电阻很大，若有感应电荷将不易泄放，因而形成高压($Q=CU$)将栅源间的绝缘击穿，所以在使用时要注意安全。现在很多场效应管已在栅源间并联了一个二极管起限幅作用，使用起来就安全多了。

> **思考题**
>
> 1. 与 BJT 的共射、共集和共基类似，MOSFET 有共源、共漏和共栅三种连接方式，试比较它们的异同点。
> 2. 场效应管放大电路的静态偏置与三极管放大电路有什么不同？

本章小结

1. 三极管基本放大电路分三种组态：共射极电路、共集电极电路和共基极电路。

2. 三极管工作在放大状态的条件是发射结正偏，集电结反偏。在放大状态，三极管具有放大（或受控）特性，即 $I_C = \beta I_B$。同时具有恒流源的特点，当基极电流一定时，集电极电流不变，和 u_{CE} 基本无关。

3. 放大电路的主要性能指标有：放大倍数、输入电阻、输出电阻、最大不失真输出幅度、非线性失真和线性失真、最大输出功率和效率等。对于低频小信号电压放大电路来说，主要讨论电压放大倍数、输入电阻和输出电阻等性能指标，输入电阻越大，从信号源获得的电压信号幅度越大；输出电阻越小，电路的带负载能力越强。

4. 放大电路的分析步骤分两步：静态（直流）分析和动态（交流）分析。静态分析的主要目的是确定晶体管的静态工作点，保证晶体管工作在合适的放大区域、不会产生饱和失真和截止失真；动态分析的主要目的是确定放大电路的主要性能指标。

5. 静态分析方法有图解法和估算法，根据具体的情况，可以选择适当的方法分析管子的静态工作点。

动态分析的方法有图解法和估算法——微变等效电路分析法。动态图解法比较适用于大信号的工作情况，是在晶体管非线性的特性曲线上进行的。微变等效电路分析法适用于小信号工作情况，其原理是把晶体管在小信号的小工作范围内近似看成线性元件，利用晶体管的线性模型替代非线性元件对电路进行分析和近似计算。利用微变等效电路分析法，可以方便地计算放大器的放大倍数、输入电阻和输出电阻等指标。

6. 由于半导体材料的热敏特性，晶体管的静态工作点在温度升高时要沿负载线向上移动，引起静态工作点的漂移，从而使放大器容易产生饱和失真。所以，在设置一个合理静态工作点的基础上，还必须保证静态工作点的稳定。接入射极电阻是最常用的方法之一，典型电路为分压式射极偏置电路。

7. 场效应管构成的基本放大电路有共源极、共漏极和共栅极三种电路组态；这三种组态的特点和相应的三极管放大电路类似，但由于场效应管栅源之间的等效电阻相当大。因此除共栅极电路外，其余两种电路的输入电阻均较大。

第3章 三极管基本放大电路

练习题

一、选择题

1. 测试放大电路输出电压幅值与相位的变化，可以得到它的频率响应，条件是_____。
   - A. 输入电压幅值不变，改变频率
   - B. 输入电压频率不变，改变幅值
   - C. 输入电压的幅值与频率同时变化

2. 当信号频率等于放大电路的 f_L 或 f_H 时，放大倍数的值约下降到中频时的_____。
   - A. 0.5 倍
   - B. 0.7 倍
   - C. 0.9 倍

3. 已知题图 3-1 所示电路中 $U_{CC} = 12$ V，$R_C = 3$ kΩ，静态管压降 $U_{CEQ} = 6$ V；并在输出端加负载电阻 R_L，其阻值为 3 kΩ。选择一个合适的答案填入空内。

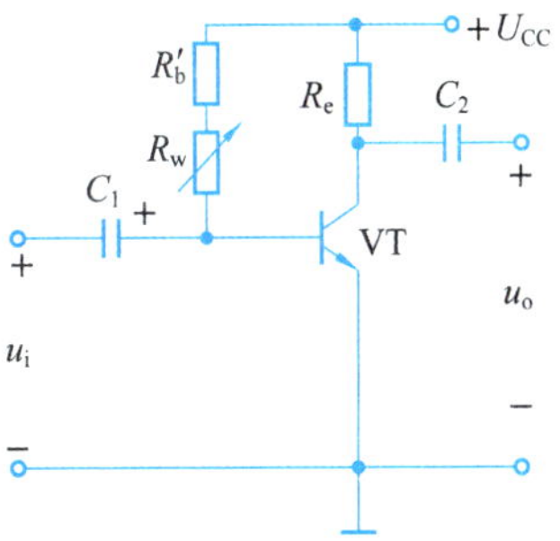

   ① 该电路的最大不失真输出电压有效值 $U_{om} \approx$ _____。
   - A. 2 V
   - B. 3 V
   - C. 6 V

   ② 当 $\dot{U}_i = 1$ mV 时，若在不失真的条件下，减小 R_W，则输出电压的幅值将_____。
   - A. 减小
   - B. 不变
   - C. 增大

   ③ 在 $\dot{U}_i = 1$ mV 时，将 R_W 调到输出电压最大且刚好不失真，若此时增大输入电压，则输出电压波形将_____。
   - A. 顶部失真
   - B. 底部失真
   - C. 为正弦波

   题图 3-1

   ④ 若发现电路出现饱和失真，则为消除失真，可将_____。
   - A. R_W 减小
   - B. R_c 减小
   - C. V_{CC} 减小

二、判断题

1. 只有电路既放大电流又放大电压，才称其有放大作用。（　　）
2. 可以说任何放大电路都有功率放大作用。（　　）
3. 放大电路中输出的电流和电压都是由有源元件提供的。（　　）
4. 电路中各电量的交流成份是交流信号源提供的。（　　）
5. 放大电路必须加上合适的直流电源才能正常工作。（　　）
6. 由于放大的对象是变化量，所以当输入信号为直流信号时，任何放大电路的输出都毫无变化。（　　）
7. 只要是共射放大电路，输出电压的底部失真都是饱和失真。（　　）

三、画图题

1. 分别改正题图 3-2 所示各电路中的错误，使它们有可能放大正弦波信号。要求保留电路原来的共射接法和耦合方式。

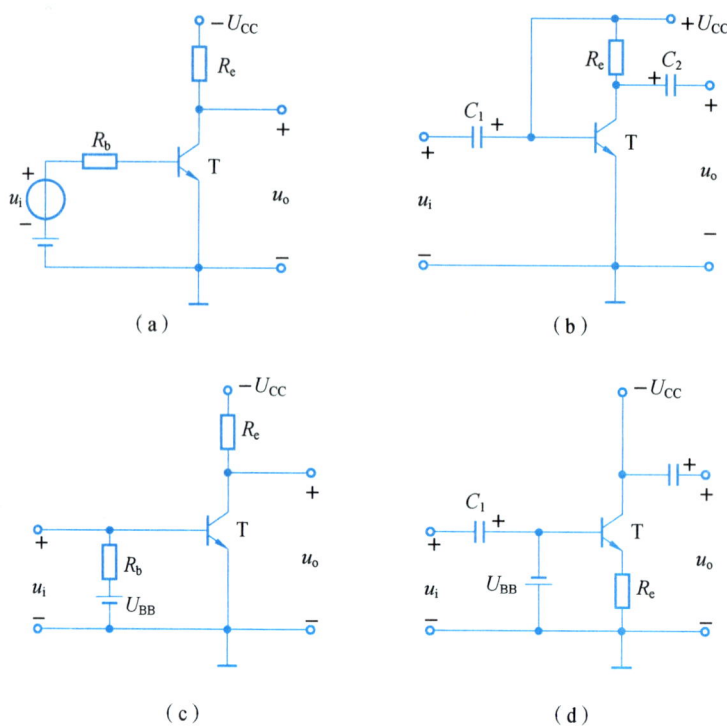

题图 3-2

2. 画出题图 3-3 所示各电路的直流通路和交流通路。设所有电容对交流信号均可视为短路。

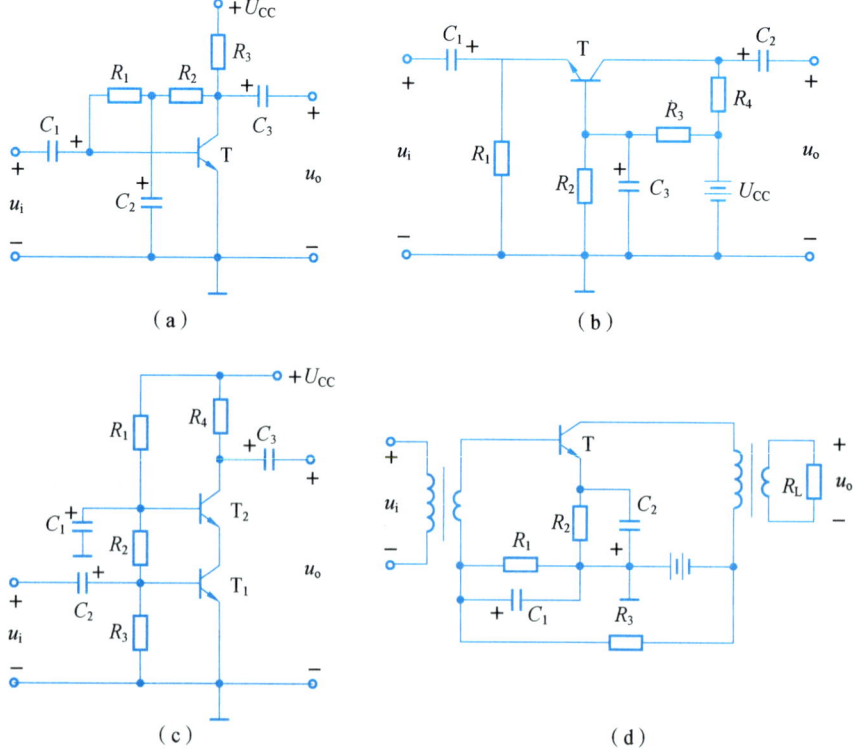

题图 3-3

3. 改正题图 3-4 所示各电路中的错误，使它们有可能放大正弦波电压。要求保留电路的共漏接法。

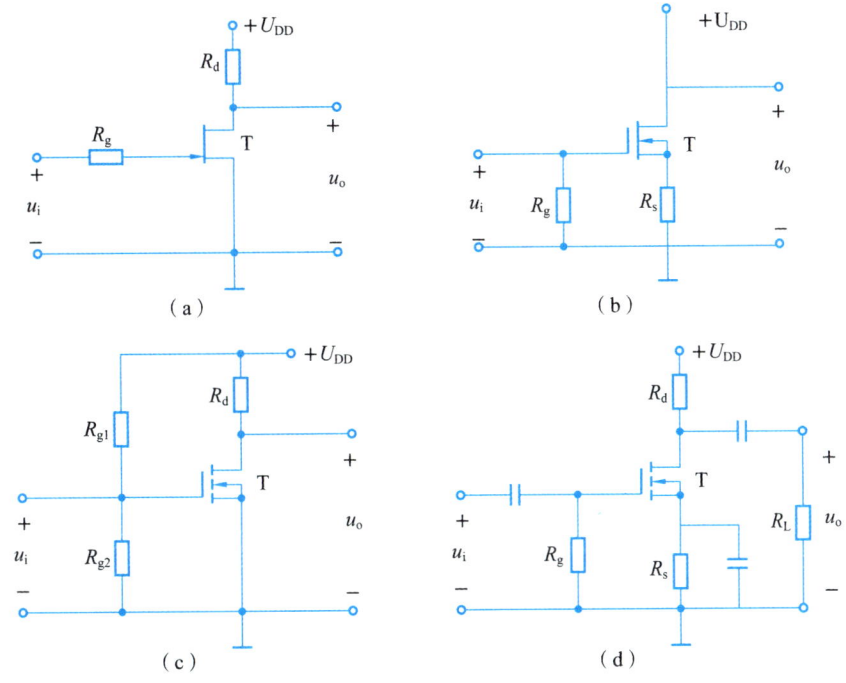

题图 3-4

四、问答题

1. 试分析题图 3-5 所示各电路是否能够放大正弦交流信号，简述理由。设图中所有电容对交流信号均可视为短路。

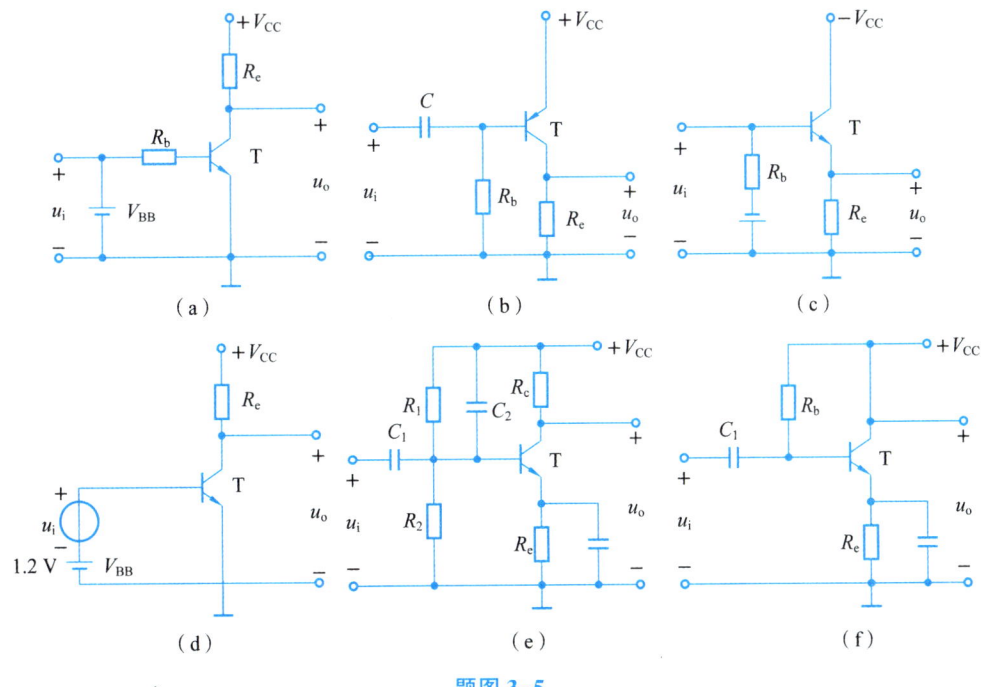

题图 3-5

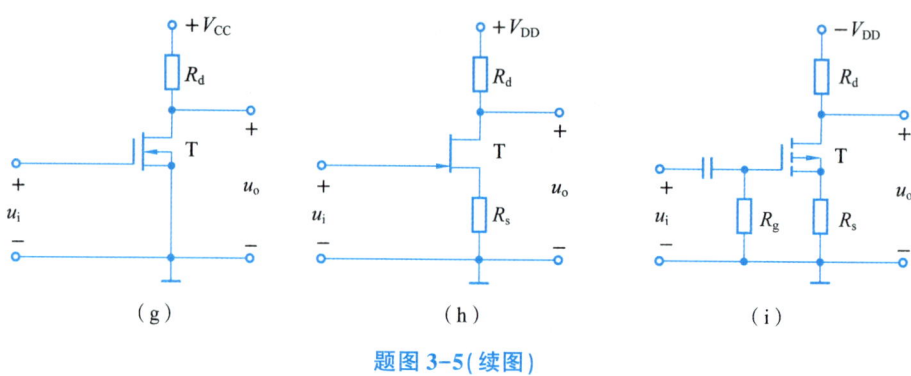

(g)　　　　　　　(h)　　　　　　　(i)

题图 3-5(续图)

2. 电路如题图 3-6(a)所示，图(b)是晶体管的输出特性，静态时 $U_{BEQ}=0.7\text{ V}$。利用图解法分别求出 $R_L\to\infty$ 和 $R_L=3\text{ k}\Omega$ 时的静态工作点和最大不失真输出电压 U_{om}(有效值)。

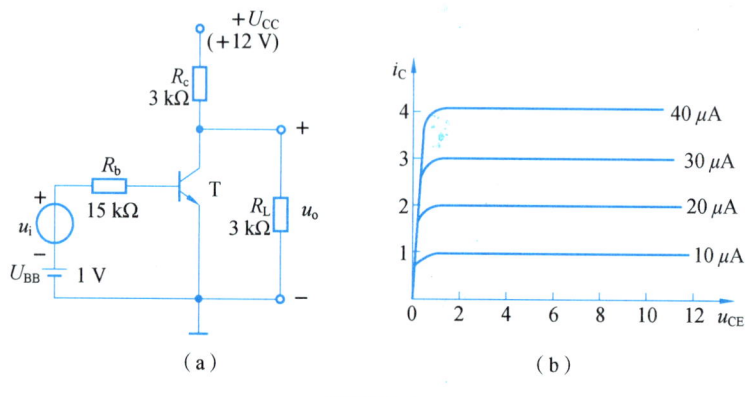

题图 3-6

3. 电路如题图 3-7 所示，已知晶体管 $\beta=50$，在下列情况下，用直流电压表测晶体管的集电极电位，应分别为多少？设 $V_{CC}=12\text{ V}$，晶体管饱和管压降 $U_{CES}=0.5\text{ V}$。

① 正常情况；② R_{b1} 短路；③ R_{b1} 开路；④ R_{b2} 开路；⑤ R_C 短路。

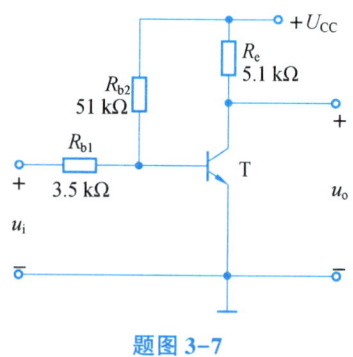

题图 3-7

4. 已知题图 3-8 所示电路中晶体管的 $\beta=100$，$r_{be}=1\text{ k}\Omega$。

① 现已测得静态管压降 $U_{CEQ}=6\text{ V}$，估算 R_b 约为多少千欧；

② 若测得 $\dot U_i$ 和 $\dot U_o$ 的有效值分别为 1 mV 和 100 mV，则负载电阻 R_L 为多少千欧？

5. 在题图 3-8 所示电路中，设静态时 $I_{CQ}=2\text{ mA}$，晶体管饱和管压降 $U_{CES}=0.6\text{ V}$。试问：当负载电阻 $R_L\to\infty$ 和 $R_L=3\text{ k}\Omega$ 时电路的最大不失真输出电压各为多少伏？

6. 电路如题图 3-9 所示，晶体管的 $\beta=100$，$r_{bb'}=100\text{ }\Omega$。

① 求电路的 Q 点、$\dot A_u$、R_i 和 R_o；

② 若电容 C_e 开路，则将引起电路的哪些动态参数发生变化？如何变化？

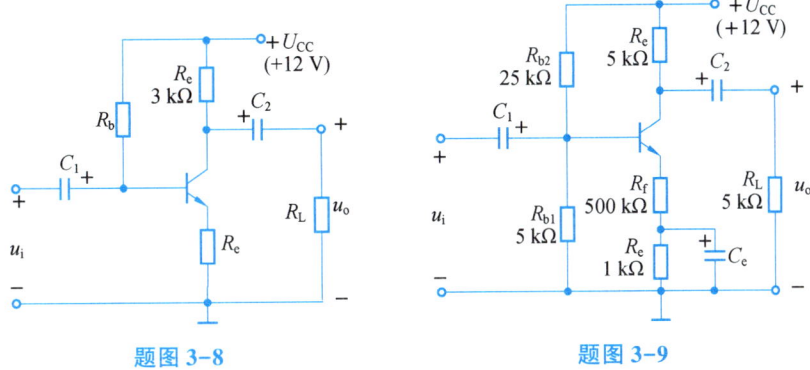

题图 3-8　　　　　　题图 3-9

7. 设题图 3-10 所示电路所加输入电压为正弦波。试问：

① $\dot{A}_{u1} = \dot{U}_{o1}/\dot{U}_i \approx ?$　　$\dot{A}_{u2} = \dot{U}_{o2}/\dot{U}_i \approx ?$

② 画出输入电压和输出电压 u_i、u_{o1}、u_{o2} 的波形。

8. 电路如题图 3-11 所示，晶体管的 $\beta = 80$，$r_{be} = 1\ \text{k}\Omega$。

① 求出 Q 点；

② 分别求出 $R_L \to \infty$ 和 $R_L = 3\ \text{k}\Omega$ 时电路的 $\dot{A}_u$ 和 R_i；

③ 求出 R_o。

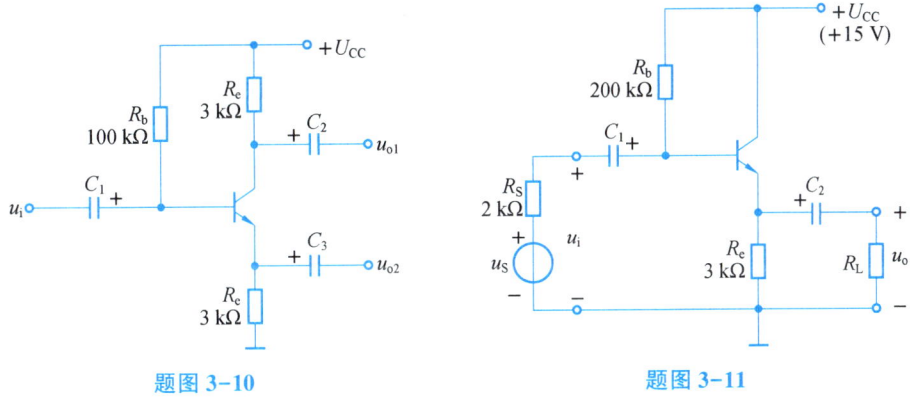

题图 3-10　　　　　　题图 3-11

9. 电路如题图 3-12 所示，晶体管的 $\beta = 60$，$r_{bb'} = 100\ \Omega$。

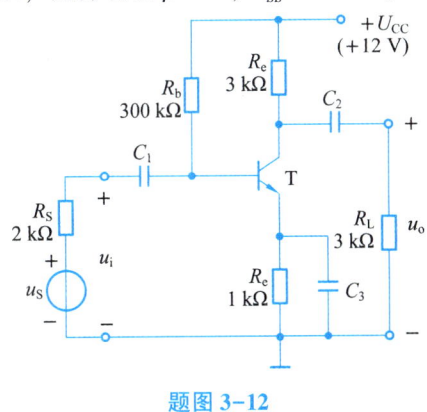

题图 3-12

① 求解 Q 点、$\dot{A}_u$、R_i 和 R_o；

② 设 $U_s = 10$ mV（有效值），问 $U_i = ?$ $U_o = ?$ 若 C_3 开路，则 $U_i = ?$ $U_o = ?$

10. 电路如题图 3-13 所示，已知场效应管的低频跨导为 g_m，试写出 $\dot{A}_u$、R_i 和 R_o 的表达式。

11. 已知题图 3-14（a）所示电路中场效应管的转移特性和输出特性分别如题图 3-14（b）（c）所示。

① 利用图解法求解 Q 点；

② 利用等效电路法求解 $\dot{A}_u$、R_i 和 R_o。

12. 已知题图 3-15（a）所示电路中场效应管的转移特性如题图 3-15（b）所示。求解电路的 Q 点和 $\dot{A}_u$。

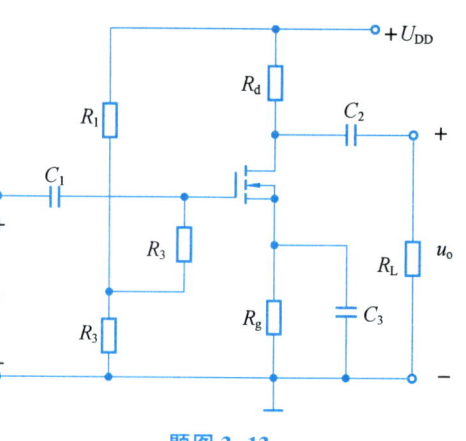

题图 3-13

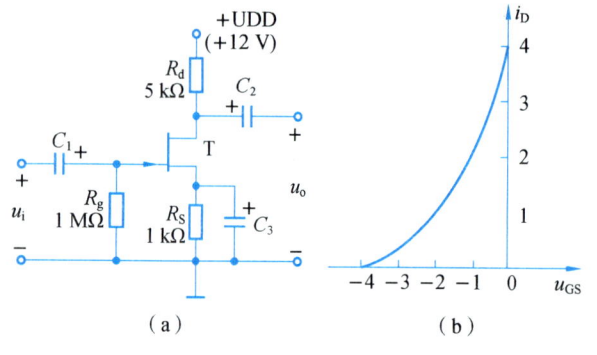

题图 3-14

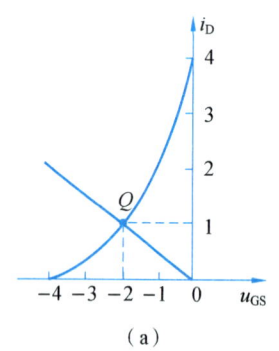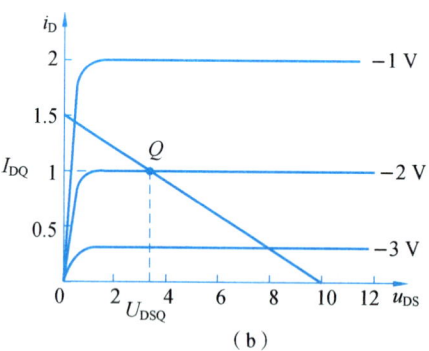

题图 3-15

第 4 章 多级放大电路

学习目标

理解多级放大电路的四种耦合方式及各种耦合方式的特点；
掌握多级放大电路的分析方法；
熟悉差分放大电路放大差模信号、抑制共模信号的原理；
掌握四种典型差分放大电路的静态与动态特性。

素质目标

通过学习零点漂移对放大电路造成的危害，讨论量变与质变的关系，引导学生建立"防微杜渐"的忧患意识。

4.1 多级电路的耦合方式

在实际的电子设备中，为了得到足够大的放大倍数或者使输入电阻和输出电阻达到指标要求，一个放大电路往往由多级组成。多级放大电路由输入级、中间级及输出级组成，如图4-1所示。于是，可以分别考虑输入级如何与信号源配合，输出级如何满足负载的要求，中间级如何保证放大倍数足够大。各级放大电路可以针对自己的任务来满足技术指标的要求。

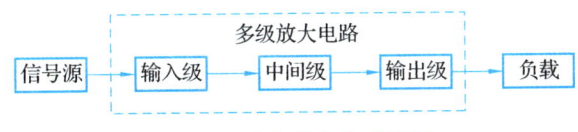

图 4-1 多级放大电路框图

多级放大电路的基本结构是将各个单级放大电路逐级连接起来,这种级与级之间的连接方式称为耦合。多级放大器级间耦合的要求是把前级的输出信号尽可能多地传给后级,同时要保证前后级晶体管均处于放大状态,实现不失真的放大。

常见的耦合方式有直接耦合、阻容耦合、变压器耦合及光电耦合四种形式。下面分别介绍四种耦合方式。

4.1.1 直接耦合

直接耦合是将前级放大电路和后级放大电路直接相连的耦合方式,如图4-2所示。直接耦合所用元件少,体积小,便于集成化。由于不采用电容,所以直接耦合放大电路具有良好的低频特性。直接耦合的缺点是:由于失去隔离作用,使前级和后级的直流通路相通,静态电位相互牵制,使得各级静态工作点相互影响。另外还存在着零点漂移现象。现讨论如下:

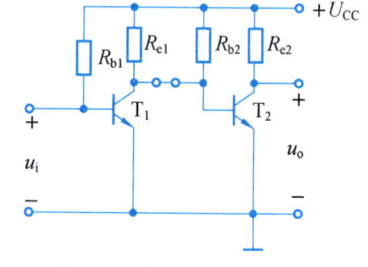

图4-2 直接耦合放大电路

(1)静态工作点相互牵制。如图4-2所示,不论T_1管集电极电位在耦合前有多高,接入第二级后,被T_2管的基极钳制在0.7 V左右,致使T_2管处于临界饱和状态,导致整个电路无法正常工作。

(2)零点漂移现象。要使用直接耦合的多级放大电路,必须解决静态工作点相互影响和零点漂移问题。

4.1.2 阻容耦合

阻容耦合是利用电容器作为耦合元件将前级和后级连接起来的耦合方式,如图4-3所示。第一级的输出信号通过电容器C_2和第二级的输入端相连接。

阻容耦合的优点是:前级和后级直流通路彼此隔开,每一级的静态工作点相互独立,互不影响,便于分析和设计电路。因此,阻容耦合在多级交流放大电路中得到了广泛应用。但是在阻容耦合中信号在通过耦合电容加到下一级时会大幅衰减,对直流信号(或变化缓慢的信号)很难传输。在集成电路里制造大电容很困难,不利于集成化。所以,阻容耦合只适用于分立元件组成的电路。

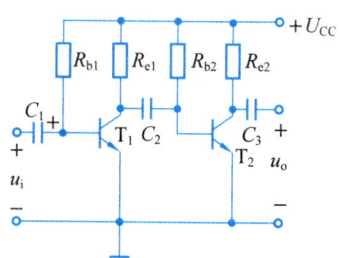

图4-3 阻容耦合放大电路

4.1.3 变压器耦合

变压器耦合是利用变压器将前级的输出端与后级的输入端连接起来的耦合方式,如图4-4所示。

将T_1的输出信号经过变压器T_{r1}送到T_2的基极和发射极之间。T_2的输出信号经T_{r2}耦合到负载R_L上。R_{b11}、R_{b12}和R_{b21}、R_{b22}分别为T_1管和T_2管的偏置电阻,C_3是R_{b21}和R_{b22}的旁

路电容,用于防止信号被偏置电阻所衰减。

变压器耦合的优点是:由于变压器不能传输直流信号,且有隔直作用,因此各级静态工作点相互独立,互不影响。变压器在传输信号的同时还能够进行阻抗、电压、电流变换。变压器耦合的缺点是:体积大、笨重等,不能实现集成化应用。

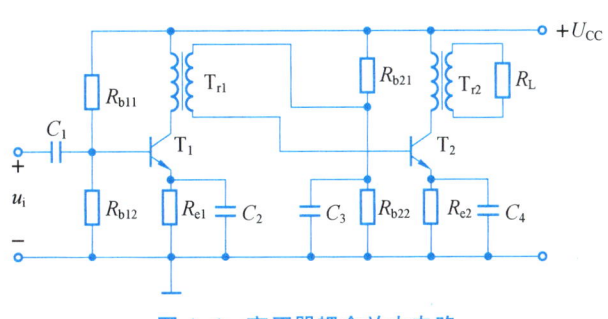

图 4-4 变压器耦合放大电路

4.1.4 光电耦合

前级信号通过光电耦合器以光作媒介传递到后级,这种耦合方式称为光电耦合。如图4-5所示,光电耦合是用发光器件将电信号转变光信号,再通过光敏器件把光信号变为电信号来实现级间耦合。光电耦合抗干扰能力强,前、后级间的隔离性能好。

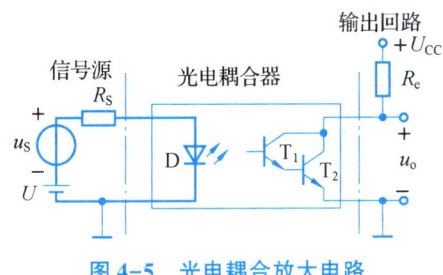

图 4-5 光电耦合放大电路

思考题

1. 直接耦合多级放大电路中如果存在工作点漂移的现象,哪一级的漂移对电路影响最大?
2. 阻容耦合多级放大电路中的耦合电容的值该如何选取?

4.2 多级放大电路的分析方法

多级放大电路的分析方法包括静态计算和动态分析。

4.2.1 静态计算方法

对于直接耦合放大电路，放大电路的各级工作点会互相影响，如图 4-6 所示，为了使 T_1 管的 U_{CEQ} 有 2~3 V，以保证较大的动态范围，脱离饱和状态，就必须在 T_2 管的发射极上串接电阻 R_{e2} 来提高其基极的静态电位：

$$U_{C1} = U_{B2}$$
$$U_{C2} = U_{B2} + U_{CE2} > U_{B2}(U_{C1})$$

以此类推，在多级 NPN 管构成的放大器中，越向后级，其基极静态电位越高，相应的集电极静态电位也就越高，并且越趋近于电源电压 U_{CC}，从而无法设置合适的工作点，允许输出信号的最大不失真幅度就受到限制。

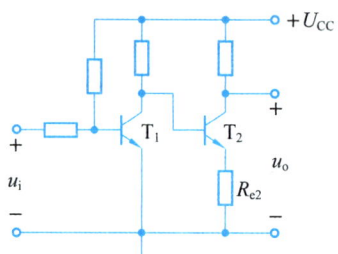

图 4-6　直接耦合放大电路静态工作点问题

如果级间采用 NPN 管和 PNP 管搭配，如图 4-7 所示，由于 NPN 管集电极电位高于基极电位，PNP 管集电极电位低于基极电位，它们的组合使用可避免集电极电位的逐级升高。现以图 4-7 的两级放大电路为例加以说明如何求解静态工作点。

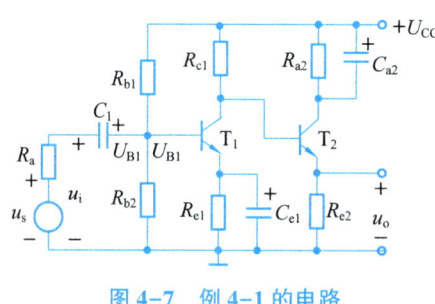

图 4-7　例 4-1 的电路

【例 4-1】 已知 $U_{CC} = 12$ V，$R_{b1} = 51$ kΩ，$R_{b2} = 20$ kΩ，$R_{c1} = 5.1$ kΩ，$R_{e1} = 2.7$ kΩ，$R_{e2} = 3.9$ kΩ，$R_{c2} = 4.3$ kΩ，三极管的参数为 $\beta_1 = \beta_2 = 100$，$U_{BE1} = U_{BE2} = 0.7$ V。试求三极管 VT_2 的电压和电流。

解： 由于 B 点电位为

$$U_{B1} = \frac{U_{CC} R_{b2}}{R_{b1} + R_{b2}} = 3.38 \text{ V}$$

三极管 T_1 的静态集电极电流为

$$I_{CQ1} \approx I_{E1} = \frac{U_{B1}-U_{BE1}}{R_{e1}} = \frac{3.38-0.7}{2.7} \approx 1 \text{ mA}$$

T_1 的静态基极电流为

$$I_{BQ1} = \frac{I_{CQ1}}{\beta_1} = 10 \text{ μA}$$

T_1 的集电极与发射极电压为

$$U_{CEQ1} \approx U_{CC} - I_{CQ1}(R_{c1}+R_{e1}) = 4.2 \text{ V}$$

由于流入三极管 T_2 的基极电流相对于 I_{CQ1} 来说比较小，故流经 R_{c1} 的电流近似为 I_{CQ1}。又 T_1 的集电极电位即为 T_2 的基极电位，即

$$U_{C1} = U_{B2} = U_{cc} - I_{CQ1}R_{c1} = 12-1\times5.1 = 6.9 \text{ V}$$

T_2 的发射极电位为

$$U_{E2} = U_{B2} + U_{BE2} = 6.9+0.7 = 7.6 \text{ V}$$

T_2 的发射极电流为

$$I_{EQ2} \approx I_{CQ2} = \frac{U_{CC}-U_{E2}}{R_{e2}} = \frac{12-7.6}{3.9} \approx 1.13 \text{ mA}$$

T_2 的集电极电压为

$$U_{C2} = I_{CQ2}R_{c2} = 1.13\times4.3 \approx 4.86 \text{ V}$$

T_2 的集电极与发射极电压为

$$U_{CEQ2} = U_{C2} - U_{E2} = 4.86-7.6 = -2.74 \text{ V}$$

对于阻容耦合和变压器耦合的多级放大电路，由于各级的工作点相互独立，静态工作点的计算与第 3 章的计算方法相同。

4.2.2 多级放大电路动态分析

多级放大电路的方框图如图 4-8 所示，对于多级放大电路的技术参数与各级的关系可归结为：电路的总增益为各级增益的乘积，前级的输出信号为后级的信号源，其输出电阻为信号源内阻，后级的输入电阻为前级的负载电阻。电压放大倍数可表示为

$$\dot{A}_u = \dot{A}_{u1} \times \dot{A}_{u2} \times \cdots \times \dot{A}_{un}$$

图 4-8 多级放大电路方框图

求多级放大电路的总增益的方法是先分别求出每级的增益。在求分立元件多级放大电路的电压放大倍数时有两种处理方法。一是将后一级的输入电阻作为前一级的负载考虑，即将第二级的输入电阻与第一级的集电极负载电阻并联，称为输入电阻法。二是将后一级与前一级开路，计算前一级的开路电压放大倍数和输出电阻，并将其作为信号源内阻加以考虑，共同作用到后一级的输入端，称为开路电压法。

【例 4-2】求出图 4-7 电路的总电压增益，并写出总的输入和输出电阻。

解：图 4-7 的交流通路如图 4-9 所示，使用输入电阻法：

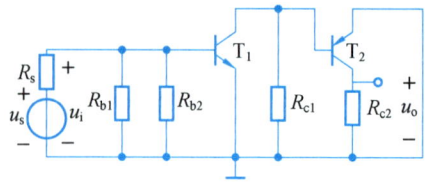

图 4-9　例 4-2 电路

$$r_{be1} = 200 + (1+\beta)\frac{26}{I_{E1}} = 2.83 \text{ k}\Omega$$

$$r_{be2} = 200 + (1+\beta)\frac{26}{I_{E2}} = 2.53 \text{ k}\Omega$$

$$R_{i1} = R_{b1} // R_{b2} // r_{be1}$$

第一级输入电阻 $R_{i1} = R_{b1} // R_{b2} // r_{be1}$，第二级输入电阻 $R_{i2} = r_{be2}$。

第一级输出电阻 $R_{o1} = R_{c1}$，第二级输出电阻 $R_{o2} = R_{c2}$。

第一级增益　　$A_{U1} = -\dfrac{\beta(R_{c1} // R_{i2})}{r_{be1}} = -\dfrac{100 \times (5.1 // 2.53)}{2.83} = -59.76$

第二级增益　　$A_{U2} = -\dfrac{\beta R_{C2}}{r_{be1}} = -\dfrac{100 \times 4.3}{2.53} = -169.96$

电路总增益　　$\dot A_u = \dot A_{u1}\dot A_{u2} = -59.76 \times (-169.96) = 10157$

总输入电阻 $R_i = R_{i1} = 2.36 \text{ k}\Omega$，总输出电阻 $R_o = R_{o2} = 4.3 \text{ k}\Omega$。

【**例 4-3**】阻容耦合放大电路如图 4-10 所示。其中 $R_{b1} = 300 \text{ k}\Omega$，$R_{c1} = 4 \text{ k}\Omega$，$R_{b2} = 150 \text{ k}\Omega$，$R_{c2} = 4 \text{ k}\Omega$，$R_L = 4 \text{ k}\Omega$，$U_{CC} = 15 \text{ V}$，$\beta = 50$。试求多级放大电路增益 $\dot A_u = \dot U_o / \dot U_i$。

解：

$$I_{B1} = \frac{U_{CC} - U_{BE1}}{R_{b1}} \approx \frac{U_{CC}}{R_{b1}} = \frac{12 \text{ V}}{300 \text{ k}\Omega} = 40 \text{ uA}$$

$$I_{C1} = \beta I_{B1} = 2 \text{ mA}$$

$$r_{be1} \approx 200 \text{ }\Omega + (1+\beta)\frac{26}{I_{E1}}$$

$$\approx 200 \text{ }\Omega + (1+\beta)\frac{26}{I_{C1}} = 863 \text{ }\Omega$$

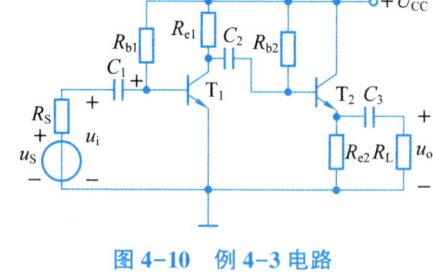

图 4-10　例 4-3 电路

$$I_{B2} = \frac{U_{CC} - U_{BE2}}{R_{b2} + (1+\beta)R_{e2}} \approx 33.9 \text{ uA}$$

$$I_{E2} = I_{C2} = \beta I_{B2} = 1.7 \text{ mA}$$

$$r_{be2} \approx 200 \text{ }\Omega + (1+\beta)\frac{26}{I_{E2}} = 984.6 \text{ }\Omega$$

$$R_{i2} = R_{b2} // [r_{be2} + (1+\beta)(R_{C2} // R_L)] = 61 \text{ k}\Omega$$

$$\dot{A}_{u1} = \frac{\dot{U}_{o1}}{\dot{U}_i} = -\frac{\beta \cdot (R_{c1} /\!/ R_{i2})}{r_{be1}} = -217.5$$

$$\dot{A}_{u2} = \frac{\dot{U}_o}{\dot{U}_{o1}} \approx 1$$

$$\dot{A}_u = \frac{\dot{U}_o}{\dot{U}_i} = \frac{\dot{U}_{o1}}{\dot{U}_i} \cdot \frac{\dot{U}_o}{\dot{U}_{o1}} = \dot{A}_{u1} \cdot \dot{A}_{u2} = -217.5$$

输入电阻

$$R_i = R_{i1} = R_{b1} /\!/ r_{be1} \approx r_{be1} = 863 \ \Omega$$

输出电阻

$$R_o = R_{o2} = R_e /\!/ \frac{(R_s /\!/ R_b) + r_{be}}{1+\beta} = R_{e2} /\!/ \frac{(R_{o1} /\!/ R_{b2}) + r_{be2}}{1+\beta} = 4 /\!/ \frac{(4 /\!/ 150) + 0.9846}{1+50} \approx 95 \ \Omega$$

> **思考题**
>
> 1. 三极管多级放大电路中,如何计算输入电阻、输出电阻和每个三极管的静态工作点?
> 2. 为什么阻容耦合多级放大电路低频特性差?

4.3 差分式放大电路

4.3.1 直接耦合放大电路的零点漂移

在直接耦合放大电路中存在着零点漂移现象。所谓零点漂移,就是当输入信号为零时,输出信号不为零,而是一个随时间漂移不定的信号。零点漂移简称为零漂。产生零漂的原因有很多,如温度变化、电源电压波动、晶体管参数变化等。其中温度变化是主要的,因此零漂也称为温漂。在阻容耦合放大器中,由于电容有隔直作用,因而零漂不会造成严重影响。但是,在直接耦合放大器中,由于前级的零漂会被后级放大,因而零漂将会严重干扰正常信号的放大和传输。例如图 4-7 所示电路,如果由于温度变化致使第一级放大电路的 Q 点发生漂移,第一级的输出电压就会发生微小的变化,这种缓慢的微小变化就会被逐级放大,致使放大电路的输出端产生较大的漂移电压,严重时漂移电压甚至会把信号电压淹没。因此抑制零漂是直接耦合放大器的突出问题。

抑制零点漂移可以引入直流负反馈稳定工作点,也可以利用热敏元件进行补偿,或者在输入级采用差分式放大电路。本节将重点介绍差分式放大电路。

4.3.2 一般差分式放大电路的特性分析

在多级放大电路的输入级采用差分式放大电路可抑制零点漂移。图 4-11 所示为带射极公共电阻 R_e 的差分式放大电路，也叫长尾式差动放大器。它由两个完全相同的单管共射极电路组成。电路完全对称，即 T_1 和 T_2 特性相同，外接电阻对称相等，即 $R_{c1}=R_{c2}$，各元件的温度特性相同。差动式放大电路有两个输入端分别从 T_1 和 T_2 的基极输入；两个输出端分别从 T_1 和 T_2 的集电极引出，因而称为双端输入双端输出电路。

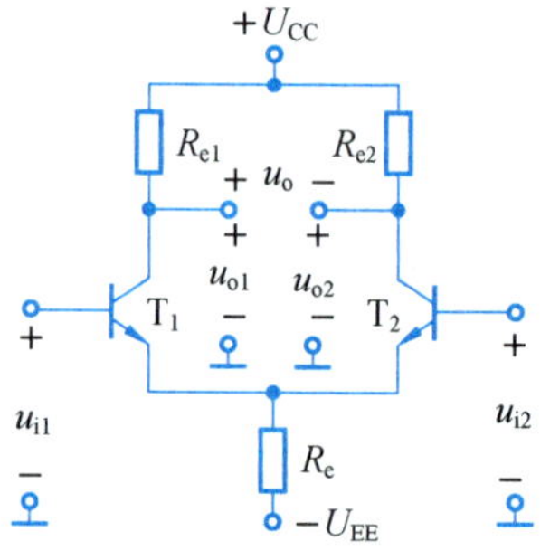

图 4-11 基本差分式放大电路

4.3.2.1 抑制零点漂移原理

由于电路左右对称，当输入信号为零时，$U_{i1}=U_{i2}=0$，此时两管集电极电流 $I_{C1}=I_{C2}$，集电极电位 $U_{C1}=U_{C2}$，输出电压 $U_o=U_{C1}-U_{C2}=0$。当电源电压波动或温度变化时，两管集电极电流和集电极电位将同时发生变化。由于输出电压为两管集电极电压之差，故输出电压仍然为零。由此可见，尽管每只管子的零漂仍然存在，但两管的漂移信号（ΔU_{c1}、ΔU_{c2}）在输出端恰能互相抵消，使得输出端不出现零点漂移，从而使零漂受到了抑制。这就是差动放大器抑制零点漂移的基本原理。

4.3.2.2 差模信号和共模信号

根据网络理论，差分式放大电路对公共地而言是一个四端口网络，如图 4-12 所示。每个端口有两个端子，其中两个输入端口可以接两个输入信号，两个输出端口可有两个输出信号。当差分放大电路的两个输入端子接入的输入信号分别为 u_{i1} 和 u_{i2} 时，两信号的差值称为差模信号，而两信号的算术平均值称为共模信号。即

图 4-12 差分式放大电路等效模型

差模信号
$$u_{id}=u_{i1}-u_{i2}$$

共模信号
$$u_{ic}=\frac{1}{2}(u_{i1}+u_{i2})$$

根据以上两式可得

$$u_{i1}=u_{ic}+\frac{1}{2}u_{id}$$
$$u_{i2}=u_{ic}-\frac{1}{2}u_{id}$$

可以看出，在两个输入端加入的任意信号均可分解为差模信号和共模信号两部分。若在两输入端分别输入大小相等极性相反的信号（即 $u_{i1}=-u_{i2}=\frac{1}{2}u_{id}$），则输入只有差模信号，共模信号为零，这种输入方式称为差模输入。若在两输入端分别输入大小相等且极性相同的信号（即 $u_{i1}=u_{i2}=u_{ic}$），则输入只有共模信号，差模信号为零，这种输入方式称为共模输入。

4.3.2.3 差模增益和共模增益

由于差分式放大电路的输入信号可以分解为差模信号 u_{id} 和共模信号 u_{ic} 两个部分，根据线性叠加理论，总的输出信号为两个输入信号分别产生的输出之和，即 $u_o = u_{od} + u_{oc}$，其中 u_{od} 为差模信号产生的输出，u_{oc} 为共模信号产生的输出。对于差分式放大电路来说有差模电压增益和共模电压增益之分。差模电压增益 $A_d = \dfrac{u_{od}}{u_{id}}$，共模电压增益 $A_c = \dfrac{u_{oc}}{u_{ic}}$。差分式放大电路对差模信号的增益和共模信号的增益不相同。总的输出电压为

$$u_o = u_{od} + u_{oc} = A_d u_{id} + A_c u_{ic}$$

共模信号是加在差分式放大电路两个输入端的大小相等、极性相同的电压信号，在实际应用中，由于外界引入的干扰(噪声)信号、电源电压波动以及温漂等构成的影响，对于差分放大电路均可视为或等效为共模信号，要求电路应予以抑制，也就是说，要求电路的共模电压增益 A_c 越小越好，理想情况下应为零，这即是差分放大电路共模抑制的概念。此时电路的功能便是放大两个输入端信号电压之差，即放大差模信号，电路的输出电压 u_o 为

$$u_o = A_d u_{id} = A_d (u_{i1} - u_{i2})$$

4.3.2.4 共模抑制比

在差分式放大电路中，差模信号一般是输入的有用信号，而共模信号为噪声信号。为了表征差分式放大电路抑制共模信号的能力，常用共模抑制比作为一项技术指标来衡量。共模抑制比定义为 $K_{CMR} = \left|\dfrac{A_d}{A_c}\right|$ 或 $K_{CMR} = 20\lg\left|\dfrac{A_d}{A_c}\right|$。差模电压增益越大，共模电压增益越小，则共模抑制能力越强，放大电路的性能越优良。

4.3.3 典型差分式放大电路及四种工作方式

4.3.3.1 差分式放大电路的输入输出方式

差分式放大电路有两个输入端口和两个输出端口。若两个端口均加入输入信号，称为双端输入；若信号仅从一个输入端加入，另外一个端口接地，称为单端输入。如果输出信号取自两个输出端口的信号之差，称为双端输出，如果信号取自某一个输出端口，则称为单端输出。

所以差分式放大电路根据输入输出端口的接法不同，可以有四种工作方式：双端输入、双端输出(双-双)；双端输入、单端输出(双-单)；单端输入、双端输出(单-双)；单端输入、单端输出(单-单)。

4.3.3.2 基本工作原理与主要技术指标计算

1) 静态分析

静态时，两输入信号为零，$u_{i1} = u_{i2} = 0$。

等效电路如图 4-13 所示，由于电路完全对称，有

$$U_{BE1} = U_{BE2} = 0.7 \text{ V}$$

两个三极管的集电极电流为

$$I_{C1} = I_{C2} = I_C \dfrac{I_{Re}}{2} = \dfrac{U_{EE} - 0.7}{2R_e}$$

两个三级管集电极电压为
$$U_{C1} = U_{C2} = U_{CC} I_C R_C$$
输出电压为
$$u_o = u_{c1} - u_{c2} = 0$$

由此可知，当输入信号电压为零时，输出电压 u_o 也为零。

为了稳定电路的直流工作点，R_e 起到一种内部的调节作用。如当外界温度 T 升高时，有如下调节过程：

$$T\uparrow \begin{cases} I_{C1}\uparrow \\ I_{C2}\uparrow \end{cases} I_E\uparrow \to U_E\uparrow \begin{cases} U_{BE1}\downarrow \to I_{B1}\downarrow \\ U_{BE2}\downarrow \to I_{B2}\downarrow \end{cases} \begin{cases} I_{C1}\downarrow \\ I_{C2}\downarrow \end{cases}$$

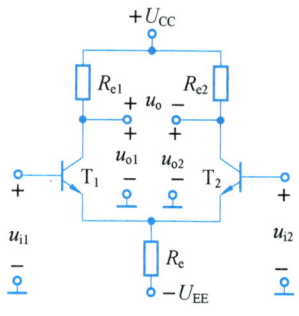

图 4-13 基本差分式放大电路静态分析

这种调节作用能使 I_C 趋于稳定，从而稳定直流工作点。同时，R_e 的存在对于要放大的差模信号并没有影响，而对于有害的共模信号有较强的抑制作用，详见下面的动态分析。

2）动态分析

（1）双端输入，双端输出工作方式

① 双端输入，双端输出差模电压增益。

若双端输入为差模方式，即 $u_{i1} = -u_{i2} = \dfrac{u_{id}}{2}$，此时电路完全对称，两个输入信号使流过 R_e 的动态电流正好大小相等方向相反，其和为 0，所以其上的动态压降也为 0。这时的 R_e 等效为短路，交流通路如图 4-14 所示。双端输出的情况下输出电压取自两管集电极电压之差，所以差模电压增益 $A_d = \dfrac{u_{od}}{u_{id}} = \dfrac{u_{o1}-u_{o2}}{u_{i1}-u_{i2}} = \dfrac{2u_{o1}}{2u_{i1}} = -\dfrac{\beta R_c}{r_{be}}$。

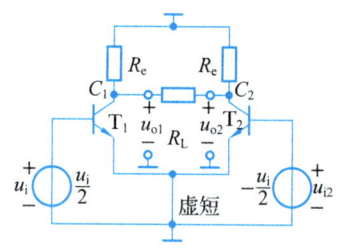

图 4-14 双入双出差模交流通路

当集电极 C_1 和 C_2 两点间接入负载电阻 R_L 时，由于输入的是差模信号，C_1 和 C_2 点的电位向相反的方向变化，一边增量为正，一边增量为负，并且大小相等，可见负载电阻 R_L 的中点是交流地电位点，所以在差分输入的单边等效电路中，负载电阻是 $\dfrac{1}{2}R_L$。故此时差模增益 $A'_d = -\dfrac{\beta R'_L}{r_{be}}$，其中 $R'_L = R_C // \dfrac{R_L}{2}$。

由此可见，在电路完全对称时，双端输入双端输出的情况下，差分电路的电压增益与单边电路的增益相等。可见该电路是用成倍的元器件以换取抑制零点漂移的能力。

② 双端输入，双端输出共模电压增益。

由图 4-15 所示，当双端输入为共模方式，即 $u_{i1} = u_{i2} = u_{ic}$ 时，两管的电流或是同时增加，或是同时减小，因此有 $v_e = i_e R_e = 2i_{e1} R_e$。对于每个三极管而言，相当于发射极接了 $2R_e$ 大小的电阻，其交流等效电路如图 4-15 所示。由于电

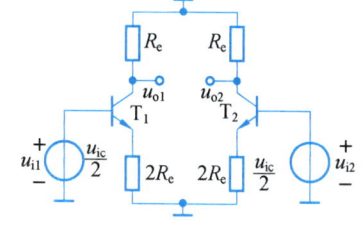

图 4-15 双入双出共模交流通路

路的对称性，其输出电压为

$$u_{oc} = u_{oc1} - u_{oc2} \approx 0$$

其双端输出的共模电压增益为

$$A_C = \frac{u_{oc}}{u_{ic}} = \frac{u_{o1} - u_{o2}}{u_{ic}} \approx 0$$

实际上，要达到电路完全对称是不容易的，但即使这样，这种电路抑制共模信号的能力还是很强的。

（2）双端输入，单端输出工作方式

①双端输入，单端输出差模电压增益。

对于单端输出方式，如果信号从T_1管的集电极输出，负载R_L单端接地，电路如图4-16所示，此时$u_{od} = u_{o1} = u_{c1}$，则差模电压增益为

$$A_{d1} = \frac{u_{od}}{u_{id}} = \frac{u_{o1}}{u_{i1} - u_{i2}} = \frac{u_{o1}}{2u_{i1}} = -\frac{\beta R_L'}{2r_{be}} = \frac{1}{2}A_d$$

②双端输入，单端输出共模电压增益。

双端输入共模信号，即$u_{i1} = u_{i2}$，输出只从一个端口输出，如图4-17所示。此时共模电压增益为

$$A_{C1} = \frac{u_{oc1}}{u_{ic}} = \frac{u_{oc2}}{u_{ic}} = \frac{-\beta R_L'}{r_{be} + (1+\beta)2R_e}$$

一般情况下，有$(1+\beta)2R_e \gg r_{be}$，且$\beta \gg 1$，故$A_{C1} \approx -\frac{R_L'}{2R_e}$。其中，$R_e$越大，$A_{C1}$越小，电路抑制共模信号的能力越强。

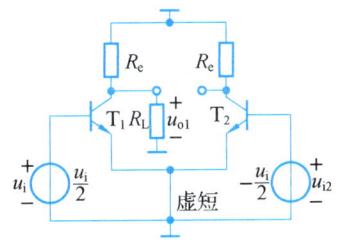
图4-16 双入单出差模交流通路

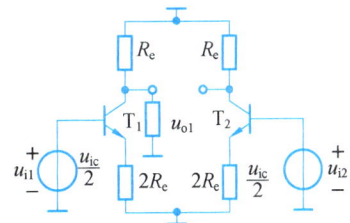
图4-17 双入单出共模交流通路

（3）单端输入工作方式

图4-18表示的就是单端输入的交流通路，单端输入的情况下可以等效变换为双端输入。例如，图4-18左侧输入信号可等效变换为$u_i = \frac{1}{2}u_i + \frac{1}{2}u_i$，右侧输入信号可等效变换为$0 = \frac{1}{2}u_i - \frac{1}{2}u_i$。相当于在输入端口两边分别加入了大小为$\frac{1}{2}u_i$和$-\frac{1}{2}u_i$的差模信号，以及大小都为$\frac{1}{2}u_i$的共模信号，如图4-19所示。根据叠加定理，总的输出信号为差模输入和共模输入所产生的输出信号的叠加。在分别分析电路的差模特性和共模特性时，各个参数均与双

端输入电路相同。另外，在 R_e 很大的情况下，由于共模增益很小，共模输出也很小，故可以忽略共模信号，单端输入情况可以近似等效为双端差模输入。

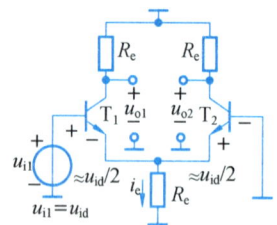

图 4-18 单端输入交流通道

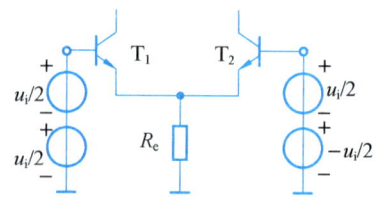

图 4-19 单端输入等效为双端输入情况

（4）输入与输出电阻

①差模输入电阻与输出电阻。

不论是单端输入还是双端输入，差模输入电阻 r_{id} 均是单边放大电路的两倍，即

$$r_{id} = 2r_{be}$$

双端输出的差模输出电阻 r_{od} 也是单边放大电路的两倍，即

$$r_{od} = 2R_c$$

而单端输出的差模输出电路与单边电路相同，即

$$r_{od} = R_c$$

②共模输入电阻与输出电阻。

不论是单端输入还是双端输入，共模输入电阻为

$$r_{ic} = \frac{1}{2}[r_{be} + (1+\beta)2R_e]$$

单端输出共模输出电阻 $r_{oc} \approx R_c$，双端输出共模输出电阻 $r_{oc} \approx 2R_c$。

【例 4-4】单端输入单端输出的差分式放大电路如图 4-20 所示，计算：

(1) 静态工作点参数 I_{BQ}，I_{CQ}，U_{C1} 和 U_{C2} 的值；

(2) 计算差模电压放大倍数 A_{vd}；

(3) 计算差模输入输出电阻 r_{id} 和 r_{od} 的值。

解：

(1) 静态时，两个三极管的基极偏置相同，故

$$I_{BQ} = \frac{U_{EE} - U_{BE}}{R_b + 2(1+\beta)R_e}$$

$$I_{CQ} = \beta I_{BQ}$$

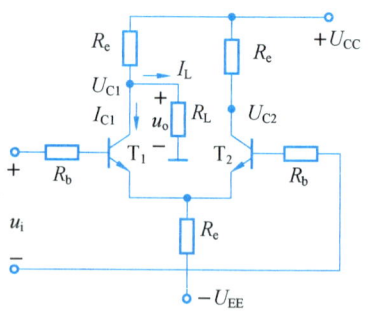

图 4-20 例 4-4 电路

T_2 的集电极电位为

$$U_{C2} = U_{CC} - I_C R_C$$

T_1 的集电极电位为

$$U_{C1} = U_{CC} - I_{R_C} = U_{CC} - (I_C + I_L)R_C = U_{CC} - \left(I_C + \frac{U_{C1}}{R_L}\right)R_C$$

所以
$$U_{C1} = \frac{U_{CC} - I_C R_C}{1 + R_C/R_L}$$

注：在单端输出的情况下，T_1 和 T_2 的集电极电位不同，但是由于两个三极管基极偏置相同，三极管的三个电流仍然相等。

(2) 由于
$$r_{be} = 200 + (1+\beta)\frac{26}{I_E}$$

故差模电压放大增益为
$$A_{vd} = -\frac{1}{2}\frac{\beta(R_C // R_L)}{R_b + r_{be}}$$

(3) 差模输入电阻 $r_{id} = 2(R_b + r_{be})$，输出电阻 $r_{od} = R_C$。

> **思考题**
>
> 1. 在长尾式差动放大电路中，R_e 的主要作用是什么？
> 2. 差动放大器中两管及元件如果不对称，对电路性能会有什么影响？
> 3. 对基本差分放大器而言，在 U_{CC} 和 U_{EE} 已确定的情况下，要使工作电流达到某个预定值，应怎样调整？

本章小结

1. 多级电路主要存在直接耦合、阻容耦合、变压器耦合、光电耦合四种形式，四种耦合方式都能顺利地传递信号，但是，直接耦合存在零点漂移问题，而阻容耦合、变压器耦合不利于实现集成化。

2. 直接耦合放大电路的问题是前后级电位配合，通常在后级加发射极电阻办法解决前后级电位的配合，且利用 NPN 管和 PNP 管组合，避免集电极电位逐级升高，实现正常放大，而阻容耦合与变压器耦合前后级工作点相互独立，不存在相互影响的问题。

3. 多级放大器的电压放大倍数为每一级放大倍数的乘积，但在计算每一级电压放大倍数时，应将后级的输入电阻作为前级的负载，前一级的输出电阻可作为后一级的信号源内阻，多级放大电路的总输入电阻为第一级放大器的输入电阻，总输出电阻为最后一级放大器的输出电阻。

4. 为解决直接耦合放大电路的另一个特殊问题——零点漂移，一般在多级放大电路输入级采用差分式放大电路，利用电路对称性的结构特点抑制零点漂移。电路的输入有差模输入与共模输入两种方式。电路的总输出电压由差模增益与共模增益共同确定，用共模抑制比来衡量差分放大器的优劣。

5. 四种典型差分电路的差模电压增益、共模电压增益与输入方式无关，只取决于输出方式；差模电压增益在双端输出时与单边电路的电压增益相等，单端输出时，只有单边电路的一半；共模电压增益在双端输出时为零，单端输出时，其与单边电路的电压增益相等。

练习题

一、选择题

1. 在三种常见的耦合方式中，静态工作点独立，体积较小是_____的优点。
   A. 阻容耦合　　　　B. 变压器耦合　　　C. 直接耦合

2. 直接耦合放大电路的放大倍数越大，在输出端出现的漂移电压就越_____。
   A. 大　　　　　　　B. 小　　　　　　　C. 和放大倍数无关

3. 在集成电路中，采用差动放大电路的主要目的是_____。
   A. 提高输入电阻　　B. 减小输出电阻　　C. 消除温度漂移　　D. 提高放大倍数

4. 两个相同的单级共射放大电路，空载时电压放大倍数均为30，现将它们级连后组成一个两级放大电路，则总的电压放大倍数_____。
   A. 等于60　　　　　B. 等于900　　　　C. 小于900　　　　D. 大于900

5. 将单端输入-双端输出的差动放大电路改接成双端输入-双端输出时，其差模电压放大倍数将_____；改接成单端输入-单端输出时，其差模电压放大倍数将_____。
   A. 不变　　　　　　B. 增大一倍　　　　C. 减小一半　　　　D. 不确定

6. 多级直接耦合放大电路中，_____的零点漂移占主要地位。
   A. 第一级　　　　　B. 中间级　　　　　C. 输出级

7. 一个三级放大电路，测得第一级的电压增益为 0 dB，第二级的电压增益为 40 dB，第三级的电压增益为 20 dB，则总的电压增益为_____
   A. 0 dB　　　　　　B. 60 dB　　　　　C. 80 dB　　　　　D. 800 dB

8. 在相同条件下，多级阻容耦合放大电路在输出端的零点漂移_____。
   A. 比直接耦合电路大
   B. 比直接耦合电路小
   C. 与直接耦合电路基本相同

9. 要求流过负载的变化电流比流过集电极或发射极的变化电流大，应选_____耦合方式。
   A. 阻容　　　　　　B. 直接　　　　　　C. 变压器　　　　　D. 阻容或变压器

10. 一个两级阻容耦合放大电路的前级和后级的静态工作点均偏低，当前级输入信号幅度足够大时，后级输出电压波形将_____。
    A. 首先产生饱和失真
    B. 首先产生截止失真
    C. 双向同时失真

11. 差动放大电路是为了_____而设置的。
    A. 稳定增益　　　　B. 提高输入电阻　　C. 克服温漂　　　　D. 扩展频带

二、填空题

1. 若差动放大电路两输入端电压分别为 $u_{i1} = 10$ mV，$u_{i2} = 4$ mV，则等值差模输入信号

为 u_{id} = _____ mV，等值共模输入信号为 u_{ic} = _____ mV。若双端输出电压放大倍数 A_{ud} = 10，则输出电压 u_o = _____ mV。

2. 三级放大电路中，已知 $A_{u1} = A_{u2}$ = 30 dB，A_{u3} = 20 dB，则总的电压增益为 _____ dB，折合为 _____ 倍。

3. 在集成电路中，由于制造大容量的 _____ 较困难，所以大多采用 _____ 的耦合方式。

4. 长尾式差动放大电路的发射极电阻 R_e 越大，对 _____ 越有利。

5. 多级放大器的总放大倍数为 _____，总相移为 _____，输入电阻为 _____，输出电阻为 _____。

6. 一个多级放大器一般由多级电路组成，分析时可化为求 _____ 的问题，但要考虑 _____ 之间的影响。

7. 直接耦合放大电路存在的主要问题是 _____。

8. 在阻容耦合、直接耦合和变压器耦合三种耦合方式中，既能放大直流信号，又能放大交流信号的是 _____，只能放大交流信号的是 _____，各级工作点之间相互无牵连的是 _____，温漂影响最大的是 _____，信号源与放大器之间有较好阻抗配合的是 _____，易于集成的是 _____，下限频率趋于零的是 _____。

9. 某直接耦合放大器的增益为 100，已知其温漂参数为 1 mV/℃，则当温度从 20 ℃ 升高到 30 ℃ 时，输出电压将漂移 _____。

10. 多级放大器通常可以分为 _____、_____ 和 _____。

11. 根据输入输出连接方式的不同，差动放大电路可分为 _____、_____、_____、_____。

三、问答题

1. 如题图 4-1 所示电路，设 U_C = 12 V，晶体管 β = 50，$r_{bb'}$ = 300 Ω，R_{b11} = 100 kΩ，R_{b21} = 39 kΩ，R_{c1} = 6 kΩ，R_{e1} = 3.9 kΩ，R_{b12} = 39 kΩ，R_{b22} = 24 kΩ，R_{c2} = 3 kΩ，R_{e2} = 2.2 kΩ，R_L = 3 kΩ，请计算 $\dot{A}_u$、r_i 和 r_o。（提示：先求静态工作点 I_{EQ}，再求 r_{be}）

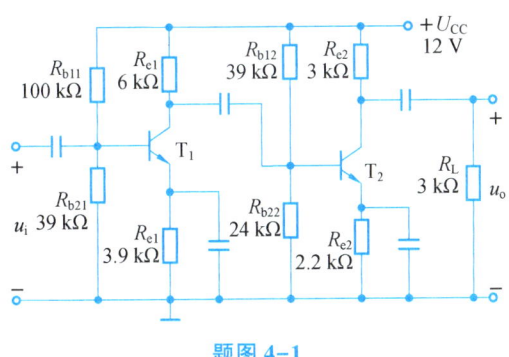

题图 4-1

2. 如题图 4-2 所示电路，$R_{e1} = R_{e2}$ = 100Ω，BJT 的 β = 100，U_{BE} = 0.6 V。

① 当 $u_{i1} = u_{i2}$ = 0 时，求 Q 点处的 I_{B1}、I_{C1}。

② 当 u_{i1} = 0.01 V、u_{i2} = -0.01 V 时，求输出电压 $u_o = u_{o1} - u_{o2}$ 的值。

③当 c_1、c_2 间接入负载电阻 $R_L = 5.6$ kΩ 时，求 u_o 的值。

④求电路的差模输入电阻 r_{id}、共模输入电阻 r_{ic} 和输出电阻 r_o。（图中 r_o 为电流源的等效电阻）

3. 如题图 4-3 所示，直流零输入时，直流零输出。已知 $\beta_1 = \beta_2 = \beta_3 = 80$，$U_{BE} = 0.7$ V，计算 R_{C1} 的值和电压放大倍数 $\dot{A}_u$。

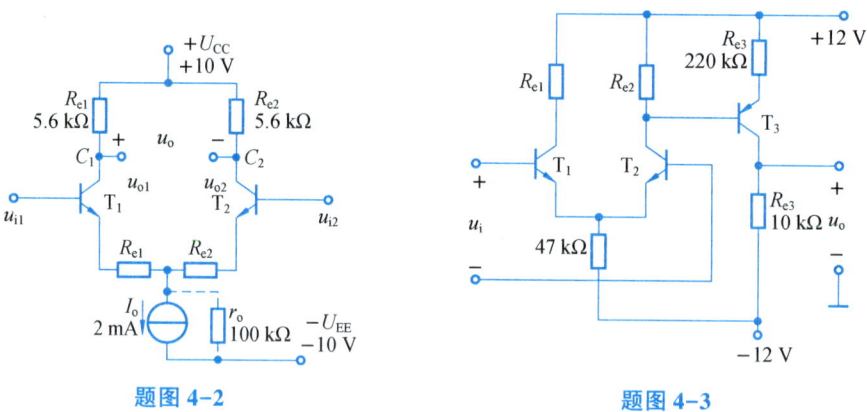

题图 4-2　　　　题图 4-3

4. 由通频带相同的两个单级放大器组成两级阻容耦合放大器，总的通频带就要变窄，这是为什么？

5. 某三级放大电路，各级电压增益分别为 20 dB、40 dB、0 dB。当输入信号 $u_i = 3$ mV 时，求输出电压。

6. 如题图 4-4，求 A_d 和 R_i 的近似表达式。设 T_1 和 T_2 的电流放大系数分别为 β_1 和 β_2，b-e 间动态电阻分别为 r_{be1} 和 r_{be2}。

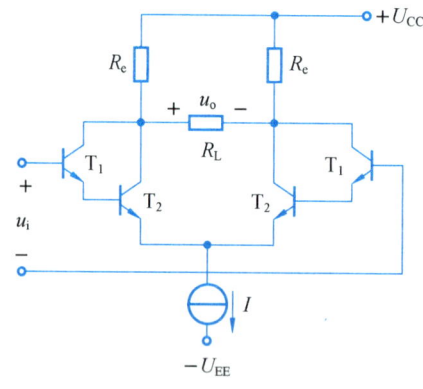

题图 4-4

7. 已知差动放大器的差模增益为 40 dB，共模增益为 -20 dB，试求：

①共模抑制比为多少分贝？

②当分别输入 10 mV 的差模信号和 1 V 的共模信号时，其差模输出电压与共模输出电压之比为多少？

8. 在题图 4-5 所示放大电路中，已知 $R_{B1} = R_{B2} = 20$ kΩ，$R_{B3} = 50$ kΩ，$R_{B4} = 100$ kΩ，$R_C = 10$ kΩ，$R_{E1} = R_{E2} = 5$ kΩ，$R_{E3} = 12$ kΩ，$|U_{CC}| = 15$ V，各三极管 $\beta = 50$，$U_{BE} = 0.7$ V。

试求：
① 各管静态值 I_B、I_C、U_{CE}。
② 当 $u_i=0$ 时，u_o 的静态值 U_o。
③ 说明 T_3 和 R_{E1} 的作用。

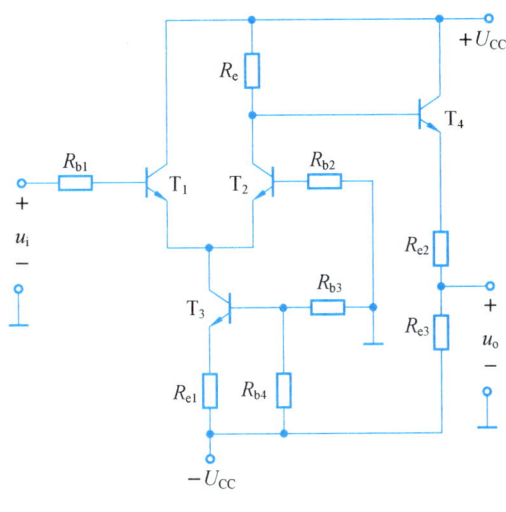

题图 4-5

9. 如题图 4-6，已知 $\beta=50$，$r_{bb'}=100\ \Omega$。
① 计算静态时的 I_{C1}、I_{C2}、U_{C1}、U_{C2}。设 R_B 的压降可忽略。
② 计算 $\dot{A}_d$、r_i、r_o。
③ 当 $U_o=0.8\ V$ 时（直流），U_i 为多少？

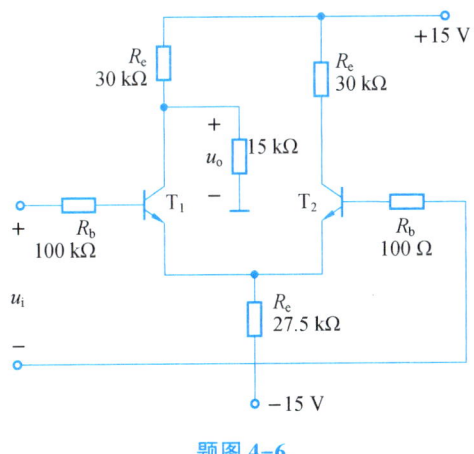

题图 4-6

四、综合题

1. 如题图 4-7，V_1 的 $r_{be1}=1.6\ k\Omega$，V_2 的 $r_{be2}=1\ k\Omega$。
① 画出微变等效电路。
② 求电压放大倍数 $\dot{A}_u$，输入电阻 R_i 和输出电阻 R_o。

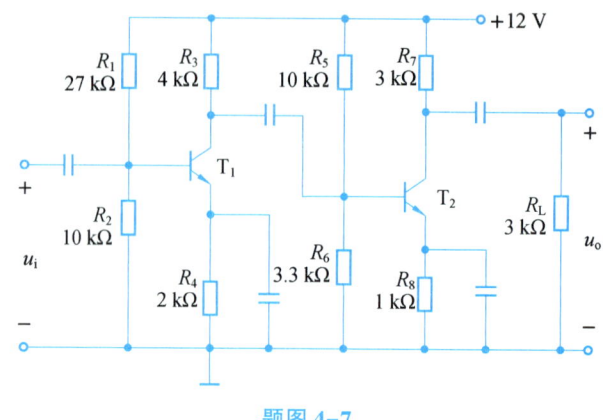

题图 4-7

2. 如题图 4-8 所示，已知 $R_{B11}=39\text{ k}\Omega$，$R_{B21}=13\text{ k}\Omega$，$R_{B12}=120\text{ k}\Omega$，$R_C=3\text{ k}\Omega$，$R_{E1}=150\text{ }\Omega$，$R_{E2}=1\text{ k}\Omega$，$R_E=2.4\text{ k}\Omega$，$R_L=2.4\text{ k}\Omega$，两管 $\beta=50$，$U_{BE}=0.6\text{ V}$，$U_{CC}=12\text{ V}$，各电容在中频区的容抗可以忽略不计。

①试求静态工作点 (I_{B1},I_{C1},U_{CE1}) 及 (I_{B2},I_{E2},U_{CE2})。

②画出全电路微变等效电路，计算 r_{be1} 及 r_{be2}。

③试求各级电压放大倍数 $\dot{A}_{u1}$，$\dot{A}_{u2}$ 及总电压放大倍数 $\dot{A}_u$。

④试求输入电阻 r_i 及输出电阻 r_o。

⑤请问后级是什么电路？其作用是什么？若 R_L 减小为原值的 $\dfrac{1}{10}$（即 240 Ω），则 $\dot{A}_u$ 变化多少？

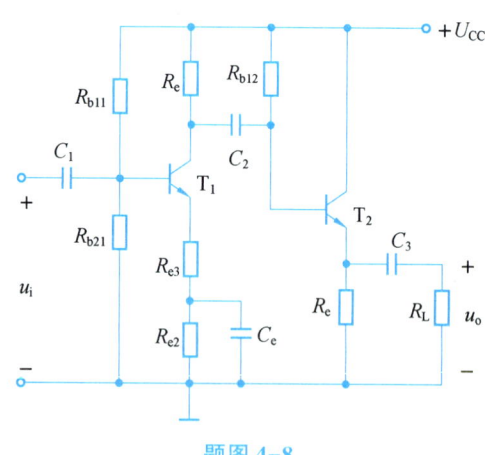

题图 4-8

第 5 章 集成运算放大器及其运算电路

学习目标

了解集成运算放大电路的组成和电路特点；
理解集成运算放大器的不同类型和主要技术指标；
了解理想集成运放的概念，掌握集成运算放大电路的传输特性；
掌握比例、加法、减法、积分、微分等运算电路的工作原理和输入、输出关系；
了解模拟乘法器的概念。

素质目标

通过学习我国研发首个拥有自主知识产权 CPU 的历程，帮助学生树立科技兴国、科技报国的意识。

集成运算放大器广泛用于模拟信号处理和模拟信号发生的电路中，因其高性能、低价格，在很多情况下，已经取代了分立元件的放大电路。

5.1 集成运算放大电路概述

根据半导体制造技术，将分立的电子元件（如三极管、二极管、电阻和电容等）以及连接导线制作在一小块半导体芯片上，使其成为一种特定功能的电子电路，被称为集成电路，简称 IC(integrated circuit)，它是 20 世纪 60 年代初期发展起来的一种半导体器件，是电子技术发展的重要标志之一。按其处理电信号的不同，集成电路分为数字集成电路和模拟集成电路。数字集成电路处理的是数字信号,模拟集成电路处理的是模拟信号。按模拟集成电路的种类来分,又有集成运算放大器、集成功率放大器、集成高频放大器、集成稳压器、集成比较器、集成数/模和模/数转换器以及跟踪锁相环等。

集成运算放大器(以下简称为集成运放)是模拟集成电路的主要组成部分,也是模拟电子技术的主要基础内容。其最初的设计目的是用于模拟信号的数值运算,因而得名。但实际的应用功能已远非于此。

5.1.1 集成运放的电路组成及结构特点

集成运放从本质上讲是一个具有高放大倍数的多级直接耦合放大电路,其外形通常有三种:双列直插式,扁平式和圆壳式。前两种如图5-1所示,圆壳式现在已很少使用。

(a)双列直插式　　　　　　(b)扁平式

图 5-1　集成运放的外形

集成运放的内部通常由四个主要单元电路组成,包括输入级、中间级、输出级和偏置电路。其组成框图如图5-2所示。外部接线端主要有三个信号端,两个电源端,或一个公共端。特殊运放还有调零和相位补偿端。图中所标电压均以公共地端为参考电位点。

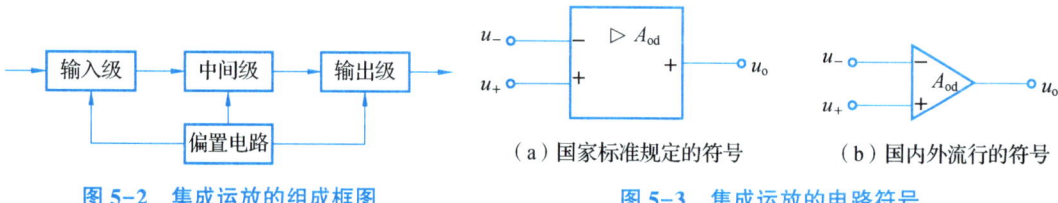

图 5-2　集成运放的组成框图　　　　　图 5-3　集成运放的电路符号

从信号传输的角度出发,集成运放的信号端有三个,其电路符号如图5-3所示。其中图5-3(a)是国家标准规定的符号,图5-3(b)是现阶段国内外流行的一种符号。本书采用国家标准。两种符号中的三角形符号"▷"表示信号从左向右的单向传输方向,即两个输入端在左边,一个输出端在右边。两个输入端中,一个与输出端呈现反相关系,另一个呈现同相关系,称为反相输入端和同相输入端,简称反相端与同相端,分别用符号"−"与"+"标明。图中的u_+、u_-和u_o分别表示同相输入端、反相输入端和输出端的信号电压。所谓反相输入端和同相输入端的含义是:当信号从同相输入端加入(反相端相对固定)时,则输出端信号u_o的相位与同相端输入的信号u_+的相位变化相同;当信号从反相输入端加入(同相端相对固定)时,输出端信号u_o的相位与反相端输入的信号u_-的相位变化相反,即u_o与u_+同相变化,而与u_-反相变化。

下面分别对集成运算放大器的各部分电路特性作一个具体的说明。

5.1.1.1 输入级

集成运放的输入级又称前置级。是一个由双极性三极管或场效应三极管组成的双端输入的差分式放大电路。它与输出端形成了一个同相端和反相端的相位关系。对输入级的基本要求是要有很高的输入电阻、较大的差模电压放大倍数、很强的共模信号抑制能力、很小的静态电流和失调偏差。输入级的性能好坏直接影响集成运放的很多性能参数,如输入电阻、共模抑制比、零点漂移等。所以,在集成运放的改进中,输入级的变化最大。

5.1.1.2 中间级

中间级的主要作用是提供足够大的电压放大倍数,因此也称电压放大级,是整个电路的主要放大电路。从这个意义出发,不仅要求中间级具有较高的电压增益,还应具有较高的输入电阻。另外,中间级还应向输出级提供较大的推动电流,能按需要实现单端输入到差分输出,或差分输入到单端输出的方式转换。因此,通常中间级多采用共发射极(或共源极)放大电路,同时经常采用复合管结构,以及恒流源作集电极负载。以提高电压放大倍数,其放大倍数可达到几千倍以上。

5.1.1.3 输出级

集成运放输出级主要作用是提供足够大的输出功率,以满足负载的需要。同时还应具有较小的输出电阻,以增强带负载的能力、以及非线性失真小等特点。此外,输出级应有过载保护措施,以防负载意外短路而毁坏功率管。因此,一般集成运放的输出级多采用互补对称输出电路。

5.1.1.4 偏置电路

偏置电路用于向集成运放的各级放大电路提供合适的偏置电流,确定各级静态作点,与分立元件电路不同的是,由于集成电路工艺的特殊性,集成运放通常采用电流源电路为各级放大电路提供合适的集电极(或发射极、漏极)静态电流,从而确定静态工作点,同时将电流源电路作为放大电路的有源负载。偏置电路对集成运放的某些性能如功耗和精度有着非常重要的影响。有关内容将在后面分析讨论。

5.1.1.5 集成运放电路的组成特点

在制造集成电路的过程中,无论是数字集成电路还是模拟集成电路,其共同点是要在硅片上经过氧化、光刻、扩散、外延、蒸铝等过程,将各种电子元器件以及电路连线都集成在一小块基片上。由于集成工艺的要求,集成运算放大电路与分立元件组成的同样功能的电路相比,它具有如下的特点:

①由于集成电路中各有关元器件都同处在一块硅片上,相互距离非常接近,又是在同一工艺的条件下制造的,尽管其参数的绝精度不高,也受到温度的影响,但是相对精度高,因而对称性良好,适应于构成差分放大电路。

②由集成电路工艺制造出来的电阻,其阻值范围有限,所以在集成电路中,高阻值的电阻一般用三极管(BJT 或 FET)等有源器件组成的恒流源来代替使用。

③集成电路工艺不宜制造电容量为几十皮法拉以上的电容器,更不用说制造电感器了。因此,集成运放中各级放大之间,均采用直接耦合方式。

④在集成电路中,横向 PNP 管的 β 小($\beta \leqslant 10$),耐压高,而纵向 NPN 管的 β 大。因此,

广泛采用复合管的结构形式,如集成运放中的共射-共基、共集-共基等组合电路,以提高电路的放大性能。

⑤集成电路中的二级管,大多采用双极性三极管(BJT)的发射结构式,多用于温度补偿和电位移动电路。因此,温度稳定性较高。

⑥集成电路的集成度高,功耗小,偏置电流比分立元件电路小得多。

总之,集成运放电路与分立元件的放大电路虽然原理相同,但结构和性能上有较大的差别。同时集成运放的应用,大大提高了电子电路的可靠性和灵活性,也减少了功率损耗和生产成本,为电子技术的发展开辟了一个新的时代。

5.1.2 集成运放电路中的电流源电路

集成运放电路的偏置电路,多采用晶体三极管和场效应三极管构成的电流源电路来提供各级的静态工作电流,或者作为有源负载,取代高阻值的电阻。从而大大提高电路的放大倍数。下面介绍几种常用的电流源电路和有源负载的应用。

5.1.2.1 镜像电流源

镜像电流源又称为电流镜(current mirror),在集成运放中,应用十分广泛,其电路如图 5-4 所示。它由两个参数完全相同的 NPN 三极管 T_1 和 T_2 组成,T_1 管与 R 一起产生基准电流 R_{EF},T_2 给某放大级提供偏置电流 I_{C2}。因为 T_1 管的发射结电压与 T_2 管的发射结电压相等,即 $U_{BE1}=U_{BE2}$,从而保证 T_2 管处的放大状态,即 $I_{C1}=\beta I_{B1}$。而且两管集成在一起,故可以认为两管的集电极电流非常接近,如同镜像一样。所以这种恒流源电路称为镜像电流源。

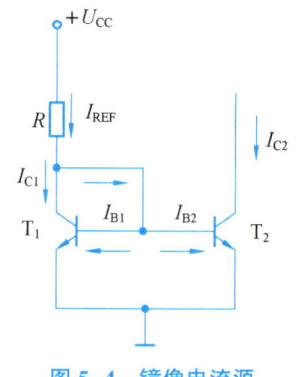

图 5-4 镜像电流源

由图中的结构可知

$$I_{REF} = \frac{U_{CC}-U_{BE1}}{R}$$

$$I_{B1} = I_{B2} = I_B$$

$$I_{C1} = I_{C2} = I_C$$

则

$$I_{C2} = I_{C1} = I_{REF} - 2I_B = I_{REF} - 2\frac{I_{C2}}{\beta}$$

即

$$I_{REF} = I_{C2} + \frac{2I_{C2}}{\beta} = I_{C2}\left(1+\frac{2}{\beta}\right)$$

所以:

$$I_{C2} = I_{REF} \times \frac{1}{1+\frac{2}{\beta}} \tag{5-1}$$

当 $\beta \gg 2$ 时,输出的偏置电流为

$$I_{C2} \approx I_{REF} = \frac{U_{CC}-U_{BE1}}{R} \tag{5-2}$$

一般集成运放中纵向(NPN)三极管的 β 均在 100 以上,因而式(5-2)是成立的。当 U_{CC}

和 R 的值一定时，I_{C2} 也就确定了。

镜像电流源具有结构简单的优点，而且具有一定的温度补偿作用。

5.1.2.2 比例电流源

在镜像电流源中，对于电源电压 U_{CC} 一定的条件下，若要求输出的电流 I_{C2} 较大时，则由式 5-2 可知，I_{REF} 必须增大，从而使 R 的功耗增加，这是集成电路中应该避免的；另外，当要求 I_{C2} 较小时，势必使 R 的值很大，这在集成电路中也很难做到，然而比例电流源很好地克服了镜像电流源的上述缺点。比例电流源使 I_{C2} 与 I_R 成比例的关系可大可小，改变了镜像电流源中 $I_{C1} \approx I_{C2}$ 的关系。其电路如图 5-5 所示。

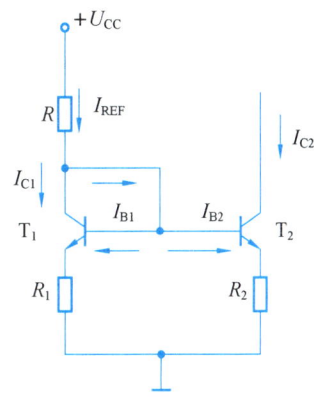

图 5-5 比例电流源

由图 5-5 可知：

$$U_{BE1} + I_{E1}R_1 = U_{BE2} + I_{E2}R_2 \tag{5-3}$$

由于 T_1、T_2 是制作在同一硅片上的两个相邻的三极管，且有非常接近的参数和性能，因此，可以认为

$$U_{BE1} = U_{BE2} \text{①}$$

则：

$$I_{E1}R_1 \approx I_{E2}R_2$$

当 $\beta \gg 2$ 时，可以忽略两管的基极电流，由上式可得：

$$I_{C2} \approx I_{E2} \approx \frac{R_1}{R_2} I_{C1} \approx \frac{R_1}{R_2} I_{REF} \tag{5-4}$$

可见，只要改变 R_1 和 R_2 的阻值，就可以改变 I_{C2} 与 I_{REF} 的比例关系，故称为比例电流源。式中基准电流：

$$I_{REF} \approx \frac{U_{CC} - U_{BE1}}{R + R_1} \tag{5-5}$$

同静态工作点稳定的电路类比，R 与 R_1 是电流负反馈电阻。因此，比例电流源输出的电流 I_{C2} 比镜像电流源具有更高的温度稳定性。

5.1.2.3 微电流源

从以上两种电流源的参考电流 I_{REF} 的表达式中可知，当直流电源 U_{CC} 变化时，输出电流 I_{C2} 几乎按 U_{CC} 同样的规律波动。因此，不适应于直流电源在大范围内变化的集成运放。另外，当输入级要求微安（μA）级的偏置电流，则所用电阻将达到兆欧（MΩ）级，这在集成电路中也很难实现。然而微电流源可以克服以上电流源的这一共同缺点，使电阻不太大，而得到输出电流小。微电源是在镜像电流源的基础上，在输出管 T_2 的发射极接入一个电阻 R_2，如图 5-6 所示。

在图 5-6 中可知：

$$U_{BE1} - U_{BE2} = I_{E2}R_2 \approx I_{C2}R_2$$

即

---

① 更详细的分析请见参考文献[1]，第 175~176 页。

$$I_{C2} \approx \frac{U_{BE1}-U_{BE2}}{R_2} \quad (5\text{-}6)$$

式中($U_{BE1}-U_{BE2}$)只有几十毫伏(或更小)，R_C只要几千欧就可以得到微安级的电流I_{C2}。

根据二级管(PN结)的电流方程：

$$I_C \approx I_E = I_D = I_S(e^{\frac{U_{BE}}{U_T}}-1) \approx I_S e^{\frac{U_{BE}}{U_T}} \quad (5\text{-}7)$$

则有

$$U_{BE1}-U_{BE2} \approx U_T\left(\ln\frac{I_{C1}}{I_{S1}} - \ln\frac{I_{C2}}{I_{S2}}\right) \approx I_{C2}R_2$$

设 $I_{S1} = I_{S2}$

得

$$U_T \ln\frac{I_{C1}}{I_{C2}} \approx I_{C2}R_2 \quad (5\text{-}8)$$

$$I_{C1} = \frac{U_{CC}-U_{BE1}}{R} \quad (5\text{-}9)$$

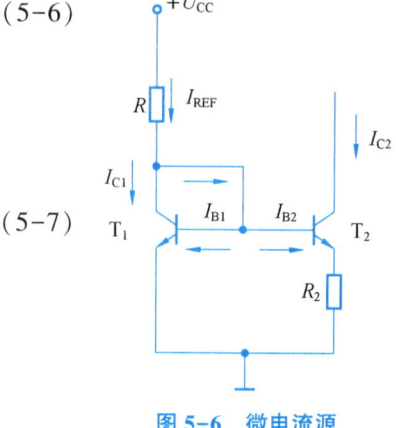

图 5-6 微电流源

式(5-8)说明，当已知I_{C2}和I_{C1}时，可求出R_2。若已知I_{C1}和R_2，求I_{C2}时，式(5-8)对I_{C2}为超越方程，可以通过图解法或试探(累试)法求解I_{C2}。

【例 5-1】 图 5-7 是集成运放 μA741 偏置电路的一部分，若设 $U_{CC} = 15$ V，四只三极管的 $U_{BE} = 0.7$ V，其中 NPN 三极管的 $\beta \gg 2$，横向 PNP 三极管的 $\beta = 2$，电阻 $R_2 = 39$ kΩ。

①估算基准电流 I_{REF}。
②分析电路中三极管组成何种电流源。
③估算 T_1 的集电极电流 I_{C1}。
④若要求 $I_{C4} = 14$ μA，试估算电阻 R_4 的值。

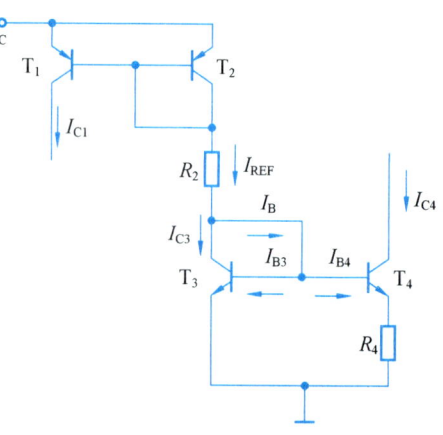

图 5-7 例 5-1 电路

解： ①由图 5-7 可得

$$I_{REF} = \frac{U_{CC}-2U_{BE}}{R_2} = \frac{15-2\times 0.7}{39\times 10^3} = 0.35 \text{ mA}$$

②T_1 与 T_2 组成镜像电流源，T_3 与 T_4、R_4 组成微电流源。

③因横向 PNP 三极管 T_1、T_2 不满足 $\beta \gg 2$ 的条件，故不能简单地认为 $I_{C1} \approx I_{REF}$，由式(5-1)可得

$$I_{C1} = I_{REF}\left(1-\frac{2}{\beta+2}\right) = 0.35\times\left(1-\frac{2}{2+2}\right) = 0.175 \text{ mA}$$

④因 NPN 三极管 T_3、T_4 的 $\beta \gg 2$ 故可认为 $I_{C3} \approx I_{REF}$，由式(5-8)可得

$$R_4 \approx \frac{U_T}{I_{C4}} \ln\frac{I_{C3}}{I_{C4}} = \frac{26\times 10^{-3}}{14\times 10^{-6}} \ln\frac{0.35\times 10^{-3}}{14\times 10^{-6}} = 6 \text{ kΩ}$$

> **思考题**
>
> 1. 在集成运算放大器中为什么采用直接耦合方式？
> 2. 采用电流源来实现直流偏置有什么优势？

5.2 集成运算放大器的种类及主要性能指标

5.2.1 集成运放的种类

5.2.1.1 集成运放的发展概况

集成运放自 20 世纪 60 年代问世以来，发展十分迅速，通用型的产品已经经历了四代更替，各项技术指标不断地得以改进。

第一代集成运放以 μA709 为代表，如我国的 F003、5G23 等，基本上沿用分立元件放大电路的设计思想，采用了数字集成电路的制造工艺，也开始少量利用横向 PNP 管和恒流源偏置与共模负反馈等特殊元件和电路。但是，性能大大优于分立元件的直接耦合电路，基本上能满足中等运算精度的要求。

第二代集成运放以 μA741 为代表，如我国的 F007、F324、5G24 等，其突出特点是普遍应用了有源负载，因而在不增加放大级数的条件下可获得很高的开环增益。同时简化了电路设计，减少了自激振荡的因素，还有短路保护措施，因此应用非常广泛。

第三代集成运放以 AD508 为代表，如我国的 4E325 等，这一代产品主要是输入级采用了超 β 管，β 值高达 1000~5000，同时在版图设计上考虑了热效应的影响，输入级采取热对称设计，从而减小了失调电压、失调电流及温漂的影响，提高了共模抑制比和输入电阻。

第四代集成运放以 HA2900 为代表，包括 SN62088，我国的 5G7650 等。主要是制造工艺达到了大规模集成电路的水平，输入级采用 MOS 场效应管，输入电阻在 100 MΩ 以上，并且采用调制、解调以及斩波调零和动态稳零措施，使各项参数更加理想化。一般不需调零即可正常工作，大大提高了精度。

目前，除了通用型集成运放以外，还有品种繁多的专用运放，它们是为适应各种特殊要求而被设计出的放大器。

5.2.1.2 集成运放的种类

对于种类繁多的集成运算放大器，根据不同的特性可以有不同的分类方法：按供电方式，运放可分为双电源和单电源供电型。在双电源供电中又有正负对称供电型。按单片上运放的集成度分有单运放、双运放和四运放型。按制造工艺，运放又可分为双极性（BJT）型、CMOS 型和 BiFET 型，双极型一般功耗大，但种类多，功能强；CMOS 型运放输入阻抗高，功耗小，工作电源电压低，但速度慢一些。BiFET 型运放采用双极型管与单极型管混合搭配，使输入电阻可达 10^{12} MΩ 以上。

除了以上三种分类法外，还可从电路的工作原理、电路的可控特性和电性能指标等三方面来分类。但从运放实用的情况出发,目前一般是以电性能指标来区分类型。下面作一个简单介绍。

（1）通用型

通用型集成运放用于无特殊要求的电路之中,其技术指标的参数范围如表 5-1 所示,少数运放可能超出表中的数值范围。

表 5-1　通用型运放的技术指标

指标名称	指标符号	单位	典型值（μA741）	参数范围
开环差模增益	A_{od}	dB	106	70~110
差模输入电阻	r_{id}	MΩ	2	0.5~2.0
-3 dB 带宽	f_H	Hz	7	3~7
共模抑制比	K_{CMR}	dB	90	70~90
输出电阻	r_o	Ω	75	70~200
单位增益带宽	BW_G	MHz	1.0	0.5~2.0
转换速率	S_R	V/μs	0.5	0.5~1.0
输入失调电压	U_{IO}	mV	1.0	0.8~5.0
输入失调电流	I_{IO}	nA	20	20~200
输入偏置电流	I_{IB}	nA	80	80~800
静态功耗	P_D	mW	50	50~120
电源电压	U_{CC}	V	±15	+12~+15,-12~-15

（2）高阻型

具有很高的差模输入电阻(r_{id})或很小的输入电流 I_{IB} 的运放称为高阻型运放。这一类型的运放通常采用场效应管或者超 β 管作输入极,电路输入电阻 r_{id} 可达 10^{12} Ω,主要用于测量放大器、采样保持电路、滤波器、信号发生器,以及某些信号源内阻很高的电路中,以便减少对被测电路的影响。国产 F3130 输入电阻高达 10^{12} Ω,I_{IB} 仅为 5 pA。

（3）高速型

输出电压对时间的转换速率和单位增益带宽都高的运放称为高速型运放。这类运放的特点是在大信号工作的状态下,具有优良的频率特性。其转换速率为几十伏每微秒到几百伏每微秒,甚至高达几千伏每微秒。单位增益带宽均在 10 MHz 以上,甚至达到几千兆赫兹。高速型集成运放主要适应于 A/D 和 D/A 转换器、锁相环电路和视频放大、精密比较器、模拟乘法器、高速采样保持电路、有源滤波等,以获得较短的过渡时间,从而保证电路的精度。

国产超高速运放 F3554 的转换速率可达 1000 V/μs,单位增益带宽为 1.7 GHz。

（4）高精度型

具有低温漂、低噪声、低失调、高增益和高共模抑制比的运放称为高精度型运放。与通用型相比,失调电压和失调电流要小两个数量级。开环增益和共模抑制比均大于 1000 dB,适用于对微弱电信号的精密测量和运算。因而多用于高精度的仪器设备中。

国产超高精度运放有 F5037,其 A_{od} 为 105 dB,温漂为 0.2 μV/℃,失调电压 U_{IO} 为 10 μV,失调电流为 7 nA。

（5）低功耗型

低功耗型运放的静态功耗比通用型低 2 个数量级,一般不超过毫瓦级;所要求的电源电压很低,只有几伏,但其工作能力不差。例如在低电压下仍能得到较高的开环电压增益和共模抑制比。主要适应于对电源耗损要求低的生物科学、空间技术、遥测遥感等领域。

现有微功耗、高性能的运放 TLC2252 功耗约为 180 μW,工作电压为 5 V,开环增益可达 100 dB,差模输入电阻为 10^{12} Ω。

除以上所列类型外,还有高压型运放,能在较高电源电压(100 V 左右)下工作,输出电压动态范围大,功耗也高。大功率型运放在输出高电压的同时,还能输出大电流,在负载上输出较大的功率,且有大的驱动能力,如音频集成功率放大器可以输出几十瓦的平均功率。

目前,除了通用型和特殊型运放以外,还有一类为某个特定功能而专门设计和产生的运放,例如仪表用放大器、隔离放大器、缓冲放大器等等。随着 EDA 技术和可编程模拟器件的出现,人们可以通过编程的方法,有选择地为自己设计各种专用电路芯片,来实现对模拟信号的处理。

*5.2.2 集成运放的主要性能指标

为了描述集成运放的性能特点,通常提出了多项技术指标,下面将介绍几个常用的指标参数。

5.2.2.1 开环差模电压增益 A_{od}

A_{od} 是指集成运放在无外加反馈措施时的差模电压放大倍数,也称开环差模增益。一般用对数表示,记作 A_{od},单位为分贝(dB)。即

$$A_{od} = 20 \lg \left| \frac{\Delta u_o}{\Delta u_+ - \Delta u_-} \right| = 20 \lg \left| \frac{u_o}{u_+ - u_-} \right| \tag{5-10}$$

开环差模增益 A_{od} 是决定运放精度的重要因素,理想的情况下,A_{od} 为无穷大,实际中通用型运放的 A_{od} 为 100 dB 左右。高质量的集成运放 A_{od} 可达 140 dB 以上。μA741 的 $A_{od} \geq$ 90 dB。

5.2.2.2 输入失调压 U_{IO}

因为集成运放输入级的差分电路参数不可能完全对称,所以当输入端短路(或输入电压为零)时,输出电压 U_o 并不为零。设这一输出电压为 U_o',为了使输出电压为零,需要在运放的输入端加入一个等效的补偿电压 U_{IO}。这就是输入失调电压。故 U_{IO} 的定义就是输入电压 $U_i = 0$ 时,输出电压 U_o' 折合到输入端的数值,即 $U_{IO} = \dfrac{U_o'}{A_{od}}$。$U_{IO}$ 愈小,表明输入级参数愈对称,对于有外接调零电位器的运放,则可通过调节电位器来实现输入为零时,输出电压也为零的目的。通用集成运放的 U_{IO} 约为 5 mV,高质量的运放 U_{IO} 在 1 mV 以下。

5.2.2.3　输入失调电流 I_{IO}

输入失调电流 I_{IO} 的定义是指当输入信号为零，同时输出电压也等于零时，两个输入端偏置电流之差，即

$$I_{IO} = |I_{B1} - I_{B2}| \tag{5-11}$$

它反映了输入级两个差分对管输入电流不对称的情况，通用集成运放为几十至一百纳安，高质量的为 1 nA 以下。

5.2.2.4　差模输入电阻 r_{id}

差模输入电阻 r_{id} 是差模输入电压 U_{ID} 与相应的输入电流 I_{ID} 的变化量之比，即

$$r_{id} = \frac{\Delta U_{ID}}{\Delta I_{ID}} \tag{5-12}$$

也就是集成运放在输入差模信号时的输入电阻。r_{id} 反映了集成运向信号索取电流的大小。一般的运放 r_{id} 为几兆欧，如 μA741 为 2 MΩ。以场效应管作为输入级的集成运放，r_{id} 可达 10^6 MΩ以上。

5.2.2.5　共模抑制比 K_{CMR}

共模抑制比 K_{CMR} 是指集成运放的开环差模电压放大倍数与开环共模电压放大倍数之比。通常也用对数表示。即

$$K_{CMR} = 20 \lg \left| \frac{\dot{A}_{od}}{\dot{A}_{oc}} \right| \tag{5-13}$$

它代表了集成运放抑制共模信号(或抑制温漂)的能力。一般可达 80 dB 以上，高质量的运放可达 160 dB。

5.2.2.6　最大共模输入电压 U_{ICM}

表示集成运放输入级能够正常工作时，输入端能承受的最大共模电压。如果共模信号电压超过此值时，集成运放将不能对差模信号放大，共模抑制比将显著变小。使用时应特别注意信号中的共模成份的大小。

5.2.2.7　最大差输入电压 U_{IDM}

U_{IDM} 表示了集成运放两个输入端之间所能承受的最大值。因为当差模电压大到一定程度时，两个差分对管中的一个 PN 结将承受反向电压，当电压超过此反向电压值时，有一个管子可能被反向击穿，运放中，横向 PNP 的发射结反向耐压值可达几十伏，而 NPN 的发射结反向耐压值只有几伏。

5.2.2.8　−3 dB 带宽 f_H

−3 dB 带宽 f_H 是指集成运放的开环增益 A_{od} 随频率变化而下降 3 dB 时的频率值。由于三极管的极间电容及寄生电容较多，当信号频率较高时，电容的容抗减小，导致 A_{od} 下降，且产生相移。一般集成运放的 f_H 值较低，只有几赫兹至几千赫兹。如 μA741 在加相位补偿电容后，f_H 仅为 7 Hz。但由于引入负反馈，展宽了频带，实际中上限频率可达几百千赫兹。

5.2.2.9　单位增益带宽 BW_G

BW_G 指使集成运放的开环增益 A_{od} 下降至 0 dB (即 $A_{od} = 1$，失去放大作用)时的信号频

率。增益带宽积($A_{od} \cdot BW_G$)的大小是衡量集成运放的一项重要品质因素。

5.2.2.10 转换速率 S_R

转换速率 S_R 的定义是指在额定负载下，输入一个大幅值阶跃信号时，集成运放输出电压的最大变化速率。单位为 V/μs（即每微秒多少伏），表示运放在大信号下工作速度的参数，和对大信号的适应能力。当输入信号的变化斜率的绝对值小于 S_R 时，输出电压才能按线性规律变化。因此，信号的幅值愈大，频率愈高，则要求集成运放的 S_R 愈大。

除了以上的几项主要技术指标外，还有其他参数，如最大输出电压、静态功耗、输出电阻等，其含义明显，此处不再赘述。

> **思考题**
>
> 1. 集成运放的输入失调电压 V_{IO}，输入失调电流 I_{IO} 和输入偏置电流 I_{IB} 是如何定义的？它们对运放的工作产生什么影响？
> 2. 集成运放的转换速率 S_R 受限制的原因是什么？

5.3 集成运算放大器的传输特性和理想模型

5.3.1 集成运放电压的传输特性

所谓电压传输特性是指放大电路的输出电压与输入电压之间的关系曲线。而集成运放有两个输入端，一个输出端。其符号如图 5-8(a) 所示。

从外部看，可以认为是一个双端输入、单端输出的差分式放大电路。因此，输入电压应为同相输入端与反相输入端之间的电压差。即

$$u_i = u_+ - u_- \tag{5-14}$$

所以，集成运放的电压传输特性的通用表达式为

$$u_o = f(u_i) = f(u_+ - u_-) \tag{5-15}$$

对于正负两组电源供电的集成运放而言，电压传输特性如图 5-8(b) 所示。

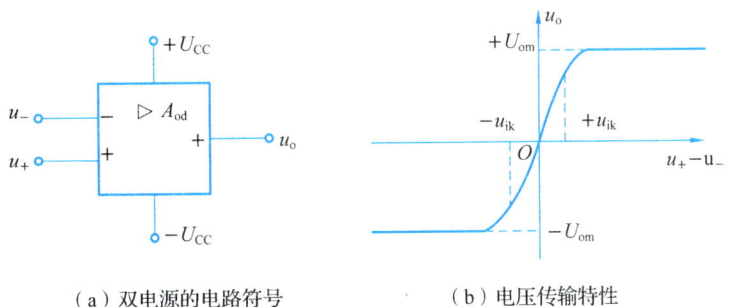

(a) 双电源的电路符号　　(b) 电压传输特性

图 5-8　集成运放的电压传输特性

从图 5-8(b)中可知，当 $u_i = u_+ - u_-$ 较小，即在 $-u_{ik}$ 到 $+u_{ik}$ 之间变化时，输出与输入之间呈线性关系，$-u_{ik}$ 到 $+u_{ik}$ 称为线性区，集成运放处于线性工作状态，这段直线的斜率就是运放的电压放大倍数。当 u_i 超出以上线性范围时，运放的输出达到饱和状态。当输出电压分别为正饱和值 $+U_{om}$ 或负饱和值 $-U_{om}$，即输出与输入呈非线性关系时，u_o 对应的这一输入区域称为非线性区，也称集成运放处于非线性状态。

当集成运放处于无反馈的开环状态时，开环的共差模放大倍数为 A_{od}，因而集成运放工作在线性区时的电压传输特性则为：

$$u_O = A_{od} u_i = A_{od}(u_+ - u_-) \tag{5-16}$$

但是应当注意的是集成运放的开环差模放大倍数非常高，可达 10^5 倍以上，所以，电压传输特性中的线性部分非常小，实际操作中很难准确捕捉。例如：当 $A_{od} = 5 \times 10^5$，输出电压的最大值 $U_{om} = \pm 10$ V，那么只有 $|u_i| = |u_+ - u_-| < 20$ μV 时，电路才工作在线性区，而 $|u_i| < 20$ μV 的区域是很难稳定的。即在开环状况下，运放极容易进入非线性状态，很难实现输出与输入的线性关系。因此，要想稳定的工作在线性区，必须采取一定的负反馈措施。

5.3.2 集成运放的理想模型

考虑各种实际参数后，集成运放的电路模型将比较复杂。因此，为简化电路，常常将集成运放的性能指标进行理想化处理，这种由理想参数建立的电路模型称为集成运放的理想电路模型，或理想集成运放。

5.3.2.1 理想集成运放的指标

①开环差模增益(放大倍数)$A_{od} \to \infty$。

②差模输入电阻 $r_{id} \to \infty$。

③输出电阻 $r_o = 0$。

④共模抑制比 $K_{CMR} \to \infty$。

⑤开环 -3 dB 带宽 $f_H \to \infty$。

⑥输入偏置电流 I_{IB}、输入失调电压 U_{IO}、输入失调电流 I_{IO} 以及它们的温漂均为零，且无任何噪声。

理想电路模型符号如图 5-9 所示，图中的"∞"表示：$A_{od} \to \infty$。

实际的集成运放不可能达到上述理想化的程度，但是以下几点可以说明我们选择理想化处理的必要性和可行性。

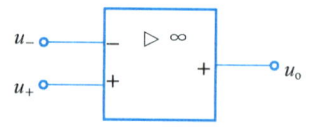

图 5-9 理想集成运放电路符号

①运用理想运放的概念，有利于抓取事物的本质，忽略次要因素，大大简化应用电路的分析过程。

②随着新技术的不断出现，集成运放的指标也越来越接近理想，误差也越来越少。

③在一般的工程序设计中，这些误差是允许的，且可以通过现场调试加以解决。

④只有在进行误差分析时，才考虑非理想化指标带来的影响，并加以校正。

在随后各章节的分析中，如无特殊的说明，均视集成运算放大器为理想运放。

5.3.2.2 理想运放工作在线性区(或线性状态)的特点

由以上分析可知,在各种实际应用电路中,集成运放的工作状态只有两种可能情况:一是工作在线性状态(或线性区),二是工作在饱和状态(或非线性区)。

(1) 集成运放在线性状态的电路结构

根据理想运放的技术指标,由于 $A_{od} \to \infty$,可以推断若两个输入端加上无穷小的电压,输出电压也将超出其线性范围,不是为正的最大值 $+U_{om}$,就是为负的最小值 $-U_{om}$。所以,只有对电路采取一种被称为负反馈(而不是正反馈)的措施,才能保证集成运放稳定地工作在线性状态。因此,引入负反馈是集成运放工作于线性状态的基本电路特征。运放是否为线性状态,可以通过是否引入了负反馈来判断。

对于一个单级的集成运放,通过电阻网络,将输出端与反相输入端连接起来,就构成了简单的线性放大电路。具有这一结构的双电源供电(图中未标出)的电路和电压传输特性如图 5-10 所示。

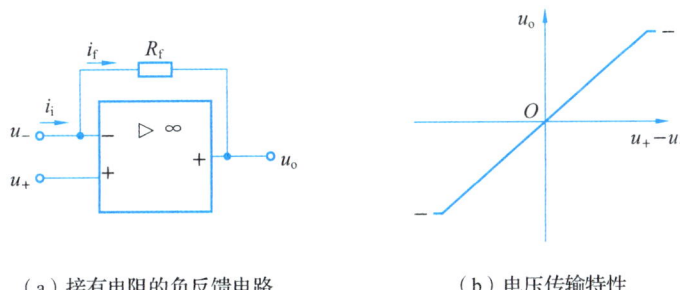

(a) 接有电阻的负反馈电路　　　　(b) 电压传输特性

图 5-10　理想运放线性状态的特征

(2) 理想运放工作在线性状态的信号特征

① 两输入端电位相等——"虚短"。

设集成运放的两个输入端电位分别为 u_+,u_-,输入电流分别为 i_+,i_-,在线性工作状态下,输出电压 u_o 与输入差模电压的线性关系为

$$u_o = A_{od}(u_+ - u_-) \tag{5-17}$$

式(5-17)中 A_{od} 为集成运放的开环差模电压放大倍数,见图 5-8。由于 u_o 为有限值,对于理想运放 $A_{od} \to \infty$,则有输入电压为无穷小,即 $u_o \to 0$,因此,由式(4-19)可得

$$u_+ - u_- = \frac{u_o}{A_{od}} = 0 \tag{5-18}$$

即

$$u_+ = u_- \tag{5-19}$$

可见两个输入端电位相等,也称为输入端"虚短"。就是说集成运放的两个输入端电位无限接近,但又不是真正短路。这就是理想运放在线性区的第一个特征。

② 两端入端电流为零——"虚断"。

由于净输入电压为零,又因为理想运放的输入电阻 r_i 为无穷大,所以两个输入端的输入电流也均为零。即

$$i_+ = i_- = 0 \tag{5-20}$$

上式表明，在理想条件下，运放的两个输入电流都为零，如同这两个端（点）断开一样，相当于输入端之间开路，这一现象称为"虚断"。所谓"虚断"是指集成运放的两个输入端电流趋于零，但又不是真正的开路。这就是线性区的第二个特征。

"虚短"和"虚断"是理想运放的两个重要概念，是分析工作于线性状态的集成运放应用电路最基本的依据，必须牢牢掌握。

5.3.2.3 理想运放工作在非线性状态的特点

应用电路中，当集成运放处于开环状态（没有引入负反馈），或引入了正反馈，表明集成运放将工作在非线性区。

对于理想运放，因开环增益为无穷大，当输入端的净输入电压很小时，输出电压也将达到正或负的最大值（饱和电压值），即输出电压 u_o 与输入电压 u_i（$u_i = u_+ - u_-$）不再是线性关系。这时称集成运放工作在非线性状态。具有这种结构的双电源供电（图中未标出）的电路及其电压传输特性如图 5-11 所示。

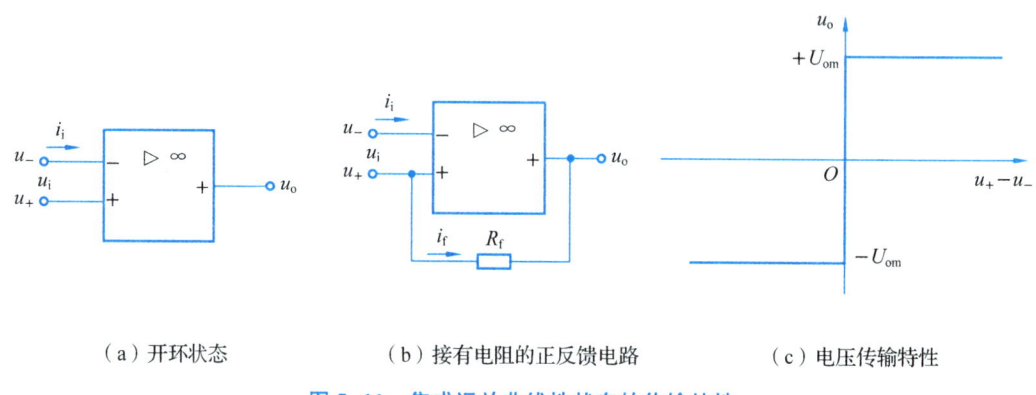

（a）开环状态　　　　（b）接有电阻的正反馈电路　　　　（c）电压传输特性

图 5-11　集成运放非线性状态的传输特性

理想运放工作在非线性区也有两个特征。

① 从图 5-11 的传输特性可知输出电压 u_o 只有两种可能。当 $u_+ > u_-$ 时，$u_o = +U_{OM}$（$u_i > 0$）；当 $u_+ < u_-$ 时，$u_o = -U_{OM}$（$u_i < 0$）；而当 $u_+ = u_-$ 时（即 $u_i = 0$），u_o 将为临界值，或不确定状态。一般在非线性状态下，只要不是人为短接两个输入端，差模电压（$u_+ - u_-$）会很大。即总有 $u_+ \neq u_-$。因此，两输入端电位不再相等，即"虚短"现象不复存在。

② 由于理想运放的差模输入电阻为无穷大，故在非线性状态下，输入端电流仍然认为等于零。即

$$i_+ = i_- = 0 \tag{5-21}$$

可见理想运放工作在非线性区时，仍然具有"虚断"的特点，但其输入端的电位不再相等，即净输入电压不为零，不存在"虚短"的特点。这也是分析运放非线性应用电路时的基本依据，应当牢记掌握其特点。

综上所述，理想集成运放工作在线性区和非线性区时，各有不同的特点。因此，在分析各种应用电路的工作原理时，必须首先判断其中的集成运放究竟工作在哪一个状态。

> **思考题**
>
> 1. 将集成运放的参数理想化，其条件是什么？
> 2. 理想集成运放为什么会有"虚短"和"虚断"的概念？
> 3. 集成运放在工作时为什么要引入反馈？

*5.4　集成运算放大器的使用

在用集成运放组成各种应用电路时，除了掌握集成运放的基本电路原理外，还必须注意以下几个具体事项，以便让电路能正常安全的进行工作。

5.4.1　集成运放的引线判别与参数测量

集成运算放大器的常见封装方式：早期有圆形金属壳封装，目前已很少使用，现多数是双列直插的陶瓷和塑料封装方式。对外引出线有 8、10、12、14 线等不同的数量，尽管各引线排列及功能逐渐标准化，但各制造商仍略有差别，使用时应注意查阅相关资料手册，确认其引线及功能，以便正确连接。

集成运放的参数测量包含两个层次，一是在使用前简易判别其好坏，如用万用表的电阻测量功能（100 Ω 或者 1 kΩ 档）对照各管脚功能，测量有无短路或者断路情况。二是由于手册中给出的性能参数只是典型值，以及材料和制造工艺的分散性，每一个集成运放的实际参数值与手册中给定的值之间可能存在着差别。所以，在性能指标要求较高的应用电路中，当有特殊要求时，仍需要用测试设备对参数进行测量。测量方法可参阅有关资料，此处不再赘述。

5.4.2　集成运放的调零与消除自激振荡

5.4.2.1　调零

在正常的条件下，当集成运放的输入端差模电压 $u_{id}=0$ 时，输出端电压也为零，即 $u_o=0$。但由于集成运放或多或少存在失调电压和失调电流，即使是输入为零，输出也往往不为零。这对于内部电路无自动稳零措施的运放来说需要外加调零电路，使其输出为零。一般这类运放都有调零的接线端，可与外接调零配件电位器连接，如图 5-12 所示。具体方法是将运放的输入端接地（或称对地短路），并接成负反馈的线性工作状态，调节电位器 R_w，使 $u_o=0$，即调零过程完成。

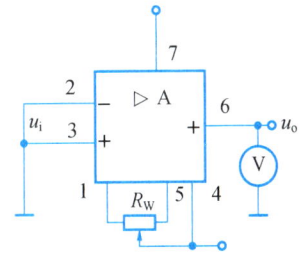

图 5-12　集成运放调零电路

一般接入规定的电位器后，通过调节可以使输出电压为零。不能调零的原因可能是失调电压或电流过大、运放质量太差、电位器阻小、质量差（触点接触不良）、负反馈不强、连线与焊接有误等。此时应当视具体情况仔细分析。

对于使用单电源供电的集成运放，调零后的电路只能放大单极性的信号。如果使用单电源供电的集成运放放大双极性信号的电路中，集成运放不需要调零，而是在输入端加入直流偏值电压，使输出端有一个合适的静态电压（称工作点），以便放大正、负两个极性变化的信号。

5.4.2.2 消除自激振荡

在实际使用中，若运放的输入信号为零，输出端不仅不为零，而且还产生近似正弦波的高频电压信号，用示波器可以清楚地观察到（也可以用万用表的交流电压档测量），说明此时已产生自激振荡。消除自激振荡的方法主要有：在相应的引线端，按规定的参数接入补偿电容或 RC 网络；在集成运放的电源引线上并接去耦电容；加大负反馈强度；检查排线，防止杂散的分布电容过大；等等。

5.4.3 集成运放的安全保护

在集成运放的使用中，除了正确调零和防止自激振荡外，为了防止损坏，保证运放安全工作，还应在电路中采取一定的保护措施。常用的保护措施有以下三个方面。

5.4.3.1 输入保护

由于集成运放具有极高的输入电阻，容易感应过高的共模信号，集成运放在开环（无反馈）状态下，因共模或差模电压过高，容易使输入级的差分对管的 PN 结反向击穿而损坏电路，即使不损坏，也可能使输入端产生"堵塞"现象，使放大电路不能正常工作。

常用的输入保护措施如图 5-13 所示，图 5-13（a）是防止差模信号电压过大的保护，使两个输入端的差模电压不超过二极管的导通电压（0.7 V）。图 5-13（b）所示电路是防止共模信号电压过大的保护（或同相输入保护），限制输入的共模信号电压不超过 $\pm U_{CC}$ 的范围。

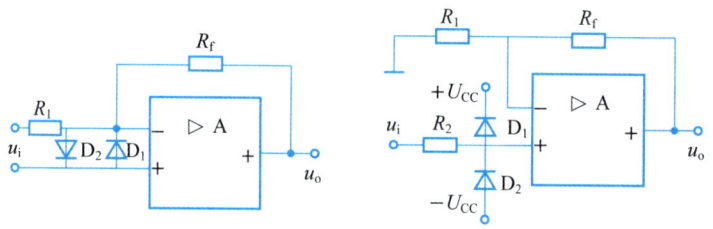

（a）防止差模信号过大的反相输入保护　（b）防止共模信号过大的同相输入保护

图 5-13　输入保护措施

5.4.3.2 输出保护

集成运放输出保护电路如图 5-14 所示，图中 R 为限流电阻，D_Z 构成双向限幅保护电路。当输出端短路时，由于 R 的作用，限制了运放的输出电流；D_Z 的作用是限制输出的电压不超过 U_Z；另外，当输出端错接到电源时，R 也可以保护运放不受电源电压的损坏，但稳压管 D_Z 会损坏；正常时，R 也增加了电路的输出电阻，影响带负载能力。

5.4.3.3 电源极性保护

为了防止正负两路电源的极性接错而损坏集成运放，可利用二极管的正向导通和反向截止的特性，分别串接在两个电源端。如图 5-15 所示，当电源正常接入时，二极管正向导通，可提供电流，当电源接反时，二极管截止，而使电源隔离，保护了集成运放。

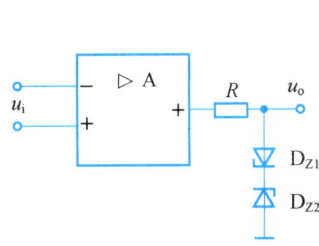

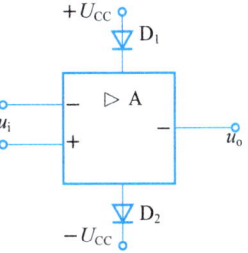

图 5-14 集成运放输出保护电路　　　　图 5-15 电源端保护

思考题

为了保证集成运放安全工作，应该采取哪些措施？

5.5 集成运放的比例运算电路

将输入信号按比例放大的电路，称为比例运算电路。比例电路是实现输出电压 U_o 与输入电压 U_i 成一定比例关系的运算电路。一般表达式为

$$U_o = K U_i \tag{5-22}$$

其中 K 为比例系数。根据输入信号的不同接法，比例电路有三种基本形式：反相输入、同相输入和差动输入。

5.5.1 反相比例运算电路

5.5.1.1 电路的组成

反相比例运算电路的组成如图 5-16 所示。由图可见，输入电压 u_i 通过电阻 R_1 加在运放的反相输入端。R_f 是沟通输出和输入的通道，是电路的反馈网络。

因该网络的两个端子分别与输出和输入端子接在一起，根据反馈组态的判别方法，可得该电路的反馈组态是电压并联负反馈。

同相输入端所接的电阻 R_P 称为电路的平衡电阻，该电阻等于从运放的同相输入端往外看除源以后的等效电

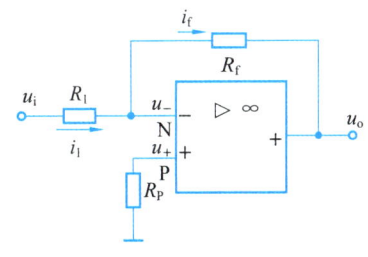

图 5-16 反相比例运算电路

阻，为了保证运放电路工作在平衡的状态下，R_P 的值应等于从运放的反相输入端往外看除源以后的等效电阻 R_N。对不同形式的运算放大器 R_+ 和 R_- 的组态不相同，在本电路中

$$R_N = R_1 // R_f = R_P \tag{5-23}$$

5.5.1.2　电压放大倍数

由上面的分析可知，反相比例运算放大器是属于电压并联负反馈放大器，这里讨论的电压放大倍数是指电路的闭环源电压放大倍数，即 A_{usf}。今后为了叙述的方便，将其简称为电压放大倍数，用符号 A_u 来表示。

因反相比例运算电路带有负反馈网络，所以集成运放工作在线性工作区。利用"虚断"和"虚短"的概念可分析输出电压和输入电压的关系。

由虚断得　　　　　　　　　　$i_+ = i_\infty = 0$ 及 $i_f = i_1$

$$u_+ = i_+ R_P = 0$$

由虚短得　　　　　　　　　　$u_- = u_+ = 0$

$$i_1 = \frac{u_i - u_-}{R_1} = \frac{u_i - 0}{R_1} = \frac{u_i}{R_1}$$

$$i_f = \frac{u_- - u_o}{R_f} = \frac{0 - u_o}{R_f} = -\frac{u_o}{R_f}$$

故　　　　　　　　　　　　　$\dfrac{u_i}{R_1} = -\dfrac{u_o}{R_f}$

$$u_o = -\frac{R_f}{R_1} u_i \tag{5-24a}$$

$$A_u = \frac{u_o}{u_i} = -\frac{R_f}{R_1} \tag{5-24b}$$

上式说明输出电压和输入电压的大小成比例关系，且相位相反（式中的负号说明输出电压和输入电压相位相反），这也是反相比例运算放大器名称的由来。

反相比例运算放大器因引入电压负反馈，且反馈深度 $(1+A_F) \to \infty$，所以该电路的输出电阻 r_O 为

$$r_O = 0 \tag{5-25}$$

上式说明反相比例运算放大器带负载的能力很大，带负载和不带负载时的运算关系保持不变。

根据"虚短"的概念可得反相比例运算电路的输入电阻 r_i 为

$$r_i = R_1 \tag{5-26}$$

由上式可见，虽然理想运放的输入电阻为无穷大，由于引入并联负反馈后，电路的输入电阻减少了，变成 R_1，要提高反相比例运算放大器的输入电阻，需加大电阻 R_1 的值。R_1 的值越大，R_f 的值也必须加大，电路的噪声也加大，稳定性越差。将图 5-16 电路中的电阻 R_f 改成 T 形网络就可以解决 R_f 电阻太大，影响电路性能的问题。

5.5.1.3　反相比例电路的特点

①运放两个输入端电压相等并等于 0，故没有共模输入信号，因此反相比例电路对运放的共模抑制比没有特殊要求。

②$u_-=u_+$,而$u_+=0$,反相端u_-没有真正接地,故称"虚短"点。
③电路在深度负反馈条件下,电路的输入电阻为R_1,输出电阻近似为零。

5.5.1.4　特例——T形网络反相比例运算电路

(1) 电路的组成

T形网络反相比例运算电路的组成如图 5-17 所示。

由图可见,反相比例运算放大器电路中的电阻 R_f 被电阻 R_2、R_3 和 R_4 所组成的 T形网络替代,所以该电路称为 T形网络反相比例运算放大器。

(2) 电压放大倍数

利用"虚断""虚短"的概念和节点电位法可求得该电路输出电压和输入电压的关系。

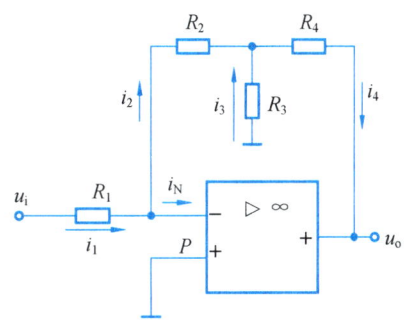

图 5-17　T形网络反相比例运算电路

$$i_2 = i_1 = \frac{u_i}{R_1}$$

$$i_2 R_2 = i_3 R_3$$

故

$$i_3 = \frac{R_2}{R_3} i_2 = \frac{R_2 u_i}{R_3 R_1}$$

$$u_0 = -i_2 R_2 - i_4 R_4 = -\frac{u_i}{R_1} R_2 - (i_2 + i_3) R_4 = -\frac{u_i}{R_1} R_2 - \left(\frac{u_i}{R_1} + \frac{R_2}{R_3} \frac{u_i}{R_1} \right) R_4$$

$$A_u = -\frac{R_2 + R_4}{R_1} \left(1 + \frac{R_2 /\!/ R_4}{R_3} \right)$$

上式表明,当 $R_3 \to \infty$ 时,该式与 $u_o = -\frac{R_f}{R_1} u_i$ 的结论相同。T形网络电路的输入电阻也是 R_1,但引入 R_3 以后,使电路的反馈系数减小,电压放大倍数增加,用较小的反馈电阻,可以得到较大的电压放大倍数。同时也解决了 R_f 电阻太大对电路性能影响的问题。

T形网络反相比例运算电路中的平衡电阻为

$$R_P = R_N = R_1 /\!/ (R_2 + R_3 /\!/ R_4)$$

根据深度负反馈放大器的分析方法也可得到反相比例的结论。分析的方法如下:

设电路各电流的参考方向如图 5-16 所示,根据反馈网络单向化处理的原则和反馈系数的定义式可得:

$$F = \frac{X_f}{X_o} = \frac{i_f}{u_o} = F_{iu} = \frac{-u_o / R_f}{u_o} = -\frac{1}{R_f}$$

$$A_{ui} = \frac{1}{F_{iu}} = -R_f$$

$$A_u = A_{usf} = \frac{u_o}{u_s} = \frac{u_o}{i_i R_1} = \frac{u_o}{i_f R_1} = \frac{1}{F_{iu} R_1} = -\frac{R_f}{R_1}$$

与式(5-24b)的结论相同。

5.5.2 同相比例运算电路

5.5.2.1 电路的组成

同相比例运算电路的组成如图 5-18 所示。

由图 5-18 可见，输入电压 u_i 通过电阻 R_P 加在运放的同相输入端。R_f 是沟通输出和输入的通道，是电路的反馈网络。

因该网络的一个端子与输出端子接在一起，另一个端子没有与输入端子接在一起，根据反馈组态的判别方法，可得该电路的反馈组态是电压串联负反馈。电压反馈可稳定输出电压，该电路稳定输出电压的流程为

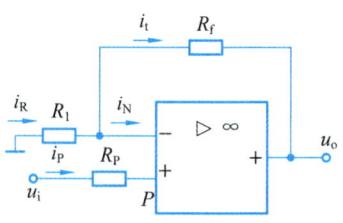

图 5-18 同相比例运算电路

5.5.2.2 电压放大倍数

由上面的分析可知，同相比例运算放大器属于电压串联负反馈放大器。利用"虚断"和"虚短"的概念可分析输出电压和输入电压的关系。

$$i_+ = i_- = 0$$

$$u_- = \frac{R_1}{R_1 + R_f} u_o = u_+ = u_i$$

根据电压放大倍数的表达式可得

$$A_u = \frac{u_o}{u_i} = 1 + \frac{R_f}{R_1} \tag{5-27}$$

式(5-27)说明输出电压和输入电压的大小成比例关系，且相位相同，这也是同相比例运算放大器名称的由来。

为了电路的对称性和平衡电阻的调试方便，同相比例运算放大器通常还接成如图 5-19 所示的形式。该电路的 u_+ 为

$$u_+ = \frac{R}{R_2 + R} u_i = P u_i$$

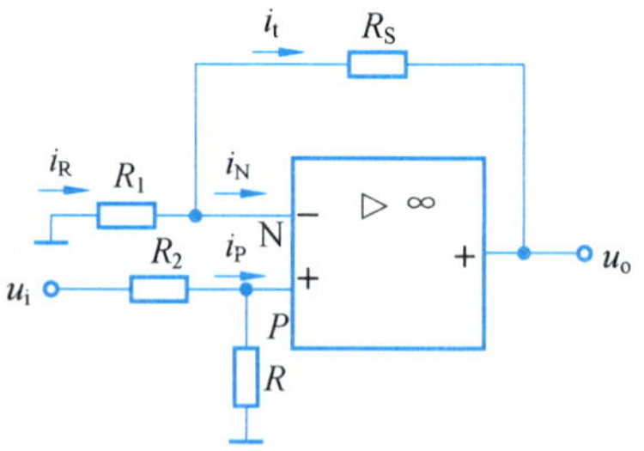

图 5-19 改进型同相比例运算放大器

式中：$P = \frac{R}{R_1 + R}$，P 为串联电路的分压比，所以该电路的电压放大倍数为

$$A_u = \frac{R}{R_2 + R}\left(1 + \frac{R_f}{R_1}\right) = P\left(1 + \frac{R_f}{R_1}\right) \tag{5-28}$$

由上式可见，两种形式的同相运算电路，电压放大倍数的公式仅相差一个分压比 P。

5.5.2.3 同相比例电路的特点

①输入电阻高。

②由于 $u_- = u_+ = u_i$ 电路的共模输入信号高，因此对集成运放的共模抑制比要求高。

5.5.2.4 特例——电压跟随器

电压跟随器是同相比例运算的特例。在图 5-18 所示电路中，若令 $R_f = 0$，则电路变成如图 5-20(a) 所示的形式，图 5-20(b) 则为 $R_1 \to \infty$ 的特例。

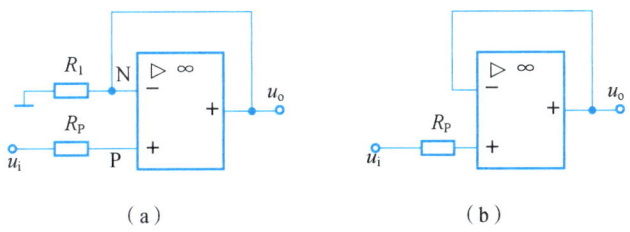

图 5-20　电压跟随器

根据式 (5-27) 可知，当 $R_f = 0$ 或者 $R_1 \to \infty$ 时，有

$$A_u = 1 + \frac{R_f}{R_1} = 1 \qquad (5-29)$$

式 (5-29) 说明如图 5-25 所示电路的电压放大倍数等于 1，输出电压随着输入电压的变化而变化，具有这种特征的电路称为电压跟随器。

根据深度负反馈放大器的分析方法也可得到式 (5-27) 的结论。分析的方法如下：

设电路各电流的参考方向如图 5-18 所示，根据反馈网络单向化处理的原则和反馈系数的定义式可得

$$F = \frac{X_f}{X_o} = \frac{u_f}{u_o} = F_{uu} = \frac{\frac{R_1}{R_1 + R_f} u_o}{u_o} = \frac{R_1}{R_1 + R_f}$$

$$A_u = A_{uuf} = \frac{1}{F_{uu}} = 1 + \frac{R_f}{R_1}$$

与式 (5-27) 的结论相同。

【例 5-2】如图 5-21 所示的同相比例运算电路，已知 $A_v = 10$，且 $R_1 = R_2$。

①求 R_3、R_4 与 R_1 的关系。

②当输入电压 $u_i = 2\ \text{mV}$ 时，R_1 的接地点因虚焊而开路，求输出电压 u_o 的值。

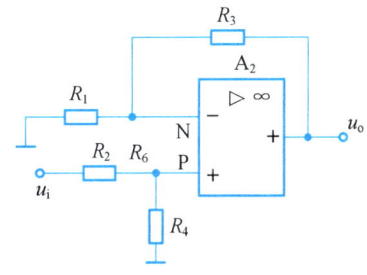

图 5-21　例 5-2 电路

解：①根据式 (5-28) 可得

$$A_u = \frac{R_4}{R_2 + R_4}\left(1 + \frac{R_3}{R_1}\right) = 10 \qquad (1)$$

$$R_P = R_2 // R_4 = R_N = R_1 // R_2$$

已知 $R_1 = R_2$，故 $R_3 = R_4$。将结果代入式 (1) 可得

$$R_3 = R_4 = 10R_1$$

② 当 R_1 的接地点断开时，相当于式（1）中的 $R_1 \to \infty$，电路变成电压跟随器。根据电压跟随器输出电压与输入电压相等的特征可得

$$u_O = u_= P u_i = \frac{R_4}{R_2 + R_4} u_i = \frac{10}{11} u_i \approx 1.8 \text{ mV}$$

【例 5-3】如图 5-22 所示的比例运算电路，已知 $A_v = -33$，且 $R_1 = 10 \text{ k}\Omega$，$R_2 = R_4 = 100 \text{ k}\Omega$。求 R_5 和 R_6 的阻值。

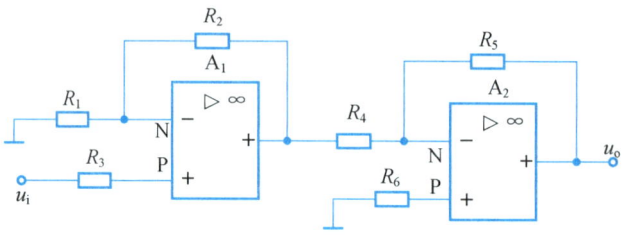

图 5-22 例 5-3 电路

解： 该运算电路由两级运算电路组成，第一个运放 A_1 组成同相比例运算放大器，第二级 A_2 组成反相比例运算放大器，根据多级放大器电压放大倍数的公式可得

$$A_u = \frac{u_O}{u_i} = \frac{u_{O1}}{u_i} \cdot \frac{u_O}{u_{O1}} = A_{u1} A_{u2} = \left(1 + \frac{R_2}{R_1}\right)\left(-\frac{R_5}{R_4}\right) = -\frac{11}{100} R_5 = -33$$

$$R_5 = 300 \text{ k}\Omega$$

根据 $R_P = R_N$ 的关系可得

$$R_4 = R_4 /\!/ R_5 = 75 \text{ k}\Omega$$

思考题

1. 分别判断本节介绍的同向和反向比例运算电路分别引入的是什么类型的反馈？
2. 电压跟随器电路有什么特点？一般应用于什么场合？
3. 设计一个比例运算电路，要求输入电阻 $R_i = 20 \text{ k}\Omega$，比例系数为 -100。

5.6 集成运放的加法和减法运算电路

在测量和控制系统中，常碰到输出电压与若干输入电压的和或差成比例关系的电路，这种电路称为加减运算电路。本节介绍加法运算电路和减法运算电路。

5.6.1 加法运算电路

5.6.1.1 反相求和电路

（1）电路的组成

反相求和电路的组成如图 5-23 所示。由图可见，增加反相比例运算放大器的输入端，

即构成反相求和电路。

（2）输出电压与输入电压的关系

根据 KCL 和"虚短"的概念可得

$$\frac{u_{i1}}{R_1}+\frac{u_{i2}}{R_2}=-\frac{u_o}{R_f}$$

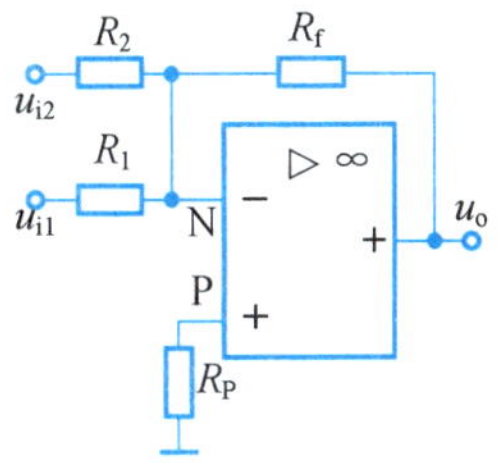

移项整理可得

$$u_o=-R_f\left(\frac{u_{i1}}{R_1}+\frac{u_{i2}}{R_2}\right)$$

在 $R_1=R_2=R$ 的情况下可得

$$u_o=-\frac{R_f}{R}(u_{i1}+u_{i2}) \tag{5-30}$$

图 5-23　反相求和电路

由式(5-30)可见，图 5-23 所示电路的输出电压与输入电压的和成正比，且反相，所以，该电路被称为反相求和(加法)电路。

5.6.1.2　同相求和电路

（1）电路的组成

同相求和电路的组成如图 5-24 所示。由图可见，增加同相比例运算放大器的输入端，即可构成同相求和电路。

（2）输出电压与输入电压的关系

根据叠加定理和分压公式可得

$$u_+=\frac{R_{P2}/\!/R}{R_{P1}+R_{P2}/\!/R}u_{i1}+\frac{R_{P1}/\!/R}{R_{P2}+R_{P1}/\!/R}u_{i2}$$

$$u_-=\frac{R_1}{R_1+R_f}u_o$$

根据"虚短"的概念可得

$$\frac{R_{P2}/\!/R}{R_{P1}+R_{P2}/\!/R}u_{i1}+\frac{R_{P1}/\!/R}{R_{P2}+R_{P1}/\!/R}u_{i2}=\frac{R_1}{R_1+R_f}u_o$$

移项整理可得

$$u_o=\frac{R_1+R_f}{R_1}\left(\frac{R_{P2}/\!/R}{R_{P1}+R_{P2}/\!/R}u_{i1}+\frac{R_{P1}/\!/R}{R_{P2}+R_{P1}/\!/R}u_{i2}\right)=\frac{(R_1+R_f)R_f}{R_1 R_f}(R_{P1}/\!/R_{P2}/\!/R)\left(\frac{u_{i1}}{R_{P1}}+\frac{u_{i2}}{R_{P2}}\right)$$

将 $R_P=R_N$ 的条件代入可得

$$u_o=R_f\left(\frac{u_{i1}}{R_{P1}}+\frac{u_{i2}}{R_{P2}}\right)$$

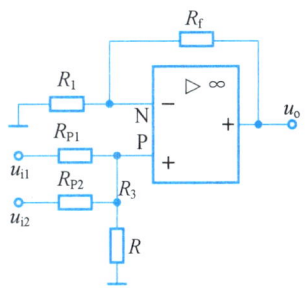

图 5-24　同相求和电路

在 $R_{P1}=R_{P2}=R$ 的情况下可得

$$u_o=\frac{R_f}{R}(u_{i1}+u_{i2}) \tag{5-31}$$

由式(5-31)可见，图 5-24 所示电路的输出电压与输入电压的和成正比例关系，所以，图 5-24 所示的电路称为同相求和(加法)电路。

5.6.2 减法运算电路

5.6.2.1 差动减法电路

(1) 电路的组成

用来实现两个电压 u_{i1}、u_{i2} 相减的差分式放大电路如图 5-25 所示,利用叠加原理求输出电压 u_o 的表达式,可能是最容易的方法。

(2) 输出电压与输入电压的关系

首先,令 $u_{i2}=0$,则图 5-25 就成为一个反相比例运算电路。

由 u_{i1} 产生的输出电压为

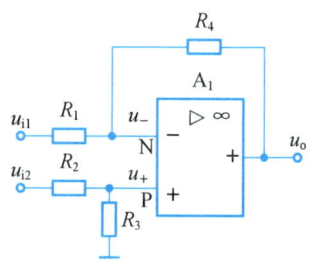

图 5-25 用差分式放大电路实现的减法运算

$$u_o' = -\frac{R_f}{R_1}u_{i1}$$

由 u_{i2} 产生的输出电压为

$$u_o'' = \left(1+\frac{R_f}{R_1}\right)\frac{R_3}{R_3+R_2}u_{i2}$$

根据叠加原理可知,总的输出电压 u_o 等于 u_o' 和 u_o'' 之和,即

$$u_o = -\frac{R_f}{R_1}u_{i1} + \left(1+\frac{R_f}{R_1}\right)\frac{R_3}{R_3+R_2}u_{i2}$$

上式就是图 5-25 所示差分式放大电路的输出电压表达式。如果希望电路能抑制共模信号(即当 $u_{i1}=u_{i2}$ 时,输出为零),而只与差模信号($u_{i2}-u_{i1}$)成比例,可以证明,当满足 $R_1=R_2$,$R_3=R_4$ 时,则由式

$$u_o = -\frac{R_f}{R_1}u_{i1} + \left(1+\frac{R_f}{R_1}\right)\frac{R_3}{R_3+R_2}u_{i2}$$

可得

$$u_o = \frac{R_f}{R_1}(u_{i2}-u_{i1}) \qquad (5-32)$$

差分式放大电路除了作为减法电路外,在检测仪器中也得到了广泛的应用。例如,假设传感器的两个输出端的差模信号比较小(如 1 mV),而传感器两输出端与"地"之间噪声干扰却比较大(如 1 V),这个噪声干扰实际上是一个共模信号,采用差分放大器就能抑制噪声干扰,只放大差模信号。

5.6.2.2 利用加法电路和反相比例电路实现减法运算的电路

(1) 电路的组成

电路如图 5-26 所示,第一级为反相比例放大电路,$u_{OA}=-u_{i2}$;第二级为反相加法电路。

(2) 输出电压与输入电压的关系

由图 5-26 则可推导出

$$u_o = -\left(\frac{R_f}{R_1}u_{i1} + \frac{R_f}{R_2}u_{OA}\right)$$

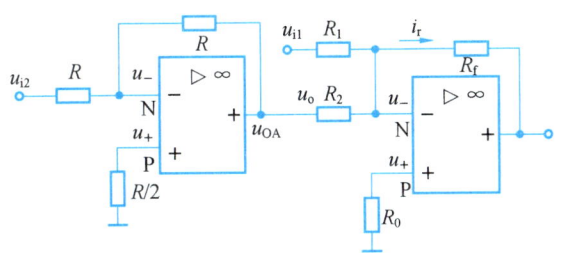

图 5-26 用加法电路和反相比例电路实现的减法运算电路

$$u_{\text{o}} = -\left[\frac{R_{\text{f}}}{R_1}u_{\text{i1}} + \frac{R_{\text{f}}}{R_2}(-u_{\text{i2}})\right] = \frac{R_{\text{f}}}{R_2}u_{\text{i2}} - \frac{R_{\text{f}}}{R_1}u_{\text{i1}}$$

若 $R_{\text{f}} = R_1 = R_2$，则 $u_{\text{o}} = \frac{R_{\text{f}}}{R_2}u_{\text{i2}} - \frac{R_{\text{f}}}{R_1}u_{\text{i1}}$ 可以变为

$$u_{\text{o}} = u_{\text{i2}} - u_{\text{i1}}$$

反相输入结构的减法电路，由于出现"虚地"，放大电路没有共模信号，故允许 u_{i1}、u_{i2} 的共模电压范围较大，且输入阻抗较低。在电路中，为减小温漂，提高运算精度，同相端须加接平衡电阻。

5.6.2.3 加减运算电路

（1）电路的组成

加减运算电路的组成如图 5-27 所示。由图可见，将反相比例运算电路和同相比例运算电路组合起来，即可构成加减运算电路。

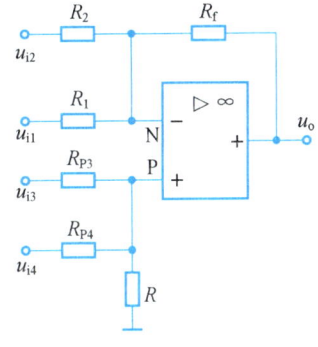

图 5-27 加减运算电路

（2）输出电压与输入电压的关系

根据叠加定理和分压公式可得

$$u_+ = \frac{R_{\text{P4}} /\!/ R}{R_{\text{P3}} + R_{\text{P4}} /\!/ R}u_{\text{i3}} + \frac{R_{\text{P3}} /\!/ R}{R_{\text{P4}} + R_{\text{P5}} /\!/ R}u_{\text{i4}}$$

$$u_- = \frac{R_2 /\!/ R_{\text{f}}}{R_1 + R_2 /\!/ R_{\text{f}}}u_{\text{i1}} + \frac{R_1 /\!/ R_{\text{f}}}{R_2 + R_1 /\!/ R_{\text{f}}}u_{\text{i2}} + \frac{R_1 /\!/ R_2}{R_{\text{f}} + R_1 /\!/ R_2}u_{\text{o}}$$

根据"虚短"的概念和 $R_{\text{P}} = R_{\text{N}}$ 的条件可得

$$u_{\text{o}} = R_{\text{f}}\left(\frac{u_{\text{i3}}}{R_{\text{P3}}} + \frac{u_{\text{i4}}}{R_{\text{P4}}} - \frac{u_{\text{i1}}}{R_1} - \frac{u_{\text{i2}}}{R_{\text{P2}}}\right)$$

在 $R_1 = R_2 = R_{\text{P3}} = R_{\text{P4}} = R$ 的情况下可得

$$u_{\text{o}} = \frac{R_{\text{f}}}{R}(u_{\text{i3}} + u_{\text{i4}} - u_{\text{i1}} - u_{\text{i2}}) \tag{5-33}$$

由式（5-33）可见，图 5-27 所示电路的输出电压与输入电压的和、差成正比的关系，所以，该电路称为加减运算电路。

【例 5-4】分析如图 5-28 所示电路的功能。

解：图 5-28 是一个由四个运算电路组成的系统，其中的运放 A_1、A_2 和 A_3 是反相求和电路，运放 A_4 是减法运算电路。设四个光电二极管的输出电压分别为 u_{A}、u_{B}、u_{C} 和 u_{D}，

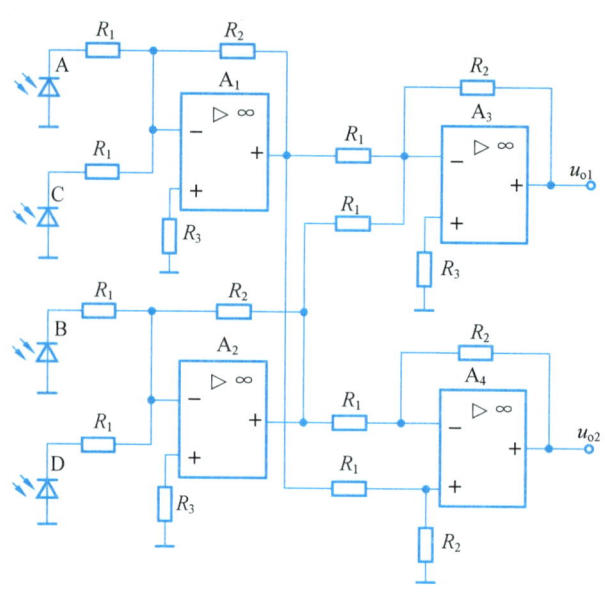

图 5-28 例 5-4 电路

根据反相求和电路输出和输入的关系式可得

$$u_{o1}=\frac{R_2}{R_1}(u_{oA1}+u_{oA2})=\left(\frac{R_2}{R_1}\right)^2(u_A+u_B+u_C+u_D)$$

根据减法运算电路和反相求和电路输出和输入的关系式可得：

$$u_{o2}=\frac{R_2}{R_1}(u_{oA1}+u_{oA2})=-\left(\frac{R_2}{R_1}\right)^2[(u_A+u_C)-(u_B+u_D)]$$

由输出电压的表达式可见，该电路可实现四个输入电压相加及两两相加后再相减的功能，具有这种功能的电路可用在 CD-ROM 中实现光电的转换。

CD-ROM 中实现光电转换的电路称为激光拾音器，在激光拾音器中，A、B、C、D 四个光电二极管组成"田"字形，顺时针排列。当激光拾音器中的激光束聚焦正确时，打在"田"字形排列的四个光电二极管上的光斑为圆，四个光电二极管接受的光照度相等，u_{o1} 的输出信号最大，该信号就是激光拾音器从光盘上读取的信号。而 u_{o2} 的输出为零，说明激光拾音器聚焦透镜工作在正确的聚焦位置上。

当激光拾音器中的激光束聚焦不正确时，打在"田"字形排列的四个光电二极管上的光斑为椭圆，四个光电二极管接受的光照度不相等，u_{o2} 的输出不等于零。u_{o2} 的输出信号与激光拾音器聚焦透镜聚焦的状态成正比，该信号可作为聚焦透镜的伺服信号，对聚焦透镜聚焦的状态进行自动跟踪校正。

【例 5-5】设计一个满足 $u_o=10u_{i1}+5u_{i2}-4u_{i3}$ 的运算电路。

解： 运算电路的设计除了考虑输出和输入之间的函数关系外，还应考虑平衡电阻的设置，反相求和电路的平衡电阻较同相求和电路更容易设置，所以在设计运算电路时，通常使用反相求和电路，且利用两级反相求和电路相串联的方法来实现加减的运算关系。根据这一思路，所设计的电路如图 5-29 所示。

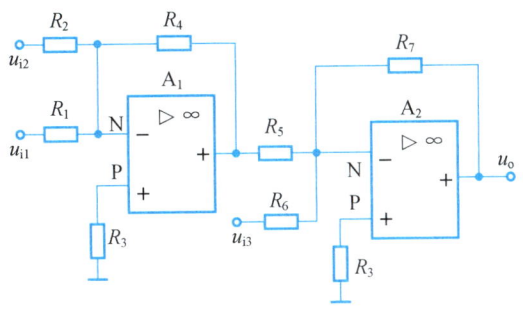

图 5-29 例 5-5 电路

选择反馈电阻 $R_4 = R_7 = 100 \text{ k}\Omega$，根据运算的关系式可得 $R_1 = 10 \text{ k}\Omega$，$R_2 = 20 \text{ k}\Omega$，$R_5 = 100 \text{ k}\Omega$，$R_4 = 25 \text{ k}\Omega$。将这些关系代入反相求和电路的公式

$$u_o = -R_f \left(\frac{u_{i1}}{R_1} + \frac{u_{i2}}{R_2} \right)$$

可得

$$u_o = -u_{o1} - 4u_{i3} = 10u_{i1} + 5u_{i2} - 4u_{i3}$$

根据平衡电阻的关系式可得

$$R_3 = R_1 // R_2 // R_4 = 6.25 \text{ k}\Omega$$
$$R_8 = R_5 // R_6 // R_7 = 1.667 \text{ k}\Omega$$

思考题

1. 图 5-23 和图 5-24 所示的反向与同向求和电路，哪个电路对运放的共模抑制比要求较高？
2. 减法运算电路的两种实现方式各有什么优劣？

5.7 集成运放的积分和微分运算电路

积分电路的输出电压反映输入电压对时间的积分，而微分电路的输出电压则反映输入电压对时间的微分。积分和微分互为逆运算。在自控系统中，常用积分运算电路和微分运算电路作为调节环节，此外，它们广泛应用于波形的产生和变换以及仪器仪表之中。在实际工作时，积分电路的应用十分广泛，而微分电路由于其对高频噪声非常敏感，而容易产生自激振荡，因此应用不如积分电路广泛。

5.7.1 积分运算电路

积分运算电路的应用很广，它是模拟电子计算机的基本组成单元。在控制和测量系统中也常常用到积分电路。此外，积分电路还可用于延时和定时。在各种波形（矩形波、锯齿波等）发生电路中，积分电路也是重要的组成部分，它可实现积分运算及产生三角波形等。积分运算的内容是输出电压与输入电压呈积分关系。

5.7.1.1 电路的组成

积分运算电路的组成如图 5-30 所示。由图可见，将反向比例运算电路中的反馈电阻 R_f 换成电容 C_f 即构成积分运算电路。

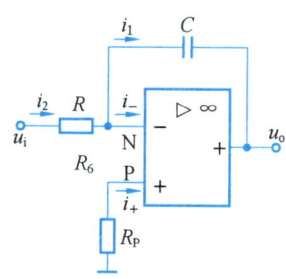

5.7.1.2 输出电压与输入电压的关系

根据"虚断""虚短"的概念和电容电压的关系式可得

$$u_o = -u_C = -\frac{1}{C}\int i_C \mathrm{d}t = -\frac{1}{RC}\int u_i \mathrm{d}t \qquad (5-34)$$

由式(5-34)可见，图 5-30 所示电路的输出电压与输入电压的积分成正比，所以，该电路被称为积分运算电路。

图 5-30 积分运算电路

5.7.1.3 电路分析

由图 5-30 基本积分电路可知，其输出电压与输入电压成积分运算关系。利用"虚地"的概念：$u_+ = 0$，$i_1 = 0$，则有 $i_1 = i_2 = \dfrac{u_i}{R}$，是电容 C 的充电电流，即

$$\frac{u_i}{R} = C\frac{\mathrm{d}u_C}{\mathrm{d}t} = -C\frac{\mathrm{d}u_o}{\mathrm{d}t}$$

则

$$u_o = -u_C = -\frac{1}{C}\int i\mathrm{d}t + u_o(t_1) = -\frac{1}{RC}\int_{t_1}^{t_2} u_i \mathrm{d}t + u_o(t_1)$$

式中：$u_o(t_1)$ 为 t_1 时刻电容两端的电压值，即初始值。

积分运算电路的输出/输入关系也常用传递函数表示为

$$A_u(s) = \frac{u_o(s)}{u_i(s)} = \frac{1}{SRC}$$

假设输入信号 $u_i = u_o$ 是图 5-31(a)所示的阶跃信号，且电容 C 初始电压为零，则当 $t \geqslant 0$ 时

$$u_o = \frac{1}{RC}\int_0^t U_s \mathrm{d}t = \frac{U_s}{I}t \qquad (5-35)$$

式(5-35)表明输出电压 u_o 与时间 t 呈线性关系，如图 5-31(b)所示。当 $t = I$ 时，$-u_o = U_s$。当 $t > I$ 时，u_o 增大，直到 $-u_o = +U_{om}$，即 u_o 达到运放输出电压的最大值 U_{om} 受直流电源电压的限制，使运放进入饱和状态，u_o 保持不变，从而停止积分。

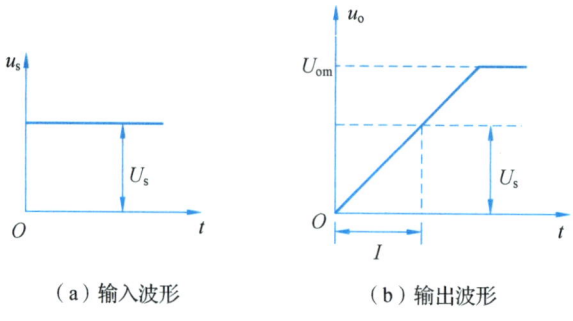

（a）输入波形　　　　（b）输出波形

图 5-31 积分运算电路的阶跃响应

对于实际的积分电路,由于集成运放输入失调电压、输入偏置电流和失调电流的影响,常常会出现积分误差,可选用 U_{IO}、I_{IB}、I_{IO} 较小和低漂移的运放,或选用输入级为 FET 组成的 BiFET 运放。

积分电容器的漏电流也是产生积分误差的原因之一,因此,选用泄漏电阻大的电容器,如薄膜电容、聚苯乙烯电容器以减少积分误差。

图 5-31 所示的积分器可用作显示器的扫描电容或将方波转换为三角波的电路。

5.7.2 微分运算电路

微分是积分的逆运算,将基本积分电路中的电阻和电容元件位置互换,则它的输出电压与输入电压呈微分关系。

5.7.2.1 电路的组成

微分运算电路的组成如图 5-32 所示。由图可见,将反相比例运算电路中的输入电阻 R_1 换成电容 C,即构成微分运算电路。

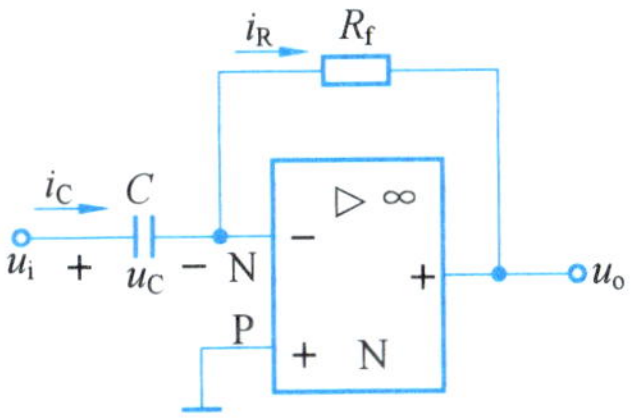

5.7.2.2 输出电压与输入电压的关系

根据"虚断"和"虚短"的概念和电容器电流的关系式可得

$$u_o = -u_R = -RC\frac{du_i}{dt} \qquad (5-36)$$

图 5-32 微分运算电路

由式(5-36)可见,图 5-32 所示电路的输出电压与输入电压的微分成正比的关系,所以,图 5-32 所示的电路称为微分运算电路。

5.7.2.3 电路分析

在这个电路中,同样存在"虚地"和"虚断",因此可得

$$u_o = -Ri_C = -Ri_R = -RC\frac{du_i}{dt} \qquad (5-37)$$

式(5-37)表明,输出电压 u_o 与输入电压的微分 $\dfrac{du_i}{dt}$ 成正比。

当输入电压 $u_s = u_i$ 为阶跃信号时,考虑到信号源总存在内阻,在 $t=0$ 时,输出电压仍为一个有限值,随着电容器 C 的充电。输出电压 u_o 将逐渐地衰减,最后趋近于零,如图 5-33 所示。

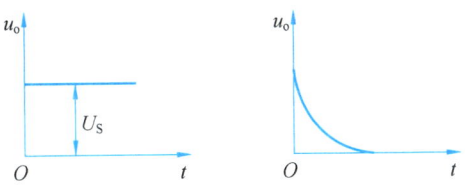

(a)输入电压波形　　(b)输出电压波形

图 5-33 微分运算电路电压波形

当输入电压为正弦信号 $u_s = \sin\omega t$ 时，则输出电压 $u_o = -RC\omega\cos\omega t$。此时 u_o 的输出幅度将随频率的增加而线性地增加。说明微分电路对高频噪声特别敏感，故它的抗干扰能力差。另外，对反馈信号具有滞后作用的 RC 环节，与集成运放内部电路的滞后作用叠架在一起，可能引起自激振荡。再者 u_s 突变时，输入电流会较大，输入电流与反馈电阻的乘积可能超过集成运主的最大输出电压，有可能使电路不能正常工作。

一种改进型的微分电路如图 5-34 所示。其中 R_1 起限流作用，R_2 和 C_2 并联起相位补偿作用。该电路是近似的微分电路。

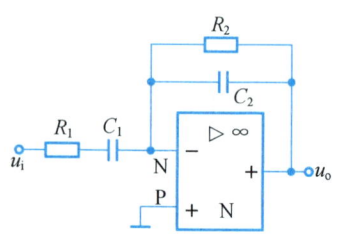

图 5-34 实用微分电路

微分电路除了可用于数学运算外，在电子技术中也可用于波形变换，如图 5-35 所示。若在图 5-32 微分电路输入端加入一个三角波信号电压，其频率为 1 kHz，幅值为 2.5 V，不计 R_1 的影响，变化率为

$$\frac{du_i(t)}{dt} = \frac{2.5 \text{ V}}{0.5 \text{ ms}} = 5 \times 10^3 \text{ V/s}$$

微分电路输出电压是一方波信号，假设 $R_f = 10$ kΩ，$C = 0.1$ μF，它的幅值电压为

$$u_o(t) = -R_f C \frac{du_i(t)}{dt} = -10^4 \times 0.1 \times 10^{-6} \times 5 \times 10^3 = -5 \text{ V}$$

在设计微分电路时，元件 $R_f C$ 的乘积受运放最大输出电压的限制，即最大输出电压 U_{om} 满足

$$U_{om} \geqslant R_f C \frac{du_i(t)}{dt} \quad 或 \quad R_f C \leqslant \frac{U_{om}}{\frac{du_i(t)}{dt}}$$

由上式可求出乘积 $R_f C$，当乘积 $R_f C$ 确定后 R_f 和电容 C 的取值要适当，若 R_f 值太小，流过 $R_f C$ 的电流 $I_f = U_{om}/R_f$ 很大，该电流不能超过运放最大输出电流 I_{om}；若 R_f 值太大，会使输入失调电流引起的误差增加。

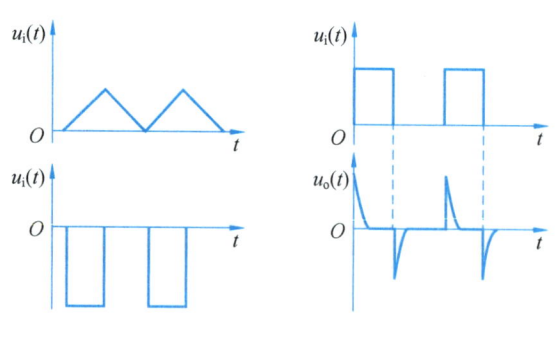

（a）对三角波的响应　　（b）对方波的响应

图 5-35 微分运算电路的响应曲线

【例 5-6】画出在图 5-36 中给定输入波形作用下积分器的输出波形。

解：图 5-36 给出了在阶跃输入和方波输入下积分器的输出波形。

$$u_o = \frac{1}{RC}\int u_i dt$$

由图 5-36(a) 的输入波形可知 u_i 为阶跃波，在 $0 \leqslant t < 1$ ms 时，$u_i = 0$，则
$$u_o = 0$$
在 $t \geqslant 1$ ms 时，$u_i = -2$ V，则
$$u_o = \frac{2}{RC}t$$

输出电压 u_o 是时间 t 的线性函数，且随时间 t 线性上升。故输出 u_o 为正的斜升波形。如图 5-36(c) 所示。

由图 5-36(b) 的输入波形可知 u_i 为周期性方波，在 $0 \leqslant t < 1$ ms 的前半周期中，$u_i = 2$ V，$u_o(0) = 0$，则
$$u_o = -\frac{2}{RC}t + u_o(0) = -\frac{2}{RC}t$$

输出电压 u_o 是时间 t 的线性函数，且随时间 t 线性下降。故输出 u_o 为负的斜降波。在 1 ms $\leqslant t \leqslant 2$ ms 时，即后半周期内 $u_i = 0$，则
$$u_o = \int_{t_1}^{t_2} u_i dt + u_o(t_1) = 0 + u_o(t_1) = u_o(t_1)$$

输出电压变化量 Δu_o 为 0，u_o 保持不变。在第二个周期内，u_o 则在第一个周期末的基础上，又以同样的方式重复第一个周期的变化过程。在接下来的周期中，如此循环，u_o 的波形如图 5-36(d) 所示。

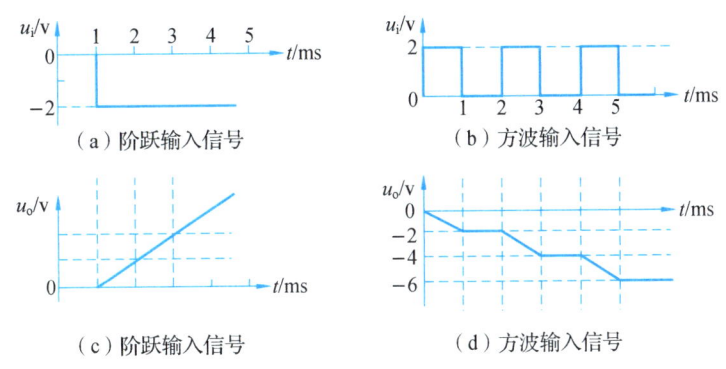

图 5-36 例 5-6 积分器的输入和输出波形

这里要注意当输入信号在某一个时间段等于零时，积分器的输出是不变的，保持前一个时间段的最终数值。因为"虚地"的原因，积分电阻 R 两端无电位差，因此 C 不能放电，故输出电压保持不变。

【例 5-7】由运放组成的积分电路如图 5-37 所示，电容上的初始电压为零。若运放 A、稳压管 D_Z 和二极管 D 均为理想器件，稳压管的稳压值 $U_Z = 6$ V，二极管的导通压降为零。时间 $t = 0$ 时，开关 S 在 1 的位置。当 $t = 2$ s 时，开关打到 2 的位置。试求：

① $t = 2$ s 时，输出电压 u_o 的值。

② 输出电压 u_o 再次过零的时间。

③输出电压 u_o 达到稳压值的时间。
④画出输出电压 u_o 的波形。

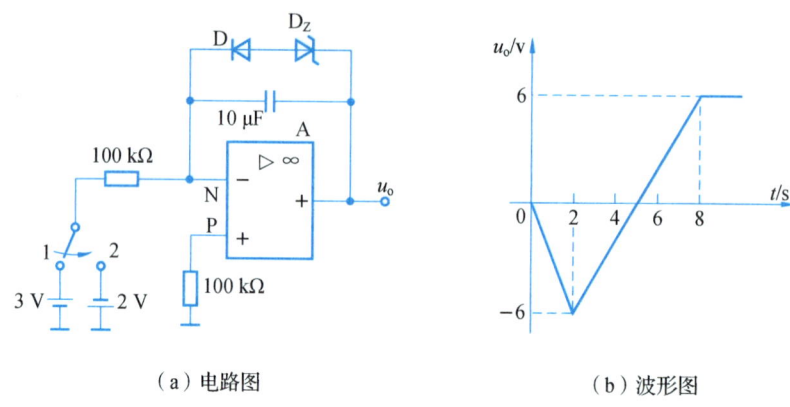

(a) 电路图　　　　　　　(b) 波形图

图 5-37　例 5-7 电路及波形

解：①图 5-37(a)所示为反相积分电路，并由稳压管 D_Z 和二极管 D 输出限幅，其输出信号与输入信号的关系：

$$u_o = \frac{-1}{RC}\int u_I dt \quad (u_o < 6\text{ V})$$

当 $u_I = 3$ V，$0 < t < 2$ s 时：

$$u_o = \frac{-3t}{RC} = -3t$$

当 $u_I = 3$ V，当 $t = 2$ s 时：

$$u_o = -6\text{ V}$$

②当 $t > 2$ s，$u_i = -2$ V，并考虑电容上的初始电压时：

$$u_o = 2t - 6$$

当 $t = 3$ s 时：

$$u_o = 0$$

当 $t = 2 + 3 = 5$ s 时，输出电压 u_o 再次过零。

③已知稳压管的稳压值 $U_Z = 6$ V，根据 $u_o = 2t - 6$ 得：

当 $t = 6$ s 时：

$$u_o = 6\text{ V}$$

当 $t = 2 + 6 = 8$ s 时，输出电压 u_o 达到稳压值。

④输出电压 u_o 的波形见图 5-37(b)。

思考题

1. 积分和微分运算电路在电子系统中有哪些用途？

2. 微分运算电路中，如果输入信号是三角波，那么输出信号是什么波形？如果输入信号是正弦波呢？

5.8 集成运放的对数和指数运算电路

根据与积分和微分电路同样的原理，可以利用集成运放组成其他运算电路，如对数和指数电路。关键在于要找到一种元件，其电压与电流之间存在对数(或指数)关系。已知在一定的条件下，二极管的电流 i_D 与管子两端的电压 u_D 存在着近似的指数关系。根据二极管方程可知，二极管的电流 i_D 可表示为

$$i_D = I_s(e^{\frac{u_D}{U_T}} - 1) \tag{5-38}$$

式中：U_T 为温度的电压当量，I_s 为二极管的反向饱和电流。当 $u_D \gg U_T$ 时，可将式(5-38)括号中的 1 忽略，则上式成为

$$i_D \approx I_s e^{\frac{u_D}{U_T}}$$

或

$$u_D \approx U_T \ln \frac{i_D}{I_s} \tag{5-39}$$

上式表示二极管的电流 i_D 与管子两端的电压 u_D 之间存在近似的指数关系，或 u_D 与 i_D 之间存在着近似的对数关系。因此可以利用二极管的这一特性，组成对数及指数运算电路。

5.8.1 对数运算电路

5.8.1.1 电路的组成

对数运算电路就是指输出电压与输入电压呈对数函数关系。对数运算电路的组成如图5-43所示。由图可见，将反相比例运算电路中的反馈电阻 R_f 换成二极管 D 即构成对数运算电路。

5.8.1.2 输出电压与输入电压的关系

根据半导体的基础知识可知，二极管在正向偏置的情况下，二极管内的电流和电压的关系为

$$i_D \approx I_S e^{u_D/U_T}$$

将上式取对数并整理可得

$$u_D = U_T \ln(i_D/I_S) \tag{5-40}$$

根据"虚断"和"虚短"的概念可得

$$u_o = -u_D = -U_T \ln \frac{u_i}{RI_s} \tag{5-41}$$

由式(5-41)可见，图 5-38 所示电路的输出电压与输入电压的对数成正比的关系，所以，图 5-38 所示的电路称为对数运算电路。但是由二极管组成的对数运算电路存在下面的缺点：

① 因 U_T 和 I_S 是温度的函数，故运算精度受温度的影响；
② 小信号时，e^{u_D/U_T} 与 1 相差不多，因而误差大；
③ 大电流时，伏安特性与 PN 结方程差别大，故式(5-41)只在小电流时成立。

因此，实用的对数运算电路是用三极管替代二极管。用三极管组成的对数运算电路如图 5-39 所示。

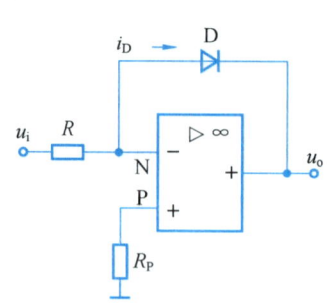
图 5-38 采用二极管的对数运算电路

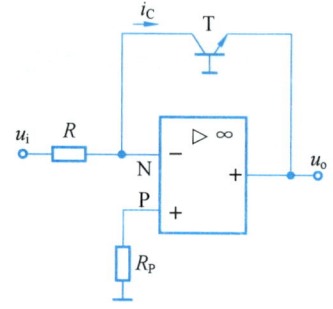
图 5-39 采用三极管的对数运算电路

根据半导体的基础知识可知，工作在放大区的三极管电流和电压的关系为

$$i_C \approx I_S e^{\frac{u_{eE}}{U_T}} \tag{5-42}$$

根据"虚断""虚短"的概念可得

$$u_o = -u_{BE} = -U_T \ln \frac{u_i}{RI_S} \tag{5-43}$$

结论与式(5-41)相同，但动态范围较大，运算的精度较高。

5.8.2 指数运算电路

5.8.2.1 电路的组成

指数运算电路是对数运算的逆运算，指数(反对数)运算电路的组成如图 5-40 所示。由图可见，将反相比例运算电路中的输入电阻 R_1 换成二极管 D，即构成指数(反对数)运算电路。

5.8.2.2 输出电压与输入电压的关系

根据"虚断""虚短"的概念和二极管电流与电压的关系式可得

$$u_o = -u_R = -RI_S e^{\frac{u_D}{U_T}} \tag{5-44}$$

由式(5-44)可知，图 5-40 所示电路的输出电压与输入电压的指数成正比的关系，所以，该电路称为指数运算电路。

与对数运算电路一样，为了扩大输入信号的动态范围和提高运算精度，用三极管替代二极管组成指数运算电路，如图 5-41 所示。该电路输出和输入电压之间的关系也如式(5-44)所示。

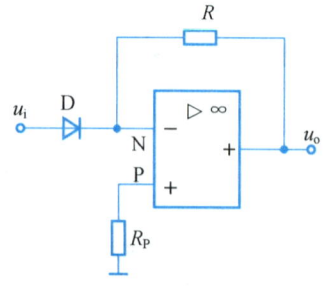
图 5-40 采用二极管的指数运算电路

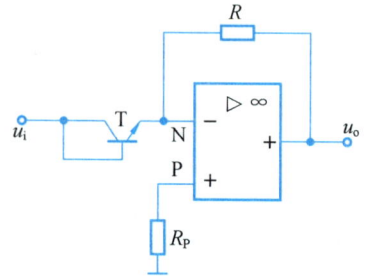
图 5-41 采用三极管的指数运算电路

> **思考题**
>
> 利用二极管实现的对数和指数运算电路与采用三极管实现的电路有何区别?

*5.9 集成运放的模拟乘法电路

模拟乘法器(analog multiplier)的功能是输出信号等于两个输入信号的乘积,除做乘法运算外,模拟乘法器与运算放大器组合还可以做成除法电路。在无线电通信领域,利用乘法运算电路还可以组成调制,解调电路。模拟乘法器在测量中经常用作除法器,用来做归一化运算,锁相放大器中用模拟乘法器做解调,用于调制和解调。模拟乘法器广泛应用于模拟运算、通信、测控系统、电气测量和医疗仪器等许多领域。

目前市场上已有可实现乘法运算的集成电路,通常用图 5-42 所示的符号来表示。

模拟乘法器输出电压和输入电压的关系为:

$$u_o = k u_A u_B \tag{5-45}$$

图 5-42 模拟乘法器符号

式中的 k 为比例系数,或乘积增益。不同型号的模拟乘法器除 k 值的大小不同外,符号也可能不相同。

根据两个输入电压的不同极性的限制,乘法器可以有四象限乘法器(即两个输入电压可正可负)、二象限乘法器(即要求一个输入电压为单极性,另一个输入电压可正、可负)和单象限乘法器(即两个输入电压均为单极性)。形成乘法器的原理很多,限于篇幅这里不一一论述,仅简单介绍两种模拟乘法器的原理电路。

5.9.1 对数式模拟乘法电路

由上节对数运算知识,我们利用对数进行乘法运算的关系式为

$$AB = \ln^{-1}(\ln A + \ln B) \tag{5-46}$$

根据式(5-46)即可组成乘法电路。乘法运算电路的组成框图如图 5-43 所示。

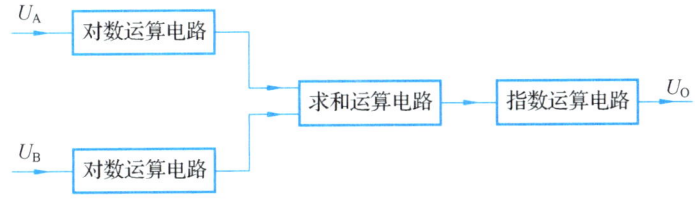

图 5-43 对数模拟乘法运算电路框图

根据乘法运算电路的组成框图建立的电路如图 5-44 所示。图中的 A_1 和 A_2 为对数运算电路,A_3 为求和运算电路,A_4 为指数运算电路。

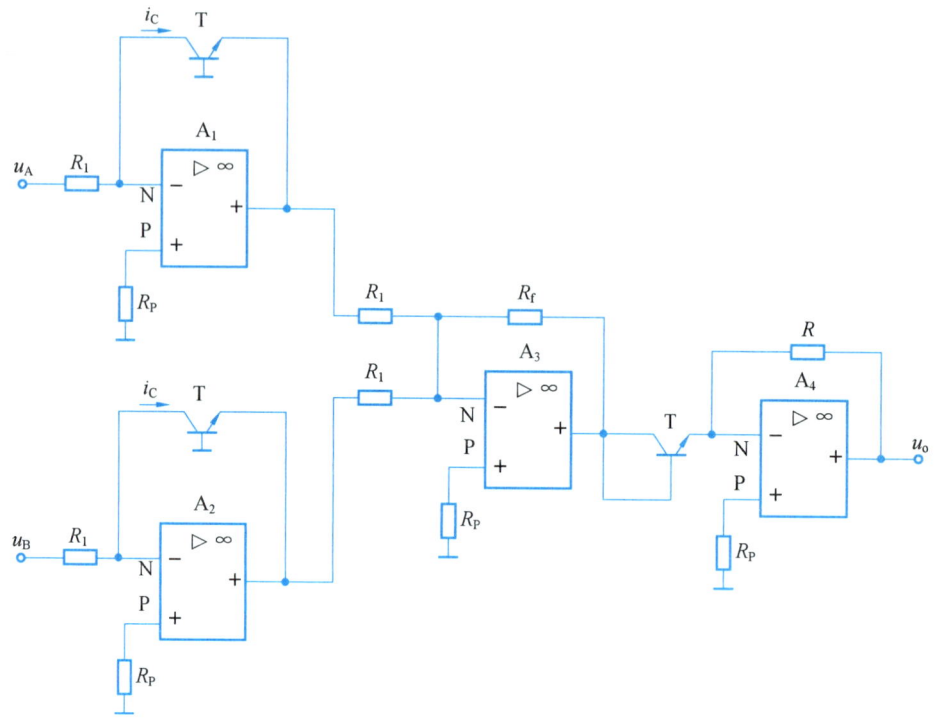

图 5-44 对数模拟乘法运算实际电路

因乘法运算电路可以很方便地实现两个模拟信号的相乘,以乘法运算电路为基本单元可以很方便地组成除法、乘方和开方等运算电路。

5.9.2 变跨导式模拟乘法电路

5.9.2.1 变跨导式模拟乘法电路

根据图 5-45 的原理可以组成所谓变跨导模拟乘法器。在推导高频微变等效电路时,将放大电路的增益写成为

$$A_v = -pg_m R'_L \qquad (5-47)$$

其中 p 为可控系数。

只不过在式(5-47)中的 g_m 是固定的。而在图 5-45 中,如果 g_m 是可变的,受一个输入信号的控制,那么该电路就是变跨导式模拟乘法器。其中 T_1、T_2 组成差动电路,T_3 为恒流管,$\beta_1 = \beta_2$,$r_{be1} = r_{be2}$。当 $u_r \gg u_{BE3}$ 时,$I_{C3} \approx u_Y/R_E$,当 $u_X = 0$ 时,$I_{E1} = I_{E2} = I_{C3}/2$,$u_o = 0$。

由于 $u_Y \propto I_E$,而 $I_E \propto g_m$,所以 $u_Y \propto g_m$。输出电压为

$$u_o = -pg_m R'_L u_X \approx k u_X u_Y \qquad (5-48)$$

由图 5-45 还可得

$$u_o = \frac{\beta R_C}{r_{be}} u_X \qquad (5-49)$$

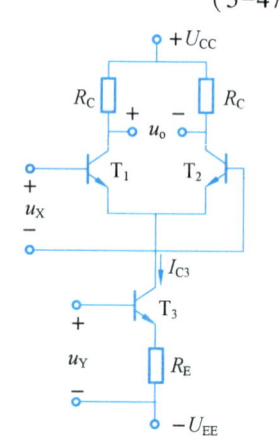

图 5-45 模拟乘法器原理图

当 I_{E1}、I_{E2} 较小时，$r_{bb'}$ 可忽略不计，故

$$r_{be1} = r_{be2} = r_{bb'} + (1+\beta)\frac{U_T}{I_{E1}} \approx \beta \frac{2U_T}{I_{C3}} \qquad (5-50)$$

式中：U_T 为温度的电压当量，在室温时 $U_T \approx 26\ \text{mV}$。

将式(5-50)代入式(5-49)可得

$$u_o \approx \frac{\beta R_C I_{C3}}{2\beta U_T} u_X = \frac{R_C I_{C3}}{2U_T} u_X \approx \frac{R_C}{2R_E U_T} u_X u_Y = k u_X u_Y \qquad (5-51)$$

式中：k 为乘法器的增益系数。其中 $I_{C3}/U_T = g_m$ 为三极管跨导，且 I_{C3} 随 u_Y 变化，故该电路称为变跨导模拟乘法器。

式(5-51)说明图 5-45 所示差动电路具有乘法功能，它的输出电压与输入电压 u_X、u_Y 的乘积成正比，增益系数在室温下为常数

$$k = \frac{R_C}{2R_E U_T} \qquad (5-52)$$

由图 5-45 可见，u_X 可正可负，而 u_Y 必须大于零，该电路才能正常工作，该电路属于二象限乘法器。除此以外，该电路还有如下明显缺点：

① u_Y 值越小运算误差越大；

② u_o 与 U_T 有关，U_T 与温度有关；

③ 电路只能工作在二象限。

由于图 5-45 的电路，对非线性失真等因素没有考虑，相乘的效果不好。实际应用中的变跨导模拟乘法器的主要电路环节如图 5-46 所示，该电路称为平衡四象限变跨导型模拟乘法器。其双端平衡输出形式可以由差分输入的集成运放转换成单端输出的形式。

5.9.2.2 集成模拟乘法器的主要参数

模拟乘法器的主要参数与运放有许多相似之处，分为直流参数和交流参数两大类。

① 输出失调电压 u_o。当 $u_X = u_Y = 0$ 时，u_o 不等于零的数值。

② 满量程总误差 E_Σ。

当 $u_X = U_{Xmax}$，$u_Y = U_{Ymax}$ 时，实际输出与理想输出的最大相对偏差的百分数。

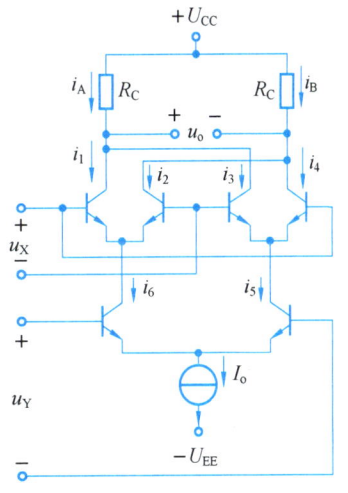

图 5-46 该进的变跨导模拟乘法器

③ 馈通误差。当模拟乘法器有一个输入端等于零，另一个输入端加规定幅值的信号时，输出不为零的数值。当 $u_X = 0$，u_Y 为规定值时，$u_o = E_{YF}$，称为 Y 通道馈通误差；当 u_X 为规定值，$u_Y = 0$，$u_o = E_{XF}$，称为 X 通道馈通误差。

④ 非线性误差 E_{NL}。模拟乘法器的实际输出与理想输出之间的最大偏差占理想输出最大幅值的百分比。

⑤ 小信号带宽 BW。随着信号频率的增加，乘法器的输出下降到低频时的 0.707 倍处所对应的频率。

⑥转换速率 S_R。将乘法器接成单位增益放大器时，输出电压对大信号方波输入的响应速率与运放中该参数相似。

5.9.2.3 集成模拟乘法器

现在有多种模拟乘法器的产品可供选用，表 5-2 中给出了几个例子。

集成模拟乘法器在使用时，在它的外围还需要有一些元件支持。早期的模拟乘法器外围元件很多，使用不便，后期的模拟乘法器外围元件就很少了。

表 5-2 多种模拟乘法器的主要参数

型号	参数						
	满量程精度 /%	温度系数/(%·℃⁻¹)	满量程非线性 X/%	满量程非线性 Y/%	小信号带宽 /MHz	电源电压/V	工作温度范围/℃
F1495	0.75		1	2	3	-15, 32	0~70
1595	0.5		0.5	1	3	-15, 32	-55~125
AD532J	2	0.04	0.8	0.3	1	10~18 或 -18~-10	0~70
AD532K	1	0.03	0.5	0.2	1		0~70
AD532S	1	0.04	0.5	0.2	1		-55~125
AD539J	2				30	4.0~16.5 或 -16.5~-4.0	0~70
AD539K	1				30		0~70

5.9.3 模拟乘法器的应用

5.9.3.1 除法运算电路

利用对数进行除法运算的关系式为

$$\frac{A}{B} = \ln^{-1}(\ln A - \ln B) \tag{5-53}$$

与 $AB = \ln^{-1}(\ln A + \ln B)$ 式比较可知，只要将乘法运算电路中的求和电路换成减法运算电路，即可组成除法运算电路，这里不再赘述。

除法运算电路也可以由模拟乘法器来组成，由模拟乘法器组成的除法运算电路如图 5-47 所示。

利用集成运放电路的分析法可得图 5-47 所示电路输出电压和输入电压的关系。根据"虚短"和"虚断"的概念可得

$$\frac{u_A}{R_1} = -\frac{u_o'}{R_2} = -\frac{k u_B u_o}{R_2}$$

移项整理可得

$$u_o = -\frac{R_2}{k R_1} \frac{u_A}{u_B} \tag{5-54}$$

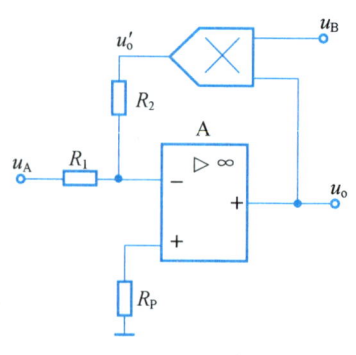

图 5-47 除法运算电路

由式(5-54)可知，图 5-47 所示的电路可实现除法运算的功能，所以该电路称为除法运算电路。只有当 u_B 为正

极性时，才能保证集成运放处于负反馈工作状态，电路才能正常工作，而 u_A 可正可负，故该电路属二象限除法器。

5.9.3.2 平方和平方根运算电路

平方运算是模拟量的自乘运算，因此将输入信号 u_i 同时加到乘法器的两个输入端即可完成平方运算，电路如图 5-48 所示。

图 5-48 平方运算电路

其输出电压为

$$u_o = ku_i^2 \tag{5-55}$$

式（5-55）表明输出电压正比于输入电压的平方。

在实际使用时，可以利用平方运算实现倍频功能，若输入信号为正弦信号，即

$$u_i = U_m \sin\omega t$$

则输出电压为

$$u_o = ku_i^2 = k(U_m \sin\omega t)^2 = \frac{1}{2}kU_m^2(1-\cos 2\omega t) \tag{5-56}$$

由式（5-56）可知，输出电压包括两个部分：一部分为固定不变的直流分量，另一部分为角频率为 2ω 的余弦分量。若在输出端接入一个隔直电容将直流隔开，则可得到二倍频的余弦波输出电压，实现倍频功能。

平方根运算电路如图 5-49 所示，与图 5-45 所示的乘法电路比较可知，它是上述除法电路的一个特例，如将除法电路中乘法器的两个输入端都接到运放的输出端，就组成了平方根运算电路。

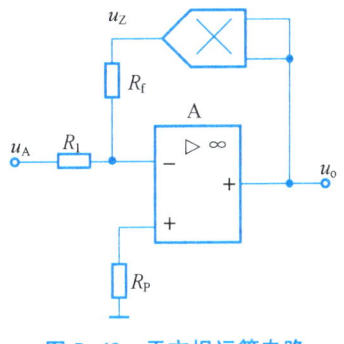

图 5-49 平方根运算电路

在图 5-49 中，由式（5-55）可得

$$u_Z = ku_o^2 \tag{5-57}$$

对于图 5-49，由负反馈运算放大器的"虚短"和"虚断"概念有

$$u_Z = -\frac{R_f}{R_1}u_i$$

由此可得

$$ku_o^2 = u_Z = -\frac{R_f}{R_1}u_i$$

即

$$u_o = \sqrt{-R_f/(R_1 k)} \tag{5-58}$$

由式（5-58）可知，电路实现了平方根运算。在式（5-58）中，当 $k>0$ 时，平方根运算电路的输入电压 u_A 要小于零，当 u_A 大于零时，因根式内的数小于零，电路将不能完成正常的开方运算，电路将出现闭锁的现象。

当闭锁现象发生时，集成电路内部的三极管将进入饱和或截止的状态，且这种状态不会因为输入信号恢复正常而消除。为了防止闭锁现象的发生，通常在输出回路中串接二极管，如图 5-50 所示。

【例 5-8】分析图 5-51 所示电路可实现的运算功能。

解：运放 A_1 与外围电路组成反相比例运算放大器，根据反相比例运算放大器的公式，

以及"虚短"和"虚断"的概念可得

$$\frac{u_A}{R_1} = -\frac{u_o'}{R_2} \quad (1)$$

$$u_o' = \frac{R_3}{R_4}u_o'' = -\frac{R_3}{R_4}ku_o^2 \quad (2)$$

将(1)式代入(2)式后,移项整理可得该电路可实现的运算功能为

$$u_o = \sqrt{\frac{R_2 R_4}{kR_1 R_3}u_A}$$

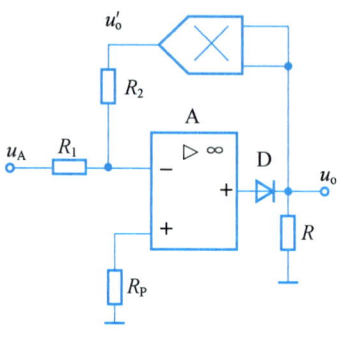

图 5-50 改进的平方根运算电路

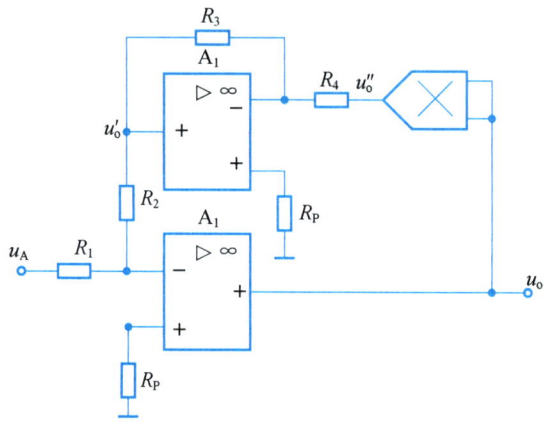

图 5-51 例 5-8 电路

【例 5-9】分析图 5-52 所示电路可实现的运算功能。

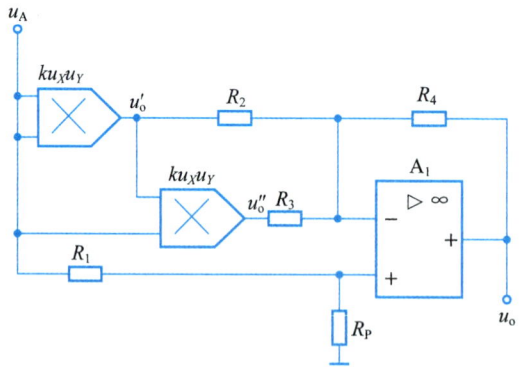

图 5-52 例 5-9 电路

解:运放 A_1 与外围电路组成减法器,根据"虚短""虚断"和叠加定理可得求解减法器输出电压和输入电压关系的方程组为

$$u_+ = \frac{R_P}{R_1 + R_P}u_A$$

$$u_- = \frac{R_3 /\!/ R_4}{R_2+R_3 /\!/ R_4}u'_o + \frac{R_2 /\!/ R_4}{R_3+R_2 /\!/ R_4}u''_o + \frac{R_3 /\!/ R_2}{R_4+R_3 /\!/ R_2}u_o$$

$$u'_o = u_A^2, \quad u''_o = u_A^3$$

利用 $R_+ = R_-$ 的条件，即 $R_+ = R_4$，$R_1 = R_2 /\!/ R_3$，可得

$$u_o = R_4\left(\frac{u_A}{R_1} - \frac{u_A^2}{R_2} - \frac{u_A^3}{R_3}\right)$$

【例 5-10】确定图 5-53 所示电路的输出信号与输入信号之间运算关系，若运算放大器输出电压的最大幅值为 ±10 V，$R_1 = 10\ \text{k}\Omega$，$R_2 = 100\ \text{k}\Omega$，$R_W = 20\ \text{k}\Omega$，当电位器 R_W 的触点位于最上端时，输入电压 $u_{i1}(t) = 10t\ (\text{mV})$，$u_{i2}(t) = 20t\ (\text{mV})$，试求 t 为何值时，集成运放将工作在非线性工作区。

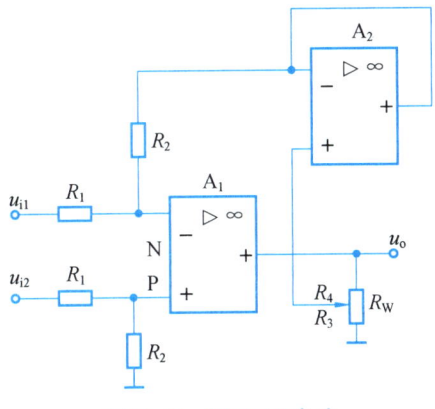

图 5-53　例 5-10 电路

解：根据"虚断"和"虚短"的概念可得

$$u_{1+} = \frac{R_2}{R_1+R_2}u_{i2}$$

$$\frac{u_{i1}-u_{1-}}{R_1} = \frac{u_{i+}-u_{2-}}{R_2}$$

$$u_{2-} = u_{2+} = \frac{R_3}{R_3+R_4}u_o$$

联立求解得

$$u_o = \left(1+\frac{R_4}{R_3}\right)\frac{R_2}{R_1}(u_{i2}-u_{i1})$$

当电位器 R_W 的触点位于最上端时，$R_4 = 0$，则上式为

$$u_o = \frac{R_2}{R_1}(u_{i2}-u_{i1})$$

将 R_1、R_2、u_{i1} 和 u_{i2} 的值代入可得

$$u_o = 100t\ (\text{mV}) = 0.1t\ (\text{V})$$

因 u_o 的最大值是 10 V，在 $u_o = 10$ V 的瞬间，运放将进入非线性工作区，由此可得集成

运放进入非线性工作区的时间 t 为

$$t = \frac{10}{0.1} = 100 \text{ s}$$

> **思考题**
>
> 如何利用对数运算电路、指数运算电路和加减运算电路实现除法运算电路?

本章小结

本章主要讲述了集成运算放大器电路的组成、类型特点、性能指标、理想模型及使用方法等。

1. 集成运算放大器电路实质上是一个具有高性能的多级直接耦合放大电路。从外部看，可等效为一个双端输入，单端输出的差分放大电路。内部通常由输入级、中间级、输出级以及偏置电源等四部分组成。

2. 集成运放发挥集成制造的工艺优势，充分利用元件参数一致性好的特点，构成高质量的差分放大电路和各种恒流源电路，包括镜像电流源、比例电流源、微电流源等。这些电流源电路既可为各级放大电路提供合适的静态偏置电流，又可作为放大电路的有源负载，从而大大提高了集成运放的性能，也为模拟电路设计提供了有价值的借鉴。

3. 理想集成运放是一个重要的概念。所谓理想集成运放就是将集成运放的各项技术指标理想化。也是分析集成运放应用电路的基本依据。当理想运放工作在线性区时，有两个重要特征。一是两个输入端"虚短"：$u_+ = u_-$；二是两个输入端"虚断"：$i_+ = i_- = 0$。当理想运放工作在非线性区时，其输出电压只有两种可能的状态，即 $u_o = +U_{om}$ 或 $u_o = -U_{om}$，而输入端不存在"虚短"（即 $u_+ \neq u_-$），但仍有"虚断"，即 $i_+ = i_- = 0$。

4. 实际集成运放电路的开环电压增益、差模输入电阻、输出电阻、共模抑制比、开环带宽、失调和温漂等指标达不到理想集成运放的极端条件，但是用理想条件代替实际运放电路去估算和分析电路，相对误差是很小的。

5. 理想集成运放电路在线性区工作导出的"虚短"和"虚断"的特征，特别是反相端输入时还具有"虚地"的特征。视实际运放为理想运放，应用理想运放的这些条件，将大大简化电路的分析和计算。

6. 反相输入和同相输入的比例运放电路是两种最基本的集成运算电路，分别为电压并联负反馈和电压串联负反馈。它们是构成集成运算、处理电路最基本的电路，在此基础上搭接取舍构成了同相、反相、加、减、微分、积分、对数、反对数运算电路等。

7. 模拟乘法器的用途很广，除了用于模拟信号的乘法、除法、平方、平方根等运算外，还被用于通信、自动控制以及电子测量等领域。实现乘法运算的原理很多，可以利用对数和指数电路组成乘法器，但是在集成模拟乘法器中，变跨导式的应用比较广泛。

练习题

一、选择题

1. 集成运放的输出级多采用_____。
   A. 共基极电路   B. 阻容耦合电路   C. 互补对称电路
2. 集成运放的中间级主要是提供电压增益,所以多采用_____。
   A. 共集电极电路   B. 共发射极电路   C. 共基极电路
3. 集成运放的输入级采用差分电路,是因为_____。
   A. 输入电阻高   B. 差模增益大   C. 温度漂移小
4. 集成运放的制造工艺,使得相同类型的三极管的参数_____。
   A. 受温度影响小   B. 准确性高   C. 一致性好
5. 集成运放中的偏置电路,一般是电流源电路,其主要作用是_____。
   A. 电流放大   B. 恒流作用   C. 交流传输

二、判断题

1. 运放的有源负载可以提高电路的输出电阻。   (   )
2. 理想运放是其参数比较接近理想值。   (   )
3. 运放的共模抑制比 K_{CMR} 越高,承受共模电压的能力越强。   (   )
4. 运放的输入失调电压是两输入端偏置电压之差。   (   )
5. 运放的输入失调电流是两输入端偏置电流之差。   (   )

三、填空题

1. 采用 BJT 工艺的集成运放的输入级是_____电路,而输出级一般是_____电路。
2. 在以下集成运放的诸参数中,在希望越大越好的参数旁注明"↑",反之则注明"↓"。

   A_{vd}_____, K_{CMR}_____, R_{id}_____, R_{ic}_____, R_o_____, BW_____, BW_G_____, SR_____, V_{IO}_____, dV_{IO}/dT_____, I_{IO}_____, dI_{IO}/dT_____。

3. 集成运放经过相位补偿后往往具有单极点模型,此时 -3 dB 带宽 f_H 与单位增益带宽 BW_G 之间满足关系式_____。
4. 集成运放的负反馈应用电路的"理想运放分析法则"由虚短路法则,即_____和虚开路法则,即_____组成。
5. 理想运放分析法实质是_____条件在运放应用电路中的使用。
6. 题图 5-1 是由高品质运放 OP37 组成的_____放大器,闭环增益等于_____倍。在此放大器中,反相输入端②称为_____。电路中 10 kΩ 电位器的作用是_____。R_P 的取值应为_____。
7. 将题图 5-1 中电阻_____换成电容,则构成反相积分器。此时 $u_o =$ _____,应取 $R_P =$ _____。

8. 将题图 5-1 中电阻_____换成电容，则构成反相微分器。此时 u_o = _____，R_P 应取_____。

9. 题图 5-2 是_____放大器，闭环增益等于_____倍。应取 R_P = _____。

10. 比较题图 5-1 和题图 5-2 两种放大器，前者的优点是没有_____电压，缺点是_____较小。

11. 将题图 5-2 中的电阻_____开路，电阻_____短路，电路即构成电压跟随器。

12. 负反馈运放的输出电压与负载电阻几乎无关的原因是_____。

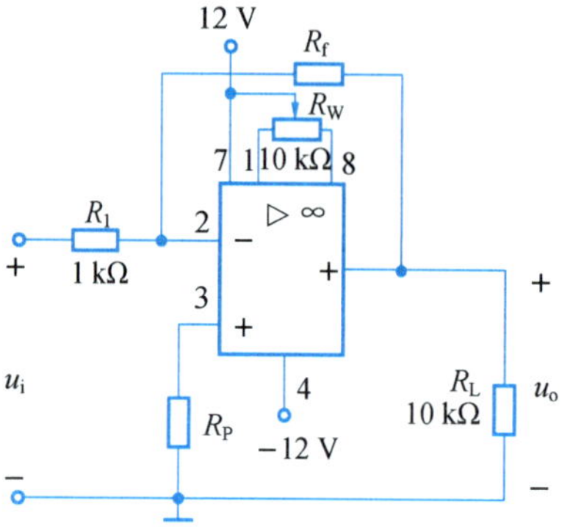

题图 5-1

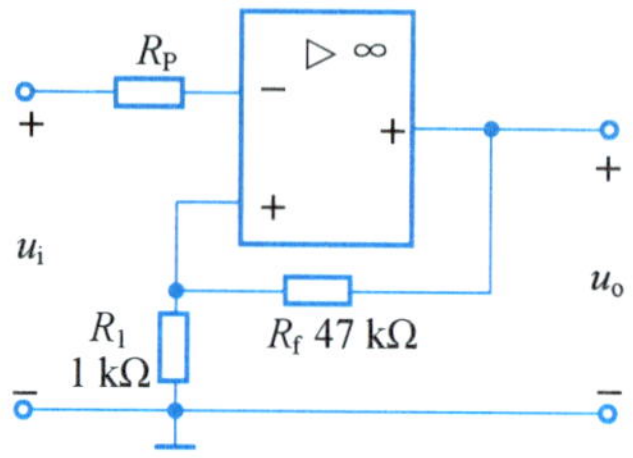

题图 5-2

13. 从正弦稳态分析的观点来观察微分器和积分器，二者都是_____移相器。但微分器输出电压的振幅与输入信号频率成_____，而积分器却成_____。

14. 集成运放的类型如下，根据要求在横线处填上最合适的运放：
a. 通用型　b. 高阻型　c. 低功耗型　d. 高速型　e. 高精度　f. 大功率型　g. 高压型。
①作视频放大器应选用_____。
②作内阻为 500 kΩ 信号源的放大器应选用_____。
③作卫星仪器中的放大器应选用_____。
④作心电信号的前置放大器应选用_____。
⑤作低频放大器应选用_____。
⑥作输出电流为 4 A 的放大器应选用_____。

15. 已知下列电路，根据要求在横线处填上合适的答案。
a. 反相比例运算电路　　　　　　b. 同相比例运算电路
c. 积分运算电路　　　　　　　　d. 微分运算电路
e. 加法运算电路　　　　　　　　f. 乘方运算电路
①欲将正弦波电压移相+90°，应选用_____。
②欲将正弦波电压转换成二倍频电压，应选用_____。
③欲将正弦波电压叠加上一个直流量，应选用_____。
④欲实现 A_u = −100 的放大电路，应选用_____。
⑤欲将方波电压转换成三角波电压，应选用_____。
⑥欲将方波电压转换成尖顶波电压，应选用_____。

四、问答题

1. 用理想运放分析法分别求题图 5-3 中 4 个运放应用电路的 i_o 表达式。

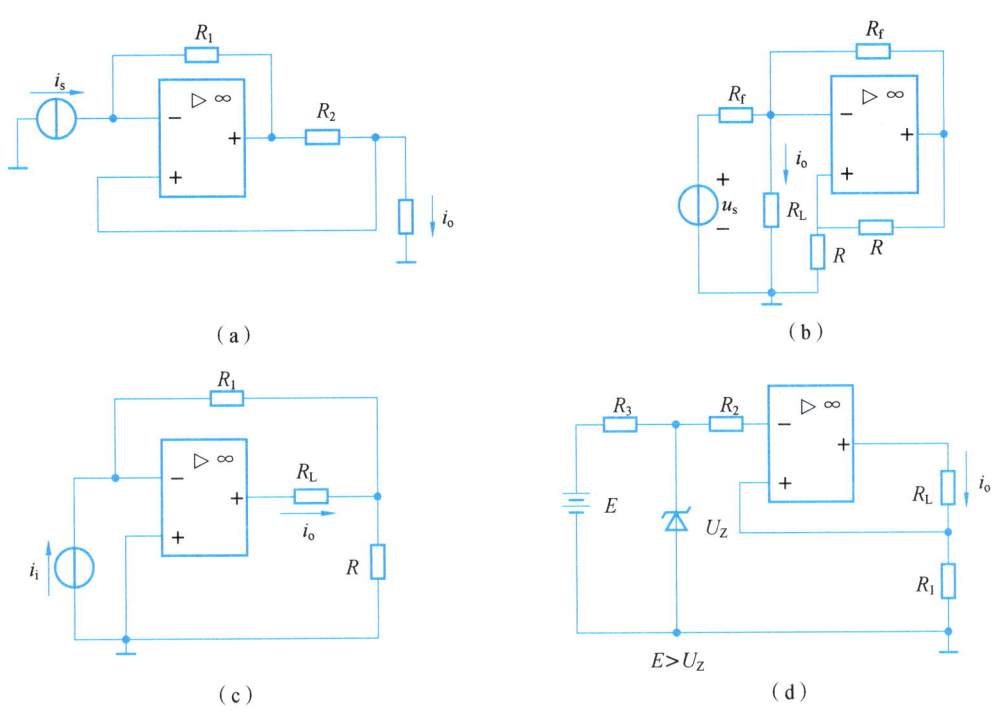

题图 5-3

2. 已知题图 5-4 所示各电路中的集成运放均为理想运放，模拟乘法器的乘积系数 k 大于零。试分别求解各电路的运算关系。

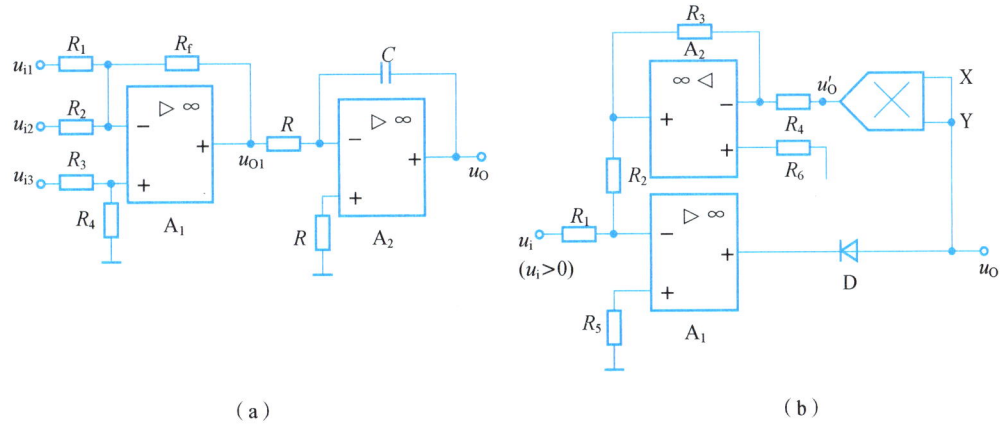

题图 5-4

3. 通用型集成运算放大器一般由哪几个部分组成？每一部分常采用哪种基本电路？对每一基本电路又有何要求？

4. 某一集成运算放大器的开环增益 $A_{od}=100$ dB，差模输入电阻 $r_{id}=5$ MΩ，最大输出电压的峰-峰值为 $U_{OPP} = \pm 14$ V。

①分别计算差模输入电压(即 $u_i = u_+ - u_-$)为 5 μV、100 μV、1 mV 和 -10 V、-1 V、-1 mV 时的输出电压 U_O；

②为保证工作在线性区，试求最大允许的输入电流值。

5. 题图 5-5 是集成运放 BG303 偏置电路的示意图，已知 $\pm U_{CC} = \pm 15$ V，外接偏置电阻 $R = 1$ MΩ，设三极管的 β 值均足够大，试估算基准电流 I_{REF} 以及输入级放大管的电流 I_{C1} 和 I_{C2}。

6. 题图 5-6 是某集成运放偏置电路的示意图，已知 $I_{C4} = 0.55$ mA，若要求 $I_{C1} = I_{C2} = 12$ μA，试估算电阻 R_3 应为多大？设三极管的 β 均足够大。

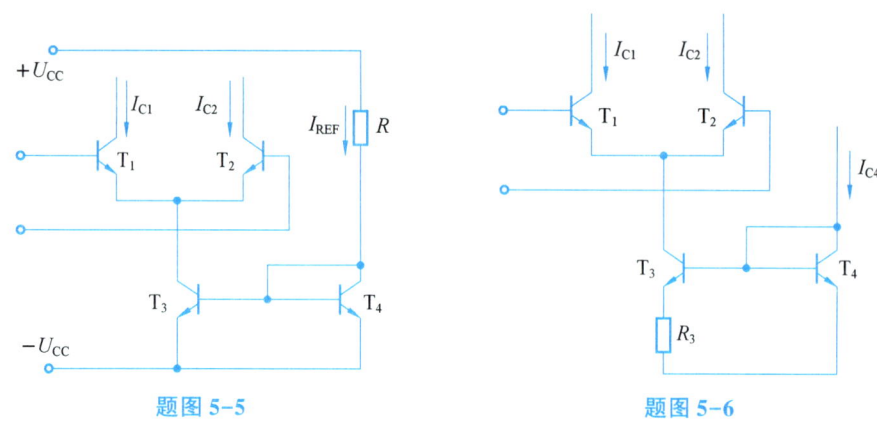

题图 5-5　　　　　　　题图 5-6

7. 题图 5-7 的电路是集成运放中镜像电流源的改进电路，常称威尔逊电流源，若设 $I_{C1} = I_{C2} = I_C$，$\beta_1 = \beta_2 = \beta_3 = \beta$，试证明：

$$I_{C3} = I_{REF}\left(1 - \frac{2}{\beta^2 + 2\beta + 2}\right)$$

8. 题图 5-8 是一理想运放电路，试求下列几种情况下 u_o 和 u_i 的关系。

① S_1 和 S_3 闭合，S_2 断开；② S_1 和 S_2 闭合，S_3 断开；

③ S_2 和 S_3 闭合，S_2 断开；④ S_1、S_2、S_3 都闭合。

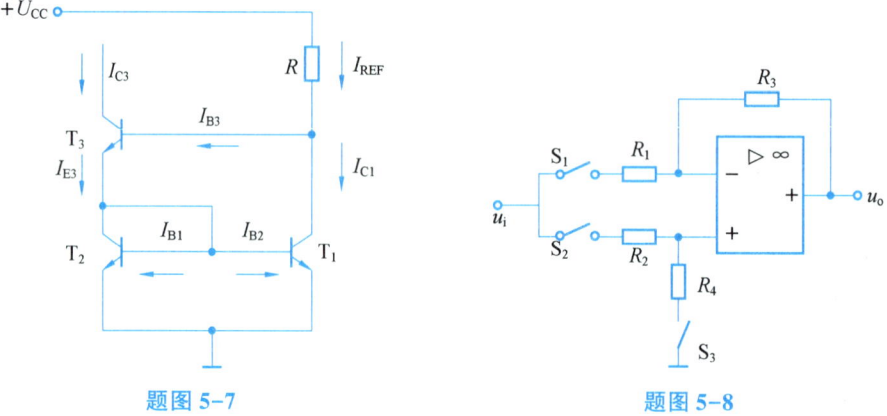

题图 5-7　　　　　　　题图 5-8

9. 题图 5-9 所示是一集成运放偏置电路的示意图，已知 $-U_{CC}=-6$ V，$R_5=85$ Ω，$R_4=68$ Ω，$R_3=1.7$ kΩ，设三极管的 β 足够大，$U_{BE}=0.6$ V，试问 T_1、T_2 的静态电流 I_{C1}、I_{C2} 为多大？

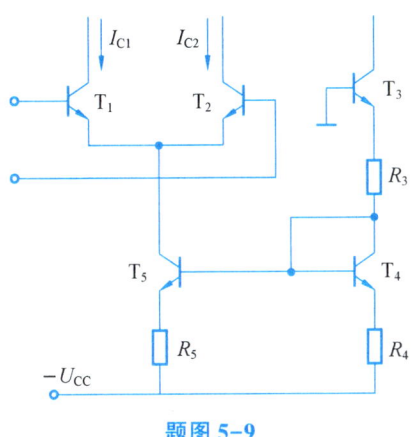

题图 5-9

10. 两块集成运算放大器分别接入电路中进行测试，输入端按要求没有输入信号电压，而是使两端悬空，测量时发现输出电压不为零，总是在正负电源电压间摆动，调整调零电位器也不起作用，请问这两块运放是否都已损坏，为什么？

11. 题图 5-10 所示电路中，设晶体管 T_1、T_2、T_3 的参数完全一样，试推导输出电流 I_o 与参考电流 I_{REF} 的关系式。

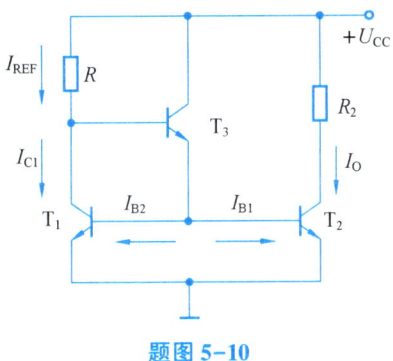

题图 5-10

12. 在下列情况下，应选用何种类型的集成运放，为什么？
①作为一般交流放大电路；
②高阻信号源（$R_S=10$ MΩ）的放大电路；
③微弱电信号（$u_s=10$ μV）的放大器；
④变化频率高，其幅值较大的输入放大器。

13. 一个运放的转换速率为 2 V/μs，要得到有效值为 5 V 的正弦电压输出，输入信号频率最高不能超过多少？

14. 设题图 5-11 中的运放是理想的，求输出电压的表达式。

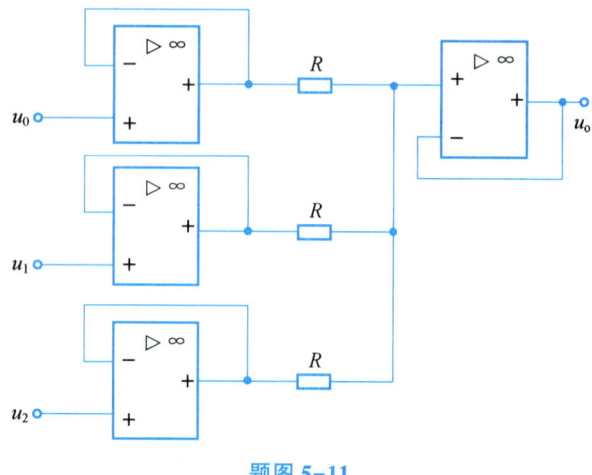

题图 5-11

15. 电路如题图 5-12 所示，集成运放输出电压的最大幅值为±14 V，u_i 为 2 V 的直流信号。分别求出下列各种情况下的输出电压。

① R_2 短路；② R_3 短路；③ R_4 短路；④ R_4 断路。

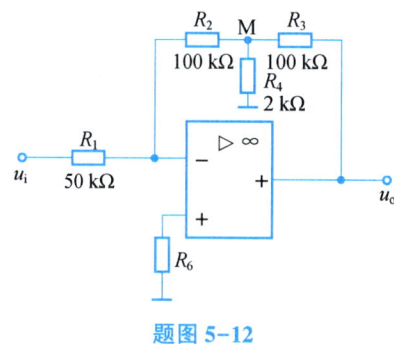

题图 5-12

16. 求题图 5-13 理想运放电路的传输函数，并讨论：电路工作在什么频率范围时具有积分功能？在什么频率范围时有反相放大功能？

17. 题图 5-14 中运放 A_1 和 A_2 是理想的。试求 v_o 与 v_i 的函数关系，并说明该电路的功能。

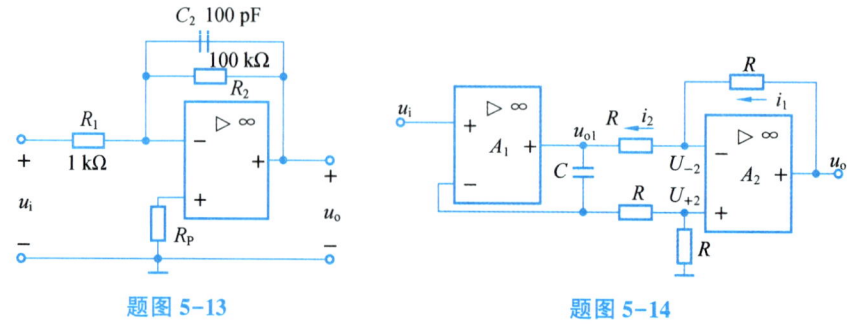

题图 5-13   题图 5-14

18. 题图 5-15 所示为恒流源电路，已知稳压管工作在稳压状态，试求负载电阻中的电流。

19. 电路如题图 5-16 所示。

①写出 u_o 与 u_{I1}、u_{I2} 的运算关系式；

②当 R_W 的滑动端在最上端时，若 $u_{I1}=10\ \text{mV}$，$u_{I2}=20\ \text{mV}$，则 u_o 为多少？

③若 u_o 的最大幅值为 $\pm 14\ \text{V}$，输入电压最大值 $u_{I1\max}=10\ \text{mV}$，$u_{I2\max}=20\ \text{mV}$，最小值均为 $0\ \text{V}$，则为了保证集成运放工作在线性区，R_2 的最大值为多少？

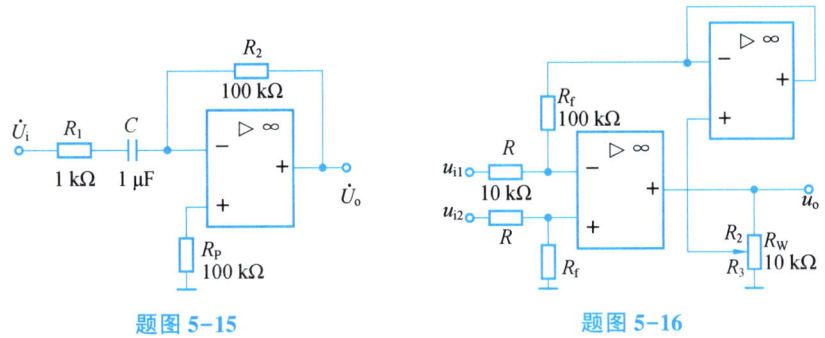

题图 5-15　　　　题图 5-16

20. 分别求出题图 5-17 所示各电路的运算关系。

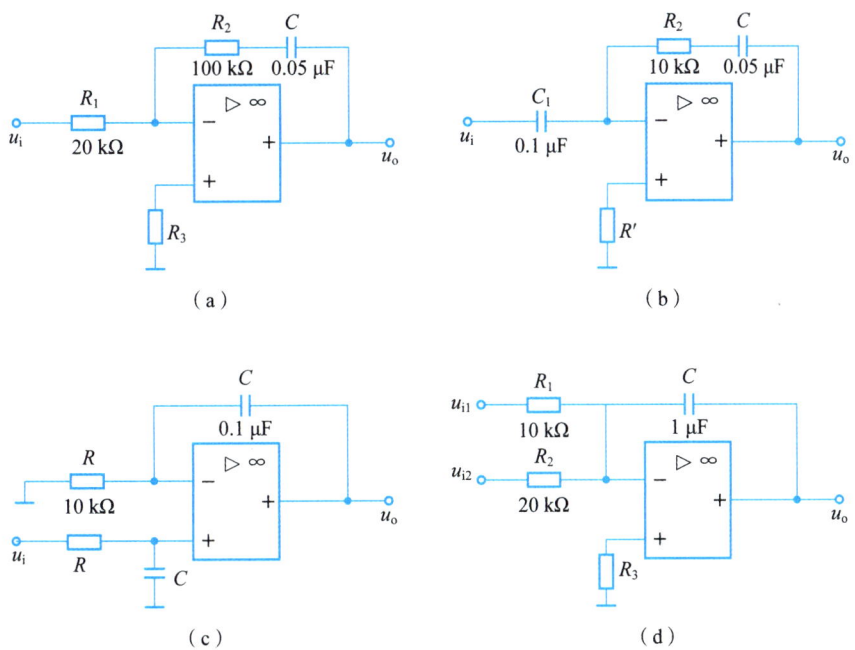

题图 5-17

五、综合题

1. 电路如题图 5-18 所示,已知集成运放的开环电压放大倍数 $A_{od} = 80$,最大输出峰值电压 $U_{OPP} = \pm 10$ V,设 $u_i = 0$ 时,$u_o = 0$,试求:

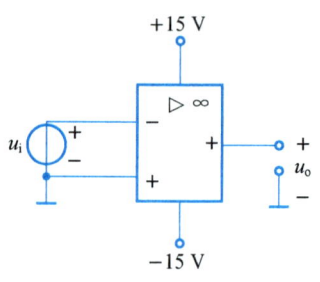

题图 5-18

① $u_i = \pm 1$ mV 时,u_o 为多少伏?

② $u_i = \pm 1.2$ mV 时,u_o 为多少伏?

③ 画出放大器的传输特性曲线,并指出放大器在线性工作状态下 u_i 允许变化的范围。

④ 当考虑输入失调电压 $U_{IO} = 2$ mV 时,图中的 U_o 的静态值为多少?电路此时能否正常放大?

2. 设计一个比例运算电路,要求输入电阻 $R_i = 20$ kΩ,比例系数为 -100。

第 6 章　负反馈放大电路

📖 **学习目标**

理解反馈的基本概念，会判断各种类型的反馈；
掌握负反馈放大电路的分析方法；
理解负反馈对放大电路性能的影响；
了解负反馈放大电路自激振荡的消除方法。

📖 **素质目标**

通过电路设计中的安全性、稳定性和可靠性，引导学生理解工程师的职业道德和责任，进而思考如何在科技进步的同时维护社会稳定与和谐。

反馈在实际的物理系统中应用广泛，特别是在实际的电路和系统中几乎都存在着这样或那样的反馈。

反馈分为正反馈和负反馈，正反馈在电路设计中用的比较少，一般用于某些振荡电路，成为电路形成自激振荡的条件。在放大电路设计中，通常引入负反馈来改变电路中的某些性能。

6.1　反馈的基本概念

6.1.1　反馈的定义

把电路的输出量(电压或电流的一部分或全部)通过一定的电路形式(称为反馈网络)送

回到输入端,从而影响净输入量(指基本放大电路的输入电压或输入电流)的措施称为反馈。

按照反馈放大电路各部分电路的主要功能可将其分为基本放大电路和反馈网络两个部分,如图 6-1 所示。

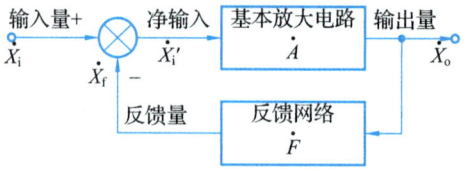

图 6-1 反馈放大电路的方框图

在图 6-1 中,上面一个方框表示基本放大电路,下面一个方框表示能够把输出信号送回到输入端的电路,称为反馈网络;有箭头的连线表示信号的传输方向;符号⊗表示信号叠加;$\dot{X}_i$ 称为输入信号,它由前级电路提供;$\dot{X}_f$ 称为反馈信号,它是由反馈网络送回到输入端的信号;$\dot{X}'_i$ 称作净输入信号或有效控制信号;"+"和"−"表示 $\dot{X}_i$ 和 $\dot{X}_f$ 参与叠加时,按规定正方向的相互关系,即

$$\dot{X}'_i = \dot{X}_i - \dot{X}_f \tag{6-1}$$

$\dot{X}_o$ 称为输出信号。通常,把输出信号的一部分取出的过程称作"取样";把 $\dot{X}_i$ 与 $\dot{X}_f$ 叠加的过程叫做"比较"。引入反馈后,按照信号的传输方向,基本放大电路和反馈网络构成一个闭合环路,所以有时把引入了负反馈的放大电路称为闭环放大电路,而未引入反馈的放大电路称为开环放大电路。

为了便于叙述,下面介绍一些参数。

开环放大倍数 $$\dot{A} = \frac{\dot{X}_o}{\dot{X}'_i} \tag{6-2}$$

反馈系数 $$\dot{F} = \frac{\dot{X}_f}{\dot{X}_o} \tag{6-3}$$

闭环放大倍数 $$\dot{A}_f = \frac{\dot{X}_o}{\dot{X}_i} \tag{6-4}$$

由式(6-1)~式(6-3)可得

$$\dot{X}_i = \dot{X}'_i + \dot{X}_f = \dot{X}'_i + \dot{F}\dot{A}\dot{X}'_i$$

$$\dot{X}_o = \dot{A}\dot{X}'_i \tag{6-5}$$

所以 $$\dot{A}_f = \frac{\dot{X}_o}{\dot{X}_i} = \frac{\dot{A}\dot{X}'_i}{\dot{X}'_i + \dot{F}\dot{A}\dot{X}'_i} = \frac{\dot{A}}{1+\dot{A}\dot{F}} \tag{6-6}$$

式(6-6)是反馈放大电路的基本关系式,它是分析反馈问题的基础。其中 $|1+\dot{A}\dot{F}|$ 为反馈深度,用其表征反馈程度。

6.1.2 反馈的判断

6.1.2.1 正反馈与负反馈

首先看电路是否真的存在从输出端到输入端的反馈通路,若是有的话,则电路中存在反馈。按照反馈信号的极性分类,放大电路中的反馈分为正反馈和负反馈。当电路中引入反馈后,如果反馈信号能削弱输入信号,称为负反馈。负反馈能使输出信号维持稳定。相反,反馈信号加强了输入信号的作用,称为正反馈。正反馈将破坏电路的稳定性,有时还会使反馈放大电路产生自激,无法工作。判断一个反馈电路到底是正反馈还是负反馈,可以用瞬时极性法。

①假定放大电路输入的正弦信号处于某一瞬时极性(用+、-号表示瞬时极性的正、负或代表该点瞬时信号变化的升高或降低),然后按照先放大、后反馈的正向传输顺序,逐级推出电路中有关各点的瞬时极性。

②根据反馈网络的特性,确定反馈信号的瞬时极性。当反馈网络为线性电阻网络时,其输入、输出端信号的瞬时极性相同。

③最后判断反馈到输入回路信号的瞬时极性是增强还是减弱原输入信号(或净输入信号),增强时, $\dot{X}'_i = |\dot{X}_i - \dot{X}_f| > \dot{X}_i$,为正反馈,减弱时;$\dot{X}'_i = |\dot{X}_i - \dot{X}_f| < \dot{X}_i$,则为负反馈。

6.1.2.2 内部反馈与外部反馈

按照反馈产生的途径来分,反馈分为内部反馈和外部反馈。在器件内部产生的反馈称为内部反馈,在器件外部产生的反馈称为外部反馈。内部反馈和外部反馈如图6-2所示:

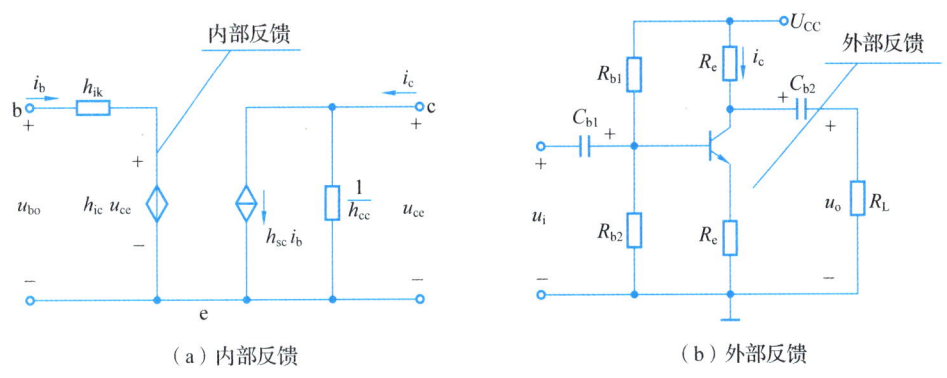

(a)内部反馈　　　　　　　　　　　　(b)外部反馈

图6-2　放大电路的内部反馈与外部反馈

6.1.2.3 直流反馈与交流反馈

按反馈信号的频率或交直流性质分,可以分为直流反馈和交流反馈。若反馈信号中只含直流成分,称为直流反馈,即反馈环路中直流分量可以流通。直流反馈主要用于稳定静态工作点。若反馈信号中只含交流成分,则称为交流反馈,即反馈环路中交流分量可通过。交流负反馈主要用来改善放大器的性能;交流正反馈主要用来产生振荡。

若反馈环路内,直流分量和交流分量均可流通,则该反馈既可以产生直流反馈又可以产生交流反馈。

交流和直流反馈的判定,只要看反馈网络能否通过交流和直流就可判定,也可以采用电容观察法。反馈通路如果存在隔直电容,就是交流反馈;反馈通路如果存在对地的旁路电容,则是直流反馈;如果不存在电容,就是交直流反馈。

6.1.2.4 电压反馈与电流反馈

负反馈放大电路按照输出量的取样方式,可以分成电压反馈和电流反馈两种。若反馈信号的取样对象是输出电压,反馈信号正比于输出电压,称为电压反馈;若反馈信号的取样对象是输出电流,反馈信号正比于输出电流,称为电流反馈。如图 6-3 所示。

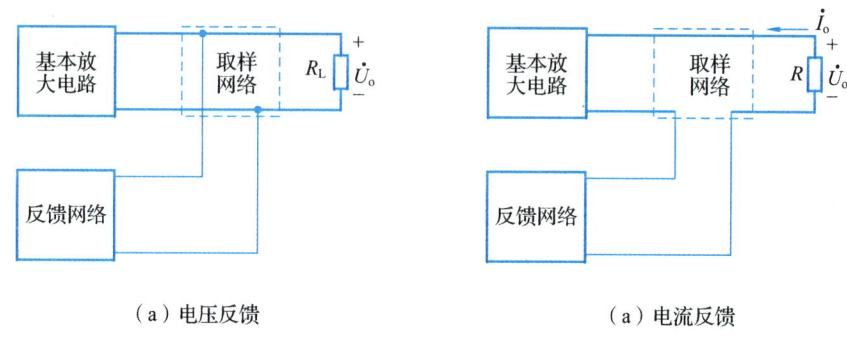

图 6-3　放大电路的电压反馈与电流反馈示意图

在确定有反馈的情况下,不是电压反馈就是电流反馈。所以只要判定是否是电压反馈或者是否是电流反馈即可,通常判定是否是电压反馈比较容易,其判定方法如下。

(1) 判定方法之一:输出短路法

将放大器的输出端对地交流短路,若其反馈信号随之消失,则为电压反馈,否则为电流反馈。令 $U_o=0$,即将输出端负载对地短路,若反馈量也随之为零,即反馈信号不存在,则说明电路引入的反馈是电压反馈。令 $I_o=0$,即将输出端负载对地开路,若反馈量也随之为零,即反馈信号不存在,则说明电路引入的反馈是电流反馈,如图 6-4 所示。

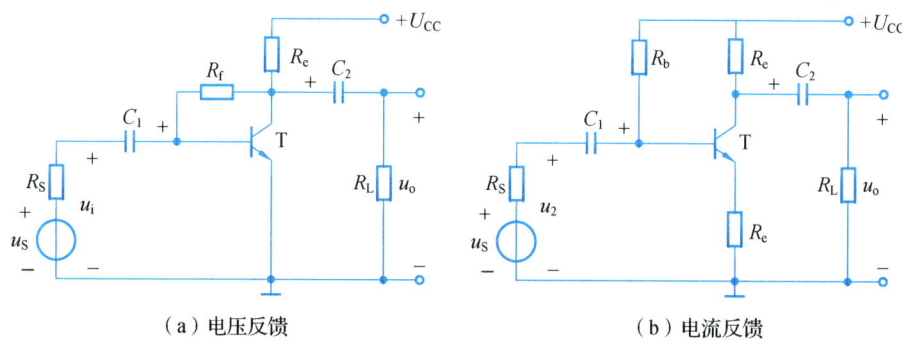

图 6-4　实际放大电路中的电压反馈与电流反馈

(2) 判定方法之二:按电路结构判定

在交流通路中,若放大器的输出端和反馈网络的取样端处在同一个放大器件的同一个电极上,则为电压反馈,否则是电流反馈。如图 6-4 实际放大电路中的电压反馈和电流反馈。

6.1.2.5　串联反馈与并联反馈

按照反馈信号与输入信号的连接方式或比较方式来分,有串联反馈与并联反馈。由于反馈网络在放大电路输出端有电压和电流两种取样方式,在放大电路输入端有串联和并联两种求和方式,如反馈信号以电压形式串接在输入回路上,以电压形式相加决定净输入电压信号,就是串联反馈;如反馈信号以电流形式并接在输入回路上,以电流形式相加决定净输入电流信号,就是并联反馈。

对交流信号而言，如果输入信号、基本放大器、反馈网络三者在比较端是串联连接，则输入信号与反馈信号在输入端串联连接，即称为串联反馈。如图6-5(a)所示。其中反馈信号和原始输入信号以电压的形式进行叠加，产生净输入电压信号，即 $u'_i = u_i - u_f$。因此可知：在串联反馈电路中，信号源越趋近于恒压源，反馈效果越好；若信号源是恒流源，则串联反馈无效。

相反，对交流信号而言，如果输入信号、基本放大器、反馈网络三者在比较端是并联连接，则输入信号与反馈信号在输入端并联连接，即称为并联反馈。如图6-5(b)所示。其中反馈信号和原始输入信号以电流的形式进行叠加，产生净输入电流信号，即 $i'_i = i_i - i_f$。因此可知：在并联反馈电路中，信号源越趋近于恒流源，反馈效果越好；若信号源是恒压源，则并联反馈无效。

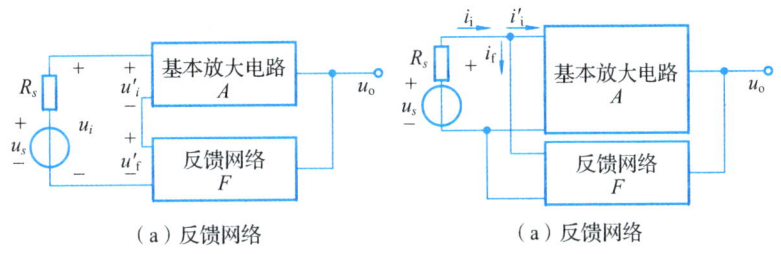

图 6-5　放大电路中的串联反馈与并联反馈示意图

由图6-5所示，我们在对放大电路中串联反馈与并联反馈的判别时，对于交流分量而言，可以采取直接观察法。若信号源的输出端和反馈网络的比较端接于放大器输入端的同一个电极上，则为并联反馈，否则为串联反馈。或者采用交流短路法，将信号源的交流短路，如果反馈信号依然能加到基本放大器中，则为串联反馈，否则为并联反馈。

在实际放大电路中，对串联反馈和并联反馈的判断一般采用下面的方法：

①对于三极管来说，反馈信号与输入信号同时加在输入三极管的基极或发射极，则为并联反馈；一个加在基极，另一个加在发射极，则为串联反馈。

②对于运算放大器来说，反馈信号与输入信号同时加在同相输入端或反相输入端，则为并联反馈；一个加在同相输入端，另一个加在反相输入端，则为串联反馈。

6.1.3　四种类型的负反馈

由于反馈网络在放大电路输出端有电压和电流两种取样方式，在放大电路输入端有串联和并联两种求和方式，因此可以构成四种组态(或称类型)的负反馈放大电路，即电压串联负反馈、电压并联负反馈、电流串联负反馈、电流并联负反馈。

在反馈放大器中，放大器的输出信号有输出电压和输出电流两种形式，被取样的输出信号是其中之一。电压反馈被取样的是输出电压，电流反馈被取样的是输出电流。另一方面，只要是串联反馈，其反馈信号一定以电压的形式与原始输入电压进行比较，产生净输入电压，反馈电流与原始输入电流并不进行比较。只要是并联反馈，其反馈信号一定以电流的形式与原输入电流进行比较，产生净输入电流。而反馈电压和原始输入电压并不进行比较。所以，为了使闭环增益 A_f 与开环增益 A 满足 $A_f=A/(1+FA)$ 的关系，应作如下约定。

$$闭环放大倍数 A_f = \frac{被取样的输出信号}{参与比较的原始输入信号} = \frac{\dot{X}_o}{\dot{X}_i}$$

$$开环放大倍数 A = \frac{被取样的输出信号}{比较后产生的净输入信号} = \frac{\dot{X}_o}{\dot{X}_i'}$$

$$反馈系数 F = \frac{反馈信号}{被取样的输出信号} = \frac{\dot{X}_f}{\dot{X}_o}$$

> **思考题**
>
> 1. 什么是瞬时极性？如何利用瞬时极性判断电路接入的是正反馈还是负反馈？
> 2. 什么是串联反馈和并联反馈？它们在输入端比较的分别是什么信号？
> 3. 串联反馈和并联反馈中，为了使反馈效果更佳，对信号源内阻有什么要求？

6.2 负反馈放大电路的分析

6.2.1 负反馈放大电路的方块图及一般表达式

从 6.1 节的学习和分析可以知道，负反馈放大电路有四种基本组态，而且每一种组态所对应的具体电路也会有所不同。为了更好地研究和探讨负反馈放大电路的共同规律，我们引入负反馈放大电路的方块图来描述所有的放大电路。本节主要介绍负反馈放大电路的方块图及一般表达式。

6.2.1.1 电压串联负反馈

电压串联负反馈放大电路如图 6-6 所示。

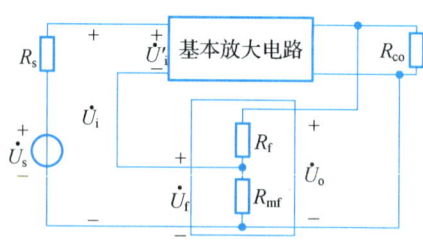

图 6-6 电压串联负反馈放大电路方块图

$$开环放大倍数 = \frac{被取样的输出信号}{比较后产生的净输入信号} = \frac{\dot{U}_o}{\dot{U}_i'} = \dot{A}_u$$

$\dot{A}_u$ 无量纲，称为开环电压放大倍数。

$$\text{反馈系数} = \frac{\text{反馈信号}}{\text{被取样的输入信号}} = \frac{\dot{U}_f}{\dot{U}'_o} = \dot{F}_u$$

$\dot{F}_u$ 无量纲，称为电压反馈系数。

$$\text{闭环放大倍数} = \frac{\text{被取样的输出信号}}{\text{参与比较的原始输入信号}} = \frac{\dot{U}_o}{\dot{U}_i}$$

$$\frac{\dot{U}_o}{\dot{U}_i} = \frac{\dot{U}_o}{\dot{U}'_i + \dot{U}_f} = \frac{\dot{A}_u \dot{U}'_i}{\dot{U}'_i + \dot{F}_u \dot{A}_u \dot{U}'_i} = \frac{\dot{A}_u}{1 + \dot{F}_u \dot{A}_u} = \dot{A}_{uf}$$

$\dot{A}_{uf}$ 无量纲，称为闭环电压放大倍数。

6.2.1.2. 电流串联负反馈

电流串联负反馈放大电路如图 6-7 所示。

$$\text{开环放大倍数} = \frac{\text{被取样的}\dot{X}_o}{\text{比较后产生的}\dot{X}'_i} = \frac{\dot{I}_o}{\dot{U}'_i} = \dot{A}_g$$

$\dot{A}_g$ 量纲是电导，称为开环互导放大倍数。

$$\text{反馈系数} = \frac{\text{反馈信号}\dot{X}_o}{\text{被取样的}\dot{X}'_i} = \frac{\dot{U}_f}{\dot{I}_o} = \dot{F}_r$$

$\dot{F}_r$ 量纲为电阻，称为互阻反馈系数。

$$\text{闭环放大倍数} = \frac{\text{被取样的}\dot{X}_o}{\text{参与比较的}\dot{X}_i} = \frac{\dot{I}_o}{\dot{U}_i} = \frac{\dot{A}_g}{1 + \dot{A}_g \dot{F}_r} = \dot{A}_{gf}$$

$\dot{A}_{gf}$ 量纲为电导，称为闭环互导电压放大倍数。

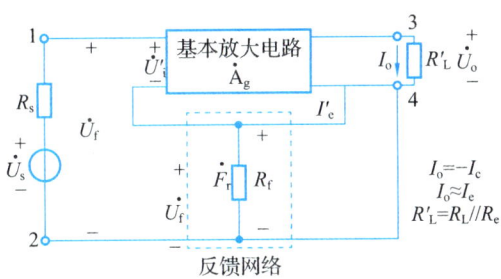

图 6-7 电流串联负反馈放大电路方块图

6.2.1.3. 电压并联负反馈

电压并联负反馈放大电路如图 6-8 所示。

$$\text{开环放大倍数} = \frac{\text{被取样的}\dot{X}_o}{\text{比较后产生的}\dot{X}'_i} = \frac{\dot{U}_o}{\dot{I}'_i} = \dot{A}_r$$

$\dot{A}_r$ 量纲是电阻，称为开环互阻放大倍数。

$$\text{反馈系数} = \frac{\text{反馈信号}\dot{X}_o}{\text{被取样的}\dot{X}'_o} = \frac{\dot{I}_f}{\dot{U}_o} = \dot{F}_g$$

$\dot{F}_g$ 量纲为电导,称为互导反馈系数。

$$闭环放大倍数 = \frac{被取样的\dot{X}_o}{参与比较的\dot{X}_i} = \frac{\dot{U}_o}{\dot{I}_i} = \frac{\dot{A}_g}{1+\dot{A}_r\dot{F}_g} = \dot{A}_{rf}$$

$\dot{A}_{rf}$ 量纲为电阻,称为闭环互阻放大倍数。

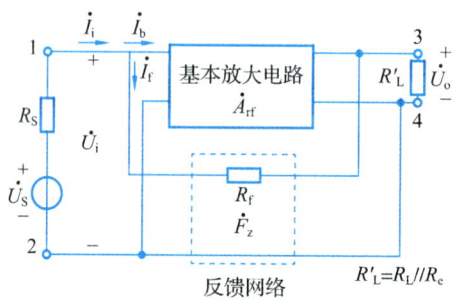

图 6-8 电压并联负反馈放大器方块图

6.2.1.4 电流并联负反馈

电流并联负反馈放大电路如图 6-9 所示。

$$开环放大倍数 = \frac{被取样的\dot{X}_o}{比较后产生的\dot{X}'_i} = \frac{\dot{I}_o}{\dot{I}'_i} = \dot{A}_i$$

$\dot{A}_i$ 无量纲,称为开环电流放大倍数。

$$反馈系数 = \frac{反馈信号\dot{X}_f}{被取样的\dot{X}'_o} = \frac{\dot{I}_f}{\dot{I}_o} = \dot{F}_i$$

$\dot{F}_i$ 无量纲,称为电流反馈系数。

$$闭环放大倍数 = \frac{被取样的\dot{X}_o}{参与比较的\dot{X}_i} = \frac{\dot{I}_o}{\dot{I}_i} = \frac{\dot{A}_i}{1+\dot{A}_i\dot{F}_i} = \dot{A}_{if}$$

$\dot{A}_{if}$ 无量纲,称为闭环电流放大倍数。

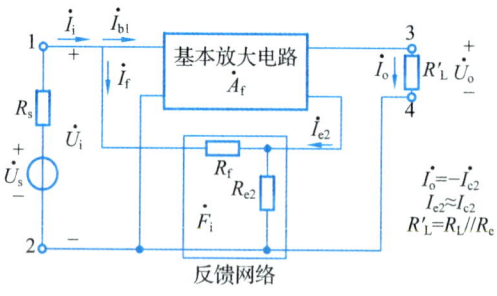

图 6-9 电流并联负反馈放大器方块图

在四种不同组态的反馈放大电路中,写成 $\dot{A}_f = \dot{A}/(1+\dot{F}\dot{A})$ 形式的闭环放大倍数的含义各不相同,不能都认为是电压放大倍数,在不同的反馈组态中,各个参数反映的物理意义是不一样的,有电压放大倍数、电流放大倍数、互导放大倍数、互阻放大倍数。如表 6-1 所示。

第6章 负反馈放大电路

表 6-1 四种组态负反馈放大电路的比较

反馈方式	串联电压型	并联电压型	串联电流型	并联电流型
被取样的输出信号 $\dot{X}_o$	$\dot{U}_o$	$\dot{U}_o$	$\dot{I}_o$	$\dot{I}_o$
参与比较的输入量 $\dot{X}_i、\dot{X}_f、\dot{X}'_i$	$\dot{U}_i、\dot{U}_f、\dot{U}'_i$	$\dot{I}_i、\dot{I}_f、\dot{I}'_i$	$\dot{U}_i、\dot{U}_f、\dot{U}'_i$	$\dot{I}_i、\dot{I}_f、\dot{I}'_i$
开环放大倍数 $\dot{A}=\dfrac{\dot{X}_o}{\dot{X}'_i}$	$\dot{A}_u=\dfrac{\dot{U}_o}{\dot{U}'_i}$	$\dot{A}_r=\dfrac{\dot{U}_o}{\dot{I}'_i}$	$\dot{A}_g=\dfrac{\dot{I}_o}{\dot{U}'_i}$	$\dot{A}_i=\dfrac{\dot{I}_o}{\dot{I}'_i}$
反馈系数 $\dot{F}=\dfrac{\dot{X}_f}{\dot{X}_o}$	$\dot{F}_u=\dfrac{\dot{U}_f}{\dot{U}'_i}$	$\dot{F}_g=\dfrac{\dot{I}_f}{\dot{U}_o}$	$\dot{F}_g=\dfrac{\dot{U}_f}{\dot{I}_o}$	$\dot{F}_i=\dfrac{\dot{I}_f}{\dot{I}'_i}$
闭环放大倍数 $A_f=\dfrac{\dot{X}_o}{\dot{X}_i}=\dfrac{\dot{A}}{1+\dot{A}\dot{F}}$	$A_{uf}=\dfrac{\dot{A}_u}{1+\dot{A}_u\dot{F}_u}$	$A_{rf}=\dfrac{\dot{A}_r}{1+\dot{A}_r\dot{F}_g}$	$A_{gf}=\dfrac{\dot{A}_g}{1+\dot{A}_g\dot{F}_r}$	$A_{if}=\dfrac{\dot{A}_i}{1+\dot{A}_i\dot{F}_i}$
对 R_s 的要求	小	大	小	大
对 R_L 的要求	大	大	小	小

表 6-1 说明负反馈放大电路的放大倍数、反馈系数等参数有着广泛的含义。

6.2.2 基本负反馈放大电路

从反馈放大器的类型已知,根据反馈信号从输出端采集的渠道不同有电压反馈和电流反馈之分,根据反馈信号与输入信号连接方式的不同有串联反馈和并联反馈之分。输出端和输入端两种类型的两两组合可构成四种不同组态的反馈放大器。这四种组态的电路分别为电压串联负反馈、电流串联负反馈、电压并联负反馈和电流并联负反馈。下面分别讨论四种基本反馈电路。

6.2.2.1 电压串联负反馈放大电路

(1) 反馈电路

图 6-10 所示是由运算放大器组成的电压串联负反馈电路,其中电阻 R_f 与 R_1 组成反馈网络。

(2) 反馈类型

设输入信号为正弦交流信号。对交流反馈而言,图 6-10 中的 R_1 上的电压 $\dot{U}_f=\dfrac{R_1}{R_1+R_2}\dot{U}_o$ 是反馈信号。用输出短路法判断其反馈取样方式,即令 $R_L=0(\dot{U}_o=0)$,则有 $\dot{U}_f=0$,反馈信号不存在,所以是电压反馈。

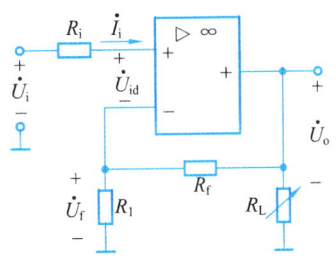

图 6-10 电压串联负反馈放大电路

在放大电路的输入端，反馈网络串联于输入回路中，反馈信号与输入信号以电压形式求和，因而是串联反馈。

用瞬时极性法判断反馈极性，即令 $\dot{U}_i$ 在某一瞬时的极性为(+)，经放大电路 A 进行同相放大后，$\dot{U}_o$ 也为(+)，与 $\dot{U}_o$ 成正比的 $\dot{U}_f$ 也为(+)，于是该放大电路的净输入电压 $\dot{U}_{id}$($\dot{U}_{id}=\dot{U}_i-\dot{U}_f$)比没有反馈时减小了，是负反馈。

综合上述分析，图6-10是电压串联负反馈放大电路。其中 $\dot{F}=\dfrac{\dot{X}_f}{\dot{X}_o}$ 应为电压反馈系数 $\dot{F}_u$。

显然，$\dot{F}_u=\dfrac{\dot{U}_f}{\dot{U}_o}=\dfrac{R_1}{R_1+R_F}$。

(3) 反馈作用

电压负反馈的重要特点是具有稳定输出电压的作用。例如，在图6-10电路中，当 $\dot{U}_i$ 大小一定，由于负载电阻 R_L 减小而使 $\dot{U}_o$ 的大小下降时，该电路能自动进行以下调节过程。

$$R_L\downarrow \to U_o\downarrow \to U_f\downarrow \xrightarrow{U_i 一定} U_{id}\uparrow$$
$$U_o\uparrow $$

可见，通过电压负反馈能使 U_o 不受 R_L 变化的影响，说明电压负反馈放大电路具有较好的恒压输出特性。

为增强负反馈作用，图中宜采用内阻 R_s 小的信号源，即恒压源或近似恒压源。综合电压串联负反馈放大电路输入恒压与输出恒压的特性，可将其称为压控电压源。

6.2.2.2 电压并联负反馈放大电路

(1) 反馈电路

图6-11所示是由运算放大器组成的电压串联负反馈电路，R_f 与 R_1 组成反馈网络。

对交流信号源而言，流过 R_f 的电流 $\dot{I}_f$ 为反馈信号。

$\dot{I}_f=\dfrac{\dot{U}_- - \dot{U}_o}{R_f}$，一般有 $\dot{U}_o \gg \dot{U}_-$，因此 $\dot{I}_f \approx -\dfrac{\dot{U}_o}{R_f}$。

(2) 反馈类型

用输出短路法，令 $R_L=0$($\dot{U}_o=0$)，则 $\dot{I}_o=0$，即反馈信号不存在，故为电压反馈。

放大电路的输入端反馈信号与输入信号接于同一节点，反馈信号与输入信号以电流形式求和，因此是并联反馈。

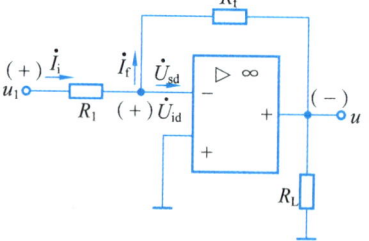

图6-11 电压并联负反馈放大电路

应用瞬时极性法，设 $\dot{U}_i$ 在某一瞬时的极性为(+)，则 $\dot{U}_-$ 也为(+)，经反相放大后，输出电压 $\dot{U}_o$ 为(−)，电流 $\dot{I}_i$、$\dot{I}_f$、$\dot{I}_{id}$ 的瞬时流向如图中箭头所示。于是，净输入电流 $\dot{I}_{id}$($\dot{I}_{id}=\dot{I}_i-\dot{I}_f$)比没有反馈时减小了，故为负反馈。

综合以上分析，图6-11是电压并联负反馈放大电路，其反馈系数 $\dot{F}_g=\dfrac{\dot{I}_f}{\dot{U}_o}=-\dfrac{1}{R_f}$ 为互导反

馈系数。

(3) 反馈作用

该电路也具有稳定输出电压的作用。例如，当 $\dot{I}_i$ 大小一定，由于负载电阻 R_L 减小而使 $\dot{U}_o$ 的大小下降时，该电路能自动进行以下调节过程：

$$R_L\downarrow \to U_o\downarrow \to I_f\downarrow \xrightarrow{I_i 一定} I_{id}\uparrow \to U_o\uparrow$$

为增强负反馈的效果，电压并联负反馈放大电路宜采用内阻很大的信号源，即电流源或近似电流源。综合电压并联负反馈放大电路的输入恒流与输出恒压的特性，可将其称为电流控制的电压源，或电流-电压变换器。

6.2.2.3 电流串联负反馈放大电路

(1) 反馈电路

图 6-12 所示是由运算放大器组成的电压串联负反馈电路。

在这个电路中，对交流信号而言，R_f 是反馈元件。放大电路的输出电流 $\dot{I}_o$ 流过 R_L 及 R_f，在 R_f 上产生的电压 $\dot{U}_f = \dot{I}_o R_f$ 是反馈信号。

(2) 反馈类型

用输出短路法，设 $R_L=0$、$\dot{U}_o=0$ 时，因 $\dot{I}_o\neq 0$，所以反馈信号 $\dot{U}_f=0$，即反馈信号与输出电流成比例。可见通过 R_f 引入电流反馈。

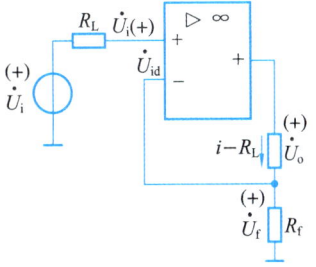

图 6-12 电流串联负反馈放大电路

反馈信号 $\dot{U}_f$ 在输入回路中与输入电压 $\dot{U}_i$ 串联求和，属于串联反馈。

当 $\dot{U}_s$、$\dot{U}_i$ 的瞬时极性为 (+) 时，经 A 同相放大后，$\dot{U}_o$ 及 $\dot{U}_f$ 也为 (+)，使净输入电压 $\dot{U}_{id}(\dot{U}_{id}=\dot{U}_i-\dot{U}_f)$ 比没有反馈时减小了，是负反馈。

综合上述分析可知，图 6-12 是电流串联负反馈放大电路。反馈系数 $\dot{F}_r = \dfrac{\dot{U}_f}{\dot{I}_o} = R_f$ 为互阻反馈系数。

(3) 反馈作用

电流负反馈的特点是维持输出电流基本恒定，例如，当 U_i 一定时，由于负载电阻 R_L 变动（或 β 值下降）使输出电流减小，引入负反馈后，电路将进行如下自动调整过程：

$$\begin{matrix}\beta\downarrow\\R_L\downarrow\end{matrix} \to I_o\downarrow \to U_f\downarrow \xrightarrow{U_i 一定} U_{id}\uparrow \to I_o\uparrow$$

由此说明电流负反馈具有近似于恒流的输出特性，即在 U_i 不变（$R_s=0$，$U_i=U_s$）的情况下，当 R_L 变化时，I_o 基本不变，放大电路的输出电阻趋于无穷大。因此，可将电流串联负反馈放大电路称为电压控制的电流源，或电压-电流变换器。

6.2.3.4 电流并联负反馈放大电路

（1）反馈电路

图 6-13 所示为由运算放大器组成的电压串联负反馈电路。在这个电路中，电阻 R_f 和 R_1 构成交流反馈网络。

（2）反馈类型

设放大电路反相输入端交流电位 $\dot{U}_-$ 的瞬时极性为（+），则输出端交流电位的极性应为（-），由此可标出 $\dot{I}_i$、$\dot{I}_o$、$\dot{I}_f$ 及 $\dot{I}_{id}$ 的瞬时流向如图中所示。显然有 $\dot{I}_{id} = \dot{I}_i - \dot{I}_f$，故是负反馈。

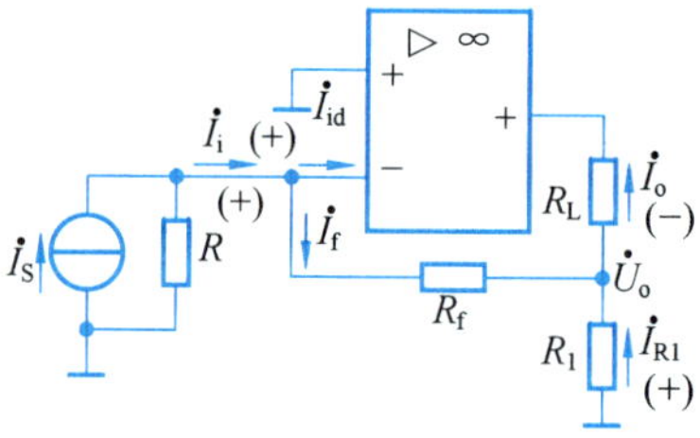

反馈信号 $\dot{I}_f$ 是输出电流 $\dot{I}_o$ 的一部分，即 $\dot{I}_f \approx \dfrac{R_1}{R_1 + R_f} \dot{I}_o$（因为 u_- 很小，近似为 0，R_f 与 R_1 近似于并联），所以是电流反馈。

图 6-13 电流并联负反馈放大电路

在该放大电路的输入回路中，反馈信号 $\dot{I}_f$ 与输入信号 $\dot{I}_i$ 接至运放输入端的同一节点，是并联反馈。

因此，这是一个电流并联负反馈放大电路。$\dot{F}_i = \dfrac{\dot{I}_f}{\dot{I}_o} = \dfrac{R_1}{R_1 + R_2}$ 为电流反馈系数。

（3）反馈作用

电流并联负反馈放大电路可以稳定输出电流，也称为电流控制的电流源。

6.2.3　深度负反馈电路分析

实用的放大电路中多引入深度负反馈，因此分析负反馈放大电路的重点主要是弄清楚反馈电路中的反馈系数 $\dot{F}$。然后计算出放大电路中其他的电量参数。如下图 6-14 所示是负反馈放大电路组成框图的简化形式。

图中 $\dot{X}_s$ 表示电压或电流信号；箭头表示信号传输的方向；符号 ⊗ 表示输入求和；+、- 表示输入信号 $\dot{X}_i$ 与反馈信号 $\dot{X}_f$ 是相减的运算关系（负反馈），即放大电路的净输入信号为

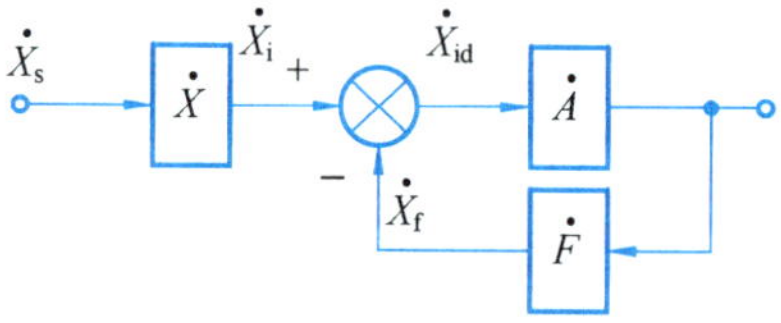

$$\dot{X}_{id} = \dot{X}_i - \dot{X}_f \qquad (6-7)$$

图 6-14 负反馈放大电路组成框图的简化形式

基本放大电路的增益（开环增益）为

$$\dot{A} = \dfrac{\dot{X}_o}{\dot{X}_{id}} \qquad (6-8)$$

反馈系数为

$$\dot{F} = \dfrac{\dot{X}_f}{\dot{X}_i} \qquad (6-9)$$

负反馈放大电路的增益（闭环增益）为

$$\dot{A}_{\mathrm{f}} = \frac{\dot{X}_{\mathrm{o}}}{\dot{X}_{\mathrm{i}}} \tag{6-10}$$

将式(6-7)~式(6-9)代入式(6-10)，可得负反馈放大电路增益的一般表达式为

$$\dot{A}_{\mathrm{f}} = \frac{\dot{X}_{\mathrm{o}}}{\dot{X}_{\mathrm{i}}} = \frac{\dot{X}_{\mathrm{o}}}{\dot{X}_{\mathrm{id}} + \dot{X}_{\mathrm{f}}} = \frac{\dot{X}_{\mathrm{o}}}{\frac{\dot{X}_{\mathrm{o}}}{\dot{A}} + \dot{F}\dot{X}_{\mathrm{o}}} = \frac{\dot{A}}{1 + \dot{A}\dot{F}} \tag{6-11}$$

另外，图中 $\dot{X}_{\mathrm{s}}$ 是信号源，$\dot{X}_{\mathrm{i}}$ 是信号源的输出信号，两者的关系是

$$\dot{X}_{\mathrm{i}} = \dot{K}\dot{X}_{\mathrm{s}} \tag{6-12}$$

所以，负反馈放大电路的源增益为

$$\dot{A}_{\mathrm{fs}} = \frac{\dot{X}_{\mathrm{o}}}{\dot{X}_{\mathrm{s}}} = \dot{K}\dot{A}_{\mathrm{f}} \tag{6-13}$$

式(6-11)表明，引入负反馈后，放大电路的闭环增益 $\dot{A}_{\mathrm{f}}$ 为无反馈时的开环增益 $\dot{A}$ 的 $(1+\dot{A}\dot{F})$ 分之一。$(1+\dot{A}\dot{F})$ 越大，闭环增益下降得越多，所以 $(1+\dot{A}\dot{F})$ 的值是衡量反馈程度的重要指标。负反馈放大电路所有性能的改善程度都与 $(1+\dot{A}\dot{F})$ 有关。通常把 $|1+\dot{A}\dot{F}|$ 称为反馈深度，将 $\dot{A}\dot{F} = \dfrac{\dot{X}_{\mathrm{f}}}{\dot{X}_{\mathrm{id}}}$ 称为环路增益。

一般情况下，$\dot{A}$ 和 $\dot{F}$ 都是频率的函数，即它们的幅值和相位角都是频率的函数。

在中频段，$\dot{A}_{\mathrm{f}}$、$\dot{A}$、$\dot{F}$ 均为实数，因此式(6-11)可以写成

$$A = \frac{A}{1+AF} \tag{6-14}$$

在高频段或低频段，式(6-11)中各量均为相量，此时

$$|\dot{A}_{\mathrm{f}}| = \frac{|\dot{A}|}{|1+\dot{A}\dot{F}|}$$

下面分几种情况对 $\dot{A}_{\mathrm{f}}$ 的表达式进行讨论：

① 当 $|1+\dot{A}\dot{F}| > 1$ 时，$|\dot{A}_{\mathrm{f}}| < |\dot{A}|$，即引入反馈后，增益下降了，这种反馈是负反馈。在 $|1+\dot{A}\dot{F}| \gg 1$，即 $|\dot{A}\dot{F}| \gg 1$ 时，$|\dot{A}_{\mathrm{f}}| \approx \dfrac{1}{|\dot{F}|}$，这是深度负反馈状态，此时闭环增益几乎只取决于反馈系数，而与开环增益的具体数值无关。一般认为 $|\dot{A}\dot{F}| \geqslant 10$ 就是深度负反馈。

② 当 $|1+\dot{A}\dot{F}| < 1$ 时，$|\dot{A}_{\mathrm{f}}| > |\dot{A}|$，这说明已从原来的负反馈变成了正反馈。正反馈会使放大电路的性能不稳定，所以很少在放大电路中单独引入。

③ 当 $|1+\dot{A}\dot{F}| = 0$ 时，$|\dot{A}_{\mathrm{f}}| \to \infty$，这就是说，放大电路在没有输入信号时，也会有输出信号，产生了自激振荡，使放大电路不能正常工作。在负反馈放大电路中，自激振荡现象是要设法消除的。

必须指出，对于不同的反馈类型，$\dot{X}_{\mathrm{i}}$、$\dot{X}_{\mathrm{id}}$、$\dot{X}_{\mathrm{f}}$ 及 $\dot{X}_{\mathrm{o}}$ 所代表的电量不同，因而，四种负反馈放大电路的 $\dot{A}$、$\dot{A}_{\mathrm{f}}$、$\dot{F}$ 相应地具有不同的含义和量纲。如6.2.1节的表6-1所示，其中 $\dot{A}_{\mathrm{u}}$、$\dot{A}_{\mathrm{i}}$ 分别表示电压增益和电流增益（无量纲）；$\dot{A}_{\mathrm{r}}$、$\dot{A}_{\mathrm{g}}$ 分别表示互阻增益（量纲为欧姆）和

互导增益(量纲为西门子)，相应的反馈系数 $\dot{F}_u$、$\dot{F}_i$、$\dot{F}_g$、$\dot{F}_r$ 的量纲也各不相同，但环路增益 $\dot{A}\dot{F}$ 总是无量纲的。

> **思考题**
>
> 1. 四种组态的负反馈放大电路各有什么特点？
> 2. 负反馈放大电路的闭环增益与开环增益相比，是增加了还是减少了？
> 3. 某放大电路的开环电压放大倍数为 10^4，引入负反馈后，闭环电压放大倍数为 200。问当开环电压放大倍数变化 10% 时，闭环电压放大倍数的相对变化量是多少？

6.3 负反馈对放大电路性能的影响

6.3.1 稳定放大倍数

在放大电路中，我们希望放大倍数是一个稳定的值。但当环境温度、电源电压、电路元件参数、负载大小等因素发生改变时，都会引起放大倍数的波动。而引入负反馈后，可以提高闭环增益的稳定性，使放大倍数更加稳定。

当放大电路中引入深度交流负反馈时，有

$$\dot{A}_f \approx \frac{1}{\dot{F}}$$

即闭环增益 $\dot{A}_f$ 几乎仅决定于反馈网络，而反馈网络通常由性能比较稳定的无源线性元件(如 R、C 等)组成，因而闭环增益是比较稳定的。

为了从数量上表示增益的稳定程度，常用有负反馈时增益的相对变化量与无负反馈时增益的相对变化量之比来衡量。用 $\dfrac{dA}{A}$ 表示无负反馈时开环增益的相对变化量，用 $\dfrac{dA_f}{A_f}$ 表示有负反馈时闭环增益的相对变化量；在中频段 $\dot{A}$、$\dot{A}_f$、$\dot{F}$ 及 $\dot{U}$、$\dot{I}$ 均为实数，因此，用正实数 A 和 F 分别表示 $\dot{A}$ 和 $\dot{F}$ 的模，用 U 和 I 表示 $\dot{U}$ 和 $\dot{I}$ 的大小，则闭环增的表达式变为

$$A_f = \frac{A}{1+AF}$$

对上式求导数得

$$\frac{dA_f}{dA} = \frac{1}{(1+AF)^2} \tag{6-15}$$

$$dA_f = \frac{dA}{(1+AF)^2} \tag{6-16}$$

将等式(6-16)两边分别除以 $A_f = \dfrac{A}{1+AF}$，则得相对变化量的关系式，即

$$\frac{dA_f}{A_f} = \frac{1}{1+AF} \frac{dA}{A} \qquad (6-17)$$

由式(6-17)可见，加入负反馈后，闭环增益的相对变化量是开环增益相对变化量的 $\frac{1}{1+AF}$，即闭环增益的相对稳定度提高了。$|1+\dot{A}\dot{F}|$愈大，则反馈越深，$\frac{dA_f}{A_f}$越小，闭环增益的稳定性越好。这样电压负反馈可以稳定输出电压，电流负反馈可以稳定输出电流。

6.3.2 改变输入输出电阻

6.3.2.1 负反馈对输入电阻的影响

负反馈对输入电阻的影响取决于反馈网络与基本放大电路在输入回路的连接方式，而与输出回路中反馈的取样方式无直接关系（取样方式只改变 FA 的具体含义）。换句话说，负反馈对输入电阻的影响与反馈加入的方式有关，即与串联或并联反馈有关，而与电压或电流反馈无关。

（1）串联负反馈使输入电阻增大

如图 6-15 所示为串联负反馈的方框图，引入串联负反馈后，输入电阻 r_{if} 是开环输入电阻 r_i 的 $(1+FA)$ 倍。

由图 6-15 和定义可得开环输入电阻 $r_i = \frac{U_i'}{I_i}$ 和闭环输入电阻为

$$r_{if} = \frac{U_i}{I_i} = \frac{U_i' + U_f}{I_i} = \frac{U_i' + FU_o}{I_i} = \frac{U_i' + FAU_i'}{I_i} = (1+AF)\frac{U_i'}{I_i} = (1+FA)r_i$$

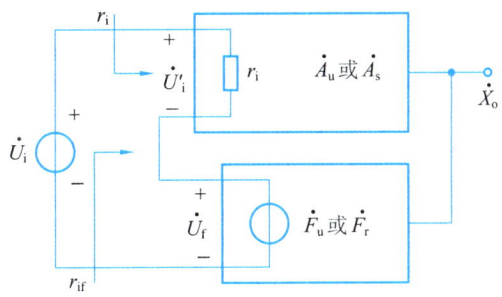

图 6-15 串联负反馈电路的方框图

可见，引入串联负反馈后，输入电阻可以提高 $(1+FA)$ 倍。但是，当考虑偏置电阻 R_b 时，闭环电阻应为 $r_{if} // R_b$，故输入电阻的提高，受到偏置电阻的限制。因此，更确切地说，引入串联负反馈，使引入反馈的支路的等效电阻增大到基本放大电路输入电阻的 $(1+FA)$ 倍。但不管哪种情况，引入串联负反馈都将输入电阻增大。

（2）并联负反馈使输入电阻增大

如图 6-16 中并联负反馈的方框图，引入并联负反馈后，输入电阻 r_{if} 是开环输入电阻 r_i 的 $1/(1+FA)$ 倍。

由图 6-16 可得开环输入电阻 $r_i = \frac{U_i}{I_i'}$，闭环输入电阻为

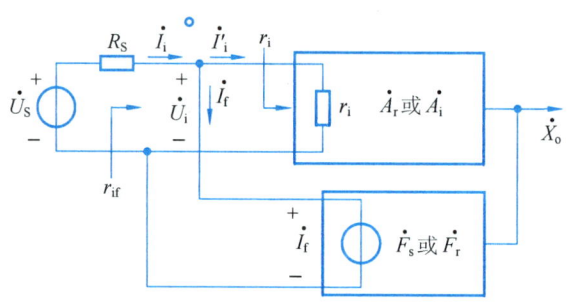

图 6-16　并联负反馈电路的方框图

$$r_{if} = \frac{U_i}{I_i} = \frac{U_i}{I'_i + I_f} = \frac{U_i}{I'_i + FAI'_i} = \frac{1}{1+AF} \cdot \frac{U_i}{I'_i} = \frac{1}{1+AF} r_i$$

可见，引入并联负反馈后，输入电阻减小为开环输入电阻的 $1/(1+FA)$ 倍。

6.3.2.2　负反馈对输出电阻的影响

负反馈对输出电阻的影响取决于反馈网络在放大电路输出回路的取样方式，与反馈网络在输入回路的连接方式无直接关系（输入连接方式只改变 FA 的具体含义）。因为取样对象就是稳定对象，所以分析负反馈对放大电路输出电阻的影响时只要看它是稳定输出信号电压还是稳定输出信号电流。

（1）电压负反馈使输出电阻减小

电压负反馈能够稳定输出电压，当输入信号一定时，电压负反馈的输出趋于一恒压源，其输出电阻很小。将放大电路输出端用电压源等效，r_o 为无反馈放大器的输出电阻。

如图 6-17 电压负反馈方框图中，按照求输出电阻的方法，令输入信号为 0，在输出端外加电压 U'_o，则无论是串联反馈还是并联反馈，$X'_i = -X_f$ 均成立。故放大器的输出电压为：$AX'_i = -X_f A = -U'_o FA$。由于反馈网络 F 的负载效应已经包含在 X_f 中，所以不必重复考虑反馈网络 F 对输出电流的影响，因此有

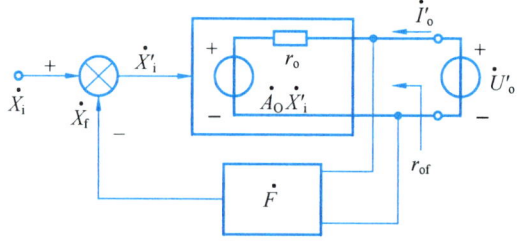

图 6-17　电压负反馈电路的方框图

$$I'_o = \frac{U'_o - AX'_i}{r_o} = \frac{U'_o + U'_o FA}{r_o} = \frac{U'_o(1+FA)}{r_o}$$

$$r_{of} = \frac{U'_o}{I'_o} = \frac{r_o}{1+AF}$$

可见引入电压负反馈后可使输出电阻减小到 $r_o/(1+FA)$。

（2）电流负反馈使输出电阻增大

电流负反馈能够稳定输出电流，当输入信号一定时，电流负反馈的输出趋于一恒流源，其输出电阻很大。

如图 6-18 电流负反馈方框图中，将放大器输出端用电流源等效，令输入信号为 0，则 $X'_i = -X_f$，在输出端外加电压 U'_o，同样在基本电路中 X_f 已经包含了反馈网络的负载效应，当

不考虑反馈网络 F 的输入电压时（即电压为零），有

$$I'_o = AX'_i + \frac{U'_o}{r_o}$$

而

$$AX'_i = -AX_f = -FAI'_o$$

$$I'_o = -FAI'_o + \frac{U'_o}{r_o}$$

$$(1+AF)I'_o = \frac{U'_o}{r_o}$$

$$r_{of} = \frac{U'_o}{I'_o} = (1+AF)r_o$$

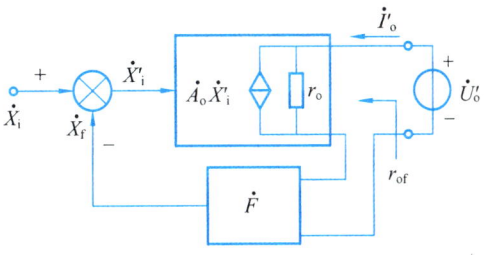

图 6-18　电流负反馈电路的方框图

可见，引入电流负反馈后可使输出电阻增大到 $(1+AF)r_o$。对于晶体管放大电路而言，R_c 将对输出电阻的提高有限制。

6.3.3　减少非线性失真

由于电路中存在非线性器件，放大电路在工作中往往会产生非线性失真，使得输出波形产生畸变，因而由它们组成的基本放大电路的电压传输特性也是非线性的，如图 6-19 中的曲线 1 所示。

电路引入负反馈后，将使放大电路的闭环电压传输特性曲线变平缓，线性范围明显展宽。当输入正弦信号的幅度较大时，输出波形变化也平缓。在深度负反馈条件下，有 $\dot{A}_f \approx \dfrac{1}{\dot{F}}$，若反馈网络由纯电阻构成，则闭环电压传输特性曲线在很宽的范围内接近于直线，如图 6-19 中的曲线 2 所示，输出电压的非线性失真会明显减小。

需要说明的是，加入负反馈后，若输入信号的大小保持不变，由于闭环增益降至开环增益的 $\dfrac{1}{1+\dot{A}\dot{F}}$，

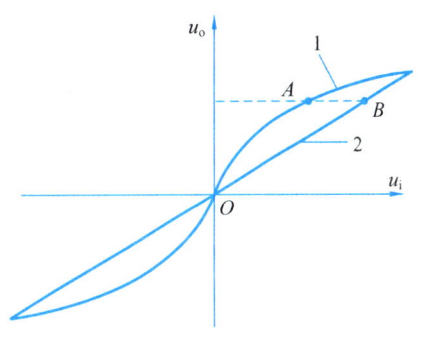

1—开环特性；2—闭环特性

图 6-19　放大电路的传输特性

基本放大电路的净输入信号和输出信号也降至开环时的 $\dfrac{1}{1+\dot{A}\dot{F}}$，显然，三极管等器件的工作范围变小了，其非线性失真也相应地减小了。为了消除工作范围变小对输出波形幅度的影响，用以说明非线性失真的减小是负反馈作用的结果，必须保证在闭环和开环两种情况下，有源器件的工作范围相同（输出波形的幅度相同），因此，应使闭环时的输入信号幅度加至开环时的 $|1+\dot{A}\dot{F}|$ 倍，如图 6-19 中的 A、B 两点所示。另外，负反馈只能减小反馈环内产生的非线性失真，如果输入信号本身就存在失真，负反馈则无能为力。

所以，如图 6-20 所示，即使输入信号 X_i 为正弦波，输出信号也不是正弦波，而会产生一定的非线性失真。引入负反馈后，非线性失真将会减小。

负反馈只能减小放大器自身产生的非线性失真。可证明，引入负反馈后，放大电路的非线性失真减小$(1+AF)$倍。

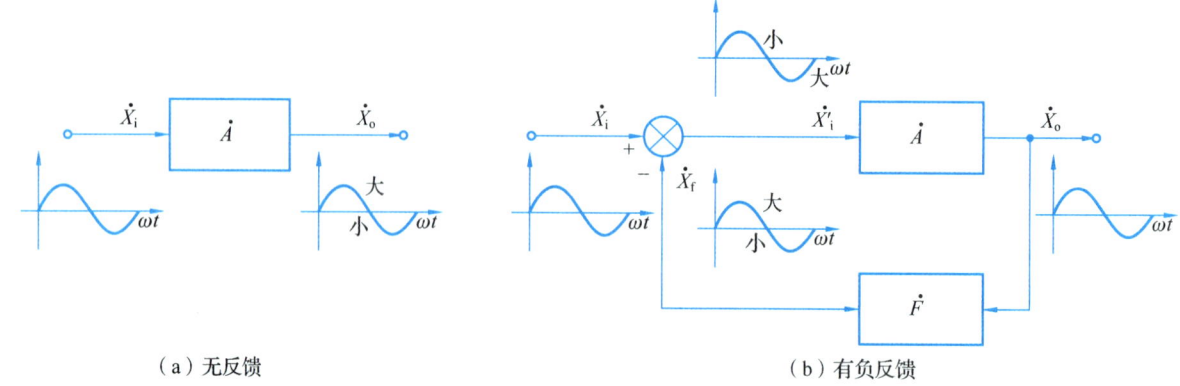

（a）无反馈　　　　　　　　　　　　　　（b）有负反馈

图 6-20　引入负反馈使非线性失真减小

同样的道理，采用负反馈也可以抑制放大电路自身产生的噪声，其关系为$N/(1+AF)$，N 为无反馈时的噪声系数。采用负反馈，也可抑制干扰信号。

综上所述，在放大器中，引入负反馈后，虽然会使放大倍数降低，但是可以在很多方面改善放大器的性能。所以在实际放大器中，几乎无一例外地都引入不同程度的负反馈。

6.3.4　扩展通频带

既然负反馈具有稳定闭环增益的作用，即引入负反馈后，由于各种原因引起的增益的变化都将减小，当然信号频率的变化引起的增益的变化也将减小，即扩展了通频带。由于负反馈可以提高放大倍数的稳定性，所以在低频区和高频区放大倍数的下降程度将减小，从而使通频带展宽。

由于在低频区和高频区，旁路电容、耦合电容、分布电容和晶体管的结电容的影响不能同时忽略，所以公式中的各个量均为复数。

$$\dot{A}_f = \frac{\dot{A}}{1+\dot{F}\dot{A}}$$

$$\dot{A}_h = \frac{A_m}{1+j\dfrac{f}{f_h}}$$

当反馈系数 F 不随频率变化时（如反馈网络为纯电阻时），引入负反馈后电路的上限频率为：

$$A_{hf} = \frac{\dot{A}}{1+\dot{F}\dot{A}} = \frac{\dfrac{A_m}{\left(1+\dfrac{jf}{f_h}\right)}}{1+F\left[\dfrac{A_m}{\left(1+\dfrac{jf}{f_h}\right)}\right]} = \frac{A_m}{1+FA_m+\dfrac{jf}{f_h}} = \frac{A_m}{(1+FA_m)\left[1+j\dfrac{f}{(1+FA_m)f_h}\right]} = \frac{A_{mf}}{1+j\left[\dfrac{f}{(1+FA_m)f_h}\right]}$$

第6章 负反馈放大电路

$$f_{hf} = (1+FA_m)f_h$$

式中：A_m 和 A_{mf} 分别是无负反馈的放大电路的中频增益和有负反馈的放大电路的中频增益。

同理可以求得下限频率：

$$f_{lf} = \frac{1}{1+FA_m}f_l$$

$$f_{bw} = f_h - f_l$$

$$f_{bwf} = f_{hf} - f_{lf}$$

当 $f_h \gg f_l$ 时，$f_{bw} = f_h - f_l \approx f_h$。

$$f_{bwf} = f_{hf} - f_{lf} \approx f_{hf} = (1+FA_m)f_h \approx (1+FA_m)f_{bw}$$

该式表明，引入负反馈后，可使通频带展宽约 $(1+FA_m)$ 倍。严格上来讲，这个结论只始于单一时间常数（或一个时间常数起主导作用）的电路。当然这是以牺牲中频放大倍数为代价的。而且在后面将会看到，加上负反馈后，放大器有可能产生自激振荡，需要采用适当的补偿措施。

【例 6-1】 某放大器的 $A_u = 1000$，$r_i = 10 \text{ k}\Omega$，$r_o = 10 \text{ k}\Omega$，$f_h = 100 \text{ kHz}$，$f_l = 10 \text{ kHz}$，在该电路中引入串联电压负反馈后，当开环放大倍数变化 $\pm 10\%$ 时，闭环放大倍数变化不超过 $\pm 1\%$，求 A_{uf}、r_{if}、r_{of}、f_{hf}、f_{lf}。

解：

$$\frac{\Delta A_f}{A_f} = \frac{1}{1+FA} \cdot \frac{\Delta A}{A}$$

$$1+F_u A_u = \frac{\Delta A_u / A_u}{\Delta A_{uf}/A_{uf}} = \frac{\pm 10}{\pm 1} = 10$$

$$A_{uf} = \frac{A_u}{1+F_u A_u} = \frac{1000}{10} = 100$$

$$r_{if} = (1+F_u A_u)r_i = 10 \times 10 = 100 \text{ k}\Omega$$

$$r_{of} = \frac{r_o}{1+F_u A_u} = \frac{10}{10} = 1 \text{ k}\Omega$$

$$f_{hf} = (1+F_u A_u)f_h = 10 \times 100 = 1000 \text{ kHz}$$

$$f_{lf} = \frac{f_l}{1+F_u A_u} = \frac{10}{10} = 1 \text{ kHz}$$

思考题

1. 如果要求稳定输出电压，并提高输入电阻，应该对放大器施加什么类型的负反馈？如果对于输入为高内阻信号源的电流放大器，应引入什么类型的负反馈？

2. 某反馈放大电路的闭环电压放大倍数为 40 dB，当开环电压放大倍数变化 10% 时，闭环放大倍数变化 1%，问：开环电压放大倍数是多少分贝？

*6.4 负反馈放大电路自激振荡的消除方法

6.4.1 自激产生的原因和条件

交流负反馈能够改善放大电路的许多性能，且改善的程度由负反馈的深度决定。但是，如果电路组成不合理，反馈过深，反而会使放大电路产生自激振荡而不能稳定地工作。

6.4.1.1 产生自激振荡的原因

从 $\dot{A}_\mathrm{f} = \dfrac{\dot{A}}{1+\dot{A}\dot{F}}$ 可知，当 $1+\dot{A}\dot{F}=0$，$|\dot{A}_\mathrm{f}|\to\infty$，这说明即使无信号输入，也有输出波形，如图 6-21 所示，产生了自激振荡。

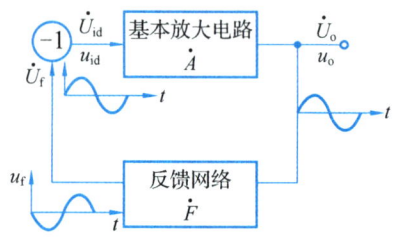

图 6-21 负反馈放大电路的自激振荡现象

自激产生的原因是由于电路中存在多级 RC 回路，因此，放大电路的放大倍数和相位移将随频率而变化。而前面讨论的负反馈，是指在中频信号时，反馈信号与输入信号的极性相反，削弱了净输入信号。这时电路中各电抗性元件的影响可以忽略。按照负反馈的定义，引入负反馈后，净输入信号 $\dot{X}_\mathrm{id}$ 在减小，因此，$\dot{X}_\mathrm{f}$ 与 $\dot{X}_\mathrm{i}$ 必须是同相的，即有 $\varphi_\mathrm{a}+\varphi_\mathrm{f}=2n\times180°$，$n=0,1,2,\cdots$（$\varphi_\mathrm{a}$、$\varphi_\mathrm{f}$ 分别是 $\dot{A}$、$\dot{F}$ 的相角）。

可是，在高频区或低频区时，电路中各种电抗性元件的影响不能再被忽略。$\dot{A}$、$\dot{F}$ 是频率的函数，因而 $\dot{A}$、$\dot{F}$ 的幅值和相位都会随频率的变化而变化。相位的改变，使 $\dot{X}_\mathrm{f}$ 和 $\dot{X}_\mathrm{i}$ 不再相同，产生了附加相移（$\Delta\varphi_\mathrm{a}+\Delta\varphi_\mathrm{f}$）。可能在某一频率下，$\dot{A}$、$\dot{F}$ 的附加相移达到 180°，即 $\varphi_\mathrm{a}+\varphi_\mathrm{f}=(2n+1)\times180°$，这时，$\dot{X}_\mathrm{f}$ 与 $\dot{X}_\mathrm{i}$ 必然由中频区的同相变为反相，使放大电路的净输入信号由中频时的减小而变为增加，放大电路就由负反馈变成了正反馈。当正反馈较强，$\dot{X}_\mathrm{id}=-\dot{X}_\mathrm{f}=-\dot{A}\dot{F}\dot{X}_\mathrm{id}$，也就是 $\dot{A}\dot{F}=-1$ 时，即使输入端不加信号（$\dot{X}_\mathrm{i}=0$），输出端也会产生输出信号，电路产生自激振荡。这时，电路失去正常的放大作用而处于一种不稳定的状态。

6.4.1.2 产生自激振荡的相位条件和幅值条件

由上面的分析可知，负反馈放大电路产生自激振荡的条件是环路增益

$$\dot{A}\dot{F}=-1 \tag{6-18}$$

它包括幅值条件和相位条件，即

$$|\dot{A}\dot{F}| = 1$$
$$\varphi_a + \varphi_f = (2n+1) \times 180° \quad (6-19)$$

为了突出附加相移，上述自激振荡的条件也常写成

$$|\dot{A}\dot{F}| = 1$$
$$\Delta\varphi_a + \Delta\varphi_f = \pm 180° \quad (6-20)$$

当 $\dot{A}$、$\dot{F}$ 的幅值条件和相位条件同时满足时，负反馈放大电路就会产生自激。在 $\Delta\varphi_a + \Delta\varphi_f = \pm 180°$ 及 $|\dot{A}\dot{F}| > 1$ 时，更加容易产生自激振荡。

6.4.2 放大电路的稳定判据和稳定裕度

根据自激振荡的条件，可以对反馈放大电路的稳定性进行定性分析。设反馈放大电路采用直接耦合方式，且反馈网络由纯电阻构成，$\dot{F}$ 为实数。那么，这种类型的电路只有可能产生高频段的自激振荡，而且附加相移只可能由基本放大电路产生。可以推知，超过三级以后，放大电路的级数越多，引入负反馈后越容易产生高频自激振荡。因此，实用电路中以三级放大电路为最常见。

与上述分析相类似，放大电路中耦合电容、旁路电容等越多，引入负反馈后就越容易产生低频自激振荡。而且 $|1+\dot{A}\dot{F}|$ 越大，幅值条件越容易满足。

由自激振荡的条件可知，如果环路增益 $\dot{A}$、$\dot{F}$ 的幅值条件和相位条件不能同时满足，负反馈放大电路便不会产生自激振荡。所以，负反馈放大电路稳定工作的条件是：当 $|\dot{A}\dot{F}| = 1$ 时，$|\varphi_a + \varphi_f| < 180°$，或当 $\varphi_a + \varphi_f = \pm 180°$ 时，$|\dot{A}\dot{F}| < 1$。

工程上常用环路增益 $\dot{A}\dot{F}$ 的波特图分析负反馈放大电路能否稳定地工作。

6.4.2.1 判断方法

图 6-22 是两个负反馈放大电路的环路增益 $\dot{A}\dot{F}$ 的波特图。图中 f_o 是满足相位条件 $\varphi_a + \varphi_f = -180°$ 时的频率，即环路增益产生 $\Delta\varphi$ 为 180° 时的频率，f_c 是满足幅值条件 $|\dot{A}\dot{F}| = 1$ 时的频率，即环路增益幅值大小为 1 时的频率。

在图 6-22（a）所示的波特图中，当 $f=f_o$，即 $\varphi_a + \varphi_f = -180°$ 时，有 $20\lg|\dot{A}\dot{F}| > 0$ dB，即 $|\dot{A}\dot{F}| > 1$，说明相位条件和幅值条件同时能满足。同样，当 $f=f_c$，即 $20\lg|\dot{A}\dot{F}| = 0$，$|\dot{A}\dot{F}| = 1$ 时，有 $|\varphi_a + \varphi_f| > 180°$。所以，具有图 6-22(a) 所示环路增益频率特性的负反馈放大电路会产生自激振荡，不能稳定地工作

在图 6-22（b）所示波特图中，当 $f=f_o$，即 $\varphi_a + \varphi_f = -180°$ 时，有 $20\lg|\dot{A}\dot{F}| < 0$ dB，即 $|\dot{A}\dot{F}| < 1$；而当 $f=f_c$，$20\lg|\dot{A}\dot{F}| = 0$ dB，即 $|\dot{A}\dot{F}| = 1$ 时，有 $|\varphi_a + \varphi_f| < 180°$。说明相位条件和幅值条件不会同时满足。具有图 6-22(b) 所示环路增益频率特性的负反馈放大电路是稳定的，不会产生自激振荡。

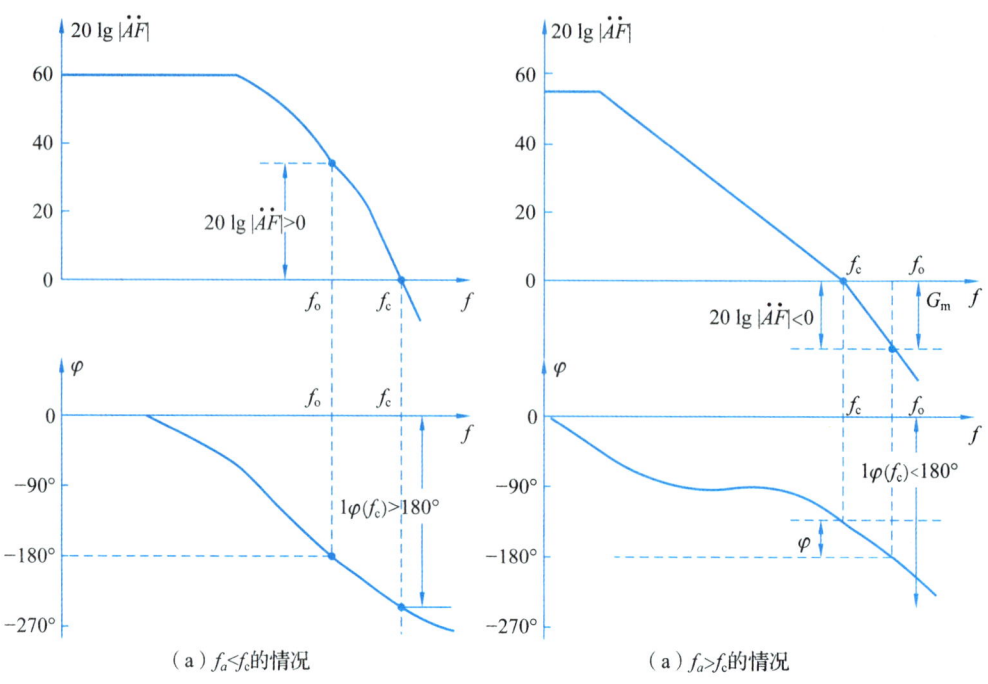

图 6-22 两个负反馈电路环路增益的频率特性

综上所述，由环路增益的频率特性判断负反馈放大电路是否稳定的方法是比较 f_o 与 f_c 的大小。若 $f_o > f_c$，则电路稳定；若 $f_o \leq f_c$，则电路会产生自激振荡。

6.4.2.2 稳定裕度

根据上面讨论的负反馈放大电路稳定的判断方法可知，只要 $f_o > f_c$，电路就能稳定，但为了使电路具有足够的稳定性，还规定电路应具有一定的稳定裕度，包括增益裕度和相位裕度。

（1）增益裕度 G_m

定义 $f = f_o$ 时所对应的 $20\lg|\dot{A}\dot{F}|$ 的值为增益裕度 G_m，如图 6-22（b）所示幅频特性中的标注。G_m 的表达式为

$$G_m = 20\lg|\dot{A}\dot{F}|\big|_{f=f_o}$$

稳定的负反馈放大电路的 $G_m < 0$，且要求 $G_m \leq -10$ dB，保证电路有足够的增益裕度。

（2）相位裕度 j_m

定义 $f = f_c$ 时的 $|\varphi_a + \varphi_f|$ 与 180°的差值为相位裕度 j_m，如图 6-22（b）所示相频特性中的标注。j_m 的表达式为

$$j_m = 180° - |\varphi_a + \varphi_f|\big|_{f=f_c}$$

稳定的负反馈放大电路的 $j_m > 0$，且要求 $j_m \geq 45°$，保证电路有足够的相位裕度。

6.4.3 消除自激的常用方法

发生在放大电路中的自激振荡是有害的，必须设法消除。最简单的方法是减小反馈深

度,如减小反馈系数$\dot{F}$,但这又不利于改善放大电路的其他性能。为了解决这个矛盾,常采用频率补偿的办法(或称相位补偿法)。其指导思想是:在反馈环路内增加一些含电抗元件的电路,从而改变$\dot{A}\dot{F}$的频率特性,破坏自激振荡的幅度或相位条件,例如使$f_o > f_c$,则自激振荡必然被消除。实际上自激振荡的实质也就是放大电路的负反馈变为有一定的幅度的正反馈。负反馈电路产生自激振荡,一般采用改变环路的附加相移的方法加以消除。下面介绍两种补偿方法。

6.4.3.1 电容滞后补偿

图 6-23(a)为电容滞后补偿电路,其中 C 为补偿电容,它并接在放大器时间常数最大的回路中,也就是接在电路中的前级输出电阻和后级输入电阻都很大的节点和地之间。在中、低频时,由于 C 的容抗很大,其影响可以忽略;在高频时,由于 C 的容抗变小,使放大倍数下降,只要 C 的电容量合适,就能够在附加相移为±180°时,不满足自激振荡的幅度平衡条件消除可能存在的高频振荡。由于接入 C 后使放大器在高频区的相位滞后,所以这种补偿为电溶滞后补偿。

6.4.3.2 电容超前补偿

若在某一频率处时,负反馈放大电路产生自激振荡。如果加入补偿电容改变反馈网络或基本放大器的频率特性,使反馈电压的相位超前于输出电压,这样总移相角将小于-180°,即 $\Delta\varphi<180°$,负反馈放大电路就不会产生自激振荡了,这种补偿称为电容超前补偿。电路如图 6-23(b)所示。

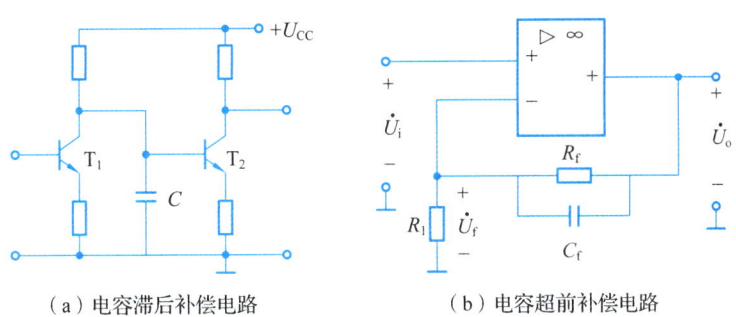

(a)电容滞后补偿电路　　(b)电容超前补偿电路

图 6-23　电容补偿电路

思考题

只要放大电路由负反馈变成了正反馈,就一定会产生自激振荡吗?为什么?

本章小结

1. 几乎所有实用的放大电路都要引入反馈。反馈是指把输出电压或输出电流的一部分或全部通过反馈网络，用一定的方式送回到放大电路的输入回路，以影响输入电量的过程。反馈网络与基本放大电路一起组成一个闭合环路。通常假设反馈环内的信号是单向传输的，即信号从输入到输出的正向传输只经过基本放大电路，反馈网络的正向传输作用被忽略；而信号从输出到输入的反向传输只经过反馈网络，基本放大电路的反向传输作用被忽略。判断、分析、计算反馈放大电路时都要用到这个合理的设定。

2. 在熟练掌握反馈基本概念的基础上，能对反馈进行正确判断尤为重要，它是正确分析和设计反馈放大电路的前提。

有无反馈的判断方法是：看放大电路的输出回路与输入回路之间是否存在反馈网络（或反馈通路），若存在反馈网络，电路为闭环的形式；若不存在反馈网络，电路为开环的形式。

交、直流反馈的判断方法是：存在于放大电路交流通路中的反馈为交流反馈，存在于直流通路中的反馈为直流反馈，引入交流负反馈是为了改善放大电路的性能；引入直流负反馈的目的是稳定放大电路的静态工作点。

反馈极性的判断方法是：用瞬时极性法，即假设输入信号在某瞬时的极性为（+），再根据各类放大电路输出信号与输入信号间的相位关系，逐级标出电路中各有关点电位的瞬时极性或各有关支路电流的瞬时流向，最后看反馈信号是削弱还是增强了净输入信号，若是削弱了净输入信号，则为负反馈；反之则为正反馈。实际放大电路中主要引入负反馈。

电压、电流反馈的判断方法是：用输出短路法，即设 $R_L=0$ 或 $\dot{U}_o=0$，若反馈信号不存在，则是电压反馈；若反馈信号仍然存在，则为电流反馈。电压负反馈能稳定输出电压，电流负反馈能稳定输出电流。

串联、并联反馈的判断方法是：根据反馈信号与输入信号在放大电路输入回路中的求和方式判断。若 $\dot{X}_f$ 与 $\dot{X}_i$ 以电压形式求和，则为串联反馈；若 $\dot{X}_f$ 与 $\dot{X}_i$ 以电流形式求和，则为并联反馈。为了使负反馈的效果更好，当信号源内阻较小时，宜采用串联反馈；当信号源内阻较大时，宜采用并联反馈。

3. 负反馈放大电路有四种类型：电压串联负反馈、电压并联负反馈、电流串联负反馈和电流并联负反馈放大电路。它们的性能各不相同。由于串联负反馈要用内阻较小的信号源即电压源提供输入信号，并联负反馈要用内阻较大的信号源即电流源提供输入信号，电压负反馈能稳定输出电压（近似于恒压输出），电流负反馈能稳定输出电流（近似于恒流输出），因此，上述四种组态负反馈放大电路又常被对应称为压控电压源、流控电压源、压控电流源和流控电流源电路。

4. 引入负反馈后，虽然使放大电路的闭环增益 $\dot{A}_f$ 减小，但是放大电路的许多性能指标得到了改善，如提高了电路增益的稳定性，减小了非线性失真，抑制了干扰和噪声，扩展了通频带。串联负反馈使输入电阻提高，并联负反馈使输入电阻下降，电压负反馈降低了输出电阻，电流负反馈使输出电阻增加。所有性能的改善程度都与反馈深度 $|1+\dot{A}\dot{F}|$ 有关。实际

应用中，可依据负反馈的上述作用引入符合设计要求的负反馈。

5. 对于简单的由分立元件组成的负反馈放大电路(如共集电极电路)，可以直接用微变等效电路法计算闭环电压增益等性能指标。对于由运放组成的深度（即$|1+\dot{A}\dot{F}|\gg 1$）负反馈放大电路，可利用"虚短"（$\dot{U}_i \approx \dot{U}_f$，$\dot{U}_{id} \approx 0$）、"虚断"（$\dot{I}_i \approx \dot{I}_f$，$\dot{I}_{id} \approx 0$）概念估算闭环电压增益。对于串联负反馈，有"虚短"概念，只要将$\dot{I}_i = \dot{I}_f$中的$\dot{I}_f$用含有$\dot{U}_o$的表达式代替，即可求得闭环电压增益；对于并联负反馈，因为有$\dot{I}_{id} \approx 0$，即流入放大电路的净输入电流为零，所以放大电路两个输入端(同相输入端与反相输入端)上的交流电位也近似相等，"虚短"也同时存在。利用这个条件，将$\dot{I}_i \approx \dot{I}_f$中的$\dot{I}_i$用含有$\dot{U}_i$的表达式代替，$\dot{I}_f$用含有$\dot{U}_o$的表达式代替，即可求得闭环电压增益。

6. 引入负反馈可以改善放大电路的许多性能，而且反馈越深，性能改善越显著。但由于电路中有电容等电抗性元件存在，它们的阻抗随信号频而变化，因而使$\dot{A}\dot{F}$的大小和相位都随频率而变化，当幅值条件$|\dot{A}\dot{F}|=1$及相位条件$\Delta\varphi_a+\Delta\varphi_f=\pm180°$(同时满足时，电路就会从原来的负反馈变成正反馈而产生自激振荡。通常用频率补偿法来消除自激振荡。

练习题

一、选择题

1. 要使负载变化时，输出电压变化较小，且放大器吸收电压信号源的功率也较少，可以采用_____负反馈。

   A. 电压串联　　　B. 电压并联　　　C. 电流串联　　　D. 电流并联

2. 某传感器产生的电压信号几乎没有带负载的能力（即不能向负载提供电流）。要使经放大后产生输出电压与传感器产生的信号成正比。放大电路宜用_____负反馈放大器。

   A. 电压串联　　　B. 电压并联　　　C. 电流串联　　　D. 电流并联

3. 当放大器出现高频（或低频）自激时，自激振荡频率一定是_____。

   A. 特征频率　　　B. 高频截止频率　　　C. 相位交叉频率　　　D. 增益交叉频率

4. 对于放大电路，所谓开环是指_____。

   A. 无信号源　　　B. 无反馈通路　　　C. 无电源　　　D. 无负载

5. 在输入量不变的情况下，若引入反馈后_____，则说明引入的反馈是负反馈。

   A. 输入电阻增大　　　B. 输出量增大　　　C. 净输入量增大　　　D. 净输入量减小

6. 直流负反馈是指_____。

   A. 直接耦合放大电路中所引入的负反馈

   B. 只有放大直流信号时才有的负反馈

   C. 在直流通路中的负反馈

7. 交流负反馈是指_____。

   A. 阻容耦合放大电路中所引入的负反馈

   B. 只有放大交流信号时才有的负反馈

   C. 在交流通路中的负反馈

8. 请在括号内选择合适的选项：

① 为了稳定放大电路的输出电压，应引入＿＿＿＿负反馈；
② 为了稳定放大电路的输出电流，应引入＿＿＿＿负反馈；
③ 为了增大放大电路的输入电阻，应引入＿＿＿＿负反馈；
④ 为了减小放大电路的输入电阻，应引入＿＿＿＿负反馈；
⑤ 为了增大放大电路的输出电阻，应引入＿＿＿＿负反馈；
⑥ 为了减小放大电路的输出电阻，应引入＿＿＿＿负反馈。

A. 电压　　　　　B. 电流　　　　　C. 串联　　　　　D. 并联

二、填空题

1. 题图 6-1 所示理想反馈模型的基本反馈方程是 $A_f =$ ＿＿＿＿＝＿＿＿＿＝＿＿＿＿。

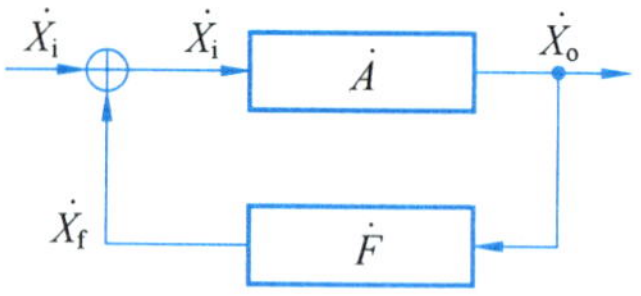

2. 题图 6-1 中开环增益 $\dot{A}$ 与反馈系数 $\dot{F}$ 的符号相同时为＿＿＿＿反馈，相反时为＿＿＿＿反馈。

3. 题图 6-1 若满足条件＿＿＿＿，称为深度负反馈，此时 $x_f \approx$ ＿＿＿＿，$A_f \approx$ ＿＿＿＿。

题图 6-1

4. 根据题图 6-1，试用电量 x（电流或电压）表示出基本反馈方程中的各物理量：

开环增益 $A =$ ＿＿＿＿，闭环增益 $A_f =$ ＿＿＿＿，反馈系数 $F =$ ＿＿＿＿，反馈深度 $B =$ ＿＿＿＿，环路传输函数 $T =$ ＿＿＿＿。

5. 负反馈的环路自动调节作用使得＿＿＿＿的变化受到制约。

6. 负反馈以损失＿＿＿＿增益为代价，可以提高＿＿＿＿增益的稳定性；扩展＿＿＿＿的通频带和减小＿＿＿＿的非线性失真。这些负反馈的效果的根本原因是＿＿＿＿。

7. 反馈放大器使输入电阻增大还是减小与＿＿＿＿和＿＿＿＿有关，而与＿＿＿＿无关。反馈放大器使输出电阻增大还是减小与＿＿＿＿和＿＿＿＿有关，而与＿＿＿＿无关。

8. 电流求和负反馈使输入电阻＿＿＿＿，电流取样负反馈使输出电阻＿＿＿＿。

9. 若将发射结视为净输入端口，则射极输出器的反馈类型是＿＿＿＿负反馈，且反馈系数 $B =$ ＿＿＿＿。

10. 电路如题图 6-2 所示，已知集成运放的开环差模增益和差模输入电阻均近于无穷大，最大输出电压幅值为 ±14 V。

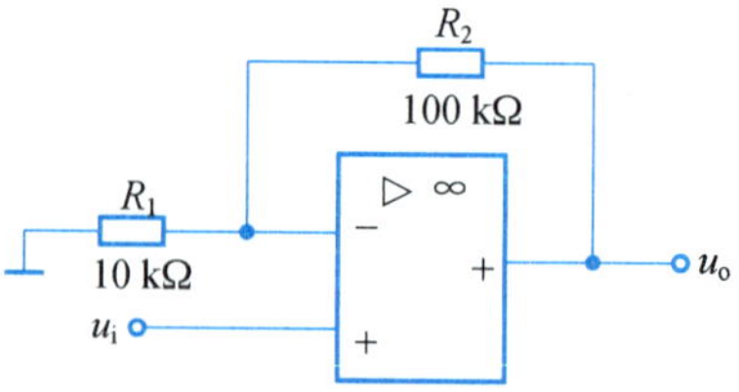

电路引入了＿＿＿＿（填入反馈组态）交流负反馈，电路的输入电阻趋近于＿＿＿＿，电压放大倍数 $A_{uf} = \triangle u_o / \triangle u_I \approx$ ＿＿＿＿。设 $u_I = 1$ V，则 $u_o \approx$ ＿＿＿＿ V；若 R_1 开路，则 u_o 变为＿＿＿＿ V；若 R_1 短路，则 u_o 变为＿＿＿＿ V；若 R_2 开路，则 u_o 变为＿＿＿＿ V；若 R_2 短路，则 u_o 变为＿＿＿＿ V。

题图 6-2

三、问答题

1. 在题图 6-3 所示电路中，为深反馈放大器，已知 $R_{s1} = R_{e3} = 0.2$ kΩ，$R_f = 1.8$ kΩ，$R_{e3} = 2$ kΩ，u_{o1}，u_{o2} 为两个输出端。求：

① 若从 u_{o1} 输出，试判别反馈组态，并估算 A_{f1}，f_{uf1}；

② 若从 u_{o2} 输出，试判别反馈组态，并计算 A_{f1}，f_{uf1}；
③ 若将 R_f 减小，反馈强弱有何变化？若 $R_f=0$ 时，求 A_{uf1}，f_{uf2}。

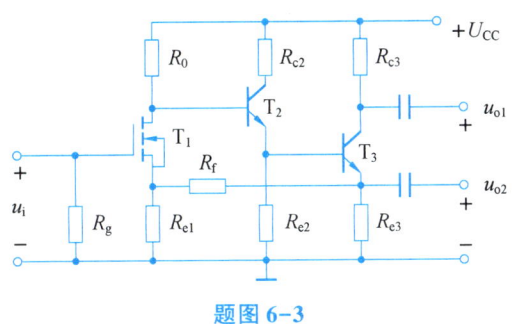

题图 6-3

2. 某负反馈放大器开环增益等于 10^5，若要获得 100 倍的闭环增益，其反馈系数 B、反馈深度 F 和环路增益 T 分别是多少？

3. 已知 A 放大器的电压增益 $A_V = -1000$。当环境温度每变化 1 ℃ 时，A_V 的变化为 0.5%。若要求电压增益相对变化减小至 0.05%，应引入什么反馈？求出所需的反馈系数 B 和闭环增益 A_f。

4. 已知某放大器低频段和高频段的电压增益均为单极点模型，中频电压增益 $A_{Vo} = -80$，A_V 的下限频率 $f_L = 12$ Hz，A_V 的上限频率 $f_H = 200$ kHz。现加入电压取样电压求和负反馈，反馈系数 $B = -0.05$。试求：反馈放大器中频段的 A_{Vfo}、f_{Lf} 和 f_{Hf}。

5. 电路如题图 6-4 所示，各电路中是否引入了反馈，是直流反馈还是交流反馈，是正反馈还是负反馈。设图中所有电容对交流信号均可视为短路。

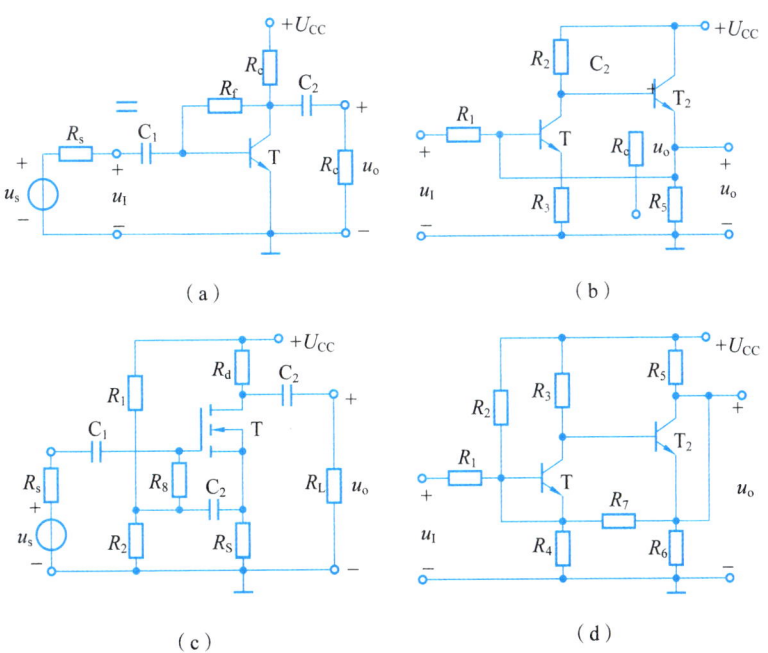

题图 6-4

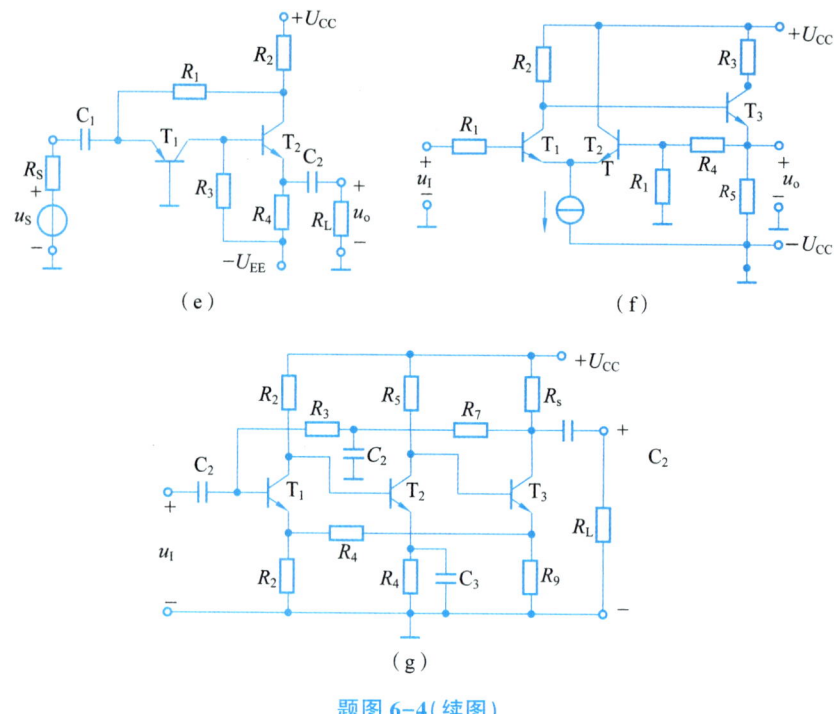

题图 6-4(续图)

6. 分别说明题图 6-4(a)(b)(c)(e)(f)(g)所示各电路引入交流负反馈后，放大电路输入电阻和输出电阻所产生的变化。只需说明是增大还是减小即可。

7. 试比较题图 6-5(a)(b)(c)三个电路输入电阻的大小，并说明理由。

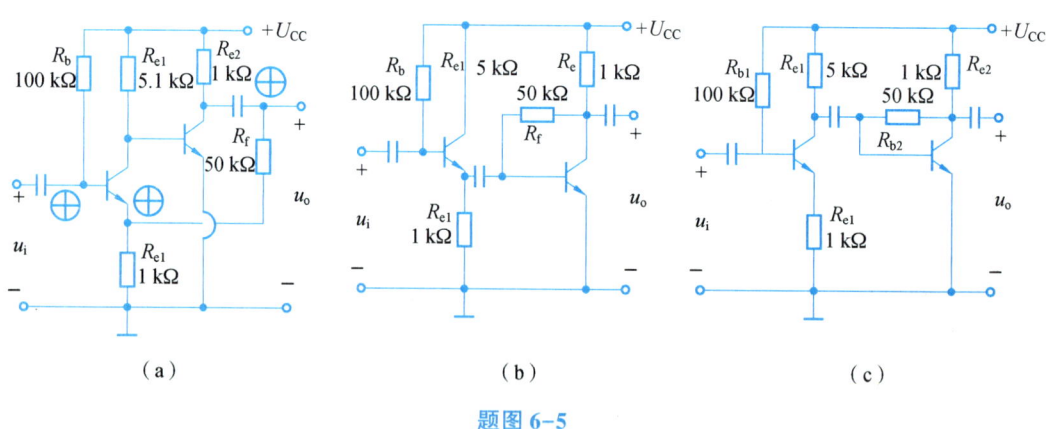

题图 6-5

8. 题图 6-6 所示电路是具有零输入和零输出特性的直流放大器。若电路满足深度负反馈条件，试求 u_o/u_s 的表达式。

9. 题图 6-7 示反馈放大器满足深度负反馈条件。如果 $u_s(t) = 10\sin 2\pi \times 10^4 t\ (\mathrm{mV})$，求 $u_o(t)$。

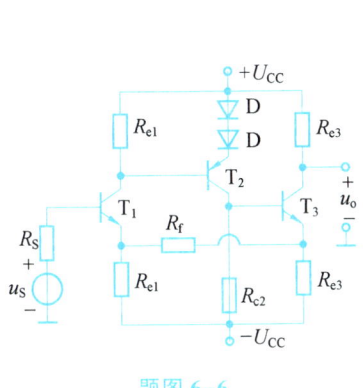

题图 6-6

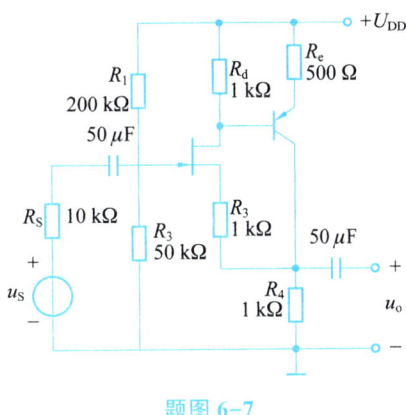

题图 6-7

10. 电路如题图 6-8 所示，试说明电路引入的是共模负反馈，即反馈仅对共模信号起作用。

11. 判断题图 6-9 所示由运算放大器构成的反馈放大器的反馈类型和反馈极性，并求 u_o/u_s 的表达式。

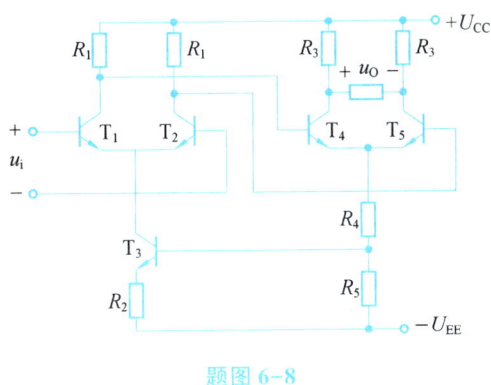

题图 6-8

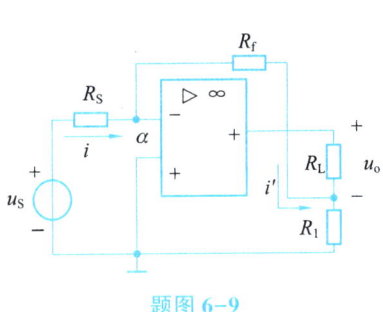

题图 6-9

12. 已知一个负反馈放大电路的 $A = 10^5$，$F = 2 \times 10^{-3}$。

① A_f 为多少？

② 若 A 的相对变化率为 20%，则 A_f 的相对变化率为多少？

13. 已知一个电压串联负反馈放大电路的电压放大倍数 $A_{uf} = 20$，其基本放大电路的电压放大倍数 A_u 的相对变化率为 10%，A_{uf} 的相对变化率小于 0.1%，试问 F 和 A_u 各为多少？

14. 电路如题图 6-10 所示。试问：若以稳压管的稳定电压 U_Z 作为输入电压，则当 R_2 的滑动端位置变化时，输出电压 U_O 的调节范围为多少？

15. 题图 6-11（a）和（b）分别是两个负反馈放大器环路增益的幅频特性曲线。试估算它们的相位裕量各是

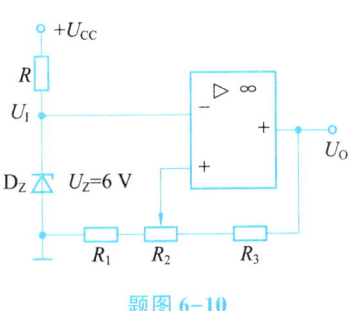

题图 6-10

多少？

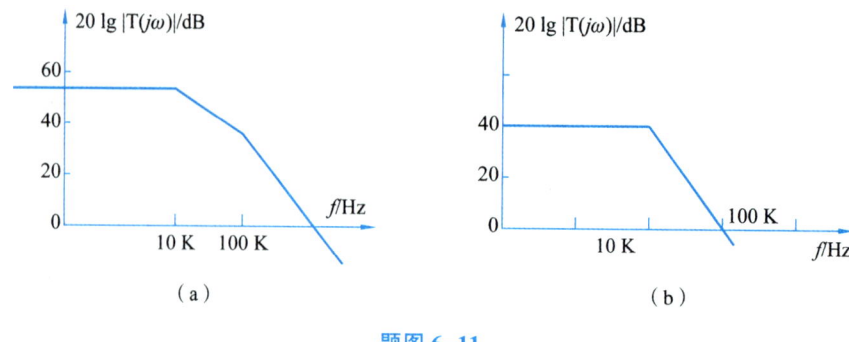

题图 6-11

16. 如果题图 6-11(a)和(b)分别是两个负反馈放大器开环增益的幅频特性，问它们的反馈系数各为多少时，才有 45°的相位裕度？

17. 已知负反馈放大电路的 $\dot{A} = \dfrac{10^4}{\left(1+j\dfrac{f}{10^4}\right)\left(1+j\dfrac{f}{10^5}\right)^2}$。试分析：为了使放大电路能够稳定工作(即不产生自激振荡)，反馈系数的上限值为多少？

18. 电路如题图 6-12 所示。
①试通过电阻引入合适的交流负反馈，使输入电压 u_I 转换成稳定的输出电流 i_L；
②若 u_I 为 0~5 V，i_L 为 0~10 mA，则反馈电阻 R_F 应取多少？

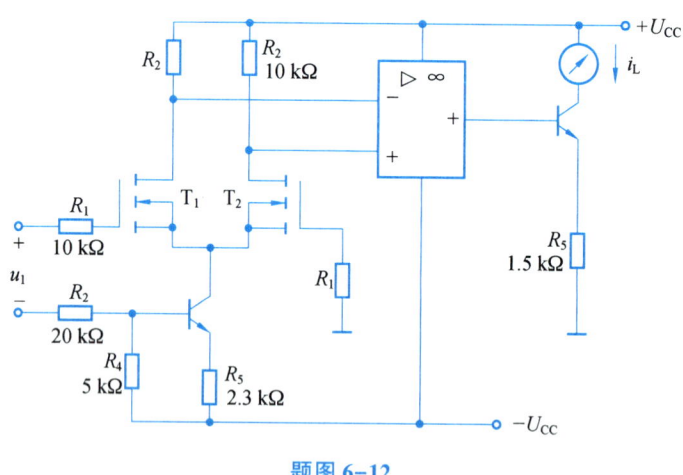

题图 6-12

19. 题图 6-13(a)所示放大电路 $\dot{A}\dot{F}$ 的波特图如题图 6-13(b)所示。
①判断该电路是否会产生自激振荡？简述理由。
②若电路产生了自激振荡，则应采取什么措施消振？要求在图(a)中画出来。
③若仅有一个 50 pF 电容，分别接在三个三极管的基极和地之间均未能消振，则将其接在何处有可能消振？为什么？

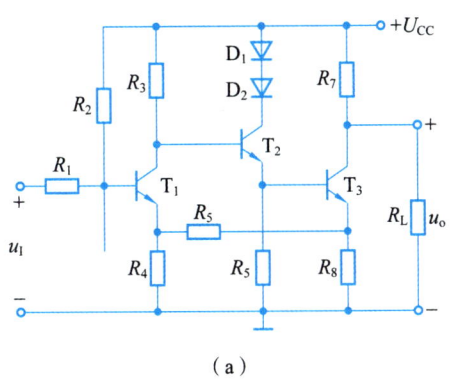 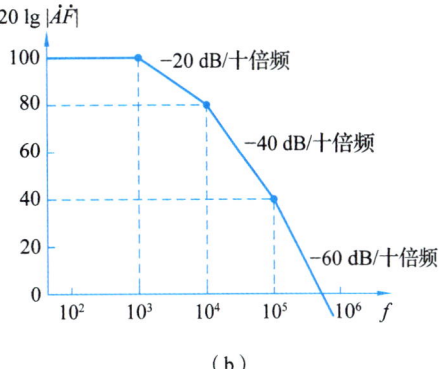

（a）　　　　　　　　　　　（b）

题图 6-13

第 7 章 信号发生与信号处理电路

学习目标

熟悉正弦波振荡电路的基本组成和分析方法；

掌握 RC 振荡电路和 LC 振荡电路的工作原理，了解石英晶体振荡电路的工作原理；

理解电压比较器的基本概念，掌握不同类型的电压比较器的电路组成、工作原理和特点；

掌握非正弦波发生电路的工作原理，理解非正弦波发生电路的性能参数；

掌握有源滤波器的组成和工作原理，了解有源滤波器的分析方法；

了解模拟信号预处理放大电路；

了解信号转换电路。

素质目标

通过正弦波振荡输出过程，引导学生不断努力学习，提高专业能力，培养学生终身学习和贡献力量的成长意识。

电子电路大致可分为两类：一类是信号处理电路，即对现有输入信号特性进行改变的电路。前面所讨论的各类放大电路、运算电路，以及后面将要讨论的滤波电路和信号转换电路都属于此类电路。另一类就是信号发生电路，即产生稳定的、随时间而周期性变化的输出波形的电路，也就是振荡电路。

在模拟电子电路中常常需要产生各种波形的信号，如矩形波、正弦波、三角波和锯齿波等，这些信号作为测试信号或控制信号广泛地应用于通信系统和其他各种电路设备中。如在调制系统中用作载波信号；在显示系统中用于周期扫描电路；在电子测量中作为信号源；在

第7章 信号发生与信号处理电路

复杂的信号处理系统中,振荡电路是关键的单元电路。为了使所采集的信号能够用于测量、控制、驱动负载,或被计算机接收,常常需要将信号进行转换,如将电压转换成电流,将电流转换成电压,将直流电压转换为与之成正比的频率,等等。本章将讲述有关信号波形发生和信号滤波转换电路的组成、工作原理及主要参数。

7.1 正弦波振荡电路

7.1.1 概述

波形发生电路的种类很多,按其输出波形可以分为正弦波振荡电路和非正弦波振荡电路(三角波、矩形波和锯齿波等)。

放大电路通常是在输入端接有信号时才有信号输出。如果它的输入端不外接输入信号,其输出端仍有一定频率和幅值的信号输出,则称放大电路发生了自激振荡。

正弦波振荡电路是在没有外加输入信号的情况下,依靠电路自身自激振荡而产生的具有一定频率、一定幅度的正弦波输出电压的电路。

根据产生振荡的原理的不同,正弦波振荡电路可分为两大类,一类为反馈振荡电路,它是将放大电路的输出信号,经过正反馈网络反馈到输入端作为其输入信号,来控制能量转换,从而产生持续稳定的正弦波振荡。另一类是负阻振荡电路,这种振荡电路是以负阻器件(如隧道二极管)的负阻效应来抵销回路中的损耗电阻,从而产生持续稳定的正弦波振荡。本节只讨论反馈振荡电路。

正弦波振荡电路广泛地应用于与测量、遥控、自动控制、热处理和超声波电焊等相关的加工设备之中,也作为模拟电子电路的测试信号。本节将对正弦波振荡电路的种类、组成和工作原理一一加以介绍。

7.1.1.1 产生正弦波振荡的条件

输出端从无到有产生一定幅值的稳定正弦波,从反馈效果看,必须引入正反馈。而产生一定频率的正弦波要外加选频网络,用以确定振荡频率。

下面用反馈放大电路的方框图来分析。如图 7-1(a)所示。当输入量为零时,反馈量等于净输入量,简化为图 7-1(b)所示。

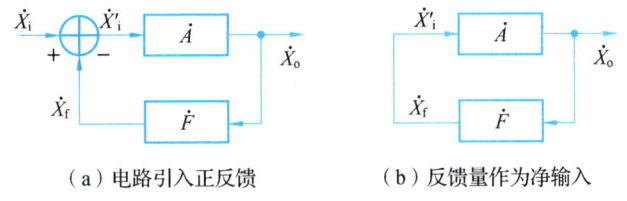

(a) 电路引入正反馈　　　　(b) 反馈量作为净输入

图 7-1　正弦波振荡电路的方框图

实际上,电路通电的一瞬间,电路总是产生一个幅值很小的输出量,它含有丰富的频率,如果电路只对频率为 f_0 的正弦波产生正反馈过程,则输出信号增大,它又被正反馈网络加到放大器的输入端,再进行放大,再次反馈。这样经过正反馈→放大→再反馈→再放大的多次循环过程,使输出量 $\dot{X}_o$ 逐渐增大。由于晶体管的非线性特性,$\dot{X}_o$ 不会无限制地增大。当 $\dot{X}_o$ 的幅值增大到一定程度时,放大倍数的数值将减小,电路达到动态平衡。这时,输出量通过反馈网络产生反馈量作为放大电路的输入量,而输入量又通过放大电路维持着输出量。

由图 7-1 可知

$$\dot{A} = \frac{\dot{X}_o}{\dot{X}_i'}$$

$$\dot{F} = \frac{\dot{X}_f}{\dot{X}_o}$$

所以,当 $\dot{X}_i' = \dot{X}_f$ 时,有

$$\dot{A}\dot{F} = 1 \tag{7-1}$$

该式为正弦波振荡的平衡条件。写成模和相角的形式
(1)幅值条件

$$|\dot{A}\dot{F}| = 1 \tag{7-2a}$$

幅值条件表示反馈网络要有足够的反馈系数才能使反馈电压等于所需的输入电压。
(2)相位条件

$$\varphi_A + \varphi_F = 2n\pi (n \text{ 为整数}) \tag{7-2b}$$

相位条件表示反馈电压在相位上要与输入电压同相,它们的瞬时极性始终相同,也就是说,必须是正反馈。

为了使输出量在电路通电后能够有一个从小到大直至平衡在一定幅值的过程,电路的起振条件为

$$|\dot{A}\dot{F}| > 1 \tag{7-3}$$

该电路对频率 $f=f_0$ 以外的正弦波产生负反馈,逐渐衰减为零,因此,电路的输出将只是一个频率为 $f=f_0$ 的正弦波。

7.1.1.2　正弦波振荡电路的组成及分类

从上述分析中归纳出来,正弦波振荡电路由以下四个部分组成。

①放大电路:保证电路能够有从起振到动态平衡的过程,使电路获得一定幅值的输出量,实现能量的控制。

②选频网络:确定电路的振荡频率,使电路产生单一频率的振荡,即保证电路产生正弦波振荡。

③正反馈网络:引入正反馈,使放大电路的输入信号等于反馈信号。

④稳幅环节:也就是非线性环节,作用是使输出信号幅值稳定。

正弦波振荡电路常用选频网络所用元件来命名,分为 RC(电阻电容)正弦波振荡电路、LC(电感电容)正弦波振荡电路和石英晶体正弦波振荡电路三种类型。RC 正弦波振荡电路的振荡频率较低,一般在 1 MHz 以下;LC 正弦波振荡电路的振荡频率多在 1 MHz 以上;石英晶体正弦波振荡电路也可等效为 LC 正弦波振荡电路,其特点是振荡频率非常稳定。

7.1.1.3 判断电路是否可能产生正弦波振荡的方法和步骤

① 观察电路是否包含了放大电路、选频网络、正反馈网络和稳幅环节四个组成部分。

② 判断放大电路是否能够正常工作,即是否有合适的静态工作点且动态信号是否能够输入、输出和放大。

③ 利用瞬时极性法判断电路是否满足正弦波振荡的相位条件。若 $\dot{U}_f$ 与 $\dot{U}_i$ 极性相同,则说明满足相位条件,电路有可能产生正弦波振荡。

④ 判断电路是否满足正弦波振荡的幅值条件,即判断 $|\dot{A}\dot{F}|$ 是否大于1。只有在电路满足相位条件的情况下,判断是否满足幅值条件才有意义。

7.1.2 RC 文氏桥式正弦波振荡电路

实用的 RC 正弦波振荡电路多种多样。这里,仅介绍最具典型性的 RC 文氏桥式正弦波振荡电路的电路组成、工作原理和振荡频率。

7.1.2.1 RC 串并联选频网络的选频特性

如图 7-2 所示,左边的虚线框表示的 RC 串并联选频网络具有选频作用。

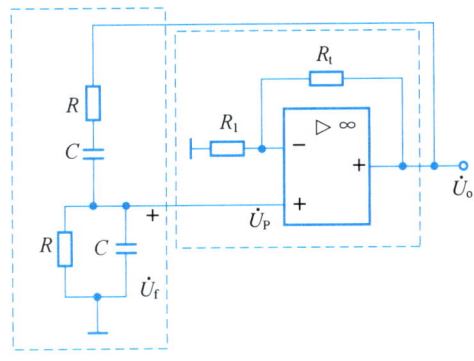

图 7-2 RC 文氏桥式正弦波振荡电路

选频网络中的反馈系数为

$$\dot{F}=\frac{\dot{U}_f}{\dot{U}_o}=\frac{R//\frac{1}{j\omega C}}{R+\frac{1}{j\omega C}+R//\frac{1}{j\omega C}} \quad (7-4)$$

整理,可得

$$\dot{F}=\frac{1}{3+j\left(\omega RC-\frac{1}{\omega RC}\right)} \quad (7-5)$$

令 $\omega_0=\frac{1}{RC}$,则

$$f_0=\frac{1}{2\pi RC} \quad (7-6)$$

将式(7-6)代入式(7-5),得

$$\dot{F} = \frac{1}{3+j\left(\dfrac{f}{f_0}-\dfrac{f_0}{f}\right)} \tag{7-7}$$

幅频特性为

$$|\dot{F}| = \frac{1}{\sqrt{3^2+\left(\dfrac{f}{f_0}-\dfrac{f_0}{f}\right)^2}} \tag{7-8}$$

相频特性为

$$\varphi_F = -\arctan\frac{1}{3}\left(\frac{f}{f_0}-\frac{f_0}{f}\right) \tag{7-9}$$

根据式(7-8)、式(7-9)可画出 $\dot{F}$ 的频率特性,如图 7-3 所示。当 $f=f_0$ 时,$|F|=\dfrac{1}{3}$,即 $|\dot{U}_f|=\dfrac{1}{3}|\dot{U}_o|$,$\varphi_F=0°$。这就是说,此时 RC 网络输出电压的幅值最大(当输入电压的幅值一定,而频率可调时),并且输出电压是输入电压的 1/3,同时输出电压与输入电压同相位。

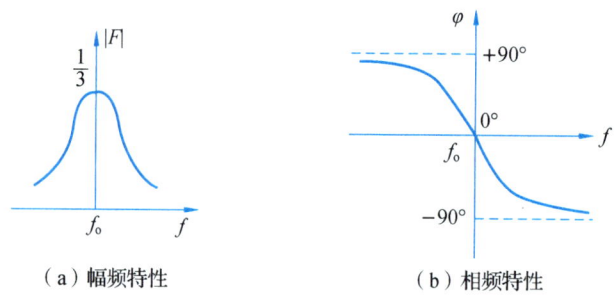

(a) 幅频特性　　　　　　(b) 相频特性

图 7-3　RC 串并联选频网络的频率特性

7.1.2.2　RC 桥式正弦波振荡电路

当 $f=f_0$ 时,$\dot{F}=\dfrac{1}{3}$,根据式(7-2a)得

$$\dot{A} = \dot{A}_u = 3 \tag{7-10}$$

上式表明,只要为 RC 串并联选频网络匹配一个电压放大倍数等于 3(即输出电压与输入电压同相位,且放大倍数的数值为 3)的放大电路就可以构成正弦波振荡电路,考虑到起振条件,所选放大电路的电压放大倍数应略大于 3。选用同相比例运算电路,如图 7-2 中右边的虚线框中的电路。

在图 7-2 所示的 RC 桥式正弦波振荡电路中,正反馈网络的反馈电压 $\dot{U}_f$ 是同相比例运算电路的输入电压,因而要把同相比例运算电路作为整体看成电压放大电路,它的比例系数就是电压放大倍数,根据起振条件和幅值条件

$$\dot{A}_u = \frac{\dot{U}_O}{\dot{U}_P} = 1+\frac{R_f}{R} \geq 3$$

$$R_f \geqslant 2R_1 \quad (7\text{-}11)$$

式中：R_f 的取值应略大于 $2R_1$。

7.1.2.3 稳幅措施

为了稳定输出电压的幅值，可以在放大电路的负反馈回路里采用非线性元件来自动调整反馈的强弱以维持输出电压的恒定。例如，可选用 R_f 为负温度系数的热敏电阻。当 $\dot{U}_o$ 因某种原因而增大时，流过 R_f 和 R_1 上的电流增大，R_f 上的功耗随之增大，导致温度升高，因而 R_f 的阻值减小，从而使得 $\dot{A}_u$ 数值减小，U_o 也就随之减小；当 U_o 因某种原因而减小时，各物理量与上述变化相反，从而使输出电压稳定。也可以选用 R_1 为正温度系数的热敏电阻。

综上所述，RC 文氏桥式正弦波振荡电路以 RC 串并联网络为选频网络和正反馈网络，以电压串联负反馈放大电路为放大环节，具有振荡频率稳定、带负载能力强、输出电压失真小等优点，因此获得相当广泛的应用。

为了提高 RC 文氏桥式正弦波振荡电路的振荡频率，必须减小 R 和 C 的数值。然而，一方面，当 R 减小到一定程度时，同相比例运算电路的输出电阻影响选频特性；另一方面，当 C 减小到一定程度时，晶体管的极间电容和电路的分布电容将影响选频特性，因此振荡频率 f_0 高到一定程度时，其值不仅由选频网络决定，还与一些未知因素有关，而且还将受环境条件的影响。因此，当振荡频率较高时，应选用 LC 正弦波振荡电路。

7.1.3 LC 正弦波振荡电路

LC 正弦波振荡电路的选频网络由 LC 电路组成。并且由于 LC 正弦波振荡电路的振荡频率较高，所以放大电路多采用分立元件电路，必要时还应采用共基电路。

7.1.3.1 LC 谐振回路的频率特性

图 7-4 是一个 LC 并联电路，R 表示回路中和回路所带负载的等效总损耗电阻。现在定性分析，当频率变化时，并联电路阻抗 Z 的大小和性质如何变化。

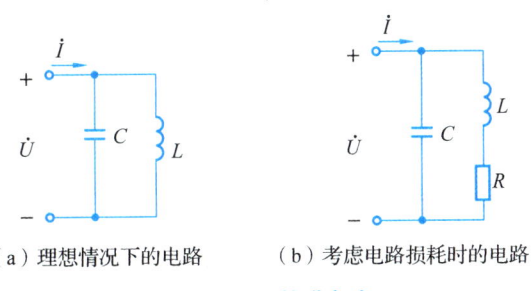

（a）理想情况下的电路　　（b）考虑电路损耗时的电路

图 7-4　LC 并联电路

由图 7-4(b)可得选频网络的阻抗为

$$Z = \dfrac{\dfrac{1}{j\omega C}(R+j\omega L)}{\dfrac{1}{j\omega C}+R+j\omega L} \quad (7\text{-}12)$$

通常有 $R \ll \omega L$，所以

$$Z \approx \frac{-j\frac{1}{\omega C} \cdot j\omega L}{\frac{1}{j\omega C}+R+j\omega L} = \frac{\frac{L}{C}}{R+j\left(\omega L-\frac{1}{\omega C}\right)} \qquad (7-13)$$

可求出谐振频率

$$\omega_0 \approx \frac{1}{\sqrt{LC}} \qquad (7-14)$$

或

$$f_0 \approx \frac{1}{2\pi\sqrt{LC}} \qquad (7-15)$$

(1) 谐振时，由并联谐振特性可知：回路的等效阻抗为纯电阻性质，其值最大，即

$$Z_0 = \frac{L}{RC} = Q\omega_0 L = \frac{Q}{\omega_0 C} \qquad (7-16)$$

式中：$Q = \frac{\omega_0 L}{R} = \frac{1}{R}\sqrt{\frac{L}{C}}$。$Q$ 称为回路的品质因数，用来评价回路损耗大小的指标，一般 Q 值在几十到几百范围内。由于谐振阻抗呈纯电阻性质，所以 $\dot{I}$ 与 $\dot{U}$ 同相。

(2) 谐振时，电流 $\dot{I}$ 与回路电流 $\dot{I}_C$ 或 $\dot{I}_L$ 的关系为

$$\dot{U} = \dot{I}Z_0 = \frac{\dot{I}Q}{\omega_0 C} \qquad (7-17)$$

$$|\dot{I}_C| = \omega_0 C |\dot{U}| = Q|\dot{I}| \qquad (7-18)$$

通常 $Q \gg 1$，所以 $|\dot{I}_C| \approx |\dot{I}_L| \gg |\dot{I}|$。可见谐振时，LC 并联电路的回路电流 $|\dot{I}_C|$ 或 $|\dot{I}_L|$ 比输入电流 $|\dot{I}|$ 大得多，即 $\dot{I}$ 的影响可忽略。

Z 是频率的函数，其频率特性如图 7-5 所示。Q 值愈大，曲线愈陡，选频特性愈好。

若以 LC 并联网络作为共射放大电路的集电极负载，如图 7-6 所示，则电路的电压放大倍数 $\dot{A}_u = -\beta \frac{Z}{r_{be}}$。其中，$r_{be}$ 为三极管 b、e 间的等效电阻。

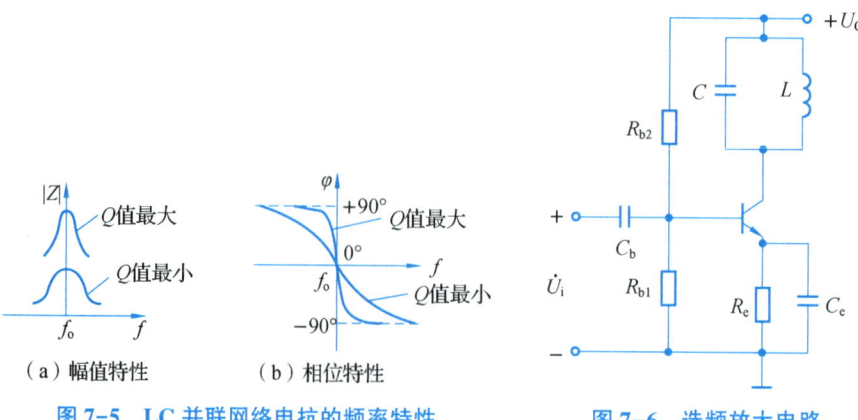

图 7-5　LC 并联网络电抗的频率特性　　图 7-6　选频放大电路

根据 LC 并联网络的频率特性，当 $f=f_0$ 时，电压放大倍数的数值最大，且无附加相移。对于其余频率的信号，电压放大倍数不但数值减小，而且有附加相移。电路具有选频特性，故称之为选频放大电路。若在电路中引入正反馈，并能用反馈电压取代输入电压，则电路就成为正弦波振荡电路。根据引入反馈的方式不同，LC 正弦波振荡电路分为变压器反馈式、电感反馈式、电容反馈式三种振荡电路；所用放大电路视振荡频率而定，可以是共射电路，也可以是共基电路。

7.1.3.2 变压器反馈式振荡电路

（1）工作原理

引入正反馈最简单的方法是采用变压器方式。图 7-7 是变压器反馈式振荡电路。电路包含放大电路、选频网络、正反馈网络，以及用晶体管的非线性所实现的稳幅环节四个部分。

首先采用瞬时极性法判断电路是否满足相位平衡条件，假设断开图中 P 点，该处给放大电路加频率为 f_0 的输入电压 $\dot{U}_i$，给定其极性对"地"为正，由于放大电路为共射接法，故集电极动态电位对"地"为负；对于交流信号，电源相当于"地"，所以线圈 N_1 上的电压为上"正"下"负"；根据同名端，N_2 上的电压为上"正"下"负"，即反馈电压对"地"为正，与输入电压假设极性相同，满足正弦波振荡的相位条件。

（2）振荡频率及起振条件

从分析相位平衡条件的过程中清楚地看出，只有在谐振频率 f_0 时，电路才满足振荡条件，所以振荡频率就是 LC 回路的谐振频率，即

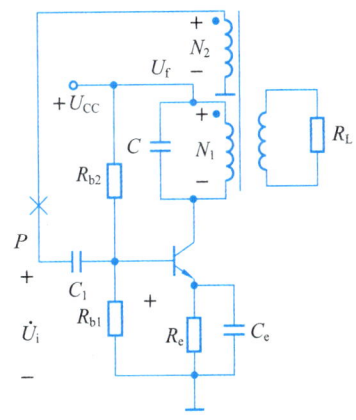

图 7-7 变压器反馈式振荡电路

$$f_0 \approx \frac{1}{2\pi\sqrt{LC}}$$

同时，为了满足幅值平衡条件，对放大管的 β 值也有一定的要求，β 应与电路中其他参数之间有一定的配合关系。可以证明，振荡电路的起振条件为

$$\beta > \frac{r_{be}R'C}{M} \tag{7-19}$$

式中：r_{be} 为三极管 b、e 间的等效电阻，M 为绕组 N_1 和 N_2 间的等效互感，R' 是折合到谐振回路中的等效总损耗电阻。

实际上，式中对三极管 β 值的要求并不太高，一般情况下比较容易满足。关键是要保证变压器绕组的同名端接线正确，以满足相位平衡条件。如果电路的接线不发生错误，则 LC 振荡电路很容易起振。

变压器反馈式振荡电路易于产生振荡，输出电压的波形失真不大，应用范围广泛。但是由于输出电压与反馈电压靠磁路耦合，因而耦合不紧密，损耗较大，并且振荡频率的稳定性不高。

7.1.3.3 电感反馈式振荡电路

(1) 电路组成

在实际工作中，为了避免确定变压器同名端的麻烦，也为了克服变压器反馈式振荡电路中变压器原边线圈和副边线圈耦合不紧密的缺点，可采取自耦式，将 N_1 和 N_2 合并为一个线圈，把图 7-8 所示电路中线圈 N_1 接电源的一端和 N_2 接地的一端相连作为中间抽头；为了加强选择效果，将电容 C 跨接在整个线圈两端，便得到电感反馈式振荡电路，如图 7-8 所示。

用瞬时极性法判断电路是否满足正弦波振荡的相位条件：断开反馈，加频率为 f_0 的输入电压 $\dot{U}_i$，给定其极性对"地"为正，判断出线圈 N_1 上的电压为上"正"下"负"，则 N_2 上的电压为上"正"下"负"，反馈电压极性与输入电压相同，故电路满足正弦波振荡的相位条件。

图 7-9 为电感反馈式振荡电路的交流通路，原边线圈的三个端分别接在晶体管的三个极，故又称电感反馈式振荡电路为电感三点式电路。

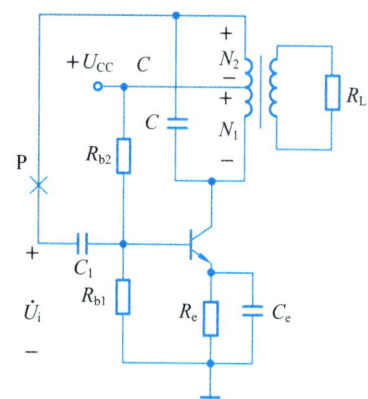 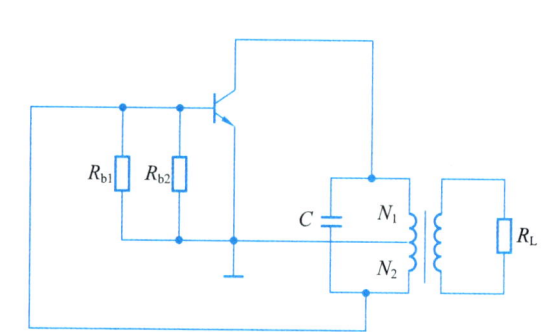

图 7-8　电感反馈式振荡电路　　　　图 7-9　电感反馈式振荡电路的交流通路

(2) 振荡频率和起振条件

如前所述，当谐振回路的 Q 值很高时，振荡频率约等于 LC 回路的谐振频率，即

$$f_0 = \frac{1}{2\pi\sqrt{LC}} = \frac{1}{2\pi\sqrt{(L_1+L_2+2M)C}} \tag{7-20}$$

式中：L 为回路的总电感；M 为 L_1 与 L_2 之间的互感。

根据幅值平衡条件可以证明，起振条件为

$$\beta > \frac{L_2+M}{L_1+M} \cdot \frac{r_{be}}{R'} \tag{7-21}$$

式中：R' 为折合到三极管集电极和发射极间的等效并联总损耗电阻。

(3) 电感三点式振荡电路的特点

① 由于线圈 L_1 与 L_2 之间耦合紧密，因此比较容易起振。改变电感抽头的位置即改变 L_1/L_2 比值，可以获得满意的正弦波输出，且振荡幅度较大。根据经验，通常可以选择反馈线圈 L_2 的圈数为整个线圈的 1/8 到 1/4。具体的圈数比应该通过实验调整来确定。

② 调节频率方便。采用可变电容，可获得一个较宽的频率调节范围。

③一般用于产生几十兆赫兹以下的频率。

④由于反馈电压取自电感 L_2，而电感对高次谐波的阻抗较大，不能将高次谐波短路掉。因输出波形中含有较大的高次谐波，故波形较差。

⑤由于电感三点式振荡电路的输出波形较差，且频率稳定度不高，因此通常用于要求不高的设备中，如高频加热器、接收机的本机振荡器等。

7.1.3.4 电容反馈式振荡电路

（1）电路组成

为了获得较好的输出电压波形，可将电感反馈式振荡电路中的电容 C 换成电感 L，电感 L_1 与 L_2 改成对高次谐波呈低阻抗的电容 C_1、C_2，并在置换后将两个电容的公共端接地，且增加集电极电阻 R_c，就可得到电容反馈式振荡电路，如图 7-10 所示。电容 C_2 两端的电压就是反馈电压 $\dot{U}_f$。因为交流通路中，两个电容的三个端分别接晶体管的三个极，故也称之为电容三点式电路。

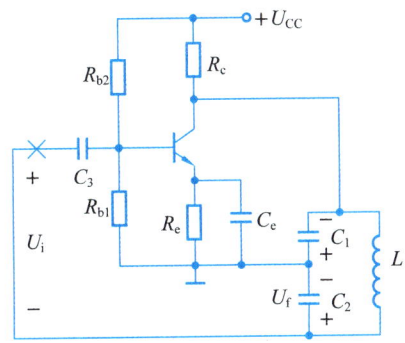

图 7-10　电容反馈式振荡电路

断开反馈支路，加频率为 f_0 的输入电压，给定其极性，不难判断出反馈电压的极性与输入电压相同，故电路满足正弦波振荡的相位条件，各点瞬时极性如图 7-10 中标注。同理，振荡频率基本上等于 LC 回路的谐振频率，即

$$f_0 \approx \frac{1}{2\pi\sqrt{LC}} = \frac{1}{2\pi\sqrt{L\dfrac{C_1 C_2}{C_1+C_2}}} \quad (7-22)$$

根据幅值平衡条件，可以证明起振条件为

$$\beta > \frac{C_2}{C_1} \cdot \frac{r_{be}}{R'_L} \quad (7-23)$$

式中：R'_L 为折合到三极管集电极和发射极间的等效并联总损耗电阻。

（2）电容三点式振荡电路的特点

①由于反馈电压取自电容 C_2，电容对于高次谐波阻抗很小，于是反馈电压总的谐波分量很小，所以输出波形较好。

②因为电容 C_1、C_2 的容量可以选得较小，并将放大管的极间电容也计算到 C_1、C_2 中去，所以振荡频率较高，一般可以达到 100 MHz 以上。

③调节 C_1、C_2 可以改变振荡频率,但同时会影响起振条件,因此这种电路适于产生固定频率的振荡。如果要改变频率,可在 L 两端并联一个可变电容。由于固定电容 C_1、C_2 的影响,频率的调节范围比较窄。另外也可以采用可调电感来改变频率。

通常选择两个电容之比为 $C_1/C_2 \leqslant 1$,可通过实验调整来最后确定电容的比值。

【例 7-1】电路如图 7-11 所示,图中 C_b 为旁路电容,对交流信号均可视为短路。判断电路是否能够振荡。

解:放大电路为共基放大电路。断开反馈后,给放大电路加频率为 f_0 的输入电压 $\dot{U}_i$,极性为上"+"下"-";因共基放大电路输出电压与输入电压同相,故集电极动态电位为"+";选频网络的电压方向为上"-"下"+",因此从 C_1 上获得的反馈电压也为上"-"下"+",与输入电压同相,所以电路满足正弦波振荡的相位平衡条件。如果参数选择合适,使电路满足起振条件,那么电路就一定会产生正弦波振荡。

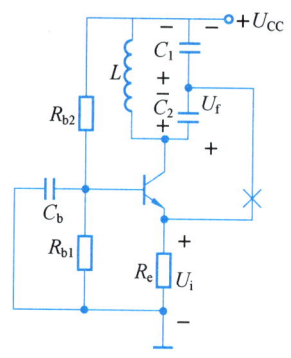

图 7-11 例 7-1 电路图

【例 7-2】电路如图 7-12 所示,图中 C_b 为旁路电容,C_1 为耦合电容,对交流信号均可视为短路。判断电路能否产生正弦波振荡。

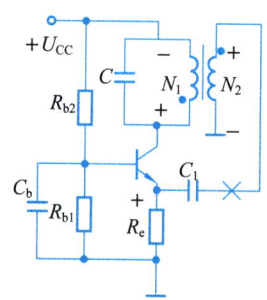

图 7-12 例 7-2 电路图

解:放大电路为共基放大电路。断开反馈,给放大电路加频率为 f_0 的输入电压,电路瞬时极性如图 7-12 所示。N_2 极性为上"+"下"-",与输入电压同相,所以电路满足正弦波振荡的相位平衡条件。

7.1.4 石英晶体正弦波振荡电路

在既要高频率,又要高稳定度的场合,LC 振荡电路的频率稳定度很难超过 10^{-5} 的数量级。此时,应选用石英晶体正弦波振荡电路。

石英晶体谐振器,简称石英晶体,具有非常稳定的固有频率,对于振荡频率的稳定性要求高的电路,应选用晶体作选频网络。

7.1.4.1 石英晶体的特点

(1) 压电效应和压电振荡

若在石英晶片的两极上加一个电场,它将会产生机械变形。相反,若在晶片上施加机械压力,则在晶片相应的方向上产生一定的电场,这种物理现象称为压电效应。因此,在石英晶片的两极加交变电压时,它将会产生一定频率的机械变形振动,而这种机械振动又会产生交变电场。一般情况下,无论是机械振动的振幅,还是交变电场的振幅都非常小。但是,当交变电场的频率为某一特定值时,振幅骤然增大,产生共振,称之为压电振荡。这一特定频率就是石英晶体的固有频率,也称为谐振频率。石英晶体的符号如图 7-13(a)所示。

(2) 石英晶体的等效电路和振荡频率

石英晶体的等效电路如图 7-13(b)所示。当石英晶体不振动时,可等效为一个平板电容 C_o,称为静态电容;其值取决于晶片的几何尺寸和电极面积,一般为几到几十皮法。当晶片产生振动时,等效为 RLC 串联电路。

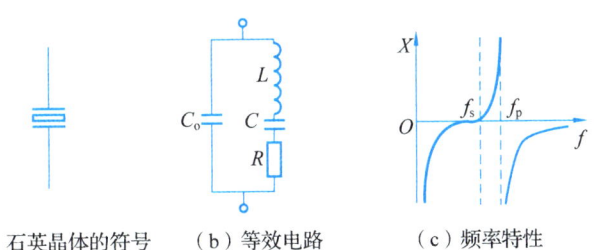

(a) 石英晶体的符号　(b) 等效电路　(c) 频率特性

图 7-13　石英晶体的符号、等效电路及其频率特性

从石英晶体的等效电路可知,这个电路有两个谐振频率。

当等效电路中的 LCR 支路产生串联谐振时,该支路呈纯阻性,等效电阻为 R,串联谐振频率为

$$f_s = \frac{1}{2\pi\sqrt{LC}} \tag{7-24}$$

当等效电路产生并联谐振时,并联谐振频率为

$$f_p = \frac{1}{2\pi\sqrt{L\frac{CC_0}{C+C_0}}} = f_s\sqrt{1+\frac{C}{C_0}} \tag{7-25}$$

由于 $C \ll C_0$,因此 f_s 和 f_p 两个频率非常接近。通常认为 $f_p \approx f_s$。

图 7-13(c)为石英晶体振荡电路的电抗频率特性(设 $R=0$)。由图可见,在 f_s 和 f_p 之间,

石英晶体呈感性，在其他区间，石英晶体均呈现容性。

7.1.4.2 石英晶体正弦波振荡电路

石英晶体振荡电路的形式是多种多样的，但其基本电路只有两类，即并联晶体振荡电路和串联晶体振荡电路。

如果用石英晶体取代图7-10所示的电容反馈式正弦波振荡电路中的电感，就得到并联型石英晶体正弦波振荡电路，如图7-14所示。

图7-14中电容C_1和C_2与石英晶体中的C_0并联，总容量大于C_0，当然远大于石英晶体中的C，所以电路的振荡频率等于石英晶体的并联谐振频率f_p。

图7-15所示为串联型石英晶体振荡电路。电路由两级放大电路组成，第一级为共基放大电路，第二级为共集放大电路。电容C_b为旁路电容，对交流信号可视为短路。若断开反馈，给放大电路加输入电压，极性上正下负；则第二级晶体管发射极动态电位也为正。只有在石英晶体产生串联谐振时，石英晶体所在的支路呈纯阻性，此时反馈电压才与输入电压同相，电路才满足正弦波振荡的相位平衡条件。所以电路的振荡频率为石英晶体的串联谐振频率f_s。调整R_f的阻值，可使电路满足正弦波振荡的幅值平衡条件。

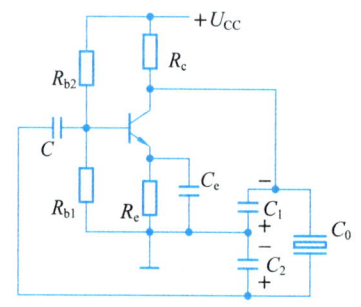

图7-14 并联型石英晶体振荡电路

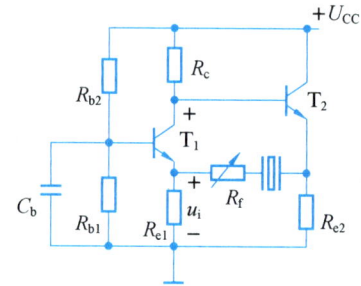

图7-15 串联型石英晶体振荡电路

由于石英晶体特性好，而且仅有两根引线，安装和调试方便，容易起振，所以石英晶体在正弦波振荡电路和矩形波产生电路中获得广泛的应用。

思考题

1. 一个振荡电路想要产生稳定的正弦波，需要满足哪些条件？
2. 试比较RC、LC和石英晶体正弦波振荡电路的频率稳定度，说明哪一种频率稳定度最高，哪种最低，为什么？
3. 如果要设计一个振荡频率可调的高频高稳定度的振荡器，一般采用哪种振荡电路？

7.2 电压比较器

电压比较器是一种常用的模拟信号处理电路。它将一个模拟量输入电压与一个参考电压进行比较,并将比较的结果输出。比较器的输出只有两种可能的状态:高电平和低电平。电压比较器是组成非正弦波发生电路的基本单元电路,在测量和控制中有着相当广泛的应用。

电压比较器中的理想集成运放工作在非线性区,其特征是处于开环状态或者只是引入了正反馈。由其电压传输特性可知:当 $u_+>u_-$ 时,$u_o=+U_{OM}$,当 $u_+<u_-$ 时,$u_o=-U_{OM}$。并且由于理想运放的差模输入电阻无穷大,故净输入电流为零,即 $i_+=i_-=0$。

由此我们可以画出电压比较器的电压传输特性。其三要素为:

(1)输出电压高电平和低电平的数值 U_{OH} 和 U_{OL}。用以表示比较的结果。

(2)域值电压的数值 U_T。是使 u_o 从 U_{OH} 跃变为 U_{OL} 或者从 U_{OL} 跃变为 U_{OH} 时相应的输入电压。

(3)输出变化方向。是指当 u_i 变化且经过 U_T 时,u_o 跃变的方向。即输出电压 u_o 是从 U_{OH} 跃变为 U_{OL},还是从 U_{OL} 跃变为 U_{OH}。

电压比较器大致可分为单限比较器、滞回比较器、窗口比较器三类。

7.2.1 单限比较器

单限比较器电路只有一个域值电压,在输入电压 u_I 逐渐增大或减小过程中,当通过 U_T 时,输出电压 u_o 产生跃变,从高电平 U_{OH} 跃变为低电平 U_{OL} 或者从 U_{OL} 跃变为 U_{OH}。

7.2.1.1 过零单限比较器

处于开环工作状态的集成运放是一个最简单的过零单限比较器。其域值电压 $U_T=0$。电路如图 7-16(a)所示,由集成运放的电压传输特性得到过零单限比较器的电压传输特性:当输入电压 $u_I<0$ 时,$u_o=+U_{OM}$,当 $u_I>0$ 时,$u_o=-U_{OM}$。因此,电压传输特性如图 7-16(b)所示。

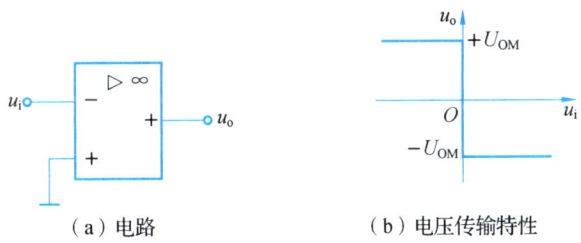

(a)电路　　　　　　(b)电压传输特性

图 7-16　反相输入的过零单限比较器及其电压传输特性

上述过零单限比较器采用的是反相输入方式,其 u_o 跃变方向与 u_i 变化相反,若想获得与 u_i 变化方向相同的电压传输特性,采用同相输入方式,如图 7-17 所示。

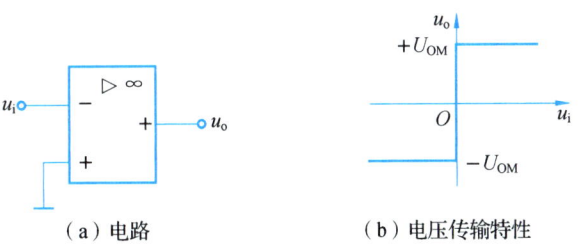

(a)电路　　　　　　(b)电压传输特性

图 7-17　同相输入的过零单限比较器及其电压传输特性

只用一个开环状态的集成运放组成的过零单限比较器电路简单,但其输出电压幅度较高。在实用电路中为了满足负载的需要,有时希望比较器的输出幅值限制在一定的范围内,例如要求与 TTL 数字电路的逻辑电平兼容,此时需要加上一些限幅电路,从而获得合适的 U_{OH} 和 U_{OL}。

一种方法是在集成运放的输出端加双向稳压管限幅电路。如图 7-18 所示。

图 7-18 中 R 为限流电阻,稳压管稳定电压为 $\pm U_Z$。因此,当 $u_I < 0$ 时,$u_o = U_{OH} = +U_Z$;当 $u_I > 0$ 时,$u_o = U_{OL} = -U_Z$。电压传输特性如图 7-19 所示。

另一种方法是将双向稳压管接入反馈回路。如图 7-20 所示。假设稳压管截止,则集成运放必然工作在开环状态,输出电压不是 $+U_{OM}$ 就是 $-U_{OM}$。这样,必将导致稳压管击穿而工作在稳压状态,D_Z 构成负反馈通路,使反相输入端为"虚地",限流电阻上的电流 i_R 等于稳压管的电流 i_Z,输出电压 $u_o = \pm U_Z$。电压传输特性仍然为图 7-19 所示。

以上两个电路的不同之处在于:前一个电路工作在非线性区,后一个电路的集成运放由于稳压管反向击穿时,引入一个深度负反馈,因此工作在线性区。

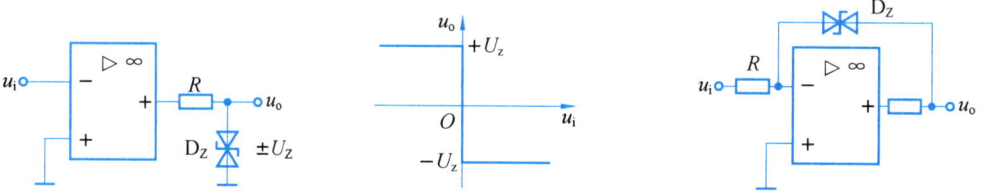

图 7-18 比较器限幅输出电路   图 7-19 反相电压传输特性   图 7-20 稳压管接在反馈回路中

7.2.1.2 一般单限比较器

一般单限比较器的阈值电压 U_T 并不为零。其电路形式有多种。其中一种如图 7-21(a) 所示。U_{REF} 为外加参考电压。由于输入电压与参考电压接成求和的形式,因此这种电路也称为求和型单限比较器。

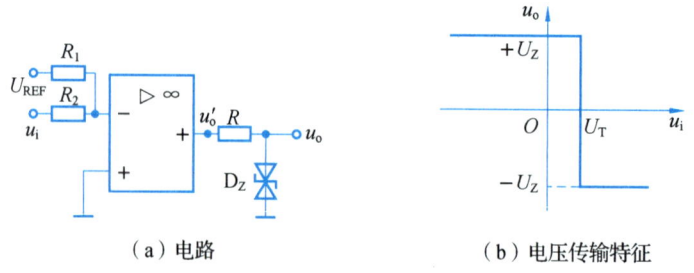

(a) 电路   (b) 电压传输特征

图 7-21 一般单限比较器及其电压传输特性

利用叠加原理可求得

$$u_- = \frac{R_1}{R_1+R_2}u_I + \frac{R_2}{R_1+R_2}U_{REF} \tag{7-26}$$

根据"虚断"的特点,$u_- = u_+ = 0$,求出阈值电压

$$U_\text{T}=-\frac{R_2}{R_1}U_\text{REF} \qquad (7-27)$$

当 $u_\text{I} < U_\text{T}$ 时，$u_- < u_+$，所以 $u'_\text{O} = +U_\text{OM}$，$u_\text{o} = U_\text{OH} = +U_\text{Z}$；当 $u_\text{I} > U_\text{T}$ 时，$u_- > u_+$，所以 $u'_\text{O} = -U_\text{OM}$，$u_\text{o} = U_\text{OL} = -U_\text{Z}$。若 $U_\text{REF} < 0$，则电路的电压传输特性如图 7-21(b) 所示。

根据式(7-27)可知，只要改变参考电压的大小和极性，以及电阻 R_1 和 R_2 的阻值，就可以改变域值电压的大小和极性。若要改变 u_I 通过 U_T 时 u_o 的跃变方向，则应将集成运放的同相输入端和反相输入端所接外电路互换，即输入电压 u_i 的互换。

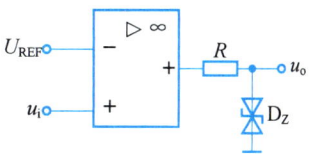

图 7-22 一般单限比较器另一种形式

单限比较器还可以有其他的电路形式。例如，将输入电压 u_I 和参考电压 U_REF 分别接到开环工作状态的集成运放的两个输入端。如图 7-22 所示。此时，$U_\text{T} = U_\text{REF}$。电压传输特性如图 7-21(b)。如果需要，也可在输出端接上双向稳压管。

【例 7-3】 在图 7-18 和图 7-21(a) 所示电路中，稳压管的稳定电压 $U_\text{Z} = \pm 6$ V；$R_1 = R_2 = 5$ kΩ；基准电压 $U_\text{REF} = 3$ V；它们的输入电压均为图 7-23(a) 所示的正弦波。试画出图 7-18 所示电路的输出电压 U_O1 和图 7-21(a) 所示电路的输出电压 U_O2。

解：在图 7-18 所示电路中，$U_\text{T} = 0$。当 $u_\text{i} > 0$ 时，$u_\text{O1} = -U_\text{Z} = -6$ V。当 $u_\text{i} < 0$ 时，$u_\text{O1} = +U_\text{Z} = +6$ V。所以 u_O1 波形如图 7-23(b) 所示。

对于图 7-21(a) 所示电路，根据式(7-27) 得

$$U_\text{T}=-\frac{R_2}{R_1}U_\text{REF}=\left(-\frac{5}{5}\times 3\right)=-3 \text{ V}$$

因此，当 $u_\text{i} < -3$ V 时，$u_\text{O2} = +U_\text{Z} = +6$ V。当 $u_\text{i} > -3$ V 时，$u_\text{O2} = -U_\text{Z} = -6$ V。所以 u_O2 波形如图 7-23(c) 所示。

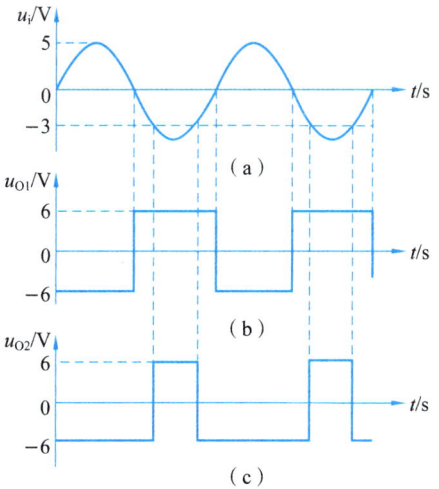

图 7-23 例 7-3 波形图

7.2.2 滞回比较器

单限比较器具有电路简单，灵敏度高等优点，但存在的主要问题是抗干扰能力差。如果输入电压受到干扰或噪声的影响，在阈值电平上下波动，则输出电压将在高低电平之间反复跳变，如图 7-24。如在控制系统中发生这种情况，将对执行机构产生不利的影响。

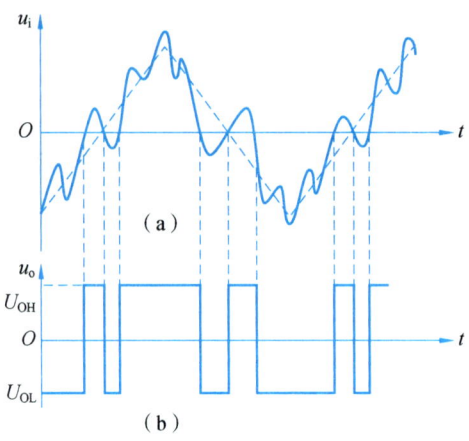

图 7-24　噪声干扰对简单比较器的影响

为解决以上问题，可以采用具有滞回传输特性的比较器。滞回比较器具有滞回特性，因而也就具有一定的抗干扰能力。从反相输入端输入的滞回比较器电路如图 7-25(a)所示，滞回比较器电路中引入了正反馈。

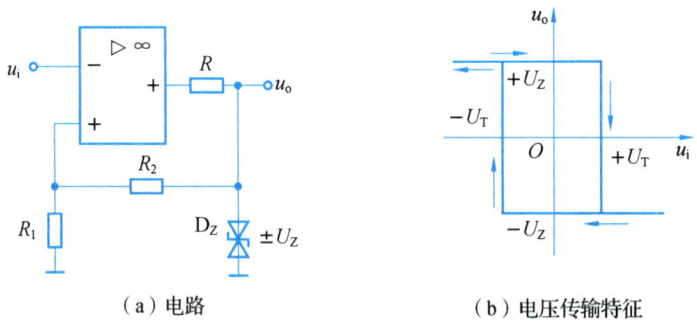

（a）电路　　　　　　　（b）电压传输特征

图 7-25　反相输入端输入的滞回比较器及其电压传输特性

从集成运放输出端的限幅电路可以看出，$u_o = \pm U_Z$。集成运放反相输入端电位 $u_- = u_i$，同相输入端电位

$$u_+ = \pm \frac{R_1}{R_1+R_2} U_Z \qquad (7-28)$$

令 $u_- = u_+$，求出的 u_i 就是阈值电压，因此得出两个阈值电压

$$U_{T1,2} = \pm \frac{R_1}{R_1+R_2} U_Z \qquad (7-29)$$

即 u_i 在增大过程中，若 $u_i < +U_T$，则 $u_o = +U_Z$。当 $u_i = +U_T$ 后再增大，则 u_o 从 $+U_Z$ 跃变为 $-U_Z$。u_i 在减小过程中，若 $u_i > -U_T$，则 $u_o = -U_Z$；当 $u_i = -U_T$ 后再减小，则 u_o 从 $-U_Z$ 跃变为 $+U_Z$。电路的电压传输特性如图 7-25(b) 所示。

若将电阻 R_1 接地端接参考电压 U_{REF}，如图 7-26(a) 所示，则同相输入端的电位为

$$u_+ = \frac{R_2}{R_1+R_2}U_{REF} \pm \frac{R_1}{R_1+R_2}U_Z \qquad (7-30)$$

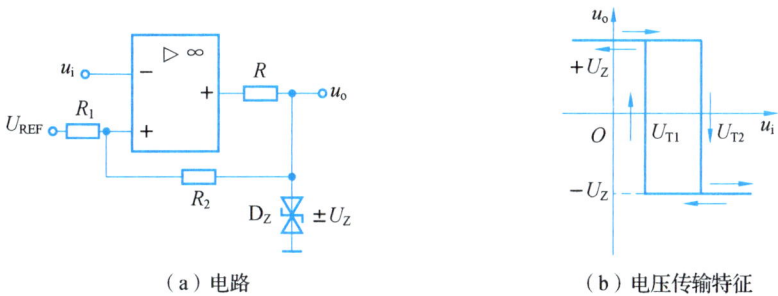

（a）电路　　　　　　　　　（b）电压传输特征

图 7-26　外加参考电压的反相滞回比较器

令 $u_- = u_+$，求出的 u_i 就是域值电压，因此得出

$$U_{T1} = \frac{R_2}{R_1+R_2}U_{REF} - \frac{R_1}{R_1+R_2}U_Z \qquad (7-31)$$

$$U_{T2} = \frac{R_2}{R_1+R_2}U_{REF} + \frac{R_1}{R_1+R_2}U_Z \qquad (7-32)$$

当 $U_{REF} > 0$ V 时，电路的电压传输特性如图 7-26(b) 所示。

如果将输入电压 u_i 接到集成运放的同相输入端，而将其反相输入端接不为零的参考电压 U_{REF}（也可以接地），就变成了同相滞回比较器，如图 7-27 所示。它的电压传输特性与反相滞回比较器的传输特性正好相反，其工作原理不再赘述，读者可以自行分析。

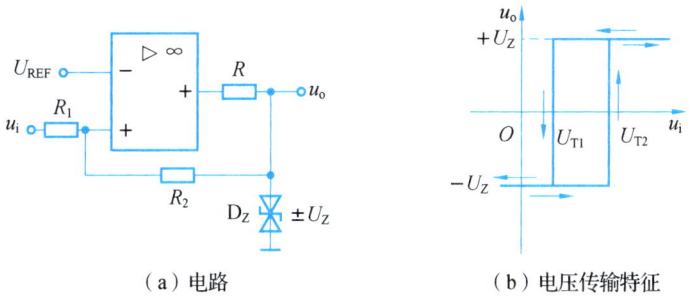

（a）电路　　　　　　　　　（b）电压传输特征

图 7-27　外加参考电压的同相滞回比较器

由上述分析可知，改变参考电压的大小和极性，滞回比较器的电压传输特性将产生水平方向的移动；改变稳压管的稳定电压可使电压传输特性产生垂直方向的移动。

【例 7-4】图 7-26 所示电路中，稳压管的稳定电压 $\pm U_Z = \pm 9$ V；$R_1 = 20$ kΩ；$R_2 = 40$ kΩ。

基准电压 $U_{REF}=3$ V；输入电压为图 7-28(b) 所示的正弦波。试画出输出电压 U_O 的波形图。

解： 输出高电平和低电平分别为 $\pm U_Z = \pm 9$ V，阈值电压为

$$U_T = \frac{R_2}{R_1+R_2}U_{REF} \pm \frac{R_1}{R_1+R_2}U_Z = \left(\frac{40}{20+40} \times 3 \pm \frac{20}{20+40} \times 9\right) V$$

$$U_{T1} = -1 \text{ V}, \quad U_{T2} = 5 \text{ V}$$

电压传输特性如图 7-28(a) 所示。

u_i 在增大过程中，若 $u_i < +5$ V，则 $u_o = +9$ V，若 $u_i > +5$ V，则 $u_o = -9$ V，u_i 在减小过程中，若 $u_i > -1$ V，则 $u_o = -9$ V，若 $u_i < -1$ V，则 $u_o = +9$ V，输出电压波形图如图 7-28(c)。

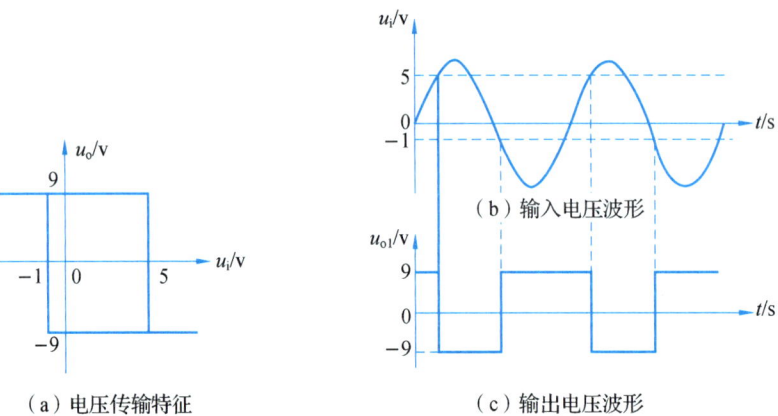

图 7-28 例 7-4 波形图

7.2.3 窗口比较器

在实际工作中，有时需要检测输入模拟信号的电平是否处在给定的两个阈值电平之间，这种比较器称为窗口比较器，或者称为双限比较器。

窗口比较器的一种电路如图 7-29 所示。外加参考电压 $U_{RH} > U_{RL}$，电阻 R_1、R_2 和稳压管 D_Z 构成限幅电路。

当输入电压 u_I 大于 U_{RH} 时，集成运放 A_1 的输出电压 $u_{o1} = +U_{OM}$。A_2 的输出电压 $u_{o2} = -U_{OM}$。使得二极管 D_1 导通，D_2 截止，电流通路如图 7-29 中实线所标注，稳压管 D_Z 工作在稳压状态，输出电压 $u_o = +U_Z$。

当 u_i 小于 U_{RL}，A_1 的输出 $u_{o1} = -U_{OM}$，A_2 的输出 $u_{o2} = +U_{OM}$，因此 D_2 导通，D_1 截止，电流通路如图中虚线所标注，D_Z 工作在稳压状态，u_o 仍为 $+U_Z$。

当 $U_{RL} < u_i < U_{RH}$ 时，$u_{o1} = u_{o2} = -U_{OM}$，所以 D_1 和 D_2 均截止，稳压管截止，$u_o = 0$。

U_{RH} 和 U_{RL} 分别为窗口比较器的两个阈值电压，设 U_{RH} 和 U_{RL} 均大于零，则图 7-29(a) 所示电流的电压传输特征如图 7-29(b) 所示。

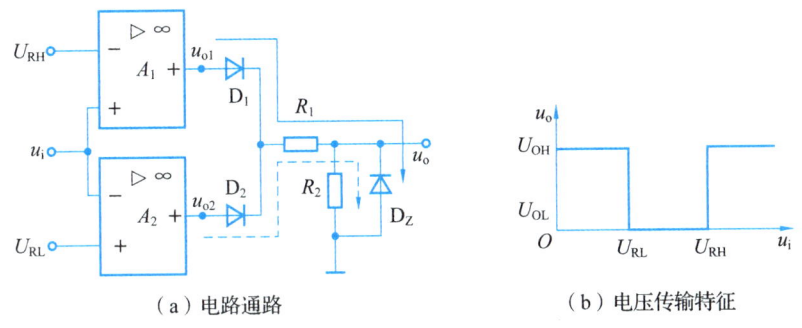

(a)电路通路　　　　　　　　(b)电压传输特征

图 7-29　窗口比较器及其电压传输特性

事实上,我们可以将窗口比较器看作是两个单限比较器共同作用的结果。

7.2.4　集成电压比较器

以上介绍的各种类型比较器,既可以由通用集成运放组成,也可以采用专用的集成电压比较器。如图 7-30 所示。

在实际工作中,选取通用还是专用电压比较器,需要考虑以下两个因素。

① 由于通用集成运放主要根据线性放大的要求进行设计,因此相对来说工作速度比较慢,而专用的集成电压比较器总是将缩短响应时间、提高工作速度作为设计的主要目标之一。如果要求得到同样的响应时间,一般情况下,专用集成电压比较器的价格比较低。

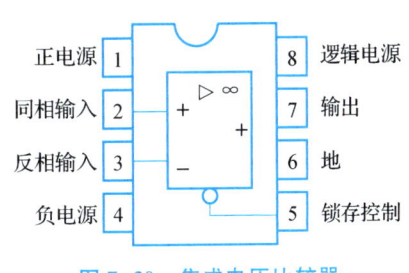

图 7-30　集成电压比较器

② 专用集成电压比较器的输出电平一般可直接与 TTL 等数字电路兼容,而通用集成运放的输出电平通常比较高,为石英数字电路的逻辑电平,常常需要另外增加限幅措施。

对集成电压比较器的主要要求有以下几方面。

① 应具有较高的开环差模增益 A_{od}。开环差模增益越高,则使比较器输出状态发生跳变所需加在输入端的差值电压越小,比较器的灵敏度越高。

② 应有较快的响应速度。比较器的一项重要指标是响应时间,其含义是当输入端加上一个阶跃电压时,输出电压从逻辑低电平变为逻辑高电平所需的时间。

③ 应有较高的共模抑制比和允许共模输入电压较高。在很多情况下,施加在比较器两个输入端的模拟输入电压和参考电压比较高,因此,比较器将承受较高的共模输入电压,如共模抑制比不够高,将会影响比较器的精度。

④ 要求失调电压、失调电流以及它们的温漂比较低。如果失调电压、失调电流较大,将影响比较器的精度。如果温度漂移较大,则将影响比较器的稳定性。

集成电压比较器的种类很多。按一个器件上所含有电压比较器的个数,可分为单、双和四电压比较器;按功能,可分为通用型、高速型、低功耗型和高精度型电压比较器;按输出方式，可分为普通、集电极(或漏极)开路输出或互补输出三种情况。集电极(或漏极)开路输出电路必须在输出端接一个电阻至电源。互补输出电路有两个输出端，若一个为高电平，则另一个必为低电平。

此外，还有的集成电压比较器带有选通端，用来控制电路是处于工作状态还是处于禁止状态。所谓工作状态，是指电路按电压传输特性工作；所谓禁止状态，是指电路不再按电压传输特性工作，从输出端看相当于开路，即处于高阻状态。

> **思考题**
> 1. 如果要提高电压比较器的灵敏度，可以采用什么方法？
> 2. 滞回比较器与一般单限比较器相比有哪些特点？

7.3　非正弦波发生电路

常用的非正弦波发生电路有矩形波发生电路、三角波发生电路以及锯齿波发生电路等等。在脉冲和数字系统中，它们常作为信号源。

与前面介绍的正弦波振荡电路相比，非正弦波发生电路的电路组成、工作原理以及分析方法有着明显的区别。

7.3.1　矩形波发生器

矩形波发生电路是其他非正弦波发生电路的基础。当方波电压加在积分运算电路的输入端时，输出就获得三角波电压；而如果改变积分运算电路正向积分和反向积分的时间常数，使某一方向的积分常数趋于零，就能够获得锯齿波。

7.3.1.1　电路组成及工作原理

电压比较器是矩形波发生器的重要组成部分。因为电路产生振荡，输出的两种状态自动地相互转换，所以电路中必须引入反馈；因为输出状态应按一定的时间间隔交替变化，即产生周期性变化，所以电路中要有延迟环节来确定每种状态维持的时间。图 7-31 所示为矩形波发生电路，它由反相输入的滞回比较器和 RC 电路组成。RC 回路既作为延迟环节，又作为反馈网络，通过 RC 充、放电实现输出状态的自动转换。

图中滞回比较器的输出电压 $u_o = \pm U_Z$，阈值电压为

$$U_T = \pm \frac{R_1}{R_1 + R_2} U_Z \tag{7-33}$$

因而电压传输特性如图 7-32 所示。

第7章 信号发生与信号处理电路

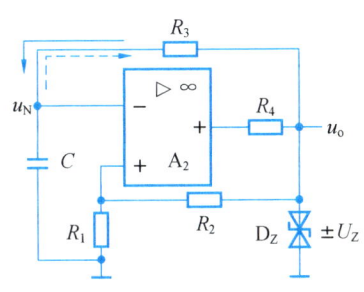

图7-31 矩形波发生电路

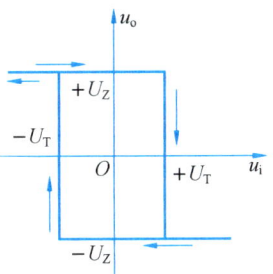

图7-32 电压传输特性

设某一时刻输出电压 $u_o=+U_Z$,则同相输入端电位 $u_+=+U_T$。u_o 通过 R_3 对电容 C 正向充电,如图中实线箭头所示。反相输入端电位 u_- 随时间 t 增长而逐渐升高,当 t 趋近于无穷时,u_- 趋于$+U_Z$;但是,一旦 $u_N=+U_T$,再稍增大,u_o 就从$+U_Z$ 跃变为$-U_Z$,与此同时 u_+ 从$+U_Z$ 跃变为$-U_Z$。随后 u_o 又通过 R_3 对电容 C 反向充电,或者说放电,如图中虚线箭头所示。反相输入端电位 u_- 随时间 t 增长而逐渐降低,当 t 趋近于无穷时,u_- 趋于$-U_Z$;但是,一旦 $u_-=-U_T$,再稍减小,u_o 就从$-U_Z$ 跃变为$+U_Z$,与此同时 u_+ 从$-U_Z$ 跃变为$+U_Z$。电容又开始正向充电。上述过程周而复始,电路产生了自激振荡。

7.3.1.2 波形分析及主要参数

由于图7-31所示电路中电容正向充电与反向充电的时间常数均为 R_3C,而且,充电的总幅值也相等,因而在一个周期内 $u_o=+U_Z$ 的时间与 $u_o=-U_Z$ 的时间相等,u_o 为对称的方波,所以也称为该电路为方波发生电路。电容上电压 u_C(即集成运放反相输入端电位 u_-)和电路输出电压 u_o 波形如图7-33所示。矩形波的宽度 T_k 与周期 T 之比称为占空比,因此 u_o 是占空比为1/2的矩形波。

根据电容上电压波形可知,在二分之一周期内,电容充电的起始值为$-U_T$,终了值为$+U_T$,时间常数为 R_3C;时间 t 趋近于无穷时,u_C 趋于$+U_Z$,利用一阶RC电路的三要素法可列出方程

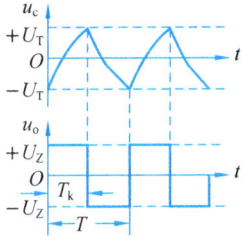

图7-33 矩形波发生电路的波形图

$$+U_T=(U_Z+U_T)(1-e^{-(T/2R_3C)})+(-U_T) \quad (7-34)$$

将式(7-33)代入式(7-34),即可求出振荡周期

$$T=2R_3C\ln\left(1+\frac{2R_1}{R_2}\right) \quad (7-35)$$

振荡频率 $f=1/T$。通过以上分析可知,调整电压比较器的电路参数 R_1、R_2 和 U_Z 可以改变方波发生电路的振荡幅值,调整电阻 R_1、R_2、R_3 和电容 C 的数值可以改变电路的振荡频率。

7.3.1.3 占空比可调电路

通过对方波发生电路的分析,可以想象,欲改变输出电压的占空比,就必须使电容正向和反向充电的时间常数不同,即两个充电回路的参数不同。利用二极管的单向导电性可以引导电流流经不同的通路,占空比可调的矩形波发生电路如图7-34(a)所示,电容上的电压和

217

输出电压波形如图 7-34(b)所示。

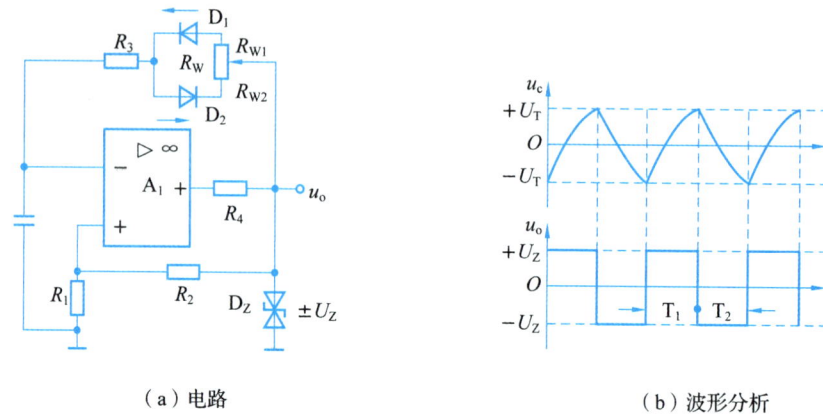

（a）电路　　　　　　　　　　（b）波形分析

图 7-34　占空比可调的矩形波发生电路

当 $u_o = +U_Z$ 时，u_o 通过 R_{w1}、D_1 和 R_3 对电容 C 正向充电，若忽略二极管导通时的等效电阻，则时间常数 $\tau_1 \approx (R_{w1}+R_3)C$。

当 $u_o = -U_Z$ 时，u_o 通过 R_{w2}、D_2 和 R_3 对电容 C 反向充电，若忽略二极管导通时的等效电阻，则时间常数 $\tau_2 \approx (R_{w2}+R_3)C$。

利用一阶 RC 电路的三要素法可以解得

$$T_1 = \tau_1 \ln\left(1+\frac{2R_1}{R_2}\right), \quad T_2 = \tau_2 \ln\left(1+\frac{2R_1}{R_2}\right)$$

$$T = T_1 + T_2 = (R_w + 2R_3)C \ln\left(1+\frac{2R_1}{R_2}\right) \tag{7-36}$$

7.3.2　三角波发生电路

7.3.2.1　电路组成

将方波发生电路的输出电压作为积分运算电路的输入，则在积分运算电路的输出端就得到三角波电压，如图 7-35 所示。当方波发生电路的输出电压 $u_{o1} = +U_Z$ 时，积分运算电路的输出电压 u_o 将线性下降；而当 $u_{o1} = -U_Z$ 时，u_o 将线性上升，波形如图 7-35(b)所示。

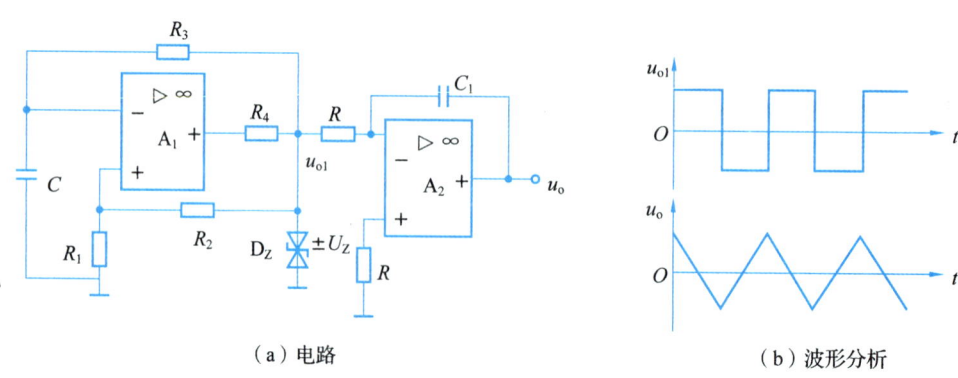

（a）电路　　　　　　　　　　（b）波形分析

图 7-35　采用波形变换的方法得到的三角波

在实用电路中，一般采用如图 7-36 所示电路获得三角波。此时，滞回比较器为同相输入。

7.3.2.2 工作原理

在图 7-36 所示电路中，滞回比较器的输出电压 $u_{o1} = \pm U_Z$，它的输入电压是积分电路的输出电压 u_o，根据叠加原理，集成运放 A_1 同相输入端的电位为

$$u_{+1} = \frac{R_2}{R_1+R_2} u_o + \frac{R_1}{R_1+R_2} u_{o1} = \frac{R_2}{R_1+R_2} u_o \pm \frac{R_1}{R_1+R_2} U_Z$$

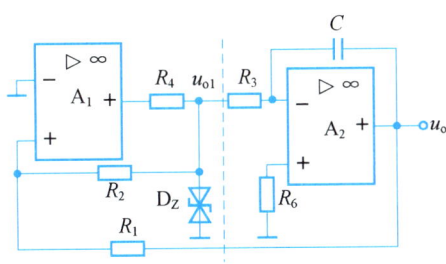

图 7-36 三角波发生电路

因此，滞回比较器的电压传输特性如图 7-37 所示。

令 $u_{+1} = u_{-1} = 0$，则阈值电压

$$U_T = \pm \frac{R_1}{R_2} U_Z \tag{7-37}$$

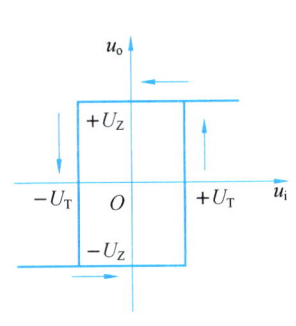

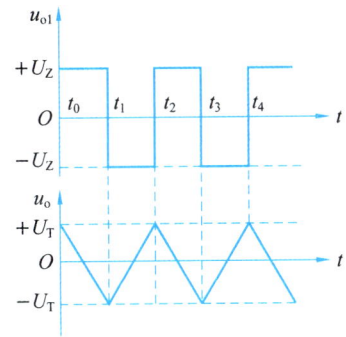

图 7-37 三角波的电压传输特性　　图 7-38 三角波-方波发生电路的波形图

积分运算电路的输入电压是滞回比较器的输出电压 u_{o1}，所以，当 $t = t_1$ 时，输出电压的表达式为

$$u_o = -\frac{1}{R_3 C} u_{o1} (t - t_0) + u_o(t_0) \tag{7-38}$$

式(7-38)中 $u_o(t_0)$ 为 u_o 初态时的输出电压。设初态时 u_{o1} 正好从 $-U_Z$ 跃变为 $+U_Z$。此时，积分电路反向积分，u_o 随时间的增长线性下降。表达式为

$$u_o = -\frac{1}{R_3 C} U_Z (t_1 - t_0) + u_o(t_0) \tag{7-39}$$

对比较器而言，一旦 $u_o = -U_T$，再稍减小，u_{o1} 将从 $+U_Z$ 跃变为 $-U_Z$。此时，积分电压正向积分，u_o 随时间的增长线性增大，当 $t=t_2$ 时，式(7-39)变为

$$u_o = \frac{1}{R_3 C} U_Z (t_2 - t_1) + u_o(t_1) \tag{7-40}$$

$u_o(t_1)$ 为 u_{o1} 产生跃变时的输出电压。一旦 $u_o = +U_T$，再稍增大，u_{o1} 就会从 $-U_Z$ 跃变为 $+U_Z$，回到初态，积分电路又开始反向积分。电路重复上述过程，因此产生自激振荡。

由以上分析可知，u_o 是三角波，幅值为 $\pm U_T$；u_{o1} 是方波，幅值为 $\pm U_Z$，如图 7-38 所示，因此，也可称图 7-36 所示的电路为三角波-方波发生电路。由于积分电路引入了深度电压负反馈，所以在负载电阻相当大的变化范围里，三角波电压几乎不变。

7.3.2.3 振荡频率

根据波形可知，正向积分的起始值为 $-U_T$，终了值为 $+U_T$，积分时间为二分之一周期即 $\frac{1}{2}T$，将它们代入式(7-40)，得出

$$+U_T = \frac{1}{R_3 C} U_Z \frac{T}{2} + (-U_T)$$

式中：$U_T = \frac{R_1}{R_2} U_Z$，经整理可得振荡周期为

$$T = \frac{4 R_1 R_3 C}{R_2} \tag{7-41}$$

振荡频率为

$$f = \frac{R_2}{4 R_1 R_3 C} \tag{7-42}$$

调节电路中 R_1、R_2、R_3 的阻值和 C 的容量，可以改变振荡频率；而调节 R_1 和 R_2 的阻值，可以改变三角波的幅值。

7.3.3 锯齿波发生电路

如果图 7-36 所示的积分运算电路正向积分的时间常数远大于反向积分的时间常数，或者反向积分的时间常数远大于正向积分的时间常数，那么输出电压 u_o 上升和下降的斜率相差很多，就可以获得锯齿波。利用二极管的单向导电性使积分运算电路两个方向的积分通路不同，就可得到锯齿波发生电路，如图 7-39(a) 所示。图中 R_3 的阻值远小于 R_W。

设二极管导通时的等效电阻可忽略不计。电位器的滑动端移到最上端，直线的斜率为 $-\frac{U_Z}{R_3 C}$；当电位器的滑动端移到最下端时，直线的斜率为 $\frac{U_Z}{(R_3 + R_W) C}$。

u_{o1} 和 u_o 的波形如图 7-39(b) 所示。因为 R_3 的阻值远小于 R_W，可以认为 $T \approx T_2$。

可得 u_{o1} 的占空比公式：

$$\frac{T_1}{T} = \frac{R_3}{2 R_3 + R_W}$$

调整 R_1 和 R_2 的阻值可以改变锯齿波的幅值；调整 R_1、R_2 和 R_W 的阻值以及 C 的容量，

可以改变振荡周期；调整电位器滑动端的位置，可以改变 u_{o1} 的占空比，以及锯齿波上升和下降的斜率。

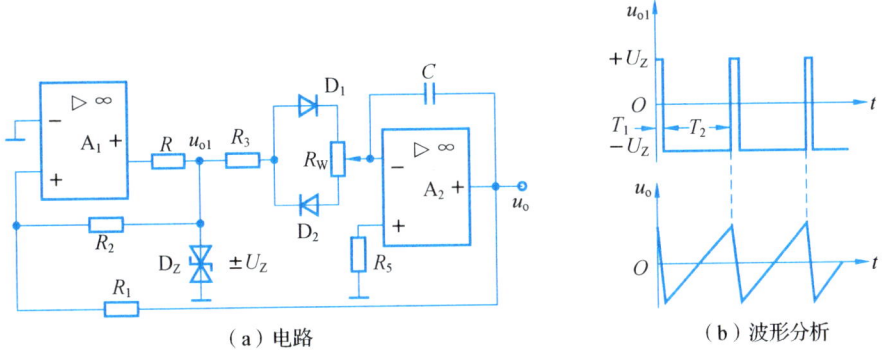

图 7-39　锯齿波发生电路及其波形分析

7.3.4　函数发生器

前面讨论了由分立元器件或局部集成器件组成的正弦波和非正弦波信号产生电路，这里介绍的函数发生器 ICL8038 是一种可以同时产生方波、三角波和正弦波的专用集成电路。当调节外部电路参数时，还可以获得占空比可调的矩形波和锯齿波。因此，函数发生器广泛用于仪器仪表之中。外部引脚如图 7-40 所示。

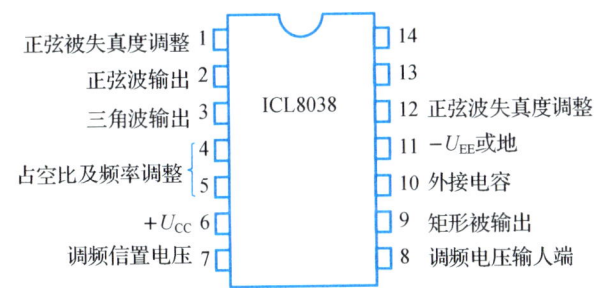

图 7-40　ICL8038 的外部引脚图

ICL8038 是性能优良的集成函数发生器。可用单电源供电，即将引脚 11 接地，引脚 6 接 $+U_{CC}$，U_{CC} 为 10~30 V；也可双电源供电，即将引脚 11 接 $-U_{EE}$，引脚 6 接 $+U_{CC}$，它们的值为 ±5~±15 V，频率的可调范围为 0.001 Hz~300 kHz。

输出矩形波的占空比可调范围为 2%~98%，上升时间为 180 ns，下降时间为 40 ns。输出三角波的非线性小于 0.05%。输出正弦波的失真度小于 1%。

图 7-41 是 ICL8038 最常见的两种基本接法，矩形波输出端为集电极开路形式，需外接电阻 R_L 至 $+U_{CC}$。在图 7-41(a) 中，R_A 和 R_B 可分别独立调整，在图 7-41(b) 所示电路中，通过改变电位器 R_W 滑动端的位置来调整 R_A 和 R_B 的数值。

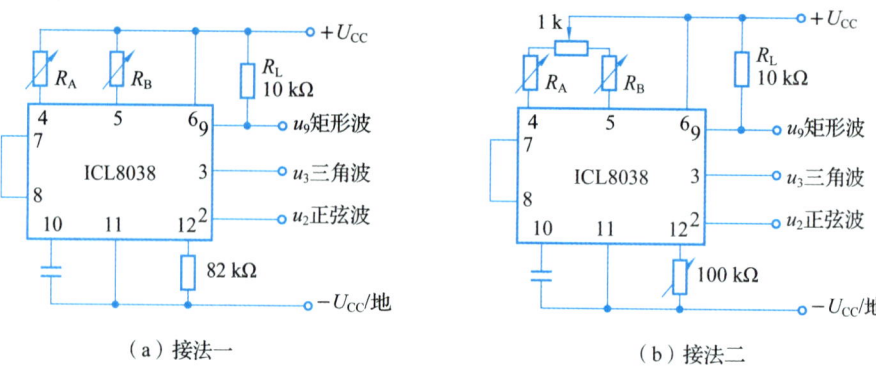

(a) 接法一　　　　　　　　　（b) 接法二

图 7-41　ICL8038 的两种基本接法

> **思考题**
> 1. 如何调节矩形波发生电路的占空比？如何调节阈值电压？
> 2. 函数发生器 ICL8038 有什么特点？

7.4　信号处理电路

7.4.1　有源滤波电路

有源滤波电路(也称滤波器)是一种信号处理电路，电路中采用集成运放作放大元件，故称为有源电路。在有源滤波电路中，集成运放工作在线性工作区。

7.4.1.1　概述

在电子电路传输的信号中，往往包含多种频率的正弦波分量。除有用频率的分量外，还有无用的甚至是对电子电路工作产生不利影响的频率分量，如高频干扰和噪声，严重时完全淹没掉有用信号。滤波器的作用就是允许一定频率范围内的有用信号顺利通过，而抑制或削弱(即滤除)那些不需要的频率分量，简称"滤波"。工程上常将它用于信号处理、数据传送和抑制干扰等。滤波电路的种类很多，本节仅介绍由集成运放和 RC 网络组成的有源滤波电路。

按照滤波电路的工作频率为其命名，分为低通滤波器(LPF)，高通滤波器(HPF)，带通滤波器(BPF)，带阻滤波器(BEF)和全通滤波器(APF)。

允许低频信号通过而使高频信号衰减的滤波电路称为低通滤波器。它可以作为直流电源整流后的滤波电路，以便得到平滑的直流电压。

允许高频信号通过而使低频信号衰减的滤波电路称为高通滤波器。该电路可以作为交流放大电路的耦合电路，隔离直流成分，削弱低频信号，只放大输入的高频信号。

允许某一频段的信号通过，使低于下限截止频率或者高于上限截止频率的信号全部都衰减的滤波电路称为带通滤波器。常用于载波通信或弱信号提取等场合，以提高信噪比。

只衰减某一频段的信号，而对其他频率的信号都允许通过的滤波电路称为带阻滤波器，用于在已知干扰或噪声频率的情况下，阻止其通过的情况。

全通滤波器对于频率从零到无穷大的信号具有同样的比例系数，但对于不同频率的信号将产生不同的相移。

描述滤波电路性能特点的参数是滤波器传输信号的幅度与频率变化的关系，一般称为幅度频率特性，简称幅频特性。理想滤波电路的幅频特性如图 7-42 中的虚线所示。其中允许信号通过的频段称为通带，将信号衰减到零的频段称为阻带。

实际上，任何滤波器均不可能具备图 7-42 中虚线所示的幅频特性，在通带和阻带之间存在着过渡带。实际的幅频特性如图 7-42 中实线所示。过渡带愈窄，电路的选择性愈好，滤波特性愈理想。

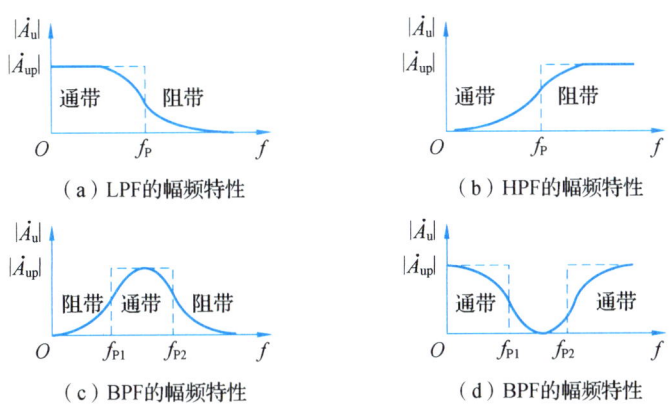

图 7-42　理想滤波电路的幅频特性

（1）无源滤波电路

若滤波电路仅由无源元件(电阻，电容，电感)组成，则称为无源滤波电路。以一阶 RC 低通滤波器为例。如图 7-43 所示。

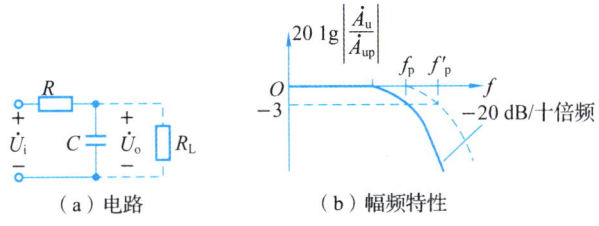

图 7-43　RC 低通滤波器及其幅频特性

通带中输出电压与输入电压之比 $\dot{A}_{up}$ 称为通带放大倍数。则 $\dot{A}_{up}=1$
该电路的电压放大倍数为

$$\dot{A}_u = \frac{\dot{U}_o}{\dot{U}_i} = \frac{\frac{1}{j\omega C}}{R+\frac{1}{j\omega C}} = \frac{1}{1+j\omega RC} \tag{7-43}$$

截止频率 $f_p = \dfrac{1}{2\pi RC}$，则

$$\dot{A}_u = \dfrac{\dot{A}_{up}}{1+j\dfrac{f}{f_p}} \qquad (7-44)$$

电路的幅频特性如图 7-43(b)实线所示。

当图 7-43(a)所示的电路接上负载后(如图中虚线所示)，电压放大倍数变为

$$\dot{A}_u = \dfrac{\dot{U}_o}{\dot{U}_i} = \dfrac{R_L // \dfrac{1}{j\omega C}}{R + R_L // \dfrac{1}{j\omega C}} = \dfrac{\dfrac{R_L}{R+R_L}}{1+j\omega(R // R_L)C} \qquad (7-45)$$

其中，通带放大倍数为

$$\dot{A}_{up} = \dfrac{R_L}{R+R_L} \qquad (7-46)$$

截止频率为

$$f_p = \dfrac{1}{2\pi(R // R_L)C} \qquad (7-47)$$

式(7-46)和式(7-47)表明，带负载后，通带放大倍数的数值减小，通带截止频率升高。无源滤波电路的通带放大倍数及其截止频率都随负载而变化，这一缺点常常不符合信号处理的要求，因而产生有源滤波电路。

(2) 有源滤波电路

为了使负载不影响滤波特性，可在无源滤波电路和负载之间加一个高输入电阻低输出电阻的隔离电路，最简单的方法就是加一个电压跟随器，如图 7-44 所示，这样就构成了有源滤波电路。

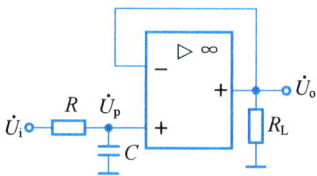

图 7-44 有源低通滤波电路

由 $\dot{U}_o = \dot{U}_p$ 可知，该电路的电压放大倍数同式(7-44)。

在集成运放功耗允许的情况下，负载变化，放大倍数的表达式不变，因此频率特性不变。

7.4.1.2 低通滤波电路

(1) 一阶同相输入低通滤波电路

如图 7-45 所示电路为有源低通滤波器，RC 为无源低通滤波电路，输入信号通过它加到同相比例运算电路的输入端，即集成运放的同相输入端，因电路引入了深度电压负反馈。其输出电压为

$$\dot{U}_o = \left(1+\frac{R_2}{R_1}\right)\dot{U}_p = \left(1+\frac{R_2}{R_1}\right)\frac{1}{1+j\omega RC}\dot{U}_i$$

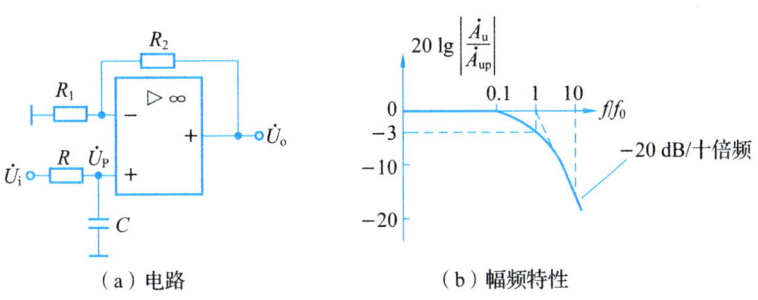

（a）电路　　　　　　　（b）幅频特性

图 7-45　一阶低通滤波电路

则电压放大倍数为

$$\dot{A}_u = \frac{\dot{U}_o}{\dot{U}_i} = \left(1+\frac{R_2}{R_1}\right)\frac{1}{1+j\omega RC} \tag{7-48}$$

通带放大倍数

$$\dot{A}_{up} = 1+\frac{R_2}{R_1} \tag{7-49}$$

其特征频率（也称固有频率）为

$$f_0 = \frac{1}{2\pi RC}$$

得出电压放大倍数

$$\dot{A}_u = \frac{\dot{A}_{up}}{1+\dfrac{jf}{f_0}} \tag{7-50}$$

当 $f=f_0$ 时，$|\dot{A}_u| = \dfrac{|\dot{A}_{up}|}{\sqrt{2}}$，故通带截止频率 $f_p = f_0$。幅频特性如图 7-45（b）所示，当 $f \gg f_p$ 时，曲线按 -20 dB/十倍频下降。

（2）简单二阶同相输入低通滤波电路

一阶电路的过渡带较宽，幅频特性的最大衰减斜率仅为 -20 dB/十倍频。增加 RC 环节，可加大衰减斜率。图 7-46 所示为简单二阶低通滤波电路。

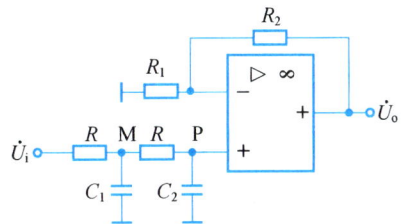

图 7-46　同相输入简单二阶低通滤波电路

其通带放大倍数与一阶电路相同，其输出电压为

$$\dot{A}_u = \left(1+\frac{R_2}{R_1}\right) \cdot \frac{\dot{U}_p}{\dot{U}_i} = \left(1+\frac{R_2}{R_1}\right) \cdot \frac{\dot{U}_p}{\dot{U}_M} \cdot \frac{\dot{U}_M}{\dot{U}_i} \tag{7-51}$$

当 $C_1 = C_2 = C$ 时，

$$\frac{\dot{U}_p}{\dot{U}_M} = \frac{1}{1+j\omega RC}$$

$$\frac{\dot{U}_M}{\dot{U}_i} = \frac{\frac{1}{j\omega C} // \left(R+\frac{1}{j\omega C}\right)}{R+\left[\frac{1}{j\omega C} // \left(R+\frac{1}{j\omega C}\right)\right]}$$

代入式(7-51)，整理可得

$$\dot{A}_u = \left(1+\frac{R_2}{R_1}\right)\frac{1}{1+3j\omega RC+(j\omega RC)^2} \tag{7-52}$$

令 $f_0 = \frac{1}{2\pi RC}$，得出电压放大倍数表达式为

$$\dot{A}_u = \frac{1+R_2/R_1}{1-\left(\frac{f}{f_0}\right)^2 + \frac{3jf}{f_0}} \tag{7-53}$$

令式(7-53)右边分母的模等于 $\sqrt{2}$，可解出通带截止频率

$$f_p \approx 0.37 f_0$$

简单二阶同相输入低通滤波电路幅频特性如图 7-47 所示。虽然衰减斜率达 -40 dB/十倍频，但是 f_p 远离 f_0。若使 $f=f_0$ 附近的电压放大倍数数值增大，则可使 $f_p \rightarrow f_0$，滤波特性趋于理想。从第 6 章所学知识可知，引入正反馈，可以增大放大倍数。

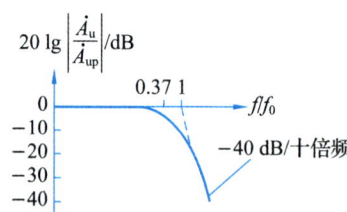

图 7-47 简单二阶低通滤波电路的幅频特性

在式(7-53)中，当 $f=f_0$(f_0 为特征频率)时，有

$$\dot{A}_o = \frac{1+R_2/R_1}{j3} = \frac{\dot{A}_{up}}{j3}$$

则

$$|\dot{A}_u| = \left|\frac{\dot{A}_{up}}{j3}\right| = Q|\dot{A}_{up}|$$

其中

$$Q = \frac{1}{3} = \frac{|\dot{A}_u|}{|\dot{A}_{up}|}$$

因此，Q 表示 $f=f_o$ 时，滤波电路的电压放大倍数与通带放大倍数之比。Q 值不同时，滤波电路的对数幅频特性不同，这与谐振回路的品质因数类似，故 Q 又称为等效品质因数。

【例 7-5】设图 7-46 所示二阶低通滤波电路的通带截止频率 $f_p = 100$ kHz，$f=f_o$，$|\dot{A}_u|=1$。试确定特征频率 f_o 及电路中电阻 R_1 与 R_2 的关系。

解：因为 $f_p = 0.37 f_o$，所以 $f_o = \dfrac{f_p}{0.37} = \dfrac{100 \times 10^3}{0.37} = 270$ kHz。远大于截止频率，对数幅频特性衰减快，通带变窄。

因为
$$Q = \frac{|\dot{A}_u|}{|\dot{A}_{up}|} = \frac{1}{3}$$

所以
$$|\dot{A}_{up}| = \frac{|\dot{A}_u|}{Q} = 3|\dot{A}_u| = 3$$

而
$$\dot{A}_{up} = 1 + \frac{R_2}{R_1}$$

故
$$1 + \frac{R_2}{R_1} = 3$$

得
$$R_2 = 2R_1$$

（3）一阶反相输入低通滤波电路

图 7-48 所示为一阶反相输入低通滤波器电路。其电压放大倍数为

$$\dot{A}_u = \frac{\dot{U}_o}{\dot{U}_i} = -\frac{R_2 /\!/ \dfrac{1}{j\omega C}}{R_1} = -\frac{R_2}{R_1} \cdot \frac{1}{1 + j\omega R_2 C} \tag{7-54}$$

通带放大倍数

$$\dot{A}_{up} = -\frac{R_2}{R_1} \tag{7-55}$$

通带截止频率

$$f_p = \frac{1}{2\pi R_2 C}$$

则
$$\dot{A}_u = \frac{\dot{A}_{up}}{1 + \dfrac{jf}{f_0}} \tag{7-56}$$

幅频特性如图 7-45(b)。

（4）二阶反相输入低通滤波电路

与同相输入电路类似，增加 RC 环节可以使滤波器的过渡带变窄，衰减斜率的值加大，如图 7-49 所示。为了改善 f_0 附近的频率特性，也可采用与多路反馈的方法。

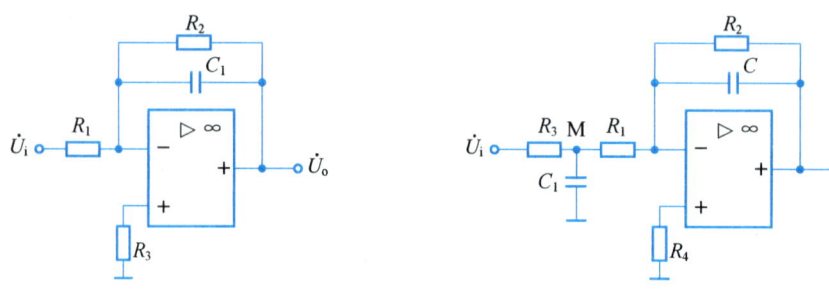

图 7-48　一阶反相输入低通滤波电路　　图 7-49　简单二阶反相输入低通滤波电路

$$\frac{\dot{U}_o}{\dot{U}_M} = -\frac{R_2 // \dfrac{1}{j\omega C}}{R_1} = -\frac{R_2}{R_1} \cdot \frac{1}{1+j\omega R_2 C}$$

电路的放大倍数

$$\dot{A}_u = \frac{\dot{U}_o}{\dot{U}_i} = \frac{\dot{U}_M}{\dot{U}_i} \cdot \frac{\dot{U}_o}{\dot{U}_M} = \frac{R_1 // \dfrac{1}{j\omega C_1}}{R_3 + R_1 // \dfrac{1}{j\omega C_1}} \cdot \left(-\frac{R_2}{R_1} \cdot \frac{1}{1+j\omega R_2 C}\right)$$

$$\dot{A}_u = \frac{-\dfrac{R_2}{R_1+R_3}}{(j\omega)^2 (R_1 // R_3) R_2 C_1 C + (j\omega)[(R_1 // R_3) C_1 + R_2 C] + 1} \tag{7-57}$$

可得截止频率

$$f_p = \frac{1}{2\pi \sqrt{(R_1 // R_3) R_2 C_1 C}} \tag{7-58}$$

7.4.1.3　高通滤波电路

（1）一阶高通滤波电路

高通滤波电路与低通滤波电路具有对偶性，如果将图所示电路中滤波环节的电容替换成电阻，电阻替换成电容，就得到一阶高通滤波器。图 7-50（a）所示电路为一阶有源高通滤波器。其电压放大倍数为：

$$\dot{A}_u = \frac{\dot{U}_o}{\dot{U}_i} = \left(1 + \frac{R_f}{R_1}\right) \cdot \frac{R}{R + \dfrac{1}{(j\omega C)}} = \left(1 + \frac{R_f}{R_1}\right) \cdot \frac{j\omega RC}{1+j\omega RC} \tag{7-59}$$

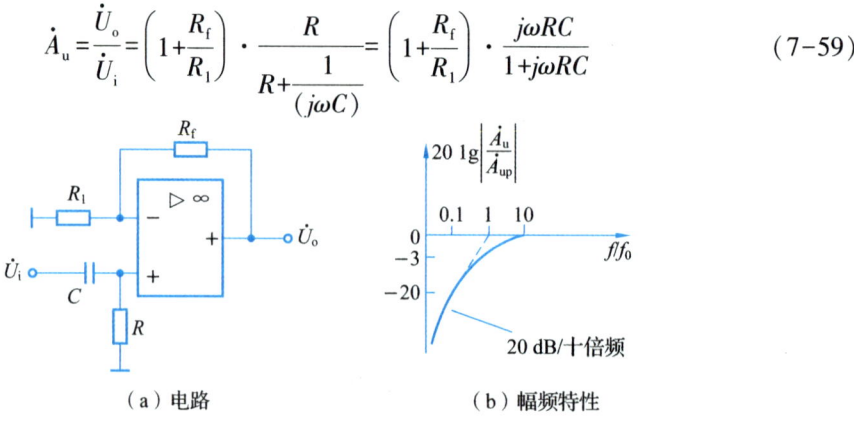

（a）电路　　　　　　　　（b）幅频特性

图 7-50　一阶高通滤波电路

特征频率为
$$f_0 = \frac{1}{2\pi RC}$$

通带放大倍数为
$$\dot{A}_{up} = 1 + \frac{R_f}{R_1} \tag{7-60}$$

则
$$\dot{A}_u = \dot{A}_{up} \cdot \frac{j\frac{f}{f_0}}{1 + j\frac{f}{f_0}} \tag{7-61}$$

幅频特性如图 7-50(b)所示。

(2) 二阶高通滤波电路

图 7-51 所示为压控电压源二阶高通滤波电路。

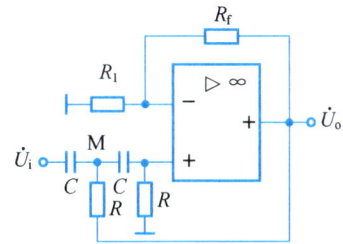

图 7-51 压控电压源二阶高通滤波电路

其电压放大倍数为
$$\dot{A}_u = \left(1 + \frac{R_f}{R_1}\right) \cdot \frac{(j\omega RC)^2}{1 + \left[3 - \left(1 + \frac{R_f}{R_1}\right)\right]j\omega RC + (j\omega RC)^2} \tag{7-62}$$

其中通带放大倍数为
$$\dot{A}_{up} = 1 + \frac{R_f}{R_1} \tag{7-63}$$

截止频率为
$$f_p = \frac{1}{2\pi RC} \tag{7-64}$$

品质因数为
$$Q = \frac{1}{3 - \dot{A}_{up}} \tag{7-65}$$

7.4.1.4 带通滤波和带阻滤波电路

(1) 带通滤波电路

将低通滤波器和高通滤波器串联，如图 7-52(a)所示，就可得到带通滤波器。图 7-52(b)、7-52(c)分别具有低通和高通电路的特性。如果设前者的截止频率为 f_{p1}，后者的截止频率为 f_{p2}，$f_{p2} < f_{p1}$，则通频带为 ($f_{p1} - f_{p2}$)，得到如图 7-52(d)所示的带通特性。这种滤波器

模拟电子技术

只适用于宽带的带通情况。对于窄带，元件的变化会使通带产生很大的误差。实用电路中也采用单个集成运放构成压控电压源二阶带通滤波电路。如图 7-53 所示。

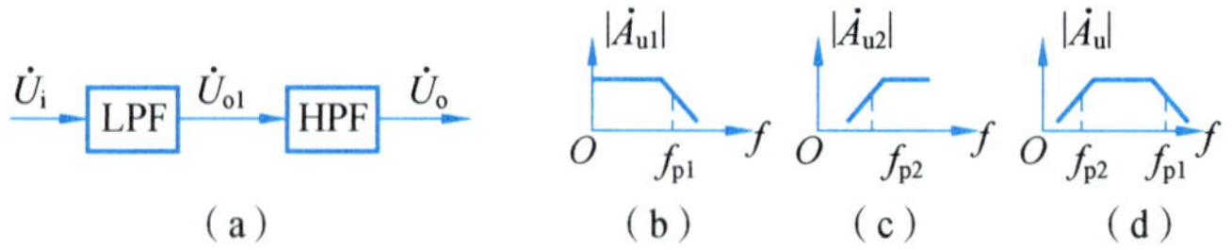

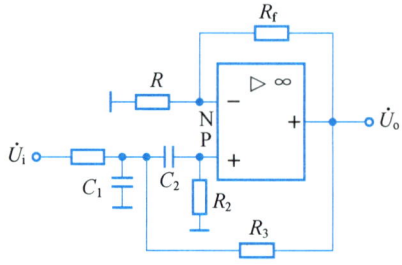

图 7-52 由低通滤波器和高通滤波器串联组成的带通滤波器

图 7-53 压控电压源二阶带通滤波器

$\dot{U}_p$ 为同相比例运算电路的输入，则其比例系数为

$$\dot{A}_{uf} = \frac{\dot{U}_o}{\dot{U}_p} = 1 + \frac{R_f}{R_1} \tag{7-66}$$

当 $C_1 = C_2 = C$，$R_1 = R$，$R_2 = 2R$ 时，电路的电压放大倍数为

$$\dot{A}_u = \dot{A}_{uf} \cdot \frac{j\omega RC}{1 + [3 - \dot{A}_{uf}]j\omega RC + (j\omega RC)^2} \tag{7-67}$$

令中心频率为 $f_0 = \dfrac{1}{2\pi RC}$，则电压放大倍数为

$$\dot{A}_u = \frac{\dot{A}_{uf}}{3 - \dot{A}_{uf}} \cdot \frac{1}{1 + \dfrac{j\left(\dfrac{f}{f_0} - \dfrac{f_0}{f}\right)}{(3 - \dot{A}_{uf})}} \tag{7-68}$$

当 $f = f_0$ 时，得出通带放大倍数为

$$\dot{A}_{up} = \frac{\dot{A}_{uf}}{3 - \dot{A}_{uf}} = \dot{Q}A_{uf}$$

令式 (7-68) 分母的模为 $\sqrt{2}$，即

$$\left| \frac{1}{3 - \dot{A}_{uf}} \left(\frac{f_p}{f_0} - \frac{f_0}{f_p} \right) \right| = 1$$

解得下限截止频率 f_{p1} 和上限截止频率 f_{p2} 分别为

$$f_{p1} = \frac{f_0}{2} [\sqrt{(3 - \dot{A}_{uf})^2 + 4} - (3 - \dot{A}_{uf})] \tag{7-69}$$

$$f_{p2}=\frac{f_0}{2}[\sqrt{(3-\dot{A}_{uf})^2+4}+(3-\dot{A}_{uf})] \qquad (7-70)$$

因此，通频带为

$$f_{bw}=f_{p2}-f_{p1}=(3-\dot{A}_{uf})f_0=\frac{f_0}{Q} \qquad (7-71)$$

电路的幅频特性如图 7-54 所示。由图 7-54 可知，Q 值愈大，通带放大倍数数值愈大，频带愈窄，选频特性愈好。调整电路的 $\dot{A}_{up}$，能够改变频带宽度。

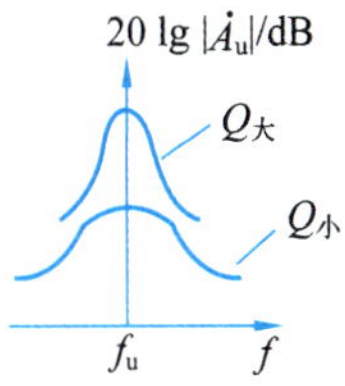

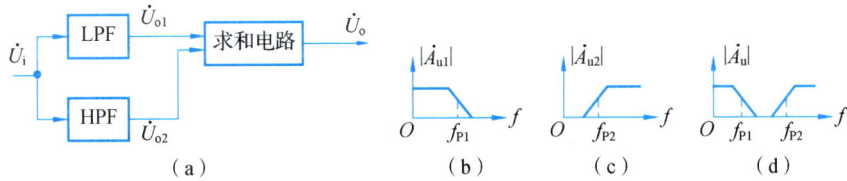

图 7-54　压控电压源二阶带通滤波器的幅频特性

（2）带阻滤波器

将输入电压同时作用于低通滤波器和高通滤波器，再将两个电路的输出电压求和，就可以得到带阻滤波器，如图 7-55(a) 所示，图 7-55（b）、7-55（c）分别具有低通和高通电路的特性。如果设前者的截止频率为 f_{p1}，后者的截止频率为 f_{p2}，当满足 $f_{p2}>f_{p1}$，则阻带为 $(f_{p2}-f_{p1})$。可以得到如图 7-55(d) 所示的带阻特性。

图 7-55　由低通滤波器和高通滤波器组成的带阻滤波器的方框图

实用电路常利用无源 LPF 和 HPF 并联构成无源带阻滤波电路，然后接同相比例运算电路，从而得到有源带阻滤波电路。常用的带阻滤波器如图 7-56 所示，其通带放大倍数为

$$\dot{A}_{up}=1+\frac{R_f}{R_1} \qquad (7-72)$$

电压放大倍数为

$$\dot{A}_u=\dot{A}_{up}\frac{1+(j\omega RC)^2}{1+2(2-\dot{A}_{up})j\omega RC+(j\omega RC)^2} \qquad (7-73)$$

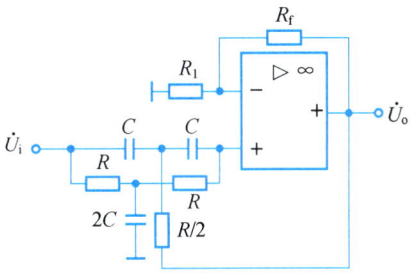

图 7-56　常用有源带阻滤波电路

令中心频率为 $f_0=\dfrac{1}{2\pi RC}$，则电压放大倍数为

$$\dot{A}_u=\dot{A}_{up}\frac{1-(f/f_0)^2}{1-(f/f_0)^2+j2(2-\dot{A}_{up})f/f_0}=\frac{\dot{A}_{up}}{1+j2(2-\dot{A}_{up})ff_0/(f_0^2-f^2)} \qquad (7-74)$$

通带截止频率

$$f_{p1}=[\sqrt{(2-\dot{A}_{uf})^2+1}-(2-\dot{A}_{uf})]f_0 \qquad (7-75)$$

$$f_{p2}=[\sqrt{(2-\dot{A}_{uf})^2+1}+(2-\dot{A}_{uf})]f_0 \qquad (7-76)$$

阻带宽度

$$f_{BW}=f_{p2}-f_{p1}=2(2-\dot{A}_{uf})f_0=\frac{f_0}{Q} \qquad (7-77)$$

式(7-77)中：$Q = \dfrac{1}{2(2-\dot{A}_{uf})}$。

7.4.1.5 开关电容滤波电路

在大规模集成电路的设计中，滤波电路的集成化是一个难点。对于用 R、L、C 组成的滤波器，其中的电感元件 L 的集成化难以解决。RC 有源滤波器虽然不需要电感元件，但仍需要较大且精确的电阻和电容元件，集成工艺也难于制作或要占用较大的芯片面积。开关电容滤波器较好地解决了滤波器的集成化问题。开关电容电路广泛地应用于滤波器、振荡器、平衡调制器和自适应均衡器等各种模拟信号处理电路之中。

开关电容滤波器是由开关电容电路(简称 SC 电路)构成的滤波器。开关电容电路采用了 MOS 工艺，因此具有体积小、功耗低、工艺过程简单等优点，易于制成大规模集成电路。

图 7-57 为一阶低通开关电容有源滤波器，可见其由模拟开关、电容器和运算放大电路三部分组成。这种电路的特性与电容器的精度无关，而仅与各电容器电容量之比的准确性有关。在集成电路中，可以通过均匀地控制硅片上氧化层的介电常数及其厚度，使电容量之比主要取决于每个电容电极的面积，从而获得准确性很高的电容比。

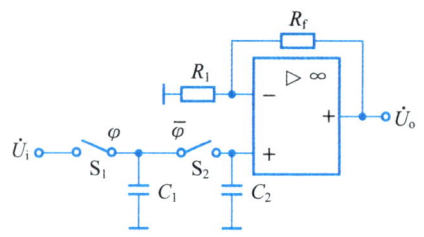

图 7-57　开关电容低通滤波器

(1) 基本开关电容单元

图 7-58 所示为基本开关电容单元电路，两相时钟脉冲 φ 和 $\overline{\varphi}$ 互补，如图 7-59 所示。当 S_1 闭合时，S_2 断开，u_1 对 C 充电，充电电荷 $Q_1 = Cu_1$；而 S_1 断开时，S_2 闭合，C 放电，放电电荷 $Q_1 = Cu_2$。设开关周期为 T_c，节点从左到右传输的总电荷为

$$\Delta Q = C\Delta u = C(u_2 - u_1)$$

等效电流为

$$i = \frac{\Delta Q}{T_c} = \frac{C}{T_c}(u_2 - u_1) \qquad (7-78)$$

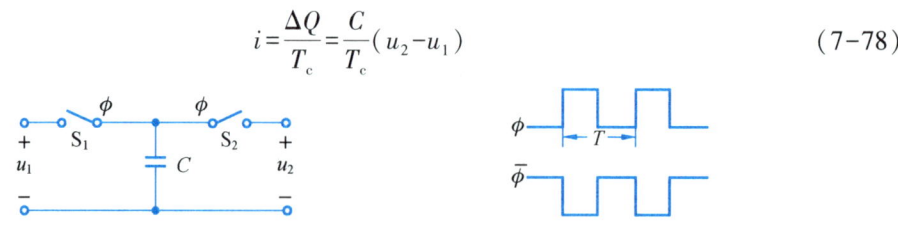

图 7-58　基本开关电容单元电路　　　图 7-59　时钟脉冲

(2) 开关电容单元等效电路

如果时钟脉冲的频率 f_c 足够高，则在一个时钟周期内两个端口的电压基本不变，基本开关电容单元就可以等效为电阻，等效电路如图 7-60 所示：

其阻值为

$$R = \frac{u_1 - u_2}{i} = \frac{T_c}{C} \qquad (7-79)$$

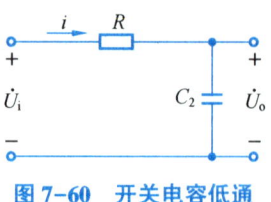

图 7-60　开关电容低通滤波器等效电路

若 $C=1$ pF，$f_\mathrm{C}=100$ kHz，则等效电阻 $R=10$ MΩ。利用 MOS 工艺，电容只需硅片面积 0.01 mm²，所占面积极小，所以解决了集成运放不能直接制作大电阻的问题。

因此，图 7-57 的电压放大倍数为

$$\dot{A}_\mathrm{u} = \frac{\dot{U}_\mathrm{o}}{\dot{U}_\mathrm{i}} = \left(1+\frac{R_2}{R_1}\right)\frac{1}{1+j\omega RC_2} = \frac{\dot{A}_\mathrm{up}}{1+\dfrac{jf}{f_\mathrm{p}}} \qquad (7\text{-}80)$$

式中：电路的截止频率

$$f_\mathrm{p} = \frac{1}{2\pi RC_2} \qquad (7\text{-}81)$$

通带放大倍数

$$\dot{A}_\mathrm{up} = 1+\frac{R_\mathrm{f}}{R_1} \qquad (7\text{-}82)$$

将式(7-79)代入式(7-81)，得

$$f_\mathrm{p} = \frac{1}{2\pi\dfrac{T_\mathrm{C}}{C_1}C_2} = \frac{C_1}{2\pi C_2}f_\mathrm{C} \qquad (7\text{-}83)$$

由于 f_C 是时钟脉冲，频率相当稳定；而且 C_1/C_2 是两个电容的电容量之比，在集成电路制作时易于做到准确和稳定，所以开关电容电路用以得到稳定准确的时间常数，从而使滤波器的截止频率稳定。

7.4.2　模拟信号预处理放大电路

在信号处理电路中，通过传感器或其他途径所采集的信号往往幅值很小，噪声很大，且易受干扰，有时甚至分不清什么是有用信号，什么是干扰或噪声。因此，不能直接进行运算和滤波等处理。在对信号加工之前应先进行预处理。在进行预处理时，要根据实际情况利用隔离、滤波、阻抗变换等各种手段将信号分离出来并进行放大。

7.4.2.1　仪表用测量放大器

集成仪表用放大器为精密放大器，用于弱信号放大。根据输入信号的性质，仪表用测量放大器应具有如下两个特点：

（1）输入电阻足够大

传感器的输出是放大器的信号源，因此，输入信号可等效为信号源内阻为 R_S 电压源。R_S 为变量。根据第 2 章可得电压放大倍数为

$$\dot{A}_\mathrm{us} = \frac{R_\mathrm{i}}{R_\mathrm{i}+R_\mathrm{S}} \cdot \dot{A}_\mathrm{u}$$

$\dot{A}_\mathrm{us}$ 将随 R_S 的大小而变。要保证放大器对不同幅值信号具有稳定的放大倍数，就必须使 $R_\mathrm{i} \gg R_\mathrm{S}$。这样，$\dot{A}_\mathrm{us} \approx \dot{A}_\mathrm{u}$，因信号源内阻变化而引起的放大误差将减小。$R_\mathrm{i}$ 越大，误差越小。

（2）共模抑制比足够大

从传感器所获得的信号通常为差模小信号，含有较大的共模成分，其数值有时远大于差

模信号。因此，要求放大器应具有足够强的抑制共模信号的能力。

其具体电路多种多样，但是很多电路都是在如图 7-61 所示电路的基础上演变而来。

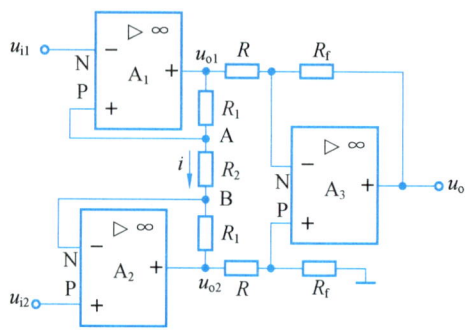

图 7-61　三运放构成的精密放大器

在图所示电路中，根据 $u_P = u_N$，可知 $u_A = u_{I1}$，$u_B = u_{I2}$。

根据 $i_{P1} = i_{N1} = 0$，$i_{P2} = i_{N2} = 0$，可知，电阻 R_1 和 R_2 中电流相等，R_2 上的电压为 $u_{o1} - u_{o2}$ 的分压。

$$u_{R_2} = u_A - u_B = u_{I1} - u_{I2} = \frac{R_2}{2R_1 + R_2}(u_{o1} - u_{o2})$$

即
$$u_{o1} - u_{o2} = (1 + 2R_1/R_2)(u_{I1} - u_{I2}) \tag{7-84}$$

对于集成运放 A_3，由于 $R_P = R_N = R /\!/ R_f$，由加减运算公式得输出电压

$$u_o = -\frac{R_f}{R}(u_{o1} - u_{o2}) = -\frac{R_f}{R}\left(1 + \frac{2R_1}{R_2}\right)(u_{I1} - u_{I2}) \tag{7-85}$$

（3）说明

①输入端为串联负反馈，因此电路输入电阻 $R_i \to \infty$。因信号源内阻变化而引起的放大误差就比较小。

②当 $u_{i1} = u_{i2}$ 时，$u_o = 0$。说明电路有较强的抑制共模干扰能力。

7.4.2.2　电荷放大器电路

某些传感器属于电容性传感器，如压电式加速度传感器、压力传感器等。这类传感器的阻抗非常高，呈容性，输出电压很弱；它们工作时，将产生正比于被测物理量的电荷量，且具有较好的线性度。

积分运算电路可以将电荷量转换成电压量，电路如图 7-62 所示。电容性传感器可等效为因存储电荷而产生的电动势 u_t 与一个输出电容 C_t 串联，如图中虚线所示。u_t、C_t 和电容上的电量 q 之间的关系为

$$u_t = \frac{q}{C_t} \tag{7-86}$$

在理想运放条件下，根据"虚短"和"虚断"的概念，$u_P = u_N = 0$，为虚地。将传感器对地的杂散电容 C 短路，消除因 C 而产生的误差。集成运放 A 的输出电压

$$u_o = -\frac{1/(j\omega C_f)}{1/(j\omega C_t)} u_t = -\frac{C_t}{C_f} u_t \tag{7-87}$$

将式(7-86)代入,可得

$$u_o = -\frac{q}{C_f} \tag{7-88}$$

为了防止因 C_f 长时间充电导致集成运放饱和,常在 C_f 上并联电阻 R_f,如图7-63所示。并联 R_f 后,为了使 $\frac{1}{\omega C_f} \ll R_f$,传感器输出信号频率不能过低,$f$ 应大于 $\frac{1}{2\pi R_f C_f}$。

在实用电路中,为了减少传感器输出电缆的电容对放大电路的影响,一般常将电荷放大器装在传感器内;而为了防止传感器在过载时有较大的输出,则在集成运放输入端加保护二极管,如图7-63所示。

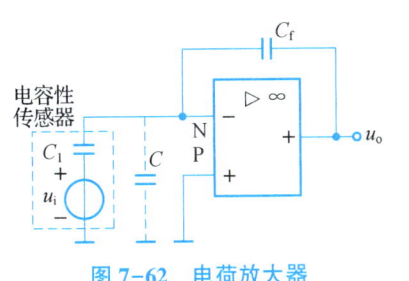

图7-62 电荷放大器　　图7-63 C_f 上并联电阻 R_f 的电荷放大器

7.4.2.3 隔离放大电路

在远距离信号传输的过程中,常因强干扰的引入使放大电路的输出有着很强的干扰背景,甚至将有用信号淹没,造成系统无法正常工作。将电路的输入侧和输出侧在电气上完全隔离的放大电路称为隔离放大器。它既可切断输入侧和输出侧电路间的直接联系,避免干扰混入输出信号,又可使有用信号畅通无阻。

目前集成隔离放大器有变压器耦合式、光电耦合式和电容耦合式三种。

变压器耦合放大电路不能放大变化缓慢的直流信号和频率很低的交流信号。在隔离放大器中,在变压器的输入侧将输入电压与一个具有较高固定频率的信号混合(称为调制),经变压器耦合,在输出侧再将调制信号还原成原信号(称为解调),然后输出,从而达到传递直流信号和低频信号的目的。可见变压器耦合隔离放大器通过调制和解调的方法传递信号。调制和解调技术广泛用于无线电广播,电视发送和接受以及其他通信系统之中。

7.4.3 集成运放的信号转换电路

在控制和遥控过程中,常常需要将模拟信号进行转换,如将信号电压转换成电流,将信号电流转换成电压,将直流信号转换成交流信号,将模拟信号转换成数字信号,等等。本节将对用集成运放实现的几种信号转换电路简单加以介绍。

7.4.3.1 电压-电流转换电路

电压-电流转换电路是将输入电压信号变换成与之成比例的输出电流信号。如果输入电压恒定不变,则输出电流也恒定不变(在一定的负载范围内),此时的电压-电流转换电路就是恒流源。电压-电流转换电路在工业控制和检测系统中有广泛的用途。例如,在远距离监控系统中,如果对监控的电压信号直接进行传输,则导线的阻抗会使电压信号失真。但是若把电压信号通过电压-电流转换变成电流信号再进行传输,就能消除阻抗对信号的影响。

运算放大器的开环增益很高,而且有宽的共模输入电压范围和高的共模抑制比,因此很适于作电压-电流转换电路。下面介绍几种常见的电路。

在放大电路中引入合适的反馈,就可将电压转换成电流,或者将电流转换成电压。

图7-64(a)为一种负载不接地的电压-电流转换的基本原理电路。它与反相输入比例放大器的电路形式基本相同,只是负载电阻被接在反馈环里,即 R_L 用当反馈电阻。由于电路引入了负反馈,$u_-=u_+=0$,负载电流

$$i_L = i_I = \frac{u_I}{R} \tag{7-89}$$

i_L 与 u_I 成线性关系。即负载上的电流与输入电压成正比,而与负载大小无关,实现了电压-电流转换。同理,信号电压从同相端输入也可构成电压-电流变换器。

由于如图7-64(a)所示电路中的负载没有接地点,负载电流的最大值受运算放大器输出电流能力限制,最小值受放大器输入电流限制。负载电阻与负载电流之积 $i_L R_L$ 不能超过放大器的输出电压范围。因而不适用于某些应用场合。

图7-64(b)所示为实用的电压-电流转换电路。由于电路引入了负反馈,A_1 构成同相求和运算电路,A_2 构成电压跟随器。图中 $R_1=R_2=R_3=R_4=R$,因此

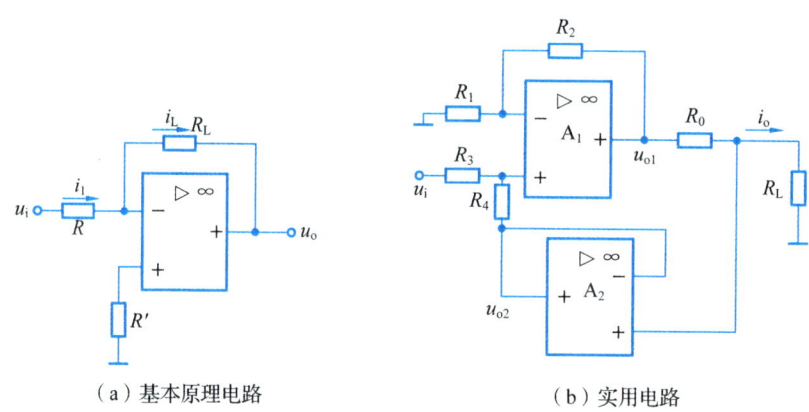

(a)基本原理电路　　　　(b)实用电路

图7-64　电压-电流转换电路

$$\left. \begin{aligned} u_{o2} &= u_{+2} \\ u_{+1} &= \frac{R_4}{R_3+R_4}u_1+\frac{R_3}{R_3+R_4}u_{+2}=0.5u_1+0.5u_{+2} \\ u_{o1} &= \left(1+\frac{R_2}{R_1}\right)u_{+1}=2u_{+1} \end{aligned} \right\} \tag{7-90}$$

将式(7-89)代入式(7-90),$u_{o1}=u_{+2}+u_I$,R_0 上的电压

$$u_{R0}=u_{o1}-u_{+2}=u_I$$

所以

$$i_O = \frac{u_I}{R_0} \tag{7-91}$$

7.4.3.2 电流-电压转换电路

图 7-65 所示为电流-电压转换电路。在理想运放条件下，由"虚短""虚断"可得，$u_- = u_+ = 0$，$i_- = i_+ = 0$。所以，$u_{RS} = 0$，$i_F = i_S$，故输出电压为

$$u_o = -i_S R_f \quad (7-92)$$

即输出电压正比于输入被测电流，实现了电流-电压变换。显然，这种变换器也能直接用作测量信号电流的电流放大器。

电路中，被测电流源的内阻必须很大，否则输入失调电压将被放大而引入很大的测量误差，甚至使输出饱和而不能测量。在测量电流时，其测量下限受运算放大器输入电流的限制，被测的最小电流应远大于输入电流。当被测电流很小，R_f 取值很大时，输出端会产生较大的噪声。这种现象可用在 R_f 上并联小电容的办法来解决。但应注意，电容的漏电流必须极小。

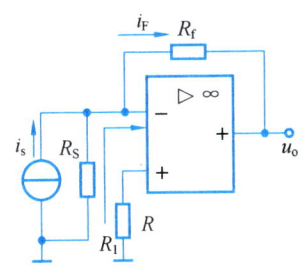

图 7-65　电流-电压转换电路

7.4.3.3 电压-频率转换电路

电压-频率转换电路的功能是将输入直流电压转换成频率与其数值成正比的输出电压，因此，也称为电压控制振荡电路。通常，它能够输出矩形波。从传感器获得某物理量的电信号经预处理后变换为合适的电压信号，然后去控制压控振荡电路，再用压控振荡电路的输出驱动计数器，使之在一定时间间隔内记录矩形波的个数，并用数码显示，就可以得到该物理量的数字式测量仪器。如图 7-66 所示。因此，可以认为电压-频率转换电路是一种模拟量到数字量的转换电路，即模数转换电路。

图 7-66　数字式测量仪表

图 7-67 为一种电荷平衡式电压-频率转换电路。虚线左边为积分器，右边为滞回比较器。二极管 D 的导通与截止受输出电压 u_o 的控制。

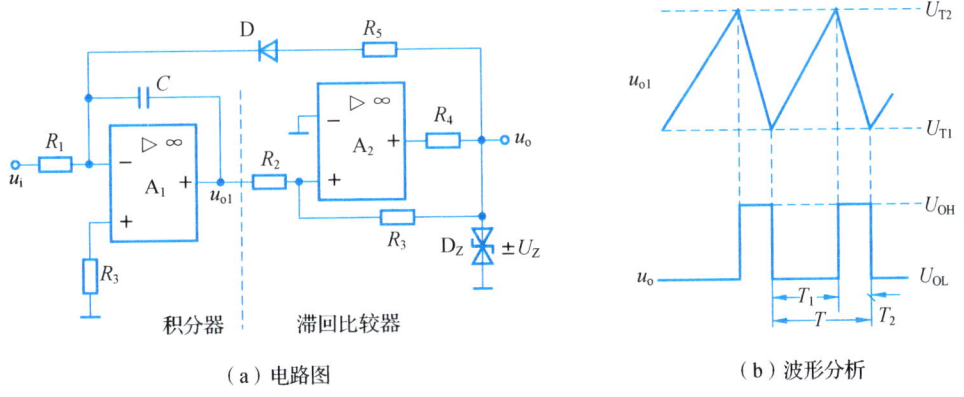

(a) 电路图　　　　　　　　(b) 波形分析

图 7-67　电荷平衡式电压-频率转换电路及其波形分析

参考电压为零的同相滞回比较器阈值电压为

$$U_T = \pm \frac{R_2}{R_3} U_Z \tag{7-93}$$

设 $u_i < 0$，初态 $u_o = -U_Z$，则二极管 D 截止。

$$u_{o1} = -\frac{1}{R_1 C} u_i (t_1 - t_0) + u_{o1}(t_0) \tag{7-94}$$

$$u_{+2} = \frac{R_3}{R_2 + R_3} u_{o1} + \frac{R_2}{R_2 + R_3}(-U_Z) \tag{7-95}$$

u_{o1} 随时间线性增大，当 $u_{o1} = +U_T$ 后再增大，则输出电压 u_o 从 $-U_Z$ 跃变为 $+U_Z$。此时，二极管 D 由截止变为导通。积分器实现求和积分。若 D 为理想二极管，则

$$u_{o1} = -\frac{1}{R_1 C} u_i (t_2 - t_1) - \frac{1}{R_5 C} U_Z (t_2 - t_1) + u_{o1}(t_0) \tag{7-96}$$

若 $R_5 \ll R_1$，u_{o1} 迅速下降至 $-U_Z$，使得 u_o 从 $+U_Z$ 跃变为 $-U_Z$，电路回到初态。上述过程循环往复，因而产生自激振荡，波形如图 7-67(b) 所示。振荡周期 $T \approx T_1$。由于积分起始值为 $-U_Z$，终了值为 $+U_Z$，则 u_{o1} 起始值为 $-\frac{R_2}{R_3} U_Z$，终了值为 $\frac{R_2}{R_3} U_Z$，代入式 (7-94) 得

$$\frac{R_2}{R_3} U_Z \approx -\frac{1}{R_1 C} u_i T - \frac{R_2}{R_3} U_Z$$

求得电路的振荡周期 T 和振荡频率 f 为：

$$T \approx \frac{2R_1 R_2 C}{R_3} \cdot \frac{U_Z}{u_i} \tag{7-97}$$

$$f \approx \frac{R_3}{2R_1 R_2 C} \cdot \frac{u_i}{U_Z} \tag{7-98}$$

可见，振荡频率正比于输入电压的数值，实现了电压与频率的转换。

思考题

1. 什么叫无源和有源滤波电路？
2. 希望抑制 50 Hz 的干扰信号，应选用哪种类型的滤波电路？放大音频信号，应选用哪种类型的滤波电路？
3. 能否利用带通滤波电路组成带阻滤波电路？
4. 在电流-电压转换电路中，对被测电流源有什么要求？为什么？
5. 在电压-频率转换电路中，压控振荡器起到了怎样的作用？

本章小结

本章主要介绍了正弦波振荡电路、电压比较器、非正弦波发生电路、信号处理电路。
1. 正弦波振荡电路由放大电路、选频网络、正反馈网络和稳幅环节四部分组成。正弦

波振荡的幅值平衡条件为 $|\dot{A}\dot{F}|=1$，相位平衡条件为 $\varphi_A+\varphi_F=2n\pi$（$n$ 为整数）。按构成选频网络元件不同，正弦波振荡电路可分为 RC、LC 和石英晶体几种类型。

RC 正弦波振荡电路的振荡频率较低。常用的 RC 桥式正弦波振荡电路由 RC 串并联网络和同相比例运算电路组成。其振荡频率 $f_0=\dfrac{1}{2\pi RC}$；反馈系数 $|\dot{F}|=\dfrac{1}{3}$，因而 $|\dot{A}_u|\geqslant 3$。

LC 正弦波振荡电路的振荡频率较高，由分立元件组成。分为变压器式、电感反馈式和电容反馈式三种，它们的振荡频率 f_0 由 LC 谐振回路决定，$f_0\approx\dfrac{1}{2\pi\sqrt{L'C'}}$，$L'$ 和 C' 分别为谐振回路的等效电感和等效电容。

石英晶体相当于一个高 Q 值的 LC 选频网络，其振荡频率非常稳定。有串联和并联两个谐振频率，分别为 f_s 和 f_p。除了在 f_s 和 f_p 之间石英晶体呈感性外，均呈现容性。利用石英晶体可构成串联型和并联型两种正弦波振荡电路。

2. 电压比较器能够将模拟信号转换成具有数字信号特点的两值信号，输出只有高电平和低电平两种状态。集成运放工作在非线性区。

本章介绍了单限、滞回和双限比较器。单限比较器只有一个阈值电压；滞回比较器具有滞回特性，虽有两个阈值电压，但当输入电压向单一方向变化时输出电压仅跃变一次；双限比较器有两个阈值电压，当输入电压向单一方向变化时，输出电压跃变两次。

3. 本章介绍了矩形波、三角波和锯齿波发生电路。非正弦波发生电路由滞回比较器和 RC 延时电路组成，主要参数是振荡幅值和振荡频率。改变电容的充放电时间常数可改变振荡频率。

4. 有源滤波电路一般由 RC 网络和集成运算放大器组成，主要用于小信号处理。按其幅频特性可分为低通、高通、带通和带阻滤波器四种电路。应用时应根据有用信号、无用信号和干扰信号等所占频段来选择合理的类型。

有源滤波电路一般均引入电压负反馈，因而集成运放工作在线性区，故分析方法与信号运算电路基本相同。然而，滤波电路常常是在频率范围内讨论其输出与输入的关系，一般称为频域法。所以电路的放大倍数都与频率有关。

有源滤波器的主要参数有通带放大倍数 A_{up}、通带截止频率 f_p、特征频率 f_o、带宽 f_{bw} 和品质因数 Q 等。

为改善滤波性能，还适当地引入了正反馈，因此实际使用中应合理选择电路参数，以避免产生自激振荡。

5. 开关电容滤波器利用集成工艺的优势，使有源滤波器易于制成大规模集成电路，其电路的特性与电容器本身的精度无关，而仅与各电容量之比的准确性有关。因而它具有截止频率稳定、体积小、功耗低的特点。

仪表用测量放大器通过高精度运放的合理组合，具有足够高的电压放大倍数、输入电阻和共模抑制比。提高了对弱信号的处理精度。

电荷放大器和隔离放大器，采取有效的抗干扰、去噪声的措施，以其独特方式用于特殊信号的处理。

6. 本章介绍了集成运放实现的电压-电流信号转换电路、电压-频率信号转换电路。

练习题

一、选择题

1. 开关电容滤波器所不具备的特点是_____。
   A. 集成比   B. 截止频率稳定   C. 电路简单   D. 体积小功耗低
2. 测量放大器显著的特点是_____。
   A. 输出功率大   B. 共模抑制比大   C. 高频特性好   D. 电压放大倍数高
3. 电荷放大器的主要作用是_____。
   A. 电流放大   B. 电荷存储   C. 高频放大   D. 电压放大
4. 隔离放大器在放大较低频率时,采取的方式为_____。
   A. 电容耦合   B. 光电耦合   C. 直接耦合   D. 变压路调制耦合

二、填空题

1. 组成振荡器的 4 部分电路分别是_____,_____,_____和_____;振荡器要产生振荡首先要满足的条件是_____,其次还应满足_____。
2. 常用的正弦波振荡器有_____,_____和_____;要制作频率在 200 Hz~20 kHz 的音频信号发生器,应选用_____,要制作在 3 MHz~30 MHz 的高频信号,应选用_____,要制作频率非常稳定的信号源,应选用_____。
3. 石英晶体的两个谐振频率分别是_____和_____。当石英晶体处在谐振状态时,石英晶体呈_____,当输入信号的频率位于石英晶体的两个谐振频率之间时,石英晶体呈_____,在其余的情况下,石英晶体呈_____。
4. 工作在_____和_____状态下的运算放大器可组成电压比较器,工作在非线性工作区的运算放大器"虚短"的关系式部成立,求电压比较器阈值电压所用的公式是_____,可以使用"虚短"的关系求阈值电压的理由是_____。
5. 滞回比较器的阈值电压有_____,该电压比较器在输入的正弦波或三角波的作用下,输出信号是_____,因积分运算电路在方波信号的作用下,输出信号三角波,所以可以将_____和_____串联起来组成_____和_____信号发生器,利用_____可改变积分电路_____的电路,使方波信号的_____占空比发生变化,利用同样的方法可将三角波信号发生器变成_____。

三、判断题

1. 高通滤波器的通频带是指电压的放大倍数不变的频率范围。   ( )
2. 低通滤波器的截止频率就是电压放大倍数下降 1/2 的频率点。   ( )
3. 带通滤波器的频带宽度是指电压放大倍数大于或等于通带内放大倍数 0.707 倍的频率范围。   ( )
4. 在带阻滤波器的阻带内,所有频率信号的电压放大倍数一定低于通带的放大倍数。
                                                                         ( )
5. 全通滤波器也是直流放大器。   ( )
6. 有源滤波器中的运放工作在线性状态,所以滤波电路中只引入了负反馈。   ( )

四、画图题

1. 已知三个电压比较器的电压传输特性分别如题图 7-1（a）(b)(c)所示，它们的输入电压波形均如题图 7-1(d)所示，试画出 u_{o1}、u_{o2}、u_{o3} 输出波形。

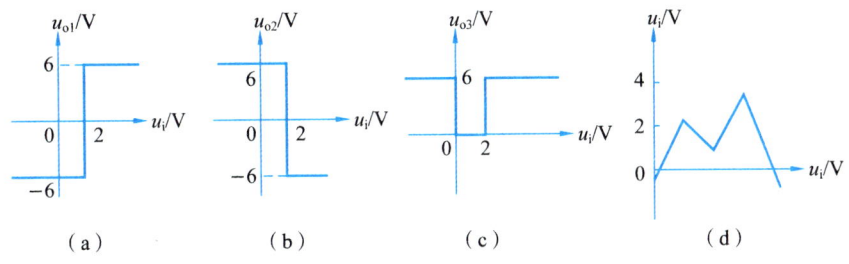

题图 7-1

2. 如图 7-36 所示方波-三角波产生电路中，$R_1 = 5.1\ \text{k}\Omega$，$R_2 = 15\ \text{k}\Omega$，$R_3 = 5.1\ \text{k}\Omega$，$R_4 = 2\ \text{k}\Omega$，双向稳压管电压为 $\pm U_Z = \pm 8\ \text{V}$。试求其振荡频率，并画出 u_{o1}、u_{o2} 的波形。

3. 试将直流电流信号转换成频率与其幅值成正比的矩形波，要求画出电路来，并定性画出各部分电路的输出波形。

4. 设运放为理想器件。在下列几种情况下，说明分别属于哪种类型的滤波电路并定性画出其幅频特性。

① 理想情况下，当 $f = 0$ 和 $f \to \infty$ 时的电压增益相等，且不为零；
② 直流电压增益就是它的通带电压增益；
③ 在理想情况下，当 $f \to \infty$ 时的电压增益就是它的通带电压增益；
④ 在 $f = 0$ 和 $f \to \infty$ 时的电压增益都等于零。

五、问答题

1. 已知题图 7-2 所示方框图各点的波形图，写出电路 1 至电路 4 的名称。

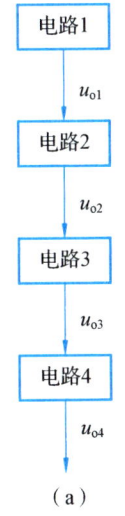

(a)

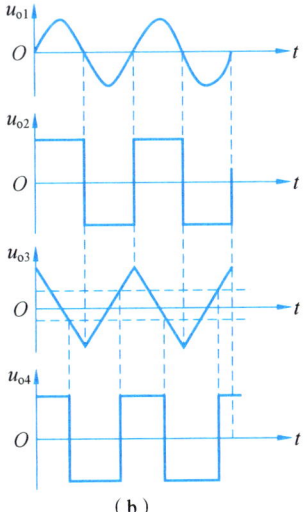

(b)

题图 7-2

2. RC 文氏桥式振荡电路如题图 7-3 所示。

① 说明二极管 $D_1 D_2$ 的作用。

② 为使电路能产生正弦波电压输出，请在放大器的输入端标明同相输入端和反相输入端。

③ 为了起到二极管 $D_1 D_2$ 同样的作用，如改用热敏元件实现，如何选择热敏电阻替代二极管。

3. 振荡频率可调的 RC 文氏桥式正弦波振荡电路的 RC 串并联网络如题图 7-4 所示。用双层波段开关接不同的电容，作为振荡频率的粗调；用同轴电位器实现微调。已知电容的取值分别为 0.01 μF、0.1 μF、1 μF、10 μF，电阻 $R = 50\ \Omega$，电位器 $R_W = 10\ k\Omega$。试求 f_0 的调节范围。

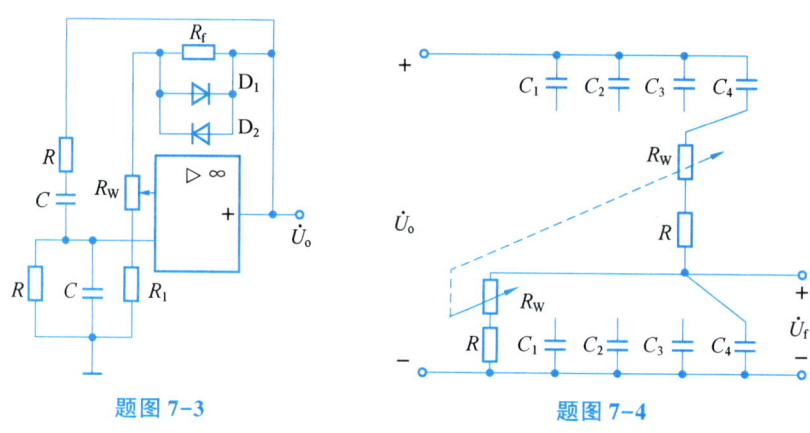

题图 7-3　　　　　　　题图 7-4

4. 电路如题图 7-5 所示。

① 为使电路产生正弦波振荡，标出集成运放的"+"和"-"；并说明电路是哪种正弦波振荡电路。

② 若 R_1 短路，则电路将产生什么现象？

③ 若 R_1 断路，则电路将产生什么现象？

④ 若 R_f 短路，则电路将产生什么现象？

⑤ 若 R_f 断路，则电路将产生什么现象？

5. 电路如题图 7-6 所示，稳压管起稳幅作用，其稳定电压 $\pm U_Z = \pm 6\ V$，$C = 1\ \mu F$，$R = 16\ k\Omega$。试估算：输出电压不失真情况下的有效值和振荡频率。

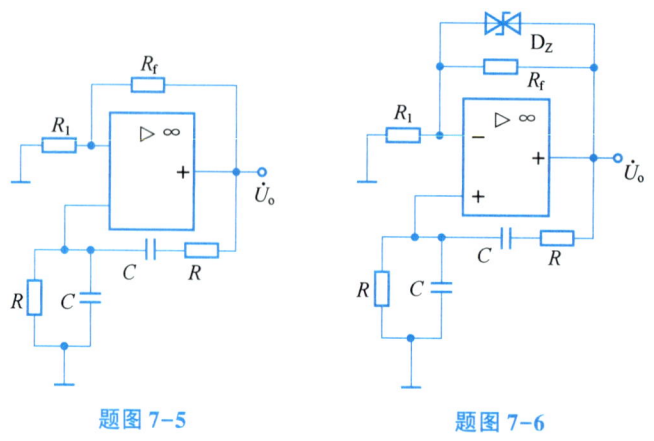

题图 7-5　　　　　　　题图 7-6

6. 用相位平衡条件判断题图 7-7 所示电路是否会产生振荡，若不会产生振荡，请改正。

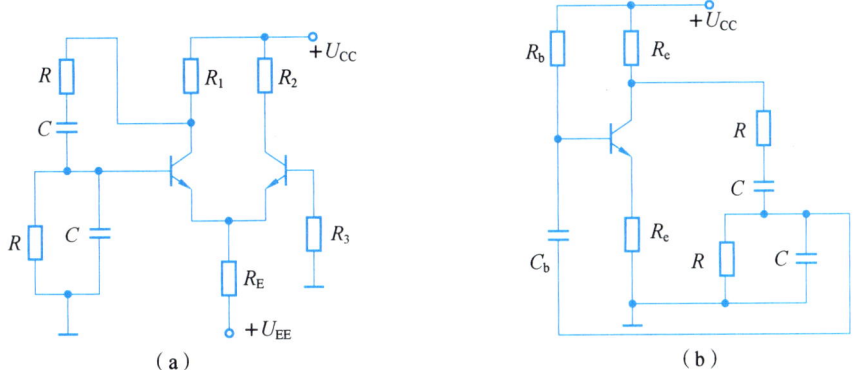

题图 7-7

7. 电路如题图 7-8 所示，试用相位平衡条件判断是否会产生振荡，若不会产生振荡，请改正。

8. 试分别求解题题图 7-9 所示电路的电压传输特性，其中在如图题图 7-9(e)所示的电路中，如果参考电压 U_{REF} 从 +3 V 逐渐增大，其它参数不变，则传输特性将如何变化？

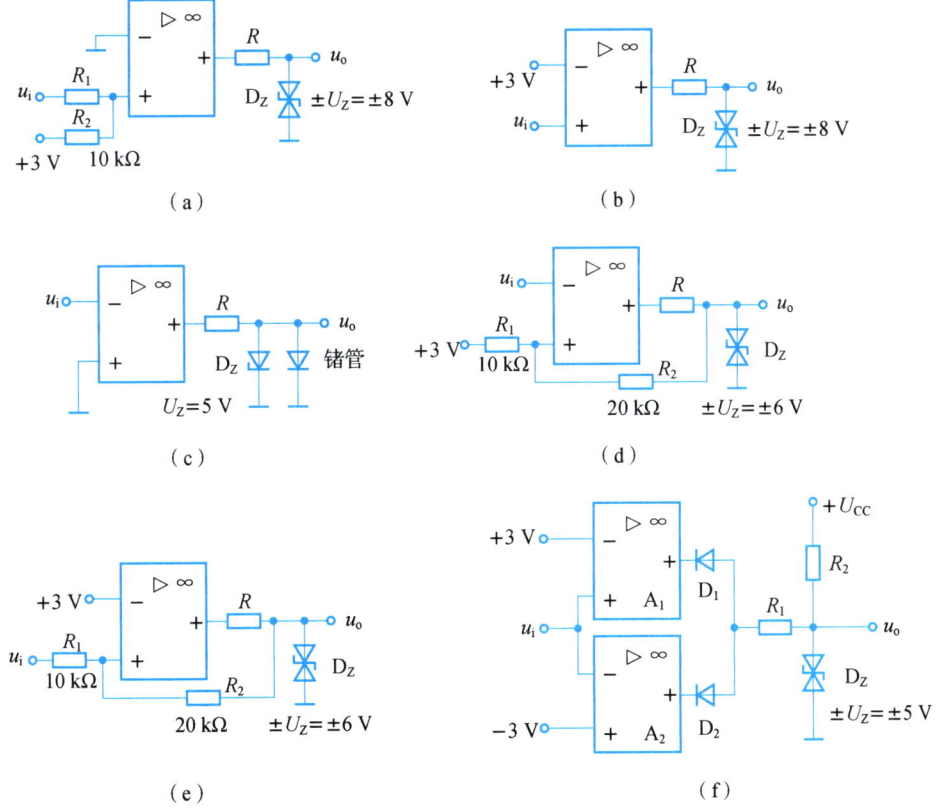

题图 7-9

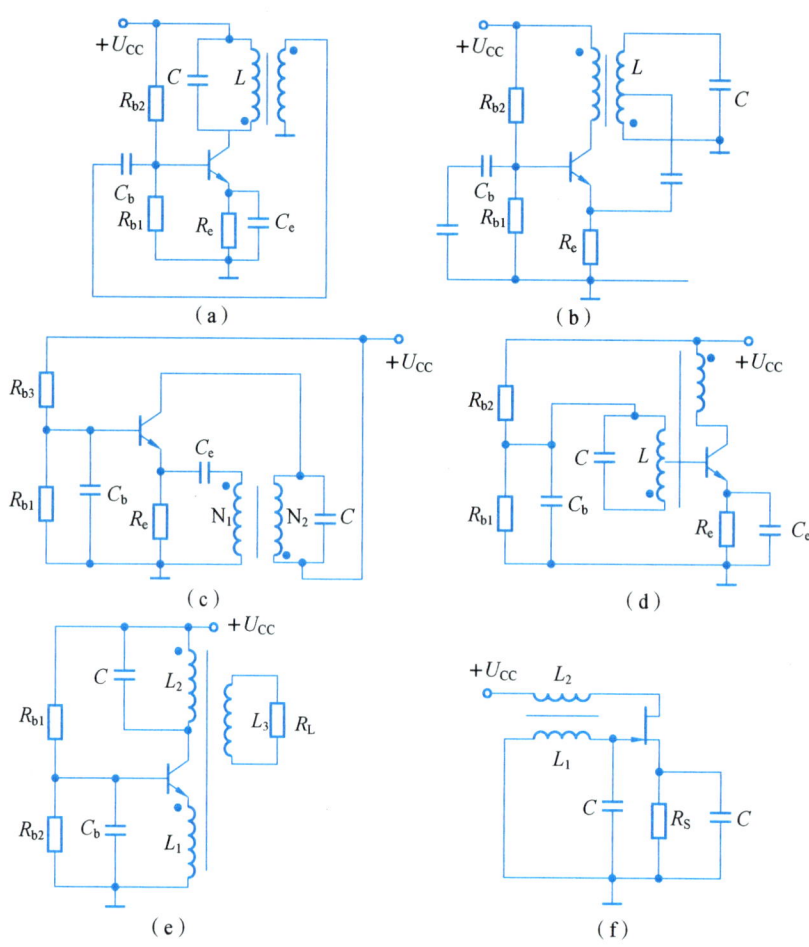

题图 7-8

9. 设计三个电压比较器，它们的电压传输特性分别如题图 7-9（a）（b）（c）所示。要求合理选择电路中各电阻的阻值，限定最大值为 50 kΩ。

10. 题图 7-10 是监控报警装置，如需对某一参数（如温度、压力等）进行监控时，可由传感器取得监控信号 u_i，u_R 是参考电压。当 u_i 超过正常值时，报警灯亮。试说明其工作原理。二极管 D 和电阻 R_3 在此起何作用？

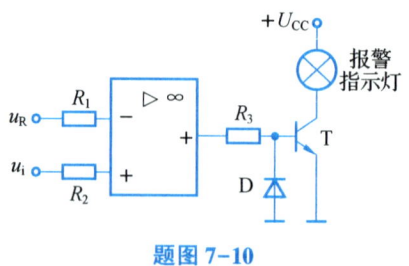

题图 7-10

11. 电路如题图 7-11 所示，A_1、A_2、A_3 均为理想运放，电容 C 上的初始电压为零。若

u_i 为 0.11 V 的阶跃信号,求信号加上后一秒钟,u_{o1}、u_{o2}、u_{o3} 所达到的数值。

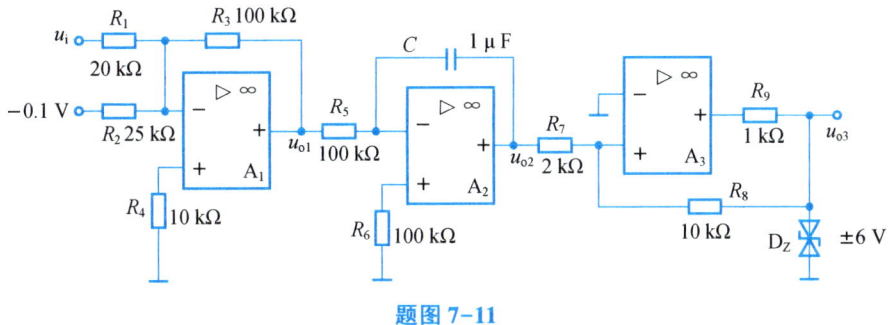

题图 7-11

12. 电路如图 8-36 所示,如果要求电路输出的三角波的峰-峰值为 16 V,频率为 250 Hz,试问:电阻 R_3 和 R 应选为多大?

13. 在下列各种情况下,因分别采用那种类型(低通、高通、带通、带阻)的滤波电路?
①抑制频率为 200 kHz 以上的高频干扰。
②为了避免 50 Hz 电网电压的干扰进入放大器。
③防止干扰信号混入已知频率为 20~35 kHz 的输入信号。
④获得低于 50 Hz 的信号。

14. 简述隔离放大器有什么特点,应用于何种场合。

15. 试说明题图 7-12 所示各电路属于哪种类型的滤波电路,是几阶滤波电路。

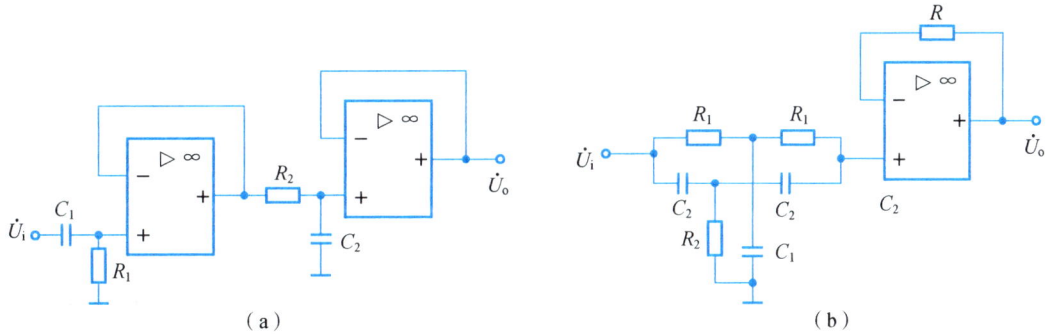

题图 7-12

第 8 章 功率放大电路

学习目标

了解功率放大电路的特点；
理解甲类、乙类和甲乙类功率放大电路的工作特点；
理解 OCL、OTL 功率放大电路的组成和工作原理；
掌握 OCL、OTL 互补对称功率放大电路的分析与计算；
了解集成功率放大电路各部分结构的工作原理。

素质目标

通过互补对称电路输出原理分析，引导学生理解相互促进、共处共融关系，培养学生优势互补、合作共赢的和谐意识。

对于由单元电路构成的多级放大电路，我们从电路功能的观点来看待的话，可以分为输入级、中间级和输出级，输入级所考虑的是如何从信号源获得更多的有效信号；中间级则是要提高信号的电压放大倍数，也就是电压放大级；输出级考虑的是提升信号的电流放大倍数，同时还要考虑把信号尽可能多的输送到负载上，也就是电流放大级，这类用于向负载输出功率的放大电路常常称为功率放大电路。对于不同的功能级采用不同的称呼是要强调电路在处理电压或电流等输出量的不同。

8.1 功率放大电路概述

8.1.1 功率放大电路的特点

作为多级放大的输出级功率放大级,首先要考虑的是如何向负载提供最高的输出功率,其次,由于前级已经经历了电压放大级,而本级主要提高电流放大,因此功率放大级就不可避免的面临高电压、大电流、大动态范围等问题,所以主要应考虑以下几个方面。

(1) 足够大的输出功率

为获得大的输出功率,则功率三极管(简称功率管)的电压、电流均要有足够大的输出幅度,因此功率管常在极限状态下工作,这是功率管的工作特点。

(2) 效率问题

由于输出功率大,则电源消耗功率大的同时存在电路的效率问题。效率在这里的定义就是负载得到的有用的信号功率和电源提供的直流功率的比值,比值越大,效率越高。

$$效率 = \frac{负载得到的有用功率}{电源供给的直流功率} \times 100\% \quad (8-1)$$

(3) 减小大信号下的失真

功率放大电路是工作在大信号下的,信号大,即动态范围大,非线性失真则难以避免;同时,功率管功率越大,非线性失真越严重。输出功率和非线性失真,要根据不同的使用要求加以适当选择。

(4) 电路的热稳定性

由于相当大的功率消耗在功率管的集电结上,集电结结温、管温升高,因此,功率管的散热成为一个重要问题。

正是由于上述问题的存在,功率放大电路与前述各章电路在形式、工作状态及分析方法上均有所不同。

8.1.2 功率放大电路的分类

功率放大电路的分类方式很多,常见的分类方式有如下的几种。

(1) 按处理信号的频率分类

低频功放:音频范围在几十赫兹至几十千赫兹。

高频功放:射频范围在几百千赫兹至几十兆赫兹。

(2) 按功率放大电路中晶体管的导通时间分类

甲类功放:输入信号的整个周期内,晶体管均导通,有电流流过,如图8-1(a)所示。

乙类功放:输入信号的整个周期内,晶体管仅在半个周期内导通。

甲乙类功放:输入信号的整个周期内,晶体管导通时间大于半个周期而小于全周期。

丙类功放:输入信号的整个周期内,晶体管导通时间小于半个周期。

对于甲类功放,在输入信号的整个周期内,晶体管均是导通的,而电路输入端没有信号的时候，必须向晶体管提供适当的静态工作电流，保证晶体管处于放大状态，从电源的效率来说，这个静态电流是降低电路效率的主要原因，为此，就必须降低静态工作点，使在静态时的消耗最小的方式是将静态工作电流设置为 0，这样一来，在信号的整个周期中，晶体管只能工作半个周期，如图 8-1（c）所示。对此，可以采用增加另外一个晶体管工作在另半个周期，从工作性质来说，就从甲类演变为乙类，同时，这两个晶体管中，如果一个是 PNP 类型，另外一个一定是 NPN 类型，它们具有互补对称的特点，具有这种形式的电路就是互补功率放大电路。

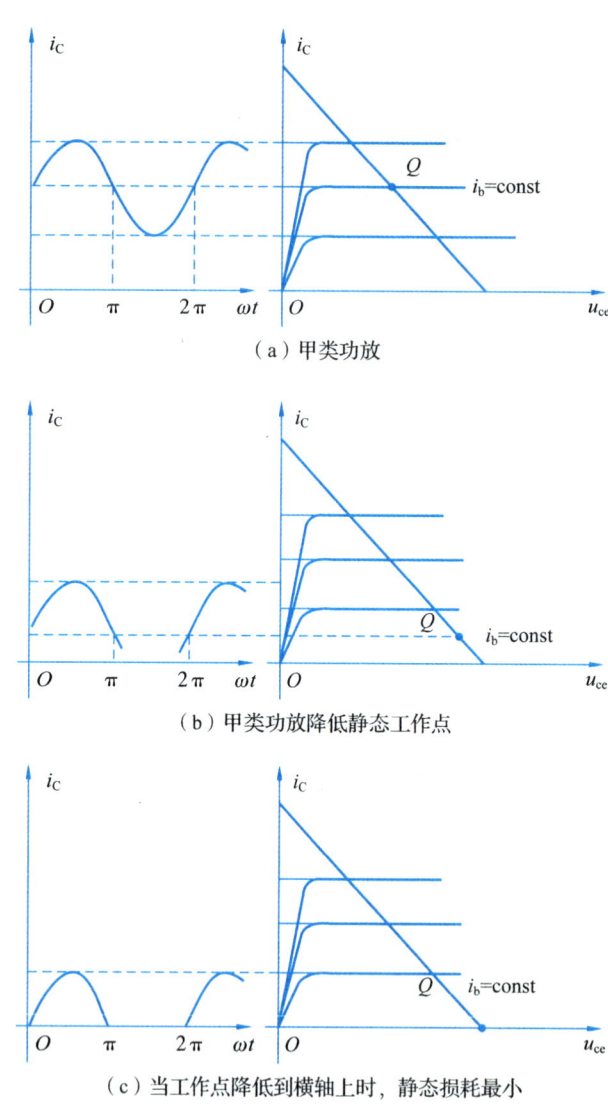

（a）甲类功放

（b）甲类功放降低静态工作点

（c）当工作点降低到横轴上时，静态损耗最小

图 8-1　甲类功率放大降低静态工作点

此外，还有其他诸多分类方式，在此不再多述。

思考题

1. 什么是功率放大电路的静态损耗？如何降低静态损耗？
2. 与甲类功率放大电路相比，乙类互补对称功率放大电路有什么优点？

8.2 互补功率放大电路

互补功率放大电路有两种形式，一种是采用双电源的不需要耦合电容的直接耦合互补对称电路，一般称为 OCL（output capacitor less）电路，即无输出电容的互补对称电路；另一种是采用单电源和大容量的电容器与负载和前级耦合，而不需要变压器耦合的互补对称电路，我们称之为 OTL（output transformer less）电路，即无输出变压器的互补对称电路。

8.2.1 OCL 电路的组成及工作原理

8.2.1.1 OCL 电路组成

OCL 电路由一对特性和参数完全相同的 PNP 管和 NPN 管组成射极输出电路，输入信号接于两管基极，负载接两管发射极，由正负双电源供电。如图 8-2 所示

由于输出没有接电容而把这种形式的电路称为无输出电容的功率放大电路（OCL）。

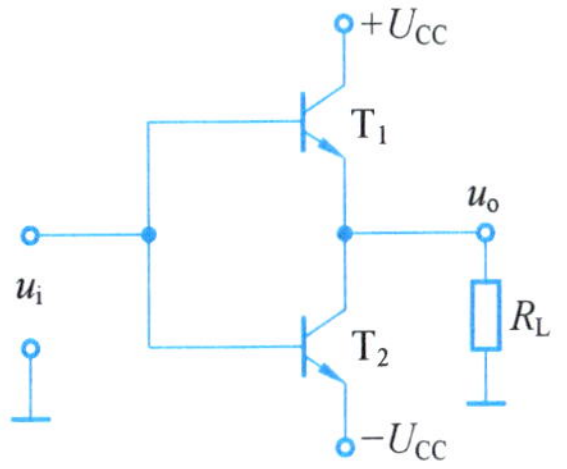

8.2.1.2 工作原理

如图 8-3 所示，设两管的门限电压均等于零。当输入信号 $u_i=0$ 时，则 $I_{CQ}=0$，两管均处于截止状态，故输出 $u_o=0$。

当输入信号为正半周时，三极管 T_2 因反向偏置而截止，三极管 T_1 因正向偏置而导通，三极管 T_1 对输入的正半周信号实施放大，在负载电阻上得到放大后的正半周输出信号。当输入信号为负半周时，三极管 T_1 因反向偏置而截止，三极管 T_2 因正向偏置而导通，三极管 T_2 对输入的负半周信号实施放大，在负载电阻上得到放大后的负半周输出信号。

图 8-2 OCL 电路组成

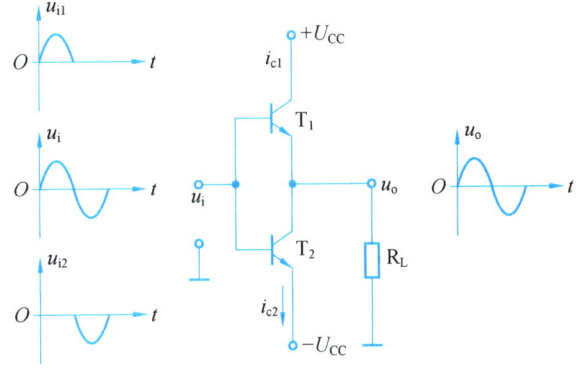

图 8-3 OCL 电路的工作原理

虽然正、负半周信号分别是由两个三极管放大的,但两个三极管的输出电路都是负载电阻 R_L,输出的正、负半周信号将在负载电阻 R_L 上合成一个完整的输出信号,因此该电路称为互补对称功率放大电路交替工作,能够得到一个完整的波形。如图 8-4 所示。

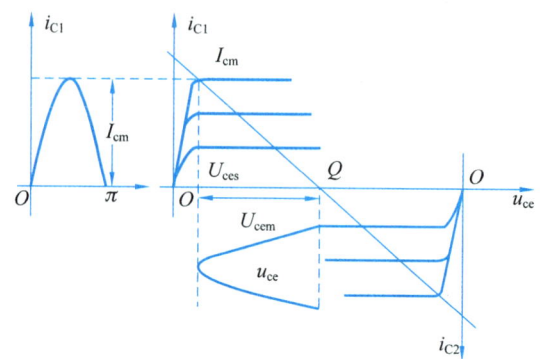

图 8-4 OCL 电路的输出波形

从图中可以看到:允许 I_c 的最大变化范围为 $2I_{cm}$,忽略功率管的饱和压降 U_{ces},则 $U_{cem} = I_{cm} \cdot R_L = U_{cc}$,考虑功率管的饱和压降 U_{ces},则 $U_{cem} = U_{cc} - U_{ces}$。

8.2.2　OCL 电路的输出功率及效率

8.2.2.1　输出功率

负载 R_L 取得的功率就是功放电路的输出功率,用 P_o 表示,它是负载两端交流电压的有效值和交流电流有效值的乘积,用 U_{om} 和 I_{om} 分别表示交流电压和交流电流输出幅值,则:

$$P_o = U_o I_o = \frac{U_{om}}{\sqrt{2}} \cdot \frac{U_{om}}{\sqrt{2} R_L} = \frac{1}{2} \cdot \frac{U_{om}^2}{R_L} \tag{8-2}$$

当 $U_{om} = U_{CC}$,即忽略 U_{ces} 时,可获得最大功率

$$P_{omax} = \frac{1}{2} \cdot \frac{U_{cem}^2}{R_L} \approx \frac{U_{CC}^2}{2R_L} \tag{8-3}$$

8.2.2.2　功率管管耗

在不计其他耗能元件所耗的功率时,管耗就是直流电源提供的功率与输出功率的差。每管管耗为

$$P_{T_1} = P_{T_2} = \frac{1}{2\pi} \int_0^\pi (U_{CC} - U_o) \frac{U_o}{R_L} d(\omega t)$$

$$= \frac{1}{2\pi} \int_0^\pi \left[(U_{CC} - U_{om}\sin\omega t) \cdot \frac{U_{om}\sin\omega t}{R_L} d(\omega t) \right] = \frac{1}{R_L}\left(\frac{U_{CC}U_{om}}{\pi} - \frac{U_{om}^2}{4}\right) \tag{8-4}$$

工作在乙类的基本互补对称电路,在静态时,功率管几乎不取电流,管耗为零,因此当输入电流比较小的时候,输出功率也较小。由每管管耗的表达式可知,管耗是输出电压值的函数,因而,用求极值的办法求解,有:

$$dP_{T_1}/dU_{om} = \frac{1}{R_L}\left(\frac{U_{CC}}{\pi} - \frac{U_{om}}{2}\right) \tag{8-5}$$

令 $dP_{T_1}/dU_{om}=0$，则有 $\dfrac{U_{CC}}{\pi}-\dfrac{U_{om}}{2}=0$，即 $U_{om}=2U_{CC}/\pi$，此时

$$P_{T1max}=\dfrac{1}{R_L}\left[\dfrac{\dfrac{2}{\pi}U_{CC}^2}{\pi}-\dfrac{\left(\dfrac{2U_{CC}}{\pi}\right)^2}{4}\right]=\dfrac{1}{R_L}\left(\dfrac{2U_{CC}^2}{\pi^2}-\dfrac{U_{CC}^2}{\pi^2}\right)=\dfrac{1}{\pi^2}\cdot\dfrac{U_{CC}^2}{R_L} \tag{8-6}$$

因为最大输出功率 $P_{omax}=\dfrac{U_{CC}^2}{2R_L}$，则每管最大管耗和电路的最大输出功率具有的关系为

$$P_{Tmax}=\dfrac{U_{CC}^2}{\pi^2 R_L}\approx 0.2P_{Omax} \tag{8-7}$$

式(8-7)作为乙类互补对称电路选择功率管参数的依据之一。

8.2.2.3 直流电源提供的功率

直流电源提供的功率包括负载得到的功率和功率管消耗的功率两部分，用 P_E 表示。

无信号输入时

$$P_E=0 \tag{8-8}$$

有信号输入时

$$P_E=\dfrac{2U_{CC}\cdot U_{om}}{\pi R_L} \tag{8-9}$$

最大功率

$$P_E=\dfrac{2U_{CC}^2}{\pi R_L} \tag{8-10}$$

8.2.2.4 电路的效率

电路的效率用 η 表示，一般情形下为

$$\eta=\dfrac{P_O}{P_E}=\dfrac{\pi U_{om}}{4U_{CC}} \tag{8-11}$$

当 $U_{om}\approx U_{CC}$ 时有最大效率，为

$$\eta=\dfrac{\pi}{4}=78.5\% \tag{8-12}$$

8.2.2.5 功率管的选择

由以上分析可知，在负载匹配的条件下，增大输入信号或者提高电源电压，均能增大输出功率，但是受到功率管极限参数的限制。

根据乙类工作状态及理想条件，管子的极限参数可以分别按照下式选取。

最大管耗：$P_{CM}\geqslant 0.2P_{om}$；反向击穿电压：$U_{CEO}>2U_{CC}$；集电极最大电流：$I_{CM}\geqslant\dfrac{U_{CC}}{R_L}$。

8.2.2.6 存在的问题——交越失真

对上述电路的分析时建立在忽略功率管的发射结门坎电压的前提下，实际上，门坎电压并不是零，结果一管截止而另一管并未导通，产生交越失真。如图 8-5 所示。

交越失真产生的根本原因是互补对称功率管交替工作时，一管截止而另一管尚未导通，

产生信号交接的失真，这种失真称为交越失真。

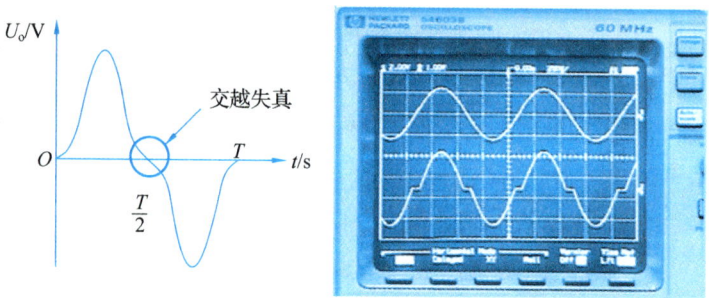

图 8-5 电路输出波形的交越失真

8.2.2.7 消除交越失真的电路

交越失真是功率互补对称电路中由于两个功率管交替工作时，一个功率管已经截止，而另一个功率管还没有导通工作而出现的输出波形的失真。其根本原因是设计时，功率管的静态工作点设计在零点位置（功率的消耗最低）。因此，有效消除交越失真的方法是提高电路的静态工作点，使得电路中的功率管工作在微导通的状态。此时电路以甲乙类放大方式工作。

利用 T_3 管的静态 I_{CQ3} 在 R_1 上的压降，$U_{BE1}+U_{BE2}=I_{CQ3}R_1$，提供 T_1、T_2 所需的偏压，如图 8-6(a) 所示。

利用二极管的正向压降，使 $U_{BE1}+U_{BE2}=I_{D1}+I_{D2}$，提供 T_1、T_2 所需的偏压，如图 8-6(b) 所示。

利用 U_{BE} 倍增电路向 T_1、T_2 提供偏置电压，调节 R_1、R_2 之值可得合适的偏压，如图 8-6(c) 所示。其分析为

$$U_{BE3}=\frac{R_2}{R_2+R_1}U'_{BB}=\frac{R_2}{R_1+R_2}(U_{BE1}+U_{BE2})$$

$$U_{BE1}+U_{BE2}=\left(1+\frac{R_1}{R_2}\right)U_{BE3}$$

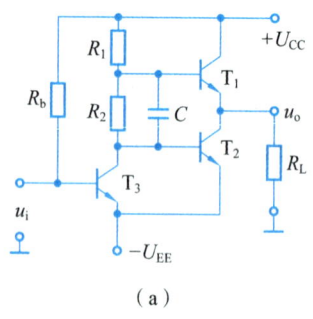　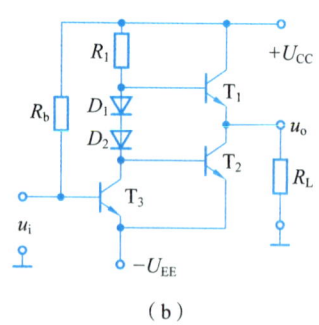　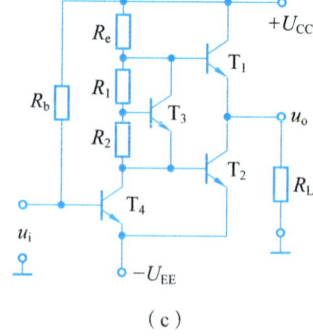

（a）　　　　　　　　　　（b）　　　　　　　　　　（c）

图 8-6 消除交越失真的电路

8.2.3 OTL 电路的工作原理

OCL 功放电路需要双电源供电，在只有单电源供电的电子设备中不适用。在单电源供电的电子设备中，功放电路采用 OTL 电路。

OTL 为单电源互补对称功率放大电路，又称无输出变压器电路，它是针对互补对称电路要求正负两个独立电源系统而出现的。

OTL 功放电路原理图如图 8-7 所示。T_1、T_3 和 T_2、T_4 组成准互补对称放大电路，T_1 和 T_3、T_2 和 T_4 组成复合管结构，分别相当于一个 NPN 和一个 PNP 的晶体管，二极管 D_1、D_2 和电阻 R 向两个复合功率提供临界偏压，使两个复合功率管保持在临界导通的状态，两管射极通过电容连接负载；D_1、D_2 用于消除交越失真向复合管提供偏置电压；静态时，调节电路使得 $U_A = \frac{1}{2} U_{CC}$。

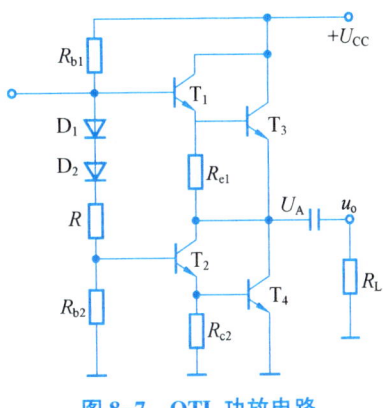

图 8-7 OTL 功放电路

8.2.3.1 工作原理

OTL 电路的工作原理是：当正半周信号输入时，T_1、T_3 导通，T_2、T_4 截止，电流通过电源 U_{CC}、T_1、T_3 管的集电极、发射极、电容流到负载上。与此同时，对输出电容进行充电。当负半周信号输入时，T_2、T_4 导通，T_1、T_3 截止，电容通过 T_2、T_4 和负载放电，由于电容容量大，放电时间常数远大于输入信号周期，电容 C 通过 T_2 放电的同时输出负半周放大信号。

由上面的讨论可见，电路中大容量的电容器 C 除了是交流信号的耦合电容外，还是功放管 T_2 的供电电源。

8.2.3.2 指标估算

由上面分析知，用电容的充放电代替电源，故此，电路参数的估算均和双电源相同，仅仅在公式中用 $\frac{1}{2} U_{CC}$ 代替 U_{CC} 即可，具体可参看表 8-1。

表 8-1 OCL 电路和 OTL 电路的比较

	OCL 电路	OTL 电路
输出功率	$P_{omax} = \dfrac{U_{CC}^2}{2R_L}$	$P_{omax} = \dfrac{U_{CC}^2}{8R_L}$
	$P_o = \dfrac{U_{cem}^2}{2R_L}$，其中：$U_{cem} = U_{CC} - U_{ces}$	
电源供给的最大功率	$P_E = \dfrac{2U_{CC}^2}{\pi R_L}$	$P_E = \dfrac{U_{CC}^2}{2\pi R_L}$
最大效率	$\eta_{max} = \pi/4$	$\eta_{max} = \pi/4$

续表

	OCL 电路	OTL 电路
最大管耗	$P_{CM} > 0.2 P_{omax}$	$P_{CM} > 0.2 P_{omax}$
反向电压	$BU_{CEO} > 2U_{CC}$	$BU_{CEO} > U_{CC}$
最大电流	$I_{CM} > \dfrac{U_{CC}}{R_L}$	$I_{CM} > \dfrac{U_{CC}}{2R_L}$

8.2.4 功率放大电路的安全运行

在功率放大电路中,功放管既要流过大电流,又要承受高电压。例如,在 OCL 电路中,功放管的最大集电极电流等于最大负载电流,而最大管压降等于 $2U_{CC}$。只有功放管不超过其极限值,电路才能正常工作。因此,所谓功率放大电路的安全运行,实际上就是保证功放管的安全工作。在实际使用电路中,需要施加保护措施,以防止功放管过电压、过电流和过功耗。本节主要讨论功放管的击穿和散热问题。

8.2.4.1 功放管的击穿

(1)晶体管的击穿现象

晶体管的击穿现象:从晶体管的输出特性曲线可知,对于某一条输出特性曲线,当 c-e 之间电压增大到一定数值时,晶体管将产生击穿。这个击穿称为一次击穿,击穿特性如图 8-8 所示,其中,图 8-8(a)中的 AB 段称为一次击穿,BC 段称为二次击穿。一次击穿是由 U_{CE} 过大引起的雪崩击穿,是可逆的。若在一次击穿后,I_C 继续增大,管子将进入二次击穿。

(2)二次击穿

晶体管一次击穿后,集电极电流会聚然增大,若不加以限制,则晶体管的工作点变化到临界点 A 时,工作点将以高速从 A 点到 B 点,此时电流猛增,而管压降却减小,称二次击穿。如图 8-8(b)所示。二次击穿是由于管子内部结构缺陷(如发射结表面不平整、半导体材料电阻率不均匀等)和制造工艺不良等原因引起的,为不可逆击穿。进入二次击穿的点随基极电流 I_B 的不同而变,把进入二次击穿的点连起来就成为图 8-8(b)所示的二次击穿临界曲线,简称 S/B 曲线。为此,必须把晶体管的工作状态控制在二次击穿临界曲线之内。

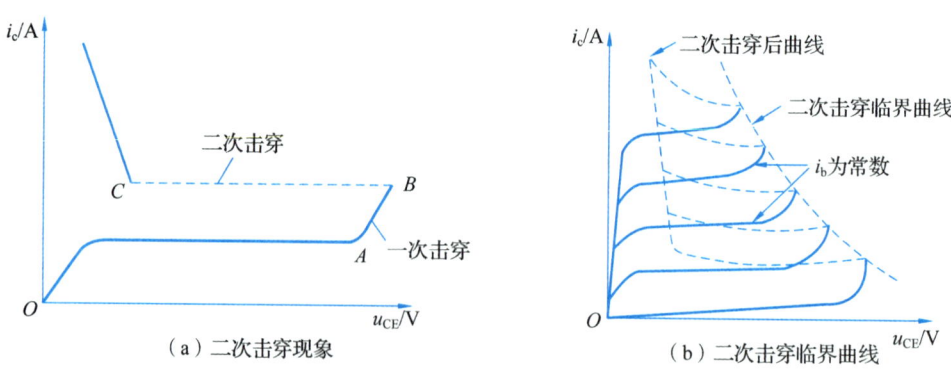

图 8-8 晶体管的二次击穿

(3) 防止击穿的方法

在功放管 c-e 之间加稳压二极管，就可防止其一次击穿，同时限制其集电极电流，就可避免二次击穿。

(4) 防止二次击穿的措施

使用功率容量大的晶体管，改善管子散热情况，以确保其工作在安全区之内；使用时应避免电源剧烈波动、输入信号突然大幅度增加、负载开路或短路等，以免出现过压过流；在负载两端并联二极管(或二极管和电容)，以防止负载的感性引起功放管过压或过流，在功放管的 c、e 端并联稳压管以吸收瞬间过电压。

8.2.4.2 功放管散热问题

功放管损坏的重要原因是其实际耗散功率超过额定数值 P_{CM}。由于功率放大器的工作电压、电流都很大，管耗大，使管子本身升温发热。晶体管的耗散功率取决于管子内部的 PN 结温度。管子的功耗愈大，结温愈高。当管子温度升高到一定程度(锗管一般为 75~90 ℃，硅管为 150 ℃)后，就会损坏晶体结构，为此，应采取功放管散热措施改善散热条件。改善散热条件方法：给功放管加装由铜、铝等导热性能良好的金属材料制成的散热片子(板)，加装了散热片的功放管可充分发挥管子的潜力，增加输出功率而不损坏管子；还可用电风扇强制风冷，则可获得更大一些的耗散功率；可在同样的结温下提高集电极最大耗散功率 P_{CM}，也可提高输出功率。

【例 8-1】 求如图 8-9 所示的功放电路中，输出到 R_L 上的最大功率是多少？设 T_1、T_2 的 $U_{CES}=2$ V，U_i 为正弦波电压。

解： 该电路是 OCL 电路，则输出到 R_L 上的最大功率为

$$P_{omax} = \frac{U_{cem}^2}{2R_L} = \frac{(U_{CC}-U_{ces})^2}{2R_L} = 6.25 \text{ W}$$

【例 8-2】 图 8-10 所示电路中，请近似计算在理想情况下最大输出功率、效率和管耗。

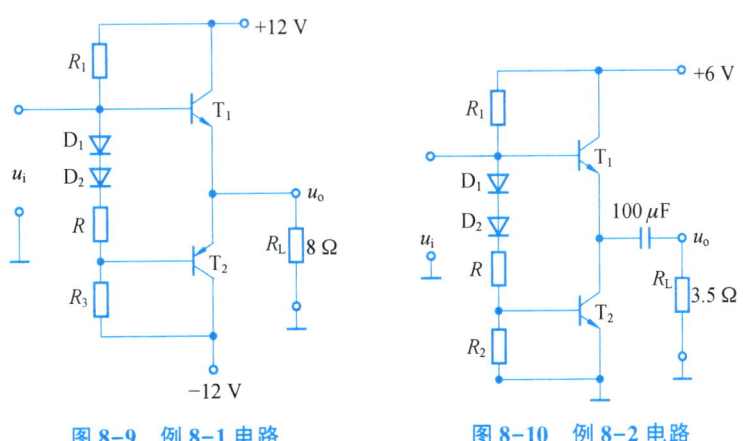

图 8-9　例 8-1 电路　　　图 8-10　例 8-2 电路

解： 该电路是 OTL 电路，则电路的最大输出功率为

$$P_{omax} = \frac{U_{cem}^2}{8R_L} = 1.29 \text{ W}$$

功率管管耗为
$$P_T = 0.2 P_{omax} = 0.26 \text{ W}$$
电路的效率为
$$\eta = 78.5\%$$

【例 8-3】某收音机的输出电路如图 8-11 所示。

① 说出电路形式，并说明理由；② 简述电路中电容 C_2、C_3 和电阻 R_4、R_5 的作用；③ 已知 U_{CC} = 24 V，电路的最大输出功率 P_{omax} = 6.25 W，估算对称功放管 T_2、T_3 的饱和压降；④ 若 $U_{CES} \approx 0$，求极限运用时，电路的输出功率 P_{omax}，每个功率管的最大管耗 P_{cmax}，最大集电极峰值电流 I_{cm}。

解： ① 电路有输出电容 C_4，所以本功率放大电路是 OTL 互补对称功率放大电路。

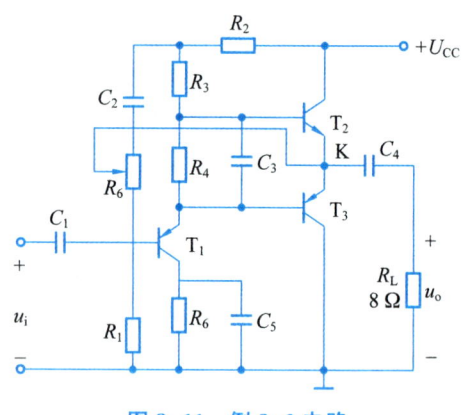

图 8-11 例 8-3 电路

② C_2 与 R_2 组成自举电路，可增大输出幅度。C_3 使加到 T_2、T_3 管的交流信号相等，有助于使输出波正、负对称。R_4 为 T_2、T_3 提供偏置电压，克服交越失真。R_5 通过直流负反馈的方式为 T_1 提供偏置且稳定静态工作点。调节 R_5 可使 K 点电位达到 $1/2U_{CC}$。在信号源有内阻的情况下，R_5 同时也引入交流的电压并联负反馈，有助于改善放大性能。

③ 由于
$$P_{omax} = \frac{(0.5U_o - U_{ces})^2}{2R_L} = 6.25 \text{ W}$$
则可求得：
$$U_{ces} = 2 \text{ V}$$

④ 考虑 $U_{CES} \approx 0$，有电路的输出功率 P_{omax}：
$$P_{omax} = \frac{U_{cem}^2}{8R_L} = \frac{12^2}{2 \times 8} = 9 \text{ W}$$

每个功率管的最大管耗 P_{cmax}
$$P_{cmax} = 0.2 P_{omax} = 1.8 \text{ W}$$

最大集电极峰值电流 I_{cm}
$$I_{CM} = \frac{U_{CC}}{2R_L} = \frac{12}{8} = 1.5 \text{ A}$$

思考题

1. 在功率放大电路中，当输出功率最大时，功放管的功率损耗是否最大？为什么？

2. 在 OCL 电路中，如果要求最大输出功率为 10 W，则每只功耗管的最大允许管耗至少应为多少？

3. 如果要确保功放电路的安全运行，应采取哪些措施？

*8.3 集成功率放大电路

8.3.1 集成功放电路的组成和原理分析

随着集成电路技术的发展，集成功率放大电路的产品越来越多，下面以 DG4100 型集成功率放大电路为例来讨论集成功率放大电路的组成和原理分析。

DG4100 型集成功率放大器的内部结构如图 8-12 所示。

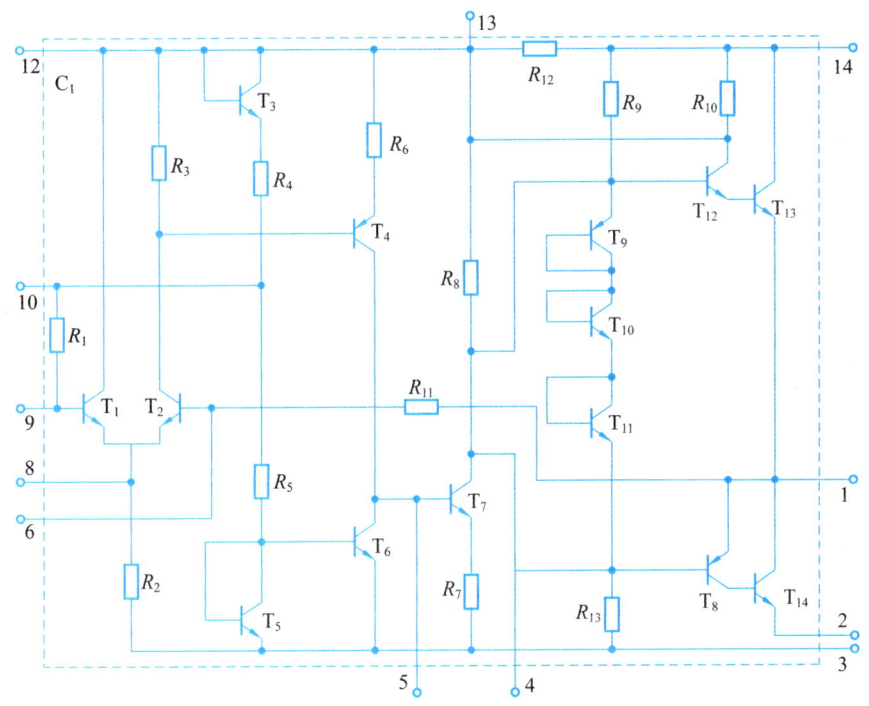

图 8-12 DG4100 型集成功率放大器的内部结构图

由图可见，DG4100 型集成功放是由三级直接耦合放大电路和一级互补对称功放电路组成。图 8-12 中各三极管的作用如下。

T_1 和 T_2 组成单端输入、单端输出的差动放大器；T_3 为差动放大器提供偏流；T_4 是共发射极电压放大器，起中间放大的作用；T_5 和 T_6 组成该放大器的有源负载；T_7 也是共发射极电压放大器，也是起中间放大的作用，该级电路通常又称为功放的推动电路；T_{12} 和 T_{13} 组成 NPN 复合管；T_8 和 T_{14} 组成 PNP 复合管，这四个三极管组成互补对称功率放大器；T_9、T_{10} 和 T_{11} 为功放电路提供合适的偏置电压，以消除交越失真。

该电路中的电阻 R_{11} 将第 1 脚的输出信号反馈到三极管 T_2 的基极，经第 6 脚与外电路相联引入串联电压负反馈来改善电路的性能。

8.3.2 集成功放电路的主要性能指标

集成功率放大电路的主要性能指标除最大输出功率外，还有电源电压范围、电源静态电流、电压增益、频带宽、输入阻抗、输入偏置电流、总谐波失真等等。部分指标前面已经说明，这里解释以下指标。

输入偏置电流：电流运放输出电压为零时，两个输入端静态电流的平均值定义为输入偏置电流。

总谐波失真：是指用信号源输入时，输出信号（谐波及其倍频成分）比输入信号多出的额外谐波成分，通常用百分数来表示。一般说来，1000 Hz 频率处的总谐波失真最小，因此不少产品均以该频率的失真作为它的指标。

8.3.3 集成功放电路的应用

集成功率放大电路具有输出功率大、外围连接元件少、使用方便等优点，目前使用越来越广泛。它的品种很多，本节主要以 TDA2030A 音频功率放大器为例加以介绍。

8.3.3.1 TDA2030A 音频集成功率放大器简介

TDA2030A 是目前使用较为广泛的一种集成功率放大器，与其他功率放大器相比，它的引脚和外部元件都较少。

TDA2030A 的电器性能稳定，并在内部集成了过载和热切断保护电路，能适应长时间连续工作，由于其金属外壳与负电源引脚相连，因而在单电源使用时，金属外壳可直接固定在散热片上并与地线（金属机箱）相接，无须绝缘，使用很方便。

TDA2030A 的内部电路如图 8-13 所示。

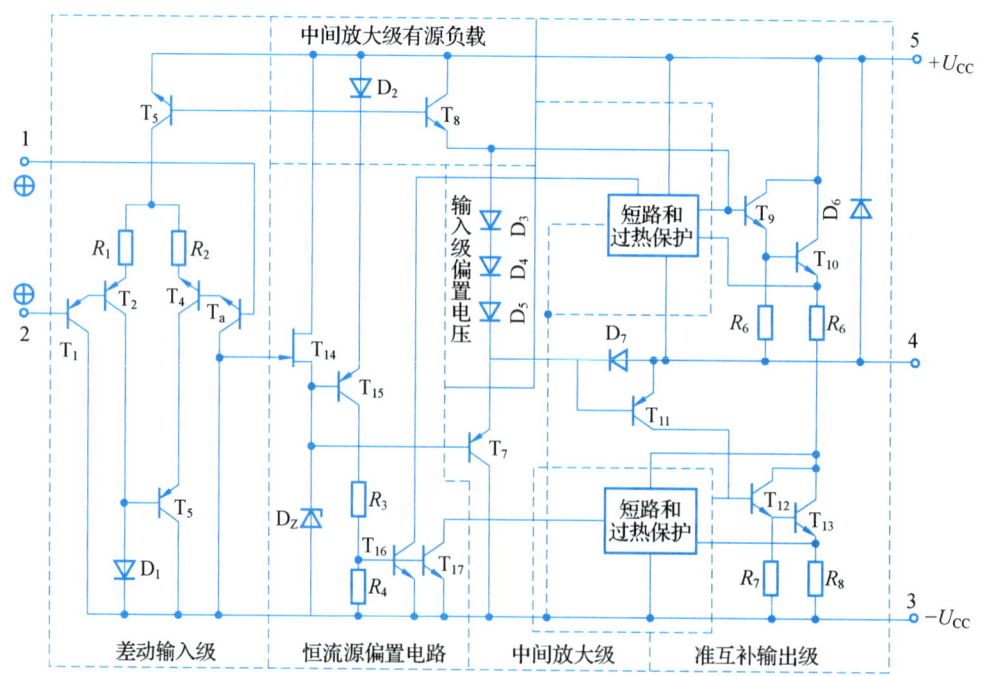

图 8-13 TDA2030A 集成功率放大器的内部结构图

TDA2030A 使用于收录机和有源音箱中,作音频功率放大器,也可作其他电子设备中的功率放大。因其内部采用的是直接耦合,亦可以作直流放大。主要性能参数如下:

电源电压　　　　±3~±18 V
输出峰值电流　　3.5 A
输入电阻　　　　>0.5 MΩ
静态电流　　　　<60 mA(测试条件:U_{CC} = ±18 V)
电压增益　　　　30 dB
频响 BW　　　　0~140 kHz
在电源为±15 V、R_L = 4 Ω 时,输出功率为 14 W。
外引脚的排列如图 8-14 所示。

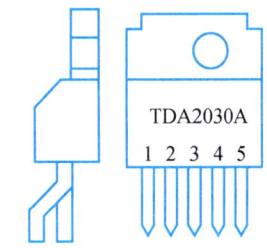

图 8-14　TDA2030A 外引脚排列图

8.3.3.2　TDA2030A 集成功放的典型应用

(1) 双电源(OCL)应用电路

图 8-15 电路是双电源时 TDA2030A 的典型应用电路。输入信号 U_i 由同相端输入,R_1、R_2、C_2 构成交流电压串联负反馈,因此,闭环电压放大倍数为

$$A_{uf} = 1 + \frac{R_1}{R_2} = 33$$

为了保持两输入端直流电阻平衡,使输入级偏置电流相等,选择 $R_3 = R_1$。U_1、U_2 起保护作用,用来泄放 R_L 产生的感生电压,将输出端的最大电压钳位在(U_{CC} + 0.7 V)和($-U_{CC}$ - 0.7 V)上。C_3、C_4 为去耦电容,用于减少电源内阻对交流信号的影响。C_1、C_2 为耦合电容。

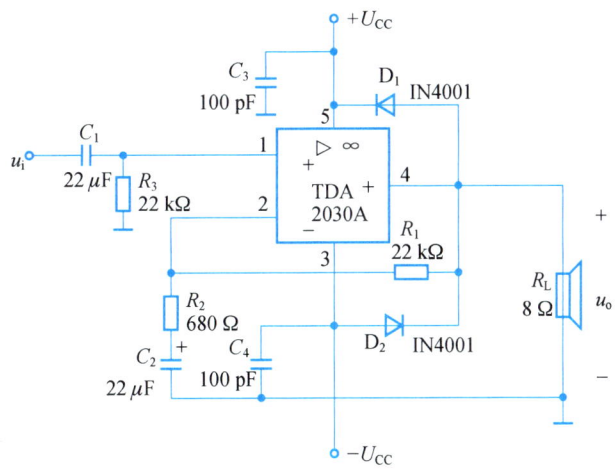

图 8-15　由 TDA2030A 构成的 OCL 电路

(2) 单电源(OTL)应用电路

对仅有一组电源的中、小型录音机的音响系统,可采用单电源连接方式,如图 8-16 所示。由于采用单电源供电,故同相输入端用阻值相同的 R_1、R_2 组成分压电路,使 K 点电位为 $U_{CC}/2$,经 R_3 加至同相输入端。在静态时,同相输入端、反向输入端和输出端皆为 $U_{CC}/2$。其他元件作用与双电源电路相同。

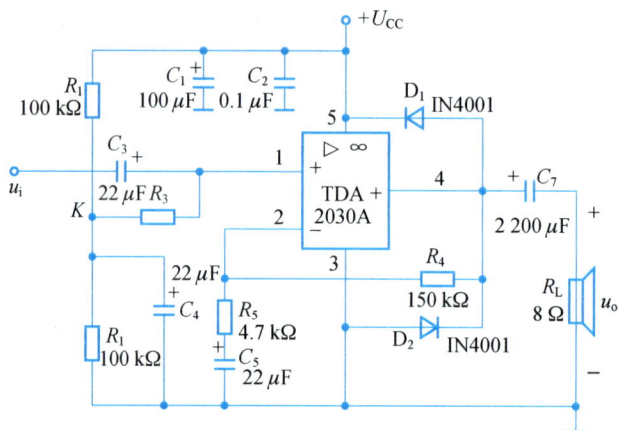

图 8-16 由 TDA2030A 构成的单电源功放电路

> **思考题**
>
> 1. 集成功率放大电路的性能指标有哪些？
> 2. 与普通集成运放相比，集成功率放大器有什么特点？

本章小结

功率放大电路工作有其特殊性，最根本的是大信号，因此在分析方法上通常采用图解分析法，研究的重点内容是在失真度允许的条件下增大输出功率和提高电路效率的问题。

作为甲类功放，由于晶体管静态电流的存在使能量不断的消耗，因此其效率在理想情况下，效率不会超过 50%。

为提高电路效率，降低静态电流，采用乙类功放，互补对管交替工作，效率在理想情况下可达 78.5%，但是面临交越失真，消除交越失真就用到甲乙类功放电路。

乙类功放有 OCL 和 OTL 之分，指标估算上可以参见表 8-1，其原则是：以 OCL 指标估算为基准，OTL 参数牵涉到电压的则用 $\frac{1}{2}U_{CC}$ 代入即可。

练习题

一、选择题

1. 下列哪一项不属于功率放大电路的主要特点_____。
   A. 高输出功率　　B. 高效率　　C. 非线性失真小　　D. 不易散热
2. 根据功率放大电路中晶体管的导通时间分类，不包括下列哪一项_____。
   A. 甲类　　B. 乙类　　C. 丙类　　D. 丁类
3. 功率放大电路与电压放大电路、电流放大电路的共同点是_____。

A. 高输入阻抗　　　　　B. 高输出功率　　　　C. 放大输入信号　　　D. 高电压增益

4. OCL 电路与 OTL 电路的主要区别在于_____。

A. 输出阻抗　　　　　　B. 效率　　　　　　　C. 供电方式　　　　　D. 耦合方式

5. 已知电路如题图 8-1 所示，T_1 和 T_2 管的饱和管压降 $|U_{CES}| = 3$ V，$U_{CC} = 15$ V，$R_L = 8\ \Omega$。

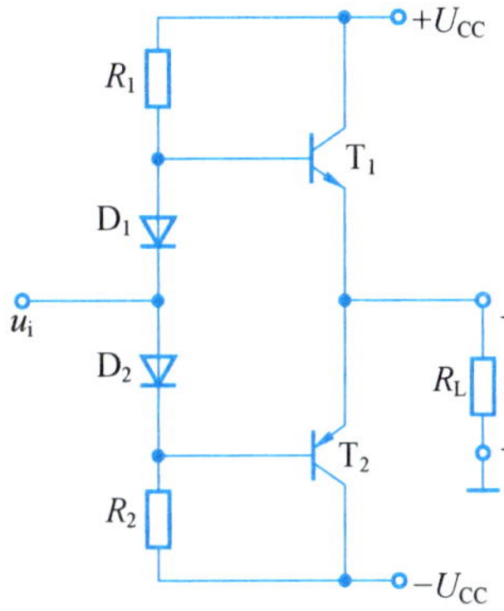

题图 8-1

① 电路中 D_1 和 D_2 管的作用是消除_____。

A. 饱和失真　　　　　　B. 截止失真　　　　　C. 交越失真

② 静态时，晶体管发射极电位 U_{EQ}_____。

A. 大于 0 V　　　　　　B. 等于 0 V　　　　　C. 小于 0 V

③ 最大输出功率 P_{OM}_____。

A. 约等于 28 W　　　　B. 等于 18 W　　　　C. 等于 9 W

二、判断题

1. 在功率放大电路中，输出功率愈大，功放管的功耗愈大。　　　　　　　　　　　　　（　　）

2. 功率放大电路的最大输出功率是指在基本不失真情况下，负载上可能获得的最大交流功率。　　　　　　　　　　　　　　　　　　　　　　　　　　　　　　　　　　　（　　）

3. 功率放大器为了正常工作需要在功率管上装置散热片，功率管的散热片接触面是粗糙些好。　　　　　　　　　　　　　　　　　　　　　　　　　　　　　　　　　　　（　　）

4. 当 OCL 电路的最大输出功率为 1 W 时，功放管的集电极最大耗散功率应大于 1 W。
　　　　　　　　　　　　　　　　　　　　　　　　　　　　　　　　　　　　　　（　　）

5. 功率放大电路，除要求其输出功率要大外，还要求功率损耗小，电源利用率高。
　　　　　　　　　　　　　　　　　　　　　　　　　　　　　　　　　　　　　　（　　）

6. 乙类功放和甲类功放电路一样，输入信号愈大，失真愈严重，输入信号小时，不产生失真。　　　　　　　　　　　　　　　　　　　　　　　　　　　　　　　　　　　（　　）

7. 在功率放大电路中，电路的输出功率要大和非线性失真要小是矛盾的。　　（　　）

8. 功率放大电路与电压放大电路、电流放大电路的共同点是：

① 都使输出电压大于输入电压。　　　　　　　　　　　　　　　　　　　　　　　（　　）

② 都使输出电流大于输入电流。　　　　　　　　　　　　　　　　　　　　　　　（　　）

③ 都使输出功率大于信号源提供的输入功率。　　　　　　　　　　　　　　　　　（　　）

9. 功率放大电路与电压放大电路的区别是：
①前者比后者电源电压高。（   ）
②前者比后者电压放大倍数数值大。（   ）
③前者比后者效率高。（   ）
④在电源电压相同的情况下，前者比后者的最大不失真输出电压大。（   ）

10. 功率放大电路与电流放大电路的区别是：
①前者比后者电流放大倍数大。（   ）
②前者比后者效率高。（   ）

三、问答题

1. 功率放大器如题图 8-2 所示，已知各晶体管的 $\beta = 50$，$|U_{BE}| = 0.6$ V，$U_{CES} = 0.5$ V。
①说明 R_4 和 C_2 的作用；
②设静态时 $|U_{BE3}| = |U_{BE2}|$，试计算各电阻中的静态电流，并确定 R_3 的阻值；
③在输出基本不失真的情况下，估算电路的最大输出功率。

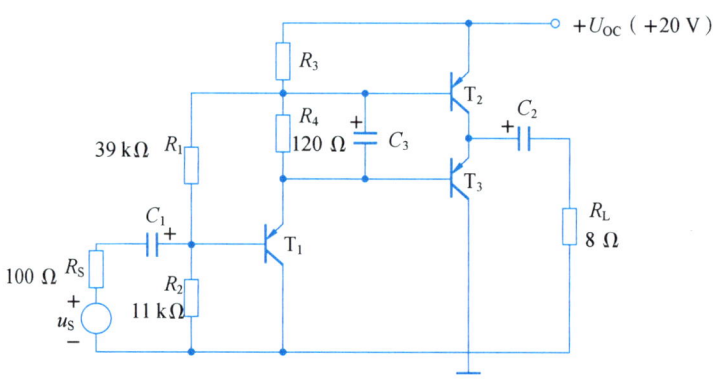

题图 8-2

2. 在题图 8-1 所示电路中，已知 $V_{CC} = 16$ V，$R_L = 4\Omega$，T_1 和 T_2 管的饱和管压降 $|U_{CES}| = 2$ V，输入电压足够大。试问：
①最大输出功率 P_{omax} 和效率 η 各为多少？
②晶体管的最大功耗 P_{Tmax} 为多少？
③为了使输出功率达到 P_{omax}，输入电压的有效值约为多少？

3. 双电源互补对称电路如题图 8-3 所示，已知电源电压 12 V，负载电阻 10 Ω，输入信号为正弦波。求：
①在晶体管 VCES 忽略不计的情况下，负载上可以得到的最大输出功率。
②每个功放管上允许的管耗是多少？
③功放管的耐压又是多少？

4. 在题图 8-4 所示电路中，已知二极管的导通电压 $U_D = 0.7$ V，晶体管导通时的 $|U_{BE}| = 0.7$ V，T_2 和 T_4 管发射极静态

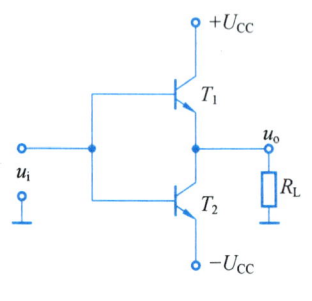

题图 8-3

电位 $U_{EQ}=0$ V。试问:

①T_1、T_3 和 T_5 管基极的静态电位各为多少?

②设 $R_2=10$ kΩ,$R_3=100$ Ω。若 T_1 和 T_3 管基极的静态电流可忽略不计,则 T_5 管集电极静态电流为多少?静态时 U_1 为多少?

③若静态时 $i_{B1}>i_{B3}$,则应调节哪个参数可使 $i_{B1}=i_{B2}$?如何调节?

④电路中二极管的个数可以是 1、2、3、4 吗?你认为哪个最合适?为什么?

5. 在题图 8-4 所示电路中,已知 T_2 和 T_4 管的饱和管压降 $|U_{CES}|=2$ V,静态时电源电流可忽略不计。试问负载上可能获得的最大输出功率 P_{omax} 和效率 η 各为多少?

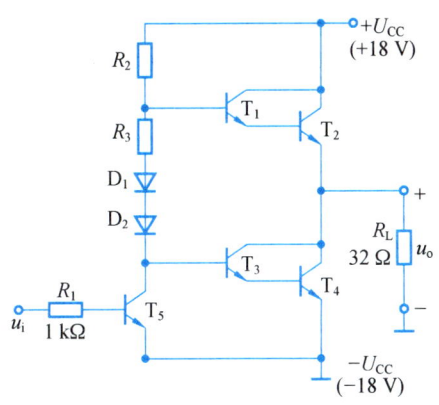

题图 8-4

6. 为了稳定输出电压,减小非线性失真,请通过电阻 R_f 在题图 8-5 所示电路中引入合适的负反馈;并估算在电压放大倍数数值约为 10 的情况下,R_F 的取值。

7. 估算题图 8-4 所示电路 T_2 和 T_4 管的最大集电极电流、最大管压降和集电极最大功耗。

8. 在题图 8-5 所示电路中,已知 $U_{CC}=15$ V,T_1 和 T_2 管的饱和管压降 $|U_{CES}|=2$ V,输入电压足够大。求解:

①最大不失真输出电压的有效值;

②负载电阻 R_L 上电流的最大值;

③最大输出功率 P_{omax} 和效率 η。

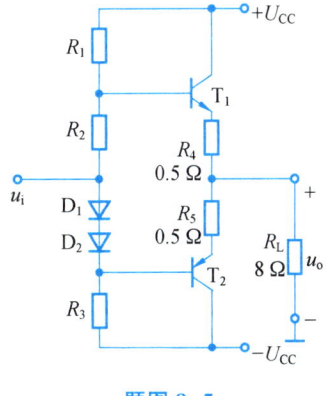

题图 8-5

9. 在题图 8-5 所示电路中，R_4 和 R_5 可起短路保护作用。试问：当输出因故障而短路时，晶体管的最大集电极电流和功耗各为多少？

10. 在题图 8-6 所示电路中，已知 $U_{CC}=15\text{ V}$，T_1 和 T_2 管的饱和管压降 $|U_{CES}|=1\text{ V}$，集成运放的最大输出电压幅值为 $\pm 12\text{ V}$，二极管的导通电压为 0.7 V。

① 若输入电压幅值足够大，则电路的最大输出功率为多少？

② 为了提高输入电阻，稳定输出电压，且减小非线性失真，应引入哪种组态的交流负反馈？画出图来。

③ 若 $U_i=0.1\text{ V}$ 时，输出电压为 5 V，则反馈网络中电阻的取值约为多少？

11. OTL 电路如题图 8-7 所示。

① 为了使得最大不失真输出电压幅值最大，静态时 T_2 和 T_4 管的发射极电位应为多少？若不合适，则一般应调节哪个元件参数？

② 若 T_2 和 T_4 管的饱和管压降 $|U_{CES}|=2.5\text{ V}$，输入电压足够大，则电路的最大输出功率 P_{omax} 和效率 η 各为多少？

③ T_2 和 T_4 管的 I_{CM}、$U_{(BR)CEO}$ 和 P_{CM} 应如何选择？

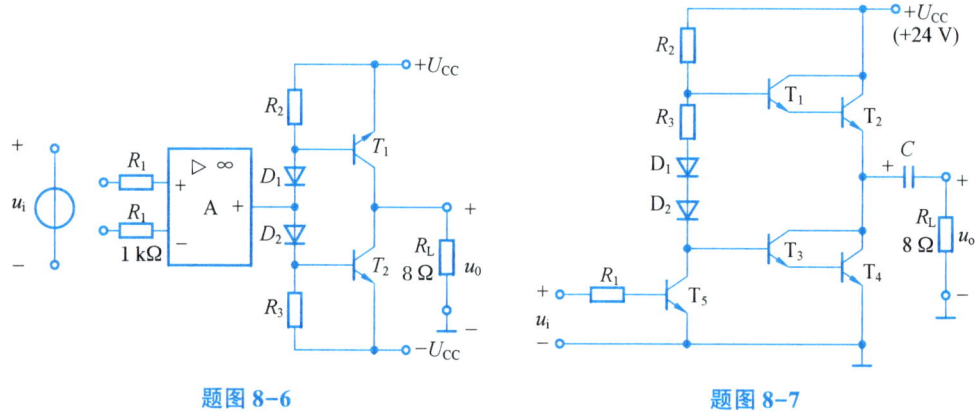

题图 8-6　　　　　　题图 8-7

12. 已知题图 8-8 所示电路中 T_1 和 T_2 管的饱和管压降 $|U_{CES}|=2\text{ V}$，导通时的 $|U_{BE}|=0.7\text{ V}$，输入电压足够大。

① A、B、C、D 点的静态电位各为多少？

② 为了保证 T_2 和 T_4 管工作在放大状态，管压降 $|U_{CE}|\geqslant 3\text{ V}$，电路的最大输出功率 P_{omax} 和效率 η 各为多少？

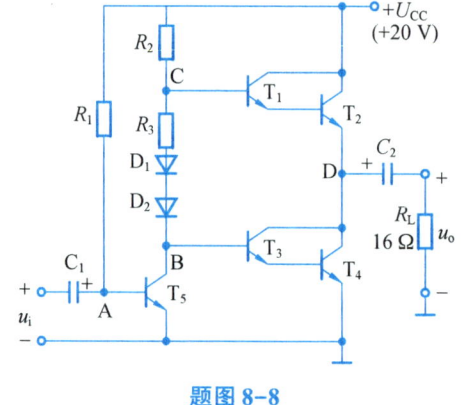

题图 8-8

13. 集成电路 LM1877N-9 为双通道低频功率放大电路，单电源供电，最大不失真输出电压的峰–峰值 $U_{OPP}=(U_{CC}-6)\text{V}$，开环电压增益为 70 dB。题图 8-9 所示为 LM1877N-9 中一个通道组成的实用电路，电源电压为 24 V，C_1 至 C_3 对交流信号可视为短路；R_3 和 C_4 起相位补偿作用，可以认为负载为 8 Ω。

① 静态时 U_P、U_N、U_O 各为多少？

② 设输入电压足够大，电路的的最大输出功率 P_{omax} 和效率 η 各为多少？

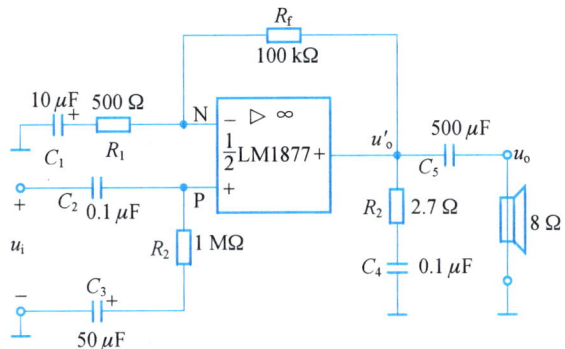

题图 8-9

第 9 章 直流电源电路

学习目标

理解直流电源电路的基本组成；
掌握整流电路的工作原理和主要的性能指标；
理解电容滤波电路的工作原理；
理解稳压二极管稳压电路的工作原理，掌握稳压二极管的主要参数；
理解串联型稳压电路的组成和工作原理，会对串联型稳压电路的参数进行分析；
了解开关型稳压电路的电路结构，特点及工作原理。

素质目标

培养学生科学分析与实践能力，引导学生树立节能环保意识与规范操作的职业素养，提升解决实际问题的综合能力。

在各种电子电路中，一般都需要稳定的直流电源供电。从对电路的供电方式来说，常见的不外乎有两种，一种是采用干电池、蓄电池或其他形式如光电池等向电路供电，这种供电方式是用化学能或其他形式的能量转化为电能之后向电路提供必要的能量，缺陷是要受实际条件(如电池的容量)的限制。实际上更常见的方式是对电网的交流电进行降压、整流、滤波和稳压，再将其转化为直流电，向电路提供不可或缺的能量。这种供电方式的优势在于电网所提供的能量是源源不断的。

9.1 直流电源电路的组成

直流电源电路是将交流电转变为单方向的直流电的转换电路,由降压电路、整流电路、滤波电路和稳压电路四个部分组成,如图9-1所示,这四个部分主要的功能介绍如下。

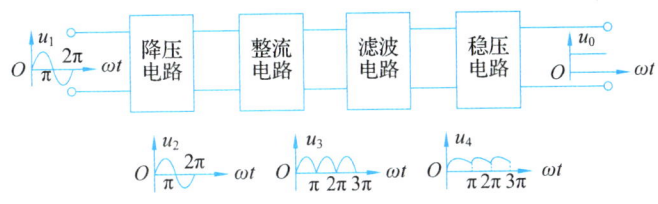

图9-1 直流电源电路的组成

降压电路:将电网电压降为所需要的交流电压,主要器件是降压变压器。

整流电路:将交流电变化为单方向脉动的直流电,主要利用二极管的单向导电性实现。

滤波电路:去掉整流电路输出的直流电中的纹波,得到比较平滑的直流电,主要利用贮能元件电容、电感实现。

稳压电路:避免电源输出电压随电网电压、负载以及电路工作的环境温度的变化而变化,维持输出电压的稳定。

9.2 整流电路

整流电路的作用是利用具有单向导电性能的整流元件,将正负交变的正弦电压整流成为单向脉动电压。根据交流电源的形式不同,整流电路有单相整流和三相整流之分。本章只讨论前一种电路。单相整流电路有单相半波整流电路、单相全波整流电路和精密整流电路三种。

9.2.1 单相半波整流电路

9.2.1.1 工作原理

单相半波整流电路及输出波形如图9-2所示。利用二极管的单向导电性能可实现将交流电变为单方向脉动的直流电。

在输入波形的正半周,二极管导通,输出波形跟随输入波形变化;在输入波形的负半周,二极管截止,电路无输出电压,因此在输出端得到只有正半周输出的电压。

9.2.1.2 单相半波整流电路的性能指标

(1)整流输出电压 U_0

整流输出电压 U_0 定义为输出电压在一个周期内的平均值,即

$$U_0 = \frac{1}{2\pi}\int_0^{2\pi} U_0 \mathrm{d}(\omega t) \tag{9-1}$$

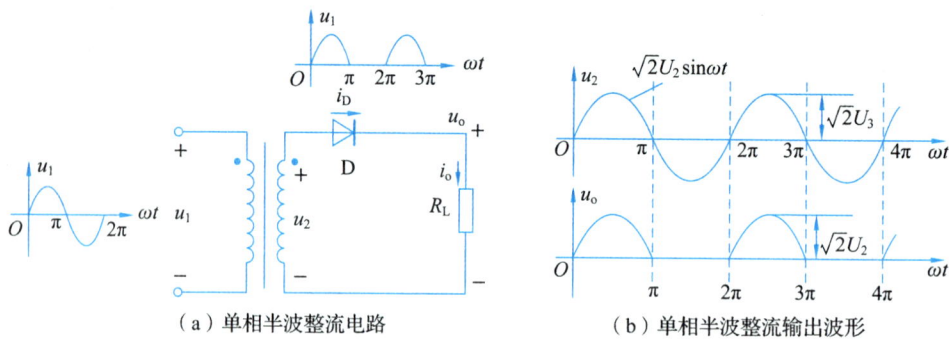

(a)单相半波整流电路　　　　　　(b)单相半波整流输出波形

图 9-2　单相半波整流电路及波形

在半波整流时,有

$$u_o = \begin{cases} \sqrt{2}\,U_2\sin\omega t & 0 \leq \omega t \leq \pi \\ 0 & \pi \leq \omega t \leq 2\pi \end{cases}$$

式中:U_2 是变压器次级电压的有效值,代入可得

$$U_O = \frac{1}{2\pi}\int_0^\pi \sqrt{2}\,U_2\sin\omega t\,\mathrm{d}(\omega t)$$

即

$$U_O = \frac{\sqrt{2}}{\pi}U_2 = 0.45U_2 \tag{9-2}$$

式(9-2)说明:单相半波整流负载上得到的直流电压只有变压器次级电压有效值的 45%,如考虑二极管的正向电阻、变压器的次级内阻等实际情况,得到的输出电压值会更低。

(2)整流输出的脉动系数 S

脉动系数 S 定义为输出电压的基波峰值 U_{O1m} 与输出直流电压 U_O 的比,即

$$S = \frac{U_{O1m}}{U_O} \tag{9-3}$$

式(9-3)中,U_{O1m} 可以通过半波输出电压的富氏级数求得,结果为

$$U_{O1m} = \frac{U_2}{\sqrt{2}}$$

故

$$S = \frac{U_{O1m}}{U_O} = \frac{\frac{U_2}{\sqrt{2}}}{\frac{\sqrt{2}}{\pi}U_2} = \frac{\pi}{2} = 1.57 \tag{9-4}$$

其脉动系数为 1.57,说明输出电压中脉动的成分很大。

(3)整流管的平均整流电流

整流管的平均整流电流就是整流二极管允许通过的平均工作电流,用 I_D 表示,其值与输出电流 I_O 一样大,为

$$I_D = I_O = \frac{U_O}{R_L}$$

(4)整流二极管承受反向电压

整流二极管承受反向电压是整流管处于反向截止时两端电压的最大值,其值为$\sqrt{2}U_2$。

由上述可知,单相半波整流电路的优点是电路简单,采用器件数量少;缺点是损失了负半周的信号,整流效率低。

9.2.2 单相全波整流电路

单相全波整流电路有全波整流电路和桥式整流电路两种,分别介绍如下。

9.2.2.1 全波整流电路

(1) 工作原理

全波整流电路及波形如图9-3所示。其原理是利用中间抽头变压器和两个二极管,获取正、负半周信号,当输入波形在正半周时,变压器次级电压极性为上正下负,二极管D_1导通、D_2截止,负载R上得到由上至下的电流;当输入波形在负半周时,变压器次级电压极性为上负下正,二极管D_2导通、D_1截止,负载R上仍然得到由上至下的电流,由此利用了负半周的信号,整流效率提高。

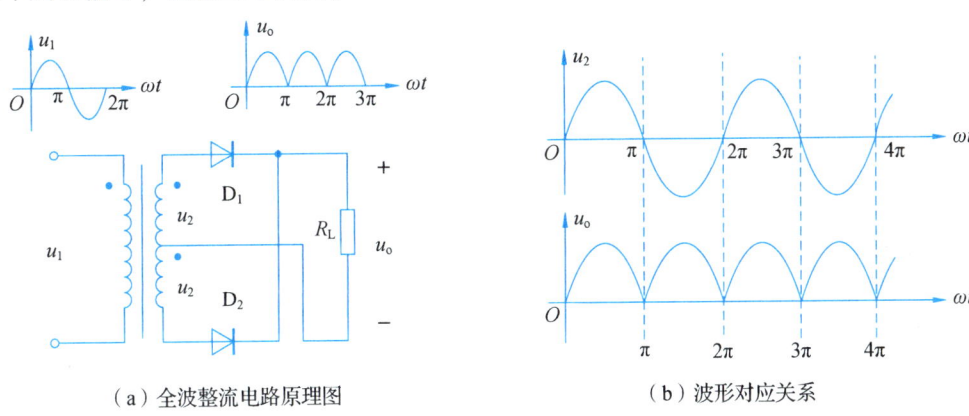

(a) 全波整流电路原理图　　(b) 波形对应关系

图9-3　全波整流电路及波形

(2) 全波整流电路的性能指标

① 整流输出电压U_O。

全波整流电路的整流输出电压是半波整流电路的两倍,因此有

$$U_O = \frac{2\sqrt{2}}{\pi}U_2 = 0.9U_2 \tag{9-5}$$

② 整流输出的脉动系数S。

全波整流电路输出电压的基波频率为2ω,因此,基波最大值是

$$U_{O1m} = \frac{4\sqrt{2}}{3\pi}U_2$$

脉动系数为

$$S = \frac{\dfrac{4\sqrt{2}}{3\pi}U_2}{\dfrac{2\sqrt{2}}{\pi}U_2} = 0.67 \tag{9-6}$$

③整流管的平均整流电流为

$$I_D = \frac{1}{2}I_O = \frac{U_O}{2R_L}$$

④整流二极管承受反向耐压是 $2\sqrt{2}U_2$。

全波整流电路的优点是整流效率比半波整流提高了；缺点是对整流二极管的耐压要求提高了，需要中间抽头变压器。

9.2.2.2 桥式整流电路

（1）工作原理

桥式整流电路的形式如图 9-4 所示。在输入信号的正半周：D_2、D_4 导通，D_1、D_4 截止，负载获得由上至下的正半周电流。在输入信号的负半周：D_1、D_3 导通，D_2、D_4 截止。负载上面仍然获得由上至下的负半周电流。由此可利用负半周信号，提高整流效率。

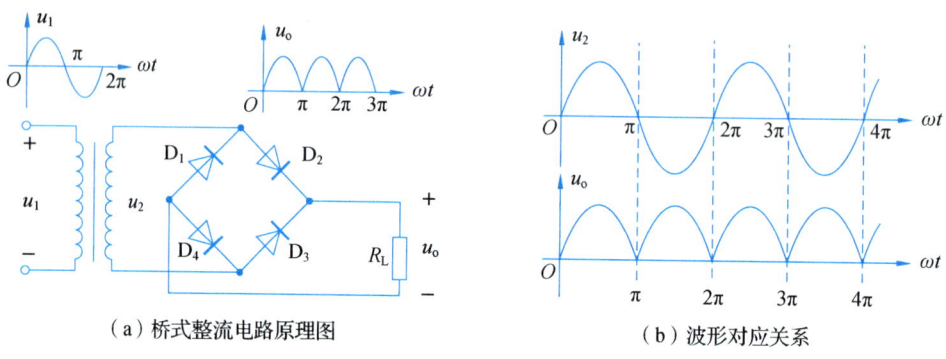

（a）桥式整流电路原理图　　（b）波形对应关系

图 9-4　桥式整流电路及波形

（2）桥式整流电路的性能指标

①整流输出电压 U_O：工作原理同全波整流电路，因此有

$$U_O = \frac{2\sqrt{2}}{\pi}U_2 = 0.9U_2 \tag{9-7}$$

②整流输出的脉动系数为

$$S = \frac{\frac{4\sqrt{2}U_2}{3\pi}}{\frac{2\sqrt{2}U_2}{\pi}} = 0.67 \tag{9-8}$$

③整流管的平均整流电流为

$$I_D = \frac{1}{2}I_O = \frac{U_O}{2R_L}$$

④整流二极管承受反向电压为 $\sqrt{2}U_2$。

桥式整流电路的优点是省略中间抽头变压器，降低二极管耐压；缺点是需要整流二极管的数量增加，电路比较复杂。

*9.2.3 精密整流电路

把交流电变为单向脉动电,称为整流,若能把微弱的交流电转换成单向脉动电,则称为精密整流或精密检波,此电路必须由精密二极管(由运放和二极管组成)来实现。精密整流电路有精密整流二极管电路、精密半波整流电路、精密全波整流电路等种类。

9.2.3.1 精密整流二极管电路

(1) 普通二极管整流存在的问题

普通二极管整流电路的原理如图 9-5(a)所示,它利用二极管的单向导电性工作。

这种电路存在的问题是:由于二极管存在死区电压和导通压降(硅管为 0.7 V,锗管为 0.3 V),因而有:$U_o = U_i - U_d$,考虑在小信号时呈现出指数关系的特点,如图 9-5(b)所示。在小信号整流(或称检波)的时候误差大,特别是当 $U_i < 0.7$ V 时,二极管截止,此时电路无法工作。

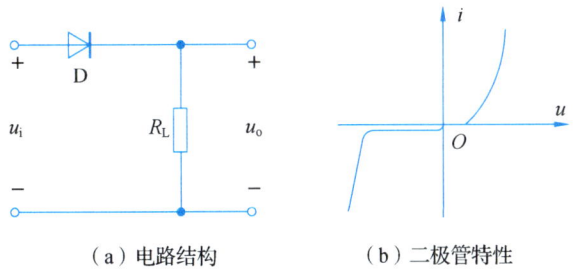

(a) 电路结构   (b) 二极管特性

图 9-5 普通二极管整流电路

(2) 精密整流二极管电路

精密整流二极管电路的基本形式如图 9-6 所示。其工作原理为:二极管 D 接在电压跟随器的反馈支路中,当二极管 D 导通时,有

$$U_o' = U_o + U_D = (U_i - U_o)A_{od} \quad (A_{od} \text{为运放开环增益})$$

$$U_o = \frac{A_{od}}{1+A_{od}}U_i - \frac{1}{1+A_{od}}U_D$$

与上面普通二极管导通时 $U_o = U_i - U_o$ 相比,U_D 的影响减小到 $1/A_{od}$。

如果死区电压 $U_D = 0.5$ V,则

$$\frac{U_D}{A_{od}} = \frac{0.5 \text{ V}}{10^5}$$

$U_D/A_{od} = 0.5$ V/100000,可见 U_i' 只要大于 5 μV 使二极管 D 导通,就有输出。

工作原理的分析:见图(b)传输特性。如图 9-6(b)所示电压传输特性可知,当 $U_i > 0$,$U_o' > 0$ 时,二极管 D 导通,输出 $U_o = U_i$;当 $U_i < 0$,$U_o' < 0$ 时,二极管 D 截止,输出 $U_o = 0$。

9.2.3.2 精密半波整流电路

精密半波整流电路形式如图 9-7(a)所示,电路工作原理分析如下:当 $U_i > 0$ 时,必然使集成运放的输出 $U_1 < 0$,从而导致二极管 D_1 导通,D_2 截止,R_f 中电流为零,因此输出电压 $U_o = 0$。

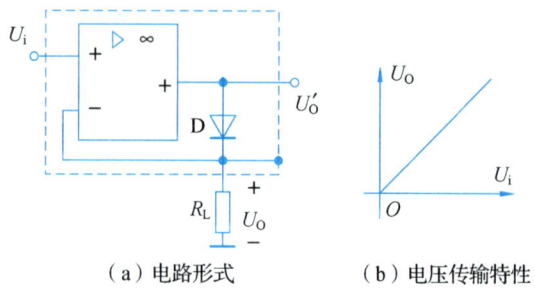

（a）电路形式　　　（b）电压传输特性

图 9-6　精密整流二极管电路

如果设二极管的导通电压为 0.7 V，集成运放的开环差模放大倍数为 5×10^5 倍，那么，为了使二极管 D_1 导通，集成运放的净输入电压必须达到

$$U_N - U_P = \frac{0.7}{5\times10^5} = 0.14\times10^{-5}\ \text{V} = 1.4\ \mu\text{V}$$

同理可估算出为使 D_1 导通集成运放所需的净输入电压，也是同数量级。可见，只要输入电压 U_i 使集成运放的净输入电压产生非常微小的变化，就可以改变 D_1 和 D_2 工作状态，从而达到精密整流的目的。

当 $U_i > 0$ 时，$U_1 < 0$，二极管 D_1 导通，D_2 截止，R_1 为 D_1 提供电流，R_f 中无电流流过，$U_o = 0$。

当 $U_i < 0$ 时，$U_1 > 0$，二极管 D_2 导通，D_1 截止，综合上述，有

$$U_o = -\frac{R_f}{R_1} U_i = |U_i| \tag{9-9}$$

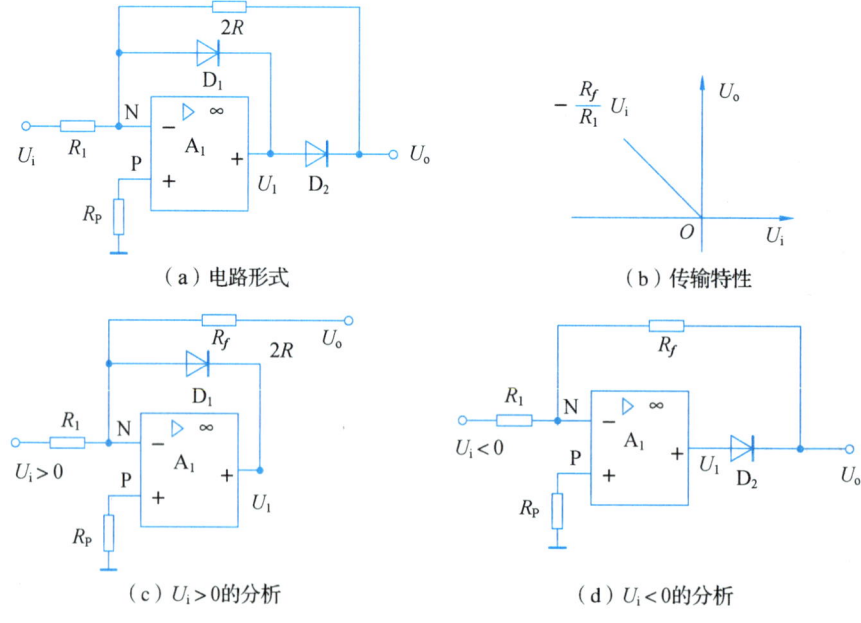

图 9-7　精密半波整流电路

9.2.3.3 精密全波整流(绝对值电路)

精密全波整流电路的形式如图 9-8 所示。

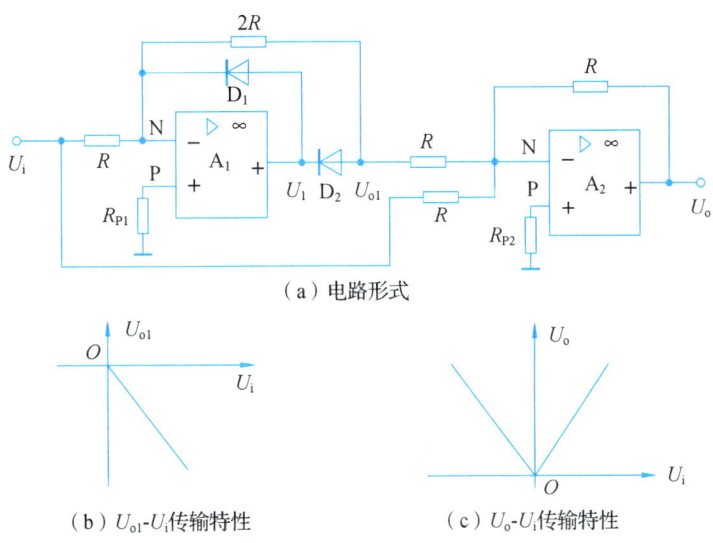

(a) 电路形式

(b) U_{o1}-U_i 传输特性　　(c) U_o-U_i 传输特性

图 9-8　精密全波整流(绝对值电路)

运放 A_1 构成的是半波精密整流电路，因此，当 $U_i>0$ 时，$U_1<0$，二极管 D_2 导通，D_1 截止，输出 $U_{o1}=-2U_i$；当 $U_i<0$ 时，$U_1>0$，二极管 D_2 截止，D_1 导通，输出 $U_{o1}=0$。

运放 A_2 构成的是反相求和电路，因此，$U_o=-(U_i+U_{o1})$，则当 $U_i>0$ 时，$U_o=-(U_i-2U_i)=U_i$；当 $U_i<0$ 时，$U_o=-(U_i+0)=-U_i$，故有 $U_o=|U_i|$。

综上所述，输出电压是输入电压的绝对值，故将此电路称为绝对值电路。

> **思考题**
>
> 1. 单相桥式整流和单相半波整流电路相比，各个性能参数有哪些变化？
> 2. 单相桥式整流电路变压器次级电压为 10 V(有效值)，则每只整流二极管所承受的最大反向电压为多少？
> 3. 单相桥式整流电路中，如果有一只二极管的极性接反，电路会出现什么现象？若有一只二极管开路呢？

9.3　滤波电路

滤波电路的主要任务是将脉动大的直流电转化为较为平滑的直流电，也就是说它主要抑制电路中的交流成分而保留直流成分。在电路构成上利用电抗元件的贮能作用，由于电容两端电压不能突变和电感两端的电流不能突变，当整流后的单向脉动电流电压，电流增大时，将部分能量贮存，反之则放出能量，达到输出电流，电压平滑的目的。

在滤波电路的形式上有电容滤波、电感滤波、RC-π 型滤波、LC-π 型滤波。

9.3.1 电容滤波电路

电容滤波电路如图 9-9 所示。

9.3.1.1 空载分析

图 9-9 中电容滤波电路空载时，接入交流电后，在一个周期的正负半周，四个二极管分别导通，电容被充电到交流电的最大值，由于二极管的反向电阻很大，电容几乎无放电回路，故输出电压为 $\sqrt{2}U_2$。

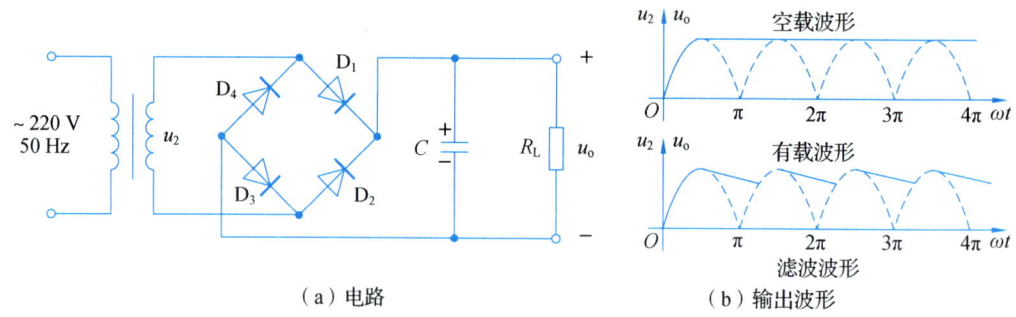

（a）电路　　　　　　　　（b）输出波形

图 9-9　电容滤波电路

9.3.1.2 有载分析

滤波电路带负载(也称有载)时，负载直流电压随负载电流增加而减小。u_o 随 I_o 的变化关系称为外特性，如图 9-10 所示。在 u_2 的正半周，电容被充电，电容电压达到最大值 $\sqrt{2}U_2$ 后，通过负载放电，u_o 下降，一直持续到下一个 u_2 上升到和电容电压相等之后再次充电。如此重复得到输出波形。

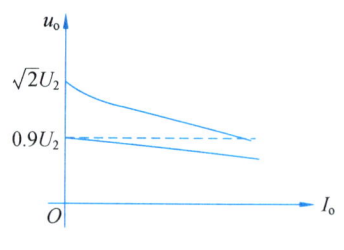

图 9-10　电容滤波外特性

9.3.1.3 结论

①在采用了电容滤波后，输出的直流电压得以提高，同时，脉动成分降低。

②输出的直流电压与放电时间常数有关，$RC \to \infty$ 时，输出电压最高，滤波效果是最好的。此外，应选择滤波电容和负载尽可能大，以增大时间常数。

③滤波的输出电压随输出电流而变化，在输出电流增大时，电容放电加快，输出电压随之下降，若考虑变压器内阻等实际情况，输出电压降低的更多。

④由于存在电容滤波，使得整流二极管的导通时间变短，整流二极管短时间内流过的冲击电流很大，因此，在选择整流二极管时，它的参数要留有一定的余量。

为了获得较好的滤波效果，实际工作中全波整流滤波往往采用下列经验数据选择滤波电容的容量。

$$\tau = R_L \cdot C \geq (3 \sim 5)\frac{T}{2} \tag{9-10}$$

式中：T 为交流电压的周期。半波整流滤波时，τ 增加一倍。

电容滤波的整流电路,其输出电压在 $0.9U_2 \sim \sqrt{2}U_2$ 之间,在电路的内阻不太大和放电时间常数满足上述关系的条件下,负载电压 U_{RL} 和 U_2 的关系为:单相半波整流时,U_{RL} 在 $0.9U_2 \sim 1.0U_2$ 之间;单相全波整流时,U_{RL} 在 $1.1U_2 \sim 1.2U_2$ 之间。

电容滤波电路的特点是结构简单,使用方便,但是当要求的输出电压脉动很小时,滤波电容的容量较大。此外,当输出电流较大或输出电流的变化较大时,这种滤波电路就不再适用,此时可以使用其他形式的滤波电路。

*9.3.2 倍压整流滤波电路

在一些需要高压小电流的场合,如果用前面的整流滤波电路,必须要增加变压器副边绕组的匝数,以提高变压器次边电压,这会引来许多麻烦,如变压器制作的难度,整流二极管及滤波电容需要更高的耐压。倍压整流仅靠电容对充电电压的保持(RL 很大时),即二极管的单向导电性,可以成倍地增加输出的直流电压。图 9-11 即为最简单的二倍压电路,电路工作原理如下。

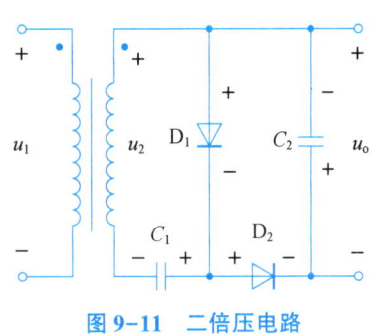

图 9-11 二倍压电路

当 $u_2>0$ 时,D_1 导通并向 C_1 充电($\tau_充=r_{d1}C_1$);当 $u_2<0$ 时,u_2 与 u_{C1} 串联使 D_2 导通,并对 C_2 充电,使 C_2 两端输出负电压,输出 u_o 的幅度为 $2\sqrt{2}u_2$,此时为空载,即 $R_L \to \infty$,在充电过程中会伴随放电过程,可见,倍压整流常见于固定的轻载或存在于小电流的情况下。

如果要获得 n 倍压整流电路,根据同相原理,只要把更多的电容串联起来并配以相应的二极管分别对它们充电即可。

9.3.3 其他形式的滤波电路

电感滤波电路如图 9-12 所示。在整流输出和负载之间串入一个电感元件,其原理是利用电感元件的贮能作用来减小输出电压的纹波,从而得到比较平直的直流电。当忽略电感元件的电阻时,负载上得到的平均电压和纯电阻负载相同。

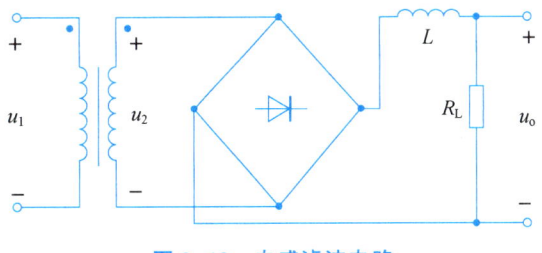

图 9-12 电感滤波电路

电感滤波电路的特点是,整流管的导电角比较大,使得峰值电流很小,输出特性比较平坦;其缺点是由于电感线圈的存在,体积大,容易引起电磁干扰。因此,这种形式的滤波通常用于低电压、大电流的场合。

除此之外，为进一步减小输出到负载的电压中的纹波，可以考虑再接一级电容滤波从而构成倒 L 型滤波或 RC-π 型滤波，如图 9-13 和 9-14 所示。

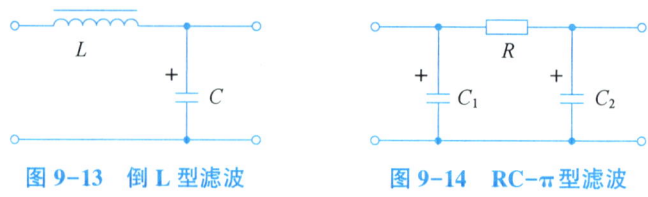

图 9-13　倒 L 型滤波　　　　图 9-14　RC-π 型滤波

思考题

1. 电容滤波电路和电感滤波电路各有什么特点？各应用在什么场合？
2. 电容滤波的滤波原理是什么？引入电容滤波以后，对整流二极管的工作有何影响？引入电感滤波呢？
3. 电容滤波电路中，若滤波电容短路，对电路正常工作有什么影响？若滤波电容开路呢？若负载开路呢？

9.4　稳压二极管稳压电路

为了消除由于电网电压的波动及负载的变化所引起的输出直流电压的不稳定，必须在整流滤波后接稳压电路。稳压电路可分为两类：一类自动调节部分与输出并联，另一类则与输出串联。最简单的方式是采用二极管稳压方式。

9.4.1　二极管稳压电路的组成及工作原理

二极管稳压电路如图 9-15 所示。D_Z 工作于反向击穿状态，当 I_Z 变化很大时，D_Z 几乎是不变的，即 D_Z 的动态电阻 r_Z 很小，它与 R_L 并联。R 的作用是限流（使 $I_{zmin} < I_z < I_{zmax}$）及调节。

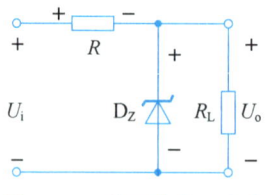

图 9-15　稳压管稳压电路

二极管稳压电路的工作原理是：当直流输入电压 U_i 波动或负载改变引起 U_o 增大，此时 U_z 亦增大，I_z 剧增，使 I_R 增大（$I_R = I_O + I_z$），R 两端的电压降也增大，从而抑制了 U_o 的增大，达到稳定 U_o 的目的。

9.4.2 二极管稳压电路性能指标

9.4.2.1 稳定系数 S_u

稳定系数定义为当负载固定不变时，输出电压的相对变化量与输出电压的相对变化量之比。即

$$S_u = \frac{\Delta U_o / U_o}{\Delta U_i / U_i} \bigg|_{R_L = \text{CONST}} \quad (9-11)$$

9.4.2.2 输出电阻 R_O

输出电阻定义为当输入不变时，输出电压的变化量与输出电流的变化量之比。即

$$R_O = \frac{\Delta U_O}{\Delta I_O} \bigg|_{U_i = \text{CONST}} \quad (9-12)$$

9.4.3 二极管稳压电路参数选择

稳压管参数的选择参考如下。

①稳定电压 U_z：稳压管反向击穿后的稳定工作电压值。

②稳定电流 I_z：稳压管工作时的参考电流值。实际工作中，工作电流小于稳定电流稳压效果差，工作电流大于稳定电流稳压效果好。

③动态电阻：稳压管两端的电压和通过的电流的变化量之比，其值越小越好。

$$r_z = \frac{\Delta U_z}{\Delta I_z} \quad (9-13)$$

④额定功耗：由稳压管温升限定下的最大功耗。如果已知稳压值，则

$$\text{最大稳定电流} = \frac{\text{额定功耗}}{\text{稳压值}}$$

⑤电压温度系数：指温度变化 1 ℃时，稳定电压变化的百分比，该值越小越好。

使用中以 6 V 为界，高于此值的稳压管具有正温度系数，低于此值的具有负温度系数，而在 6 V 的稳压管，其温度系数最小。

【例 9-1】稳压管电路如图 9-16，已知稳压管 2CW17 的稳定电压值为 10 V，稳定电流为 5 mA，额定功耗为 250 mW，试回答下列问题：

①$E = 6$ V、$E = 8$ V 时，U_o、I、U_R 分别是多少？

②$E = 15$ V、$E = 20$ V 时，U_o、I、U_R 分别是多少？

③分析上述结果，在什么情况下能够稳定输出？在什么情况下又有比较好的效果？

④为使电路正常工作，E_{max} 是多少？

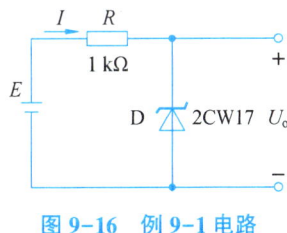

图 9-16 例 9-1 电路

解： ①由于 $E = 6$ V、$E = 8$ V，则 E 小于 U_Z。

故 $U_o = 0$、$I = 0$、$U_R = 0$。

②由于 $E = 15$ V、$E = 20$ V，则 E 大于 U_Z。

当 $E = 15$ V 时，有 $I = \dfrac{15-10}{1000} = 5$ mA，$U = 10$ V，$U_R = 5$ V。

当 $E = 20$ V 时，同理有 $I = 10$ mA，$U = 10$ V，$U_R = 10$ V。

③分析上述情况，当 E 大于 10 V 时，电路开始稳压，而 E 大于 15 V 时，工作电流才大于稳压管的参考电流，此时才有比较好的效果。

④因为

$$I_{R\max} = \dfrac{250}{10} = 25 \text{ mA}$$

则

$$E_{\max} = I_R \cdot R + U = 25 + 10 = 35 \text{ V}$$

从上面的例题分析我们可以看到，要想稳压管工作，外加电压必须高于稳压管的击穿电压，在稳压管工作之后，要想获得比较好的效果，工作电流必须要大于参考电流。在上面的例题中，电源电压不断升高，稳压管两端电压没有变化，但是通过的电流在增加，增加的电压却在电阻上面损耗掉了，同时稳压管的功耗也在增加。如果超过稳压管的额定功耗，会造成器件的损坏，而流过稳压管的电流同时也流过电阻，为此，可以限定电阻的最大功率，这样当超过稳压管的额定功耗时，让电阻先烧坏，从而保护了稳压管，这个电阻也称为保险电阻。

思考题

1. 衡量稳压电路的性能指标有哪几项？各有什么意义？
2. 二极管稳压电路中的稳压管的参数该如何选取？
3. 既然稳压电路能在输入电压变化的情况下输出稳定的直流电压，那么能否将整流之后的信号不经过滤波直接输入到稳压电路中？

9.5 串联型稳压电路

9.5.1 串联型稳压电路的组成结构

9.5.1.1 串联型稳压电路的组成

串联型稳压电路通常由调整元件、基准电压、取样网络、比较放大环节以及过载保护、辅助电源等环节构成。从稳压电路的主回路来看，起调整电压作用的半导体三极管与负载相互串联，故把这种电路称为串联型稳压电路。

串联型稳压电路组成如图 9-17 所示，作为稳压电路的核心部件，调整元件一般选用低频大功率管，并以射极输出器的形式组成电路，把负载电阻作为射极电阻，以整流滤波后的输出电压为电源，工作点设定于放大区。取样网络由电阻 R_1、R_2 分压构成，其阻值选择以尽可能不影响负载流过的电流为准，同时使取样电压与比较放大电路尽量无关。电路的基准电压通常由稳压管提供，比较放大电路的形式是单管放大、差动放大或采用集成运放。由三极管作为比较环节的串联型稳压电路如图 9-18 所示。

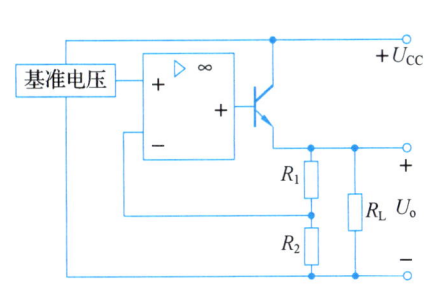

图 9-17　串联型稳压电路的组成

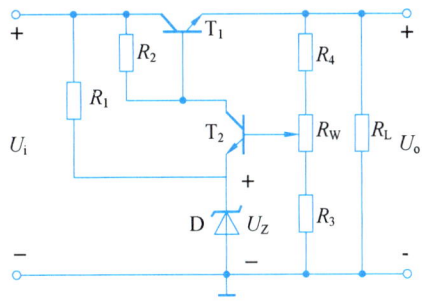

图 9-18　串联型稳压电路

9.5.1.2　工作原理

由调整管 T_1 构成稳压电路的核心部分，实际上是射极输出器，同时是一个电压串联的负反馈电路，具备一定的稳压功能。

①取样电路：由电阻 R_1、R_W、R_2 组成分压器，它取出部分输出电压接至比较放大器的反相输入端。

②基准电压：由稳压管 D 提供，接至运放 A 的同相输入端，R_1 为限流电阻。

③比较放大器：用运放或差分放大器组成，它将采样电压 U_{B2} 与基准电压 U_Z 的差值放大，其输出送至调整管的基极。

④调整管：在比较放大器的输出电压的控制下，改变其管降 U_{CE} 的值，以使 U_o 稳定，通常由功率管构成，必须确保调整管工作于线性放大区，满足 $U_{CE} > U_{CES}$。

在输入电压 U_i 或负载发生变化时，这一变化影响到取样网络 R_3、R_w、R_4，结果采样电压 U_{B2} 也发生变化。电路的基准电压由稳压管 D 提供，取样电压和稳压管电压进行比较，其差值由放大环节 T_2 进行放大，由放大的差值信号对调整管 T_1 进行负反馈控制，使 T_1 的管压降 U_{CE} 做相应的变化，在发射极产生与原输入电压的变化相反极性的电压，该电压与 U_i 的变化相抵消，从而实现稳定输出电压。

9.5.2　串联型稳压电路的参数分析

串联型稳压电路的参数分析如图 9-19 所示。

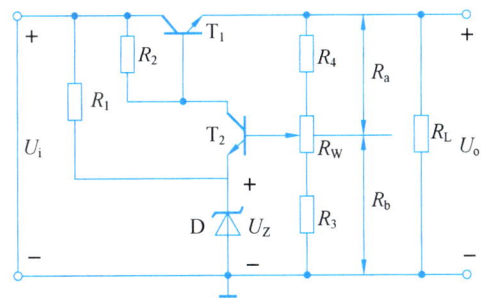

图 9-19　串联型稳压电路的参数分析

9.5.2.1 输出电压 U_O 及其可调节范围

由分压关系有

$$U_{B2} = \frac{R_b}{R_a + R_b} U_O$$

而从 T_2 和稳压管组成的回路有

$$U_{B2} = U_{BE2} + U_D$$

即

$$U_D = U_{B2} - U_{BE2} = \frac{R_b}{R_a + R_b} U_O - U_{BE2}$$

则有

$$U_O = \frac{R_a + R_b}{R_b}(U_D + U_{BE2}) \tag{9-14}$$

式(9-14)说明：如果改变 R_a 和 R_b 的阻值，输出电压也将随之而改变。
当电位器调节至最下端时，输出电压是最大值，其大小为

$$U_{omax} = \frac{R_4 + R_W + R_3}{R_3}(U_Z + U_{BE2}) \tag{9-15}$$

当电位器调节至最上端时，输出电压是最小值，其大小为

$$U_{omin} = \frac{R_4 + R_W + R_3}{R_3 + R_W}(U_Z + U_{BE2}) \tag{9-16}$$

至此，输出电压的可调节范围是 $U_{omin} \sim U_{omax}$。

9.5.2.2 对调整管的考虑

由于调整管承担了全部的负载电流，因此，调整管的选择一般是低频大功率管，同时还必须考虑以下几项指标。

(1) 调整管的 I_{CM}

$$I_{CM} > I_{Cmax} = I_{omax} + I' \tag{9-17}$$

其中，I_{omax} 为负载电流最大额定值；I' 为取样、比较放大以及基准电源等环节消耗的电流总值。

(2) 调整管的 P_{CM} 选择

选择调整管时，要求 $P_{CM} > P_{cmax}$，调整管可承受的最大功率损耗为

$$P_{cmax} = u_{cemax} \cdot I_{cmax} = (U_{imax} - U_{imin}) \cdot I_{cmax} \tag{9-18}$$

式中：U_{imax} 是考虑电网电压波动+10%时稳压电路输入电压的最大值；U_{omin} 是稳压电源额定输出电压。

(3) 调整管的击穿电压 BU_{ceo}

当负载短路时，输入的最大电压 U_{imax} 全部加在调整管上，因此要求 $BU_{ceo} > U_{imax}$。

9.5.3 提高稳压电路性能的措施

以单管放大电路为放大环节的优势在于：电路简单、输出电压有一定的稳定度，适合要求不是很高的场合。缺陷：输出电压的稳定度不够高，温度特性不是很好，可调节范围不够大。

9.5.3.1 提高输出电压的稳定度

有多种方法可以实现,如对电路的比较放大环节用辅助电源供电,由此克服输入电压波动对比较环节的影响,提高电路的稳定性。

9.5.3.2 提高对温度的稳定性

稳压电路的任务是向电路提供稳定的直流电,因此,它的工作电流比较大,温度不可避免地影响电路的性能。对此,比较部分可采用差动放大电路(图9-20)或集成运放(图9-21)。对提供电路基准电压的稳压管可以选用带有温度补偿功能的器件,对于调整管,则可加装散热片,有条件的还可以采用风冷装置。

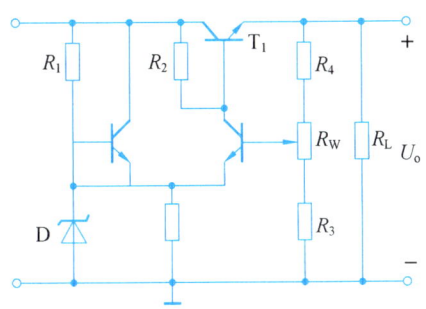
图 9-20 以差动放大电路为比较环节

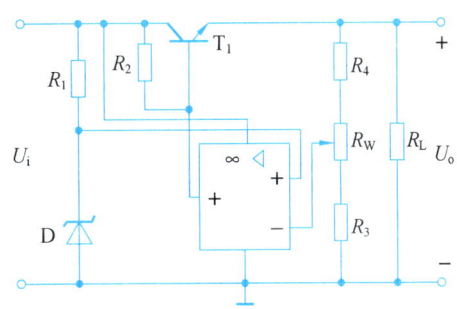
图 9-21 以集成运放为比较环节

【例 9-2】具有放大环节的串联型稳压电路如图 9-22 所示。已知变压器副边的有效值为 16 V。三极管 T_1、T_2 的 $\beta_1 = \beta_2 = 50$,$U_{BE1} = U_{BE2} = 0.7$ V,$U_Z = 5.3$ V,$R_1 = 300\ \Omega$,$R_2 = 200\ \Omega$,$R_3 = 300\ \Omega$,$R_{C2} = 2.5$ kΩ。

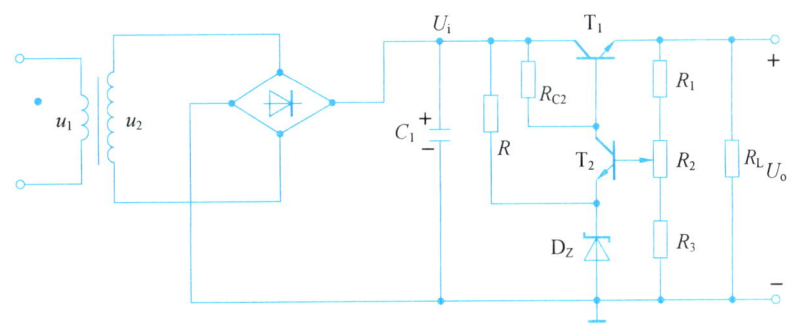
图 9-22 例 9-2 电路

① 估算电容 C_1 上的电压 U_1。
② 估算输出电压 U_o 的调整范围。
③ 试计算输出负载 R_L 上的最大电流 I_{Lmax}。
④ 试计算调整管 T_1 上的最大功耗 P_{CM}。

解:① 由桥式整流电容滤波电路可知,电容 C_1 上的直流电压平均值应为

$$U_1 \approx 1.2 U_2 = 1.2 \times 16 = 19.2\ \text{V}$$

② 由图电路可知,电路的输出电压 U_o 的大小和电位器 R_2 的滑动头位置有关,当 R_2 的滑动头处在最下方时,电路有最大的输出 U_{omax},其值为

$$U_{omax} = \frac{R_1 + R_2 + R_3}{R_3}(U_Z + U_{BE2}) = \frac{300 + 200 + 300}{300}(5.3 + 0.7) = 16 \text{ V}$$

而当 R_2 的滑动头处在最上方时,电路有最小的输出 U_{omin},其值为

$$U_{omin} = \frac{R_1 + R_2 + R_3}{R_2 + R_3}(U_Z + U_{BE2}) = \frac{300 + 200 + 300}{200 + 300}(5.3 + 0.7) = 9.6 \text{ V}$$

因此输出电压 U_o 的调整范围为 9.6~16 V。

③ 负载 R_L 上的电流由调整管 T_1 的射极电流提供,当输出电压 U_o 处在最小值 U_{omin} 时,负载 R_L 上流过最大电流 I_{Lmax},其值为

$$I_{Lmax} = \frac{U_1 - (U_{Omin} + U_{BE1})}{R_{C2}}(1 + \beta_1) - \frac{U_{Omin}}{R_1 + R_2 + R_3} = 380 \text{ mA}$$

④ 在电路输出电压处于 U_{omin} 时,流过 T_1 管的电流最大,而且管压降 U_{CE1} 也最大,此时 T_1 管的功耗最大,其值 P_{CM} 为

$$P_{CM} = U_{CE1} \cdot I_{C1} = (U_1 - U_{omin})\frac{U_1 - (U_{Omin} + U_{BE1})}{R_{C2}}\beta_1 = 1.9 \text{ W}$$

9.5.4 集成稳压器电路分析

集成稳压器是指将不稳定的直流电压变为稳定的直流电压的集成电路。由于集成稳压器具有稳压精度高、工作稳定可靠、外围电路简单、体积小、质量轻等显著优点,在各种电源电路中得到了普遍的应用。

目前常用的是能够输出正或负电压的三端集成稳压器,由于它只有输入、输出和公共端,故称为三端稳压器,三端式稳压器由启动电路、基准电压电路、取样放大电路、调整电路和保护电路组成,结构框图如图 9-23 所示,外形图如图 9-24 所示。下面结合内部电路对各部分作简单介绍。三端集成稳压器内部结构如图 9-25 所示。

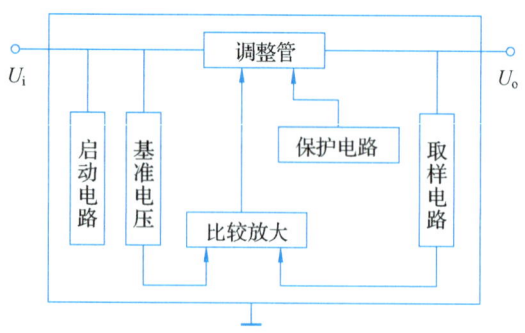

图 9-23 三端集成稳压器电路结构图

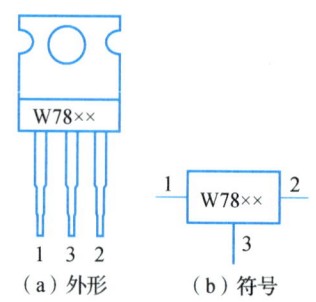

图 9-24 三端集成稳压器外形及符号

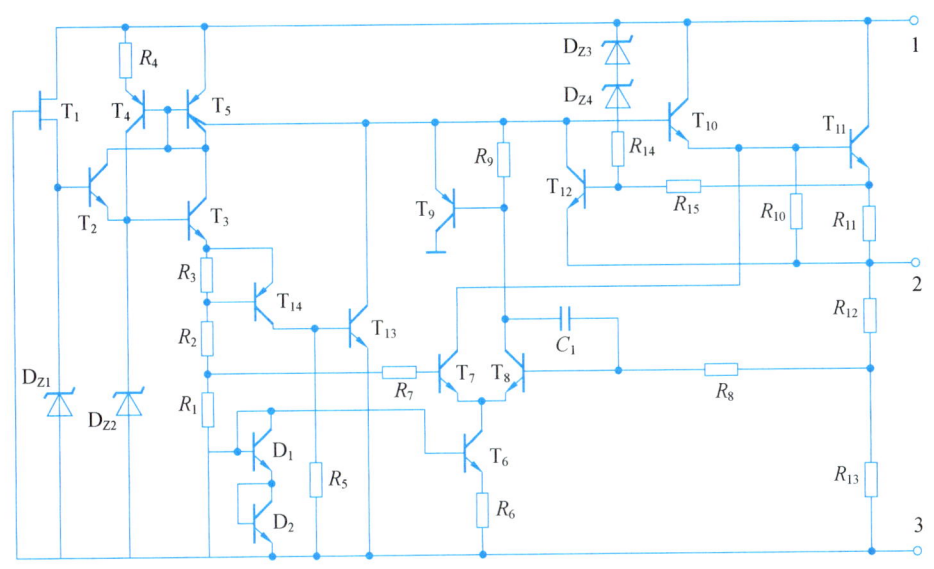

图 9-25 三端集成稳压器电路原理图

9.5.4.1 启动电路

启动电路用来给集成稳压器中的恒流源提供工作电流，使之建立整个集成电路各部分所需要的工作电压。启动电路由 T_1、T_2、D_{Z1} 构成，当输入电压 U_I 高于稳压管 D_{Z1} 的稳定电压时，电流流过 T_1、T_2，使 T_3 的基极电位上升而导通，同时恒流源 T_4、T_5 工作，T_4 的集电极电流通过 D_{Z2} 建立起正常工作电压，当 D_{Z2} 到达 D_{Z1} 的稳压值时，整个电路进入正常工作状态，电路启动完毕；同时，T_2 因发射结电压为零而截止，切断启动电路与放大电路的联系，由此保证 T_2 左边的纹波与噪声不影响到基准电压源。

9.5.4.2 基准电压电路

基准电压电路由 T_4、D_{Z2}、T_3、R_1、R_2、R_3 及 D_1、D_2 组成，电路中的基准电压为：

$$U_{REF} = \frac{U_{Z2} - 3U_{BE}}{R_1 + R_2 + R_3} R_1 + 2U_{BE} \tag{9-19}$$

式中：U_{Z2} 为 D_{Z2} 的稳定电压；U_{BE} 为 T_3、D_1、D_2 发射结的正向电压值。如果使用具有正温度系数的 R_1、R_2、R_3、D_{Z2} 与具有负温度系数的 T_3、D_1、D_2 发射结相互补偿，可以使基准电压 U_{REF} 基本不受温度变化，同时，对稳压管 D_{Z2} 采用恒流源供电，可以保证基准电压不受输入电压纹波的影响。

9.5.4.3 取样比较放大电路与调整电路

本部分电路由 $T_4 \sim T_{11}$ 组成，其中 T_{10}、T_{11} 组成复合调整管，电阻 R_{12}、R_{13} 组成取样电路，T_7、T_8 和 T_6 组成带恒流源的差分放大电路，T_4、T_5 组成的电流源作为有源负载。

9.5.4.4 保护电路

减流式保护电路：减流式保护电路的主要作用是保护调整管工作于安全区内，它由 T_{12}、R_{11}、R_{14}、R_{15}、D_{Z3}、D_{Z4} 组成，当电路正常工作时，输出电流再额定值，流过 R_{11} 的电流使该电阻两端电压小于 0.6 V，晶体管 T_{12} 截止；当出现异常如输出短路时，输出电流急剧增加，电流超过额定值，使 R_{11} 两端电压超过 0.6 V，则 T_{12} 导通，从而减小 T_{10} 的基极电流，达到限制输出电流的目的，这种保护称为减流式保护。

过热保护电路：过热保护电路由 D_{Z2}、T_3、T_{13}、T_{14} 组成，在电路正常工作时，R_3 上的压降有 0.4 V 左右，T_{13}、T_{14} 截止，这部分对电路工作无任何影响；当温度上升超越极限时，R_3 上的压降随温度升高而增加，晶体管 T_{14} 发射结电压下降，T_{14} 导通后 T_{13} 也随之而导通，调整管 T_{10} 的基极电流被 T_{13} 分流，输出电流下降，从而实现过热保护。

值得指出的是，当故障出现时，上述保护电路是相互关联的。

常见的三端固定输出正电压的集成稳压器可分固定输出和输出可调的两类，它们分别是三端固定输出正电压的集成稳压器 W78×× 系列和三端固定输出负电压的集成稳压器 W79×× 系列，三端电压可调正电压集成稳压器 W317、W117 和三端电压可调负电压集成稳压器 W337、W137。

其中 W78×× 和 W79×× 系列型号中的"××"是两个数字，表示输出的固定电压值；"××"一般有 05(5 V)、06(6 V)、08(8 V)、12(12 V)、15(15 V)、18(18 V)、24(24 V) 等几种，每一种系列的稳压器其输出电流又有：100 mA(78L××)，0.5 A(78M××) 及 1.5A(78××) 内部含有限流保护、过热保护和过压保护电路，采用了噪声低、温度漂移小的基准电压源，工作稳定可靠。W78×× 系列集成稳压器为三端器件：1 脚为输入端，2 脚为接地端，3 脚为输出端，使用十分方便。

常用的集成稳压器有金属圆形封装、金属菱形封装、塑料封装、带散热板塑封、扁平式封装、双列直插式封装等。在电子制用中应用较多的是三端固定输出稳压器。

集成稳压器可分为串联调整式、并联调整式和开关式稳压器三大类。

9.5.5 三端集成稳压器的应用

9.5.5.1 输出正 5 V 的集成稳压电路

78×× 系列集成稳压器的典型应用电路如图 9-26 所示，这是一个输出 +5 V 直流电压的稳压电源电路。I_C 采用集成稳压器 LM7805，C_1、C_2 分别为输入端和输出端滤波电容，R_L 为负载电阻。

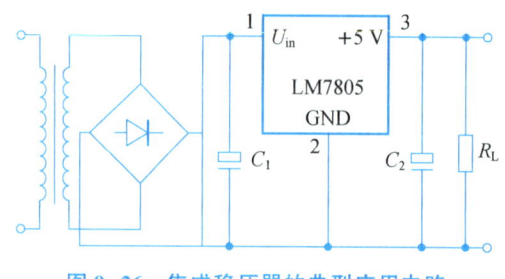

图 9-26 集成稳压器的典型应用电路

值得注意的是，当输出电较大时，LM7805 应配上散热板以免造成过热损坏。

9.5.5.2　提高输出电压的稳压电路

78××系列输出的电压值是固定不变的，有时候要更高的输出电压，为此提供提高输出电压的应用电路。稳压二极管 D_1 串接在 78××稳压器 2 脚与地之间，可使输出电压 U_o 得到一定的提高，输出电压 U_o 为 78××稳压器输出电压与稳压二极管 D_1 稳压值之和。D_2 是输出保护二极管，一旦输出电压低于 U_{D1} 稳压值时，U_{D2} 导通，将输出电流旁路，保护稳压器输出级不被损坏。电路形式如图 9-27 所示。

9.5.5.3　输出电压可调电路

图 9-28 为输出电压可在一定范围内调节的应用电路。由于 R_1、R_W 电阻网络的作用，输出电压被提高，提高的幅度取决于 R_W 与 R_1 的比值。调节电位器 R_W，即可一定范围内调节输出电压。当 $R_W=0$ 时，输出电压 U_o 等于 78××稳压器输出电压；当 R_W 逐步增大时，U_o 也随之逐步提高。

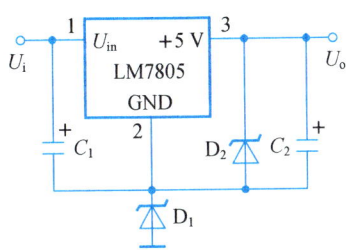

图 9-27　提高输出电压的稳压电路

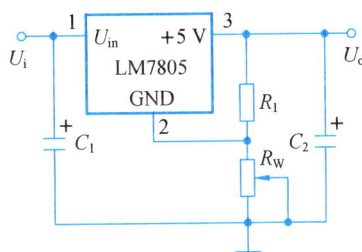

图 9-28　输出电压可调电路

9.5.5.4　扩大输出电流的应用电路

图 9-29 为扩大输出电流的应用电路。T_2 为外接扩流率管，T_1 为推动管，二者为达林顿连接。R_1 为偏置电阻。该电路最大输出电流取决于 T_2 的参数。

9.5.5.5　提高输入电压的应用电路

图 9-30 为提高输入电压的应用电路。集成稳压器 78××的最大输入电压为 35 V（7824 为 40 V），当输入电压高于这个值时，可采用图 9-29 所示的电路连接方式。其中，晶体管 T_1、电阻 R_1 和二极管 D_1 组成一个预稳压电路，使得加在 78××稳压器输入端的电压恒定在 D_1 的稳压值上（忽略晶体管 T_1 的 b-e 结上的压降）。此时，输入端 U_i 的最大输入电压仅仅取决于 T_1 的耐压。

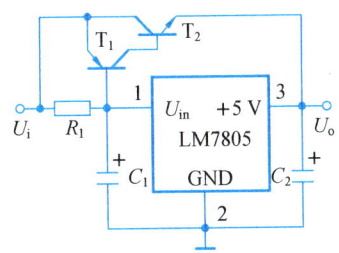

图 9-29　扩大输出电流的应用电路

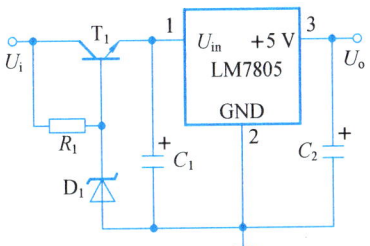

图 9-30　提高输入电压的应用电路

9.5.5.6 可调输出的三端集成稳压器

可调输出的三端集成稳压器 W317（正输出）、W337（负输出）是近几年较新的产品，其最大输入、输出电压差极限为 40 V，输出电压 1.2~35 V（或者 -35~-1.2 V）连续可调，输出电流 0.5~1.5 A，最小负载电流为 5 mA，输出端与调整端之间基准电压为 1.25 V，调整端静态电流为 50 μA。其外形及符号如图 9-31 所示。

(1) 基本应用电路

图 9-32 所示是 W317 可调输出三端集成稳压器基本应用电路。

图中 D_1 是为了防止输入短路，C_1 放电而损坏三端集成稳压器内部调整管发射结而接入的。如果输入不会短路、输出电压低于 7 V 时，D_1 可不接。D_2 是为了防止输出短路时，C_2 放电损坏三端集成稳压器中放大管发射结而接入的。如果 R_P 上电压低于 7 V 或 C_2 容量小于 1 μF 时，D_2 也可省略不接。W317 是依靠外接电阻给定输出电压的，要求 R_P 的接地点应与负载电流返回点的接地点相同。同时，R_1、R_P 应选择同种材料做的电阻，精度尽量高一些。输出端电容 C_2 应采用钽电容或采用 33 μF 的电解电容。

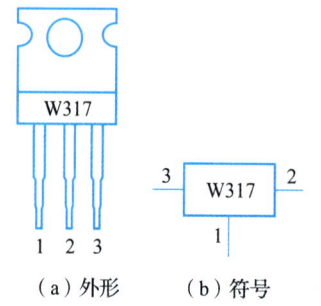

图 9-31 可调输出三端集成稳压器外形及符号

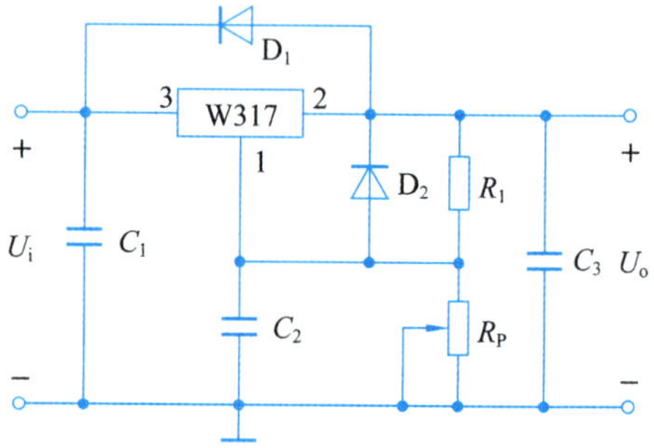

(a) 外形　　(b) 符号

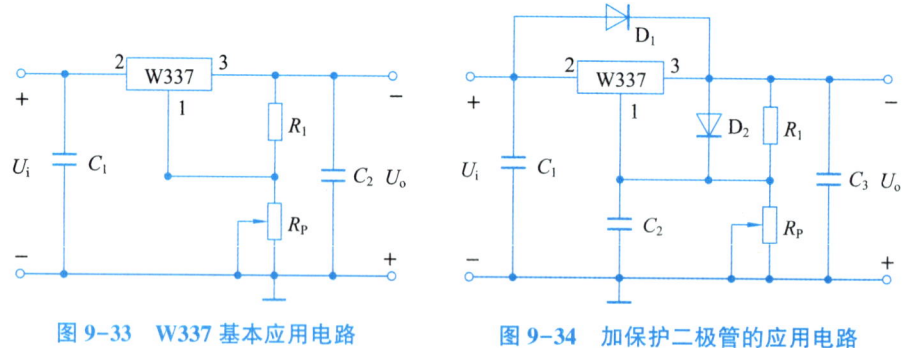

图 9-32 W317 基本应用电路

图 9-33 和图 9-34 所示是 W337 可调负电压输出三端集成稳压器的两种应用电路。

图 9-33 W337 基本应用电路　　图 9-34 加保护二极管的应用电路

(2) 电子控制应用电路

图 9-35 所示是用 W317 组成的为 TTL 门电路供电的应用电路。图中输出电压的"有""无"，可由 A 点输入脉冲的高、低电平来控制。读者可以自行分析电路的工作原理。

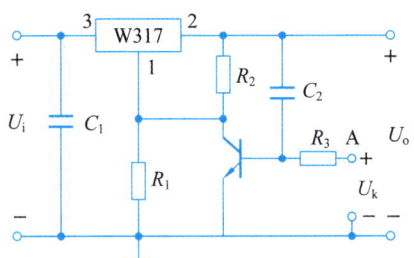

图 9-35 用 W317 组成的电子控制应用电路

【例 9-3】三端集成稳压器 W7805 组成图 9-36 所示电路。已知稳压管的稳压值 $U_Z = 5$ V，允许电流 $5\sim 40$ mA，$U_2 = 15$ V，电网电压波动 $\pm 10\%$，最大负载电流 $I_{1max} = 1$ A。

① 求限流电阻 R 的取值范围。
② 估算输出电压 U_o 的调整范围。
③ 估算三端稳压器的最大功耗。

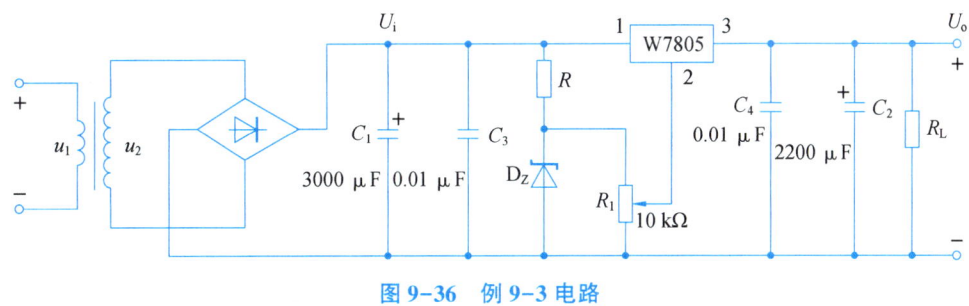

图 9-36 例 9-3 电路

解：① 根据本题给定的条件，可得到电容 C_1 上直流电压平均值 U_1 的最大、最小值 U_{max}、U_{min}，即有

$$U_{max} = 1.2 U_2 (1+10\%) = 19.8 \text{ V}$$
$$U_{min} = 1.2 U_2 (1-10\%) = 16.2 \text{ V}$$

当 $U_1 = U_{max}$ 时，稳压管中的电流 I_Z 不应超过其额定的电流值 I_{zmax}，此时电阻应满足：

$$\frac{U_{max} - U_Z}{R} - \frac{U_Z}{R_1} < I_{zmax}$$

由上式得电阻的 R 下限值，即有

$$R > \frac{U_{max} - U_Z}{I_{zmax} + \frac{U_Z}{R_1}}$$

代入所给参数后，经计算得：$R > 0.365$ kΩ。

当 $U_1 = U_{min}$ 时，稳压管中的电流 I_Z 应大于额定的最小值 I_{zmin}，故电阻应满足：

$$\frac{V_{min} - V_Z}{R} - \frac{V_Z}{R_1} > I_{zmin}$$

由上式得电阻 R 的上限值，即有

$$R < \frac{U_{\min}-U_Z}{I_{z\min}+\frac{U_Z}{R_1}}$$

代入所给参数后，经计算得：$R < 2.04 \text{ k}\Omega$。

所以限流电阻的取值范围为：$0.365 \text{ k}\Omega < R < 2.04 \text{ k}\Omega$。

② 当 R_1 上滑动头处于最下方时，U_o 有最小值 U_{omin}，其值为：$U_{omin} = 5 \text{ V}$。

当 R_1 上滑动头处于最上方时，U_o 有最大值 U_{omax}，其值为：$U_{omax} = 10 \text{ V}$。

所以 U_o 调节范围为 $5 \sim 10 \text{ V}$。

③ 当 $U_I = U_{I\max}$，$U_O = U_{O\min}$，且负载电流 $I_L = I_{L\max}$ 时，稳压器上有最大的功耗 P_{CM}，且有

$$P_{CM} = (U_{I\max} - U_{O\min}) \times I_{L\max} = (19.8 - 5) \times 1 = 14.8 \text{ W}$$

【例 9-4】三端可调式集成稳压器 W117 组成图 9-37 所示的稳压电路。已知 W117 调整端电流 $I_w = 50 \text{ μA}$，输出端 2 和调整端 1 间的电压 $U_{REF} = 1.25 \text{ V}$。

① 求 $R_1 = 200 \text{ Ω}$，$R_2 = 500 \text{ Ω}$ 时，输出电压 U_o 值。

② 若将 R_2 改为 3000 Ω 的电位器，则 U_o 可调范围有多大？

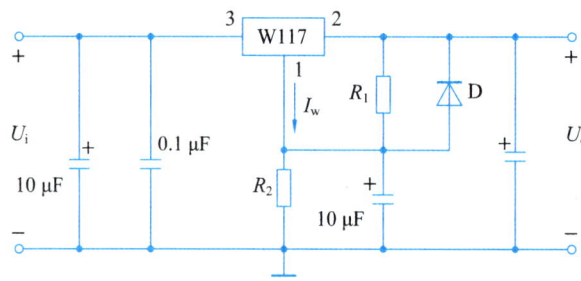

图 9-37 例 9-4 电路

解：① 由图电路可知，输出电压 U_O 的表达式为

$$U_O = \left(\frac{U_{REF}}{R_1} + I_W\right) R_2 + U_{REF}$$

考虑到调整端电流 I_W 很小，可将其忽略，故表达式可改写为

$$U_O = \frac{R_1 + R_2}{R_1} U_{REF} = 4.375 \text{ V}$$

② 若用电位器大体，则在电位器被短接情况下，U_o 有最小值 U_{omin}，其值为

$$U_{omin} = U_{REF} = 1.25 \text{ V}$$

而当 3000 Ω 电位器阻值全部接入电路时，U_o 有最大值 U_{omax}，其值为

$$U_{omax} = \frac{200 + 300}{200} \times 1.25 = 20 \text{ V}$$

因此本电路输出电压的可调范围是：$1.25 \sim 20 \text{ V}$。

> **思考题**
>
> 1. 串联型稳压电路中的放大环节所放大的对象是什么?
> 2. 分别列出两种输出电压固定和输出电压可调的三端集成稳压器的应用电路,并说明电路中接入元器件的作用。

*9.6 开关稳压电路

9.6.1 开关稳压电路的特点和分类

随着电子技术的发展,电子系统的应用领域越来越广泛,电子设备的种类也越来越多,对电源的要求更加灵活多样。电子设备的小型化和低成本化使电源以轻、薄、小和高效率为发展方向。传统的晶体管串联调整稳压电源,是连续控制的线性稳压电源,这种传统稳压电源技术比较成熟。并且已有大量集成化的线性稳压电源模块,具有稳定性能好、输出纹波电压小、使用可靠等特点。但其通常都需要体积大且笨重的工频变压器作隔离之用,滤波器的体积和重量也很大。而调整管工作在线性放大状态,为了保证输出电压稳定,其集电极与发射极之间必须承受较大的电压差,导致调整管功耗较大,电源效率很低,一般只有45%左右。另外,由于调整管上消耗较大的功率,所以需要采用大功率调整管并装有体积很大的散热器,于是它很难满足电子设备发展的要求,但却促成了高效率、体积小、重量轻的开关电源的迅速发展。

开关型稳压电源就是采用功率半导体器件作为开关,通过控制开关的占空比调整输出电压。当开关管饱和导通时,集电极和发射极两端的压降接近零,在开关管截止时,其集电极电流为零,所以其功耗小,效率的范围为70%~95%。而功耗小,散热器也随之减小,同时开关型稳压电源直接对电网电压进行整流滤波调整,然后由开关调整管进行稳压,不需要电源变压器;此外,开关工作频率在几十千赫,滤波电容器、电感器数值较小。因此开关电源具有重量轻,体积小等特点。另外,由于功耗小,机内温升低,提高了整机的稳定性和可靠性,而且其对电网的适应能力也有较大的提高。一般串联稳压电源允许电网波动范围为(220±22)V,而开关型稳压电源在电网电压在110~260 V范围内变化时,都可获得稳定的输出电压。由于开关型稳压电源在电路的可靠性和稳定性上具有优势,其近年来得到广泛的应用。

开关型稳压电源的分类方式很多。按调整管与负载的连接方式可分为串联型和并联型。按稳压的控制方式可分为脉冲宽度调制型(PWM)、脉冲频率调制型(PFM)和混合调制(即脉宽-频率调制)型。按调整管是否参与振荡可分为自激式和他激式。按使用开关管的类型可分为晶体管、VMOS管和晶闸管型。

9.6.2 串联开关型稳压电路

串联开关型稳压电路调整管与负载串联，输出电压总是小于输入电压，故称为降压型稳压电路。

9.6.2.1 换能电路的基本原理

串联开关型稳压电路的换能电路作用：将输入直流电压转换成脉冲电压，再将脉冲电压经 LC 滤波转换成直流电压。

图 9-38 所示为基本原理图，输入电压 U_i 是未经稳压的直流电压；晶体管 T 为调整管，即开关管；电感 u_B 为矩形波，控制开关管的工作状态；L 和电容 C 组成滤波电路，D 为续流二极管。

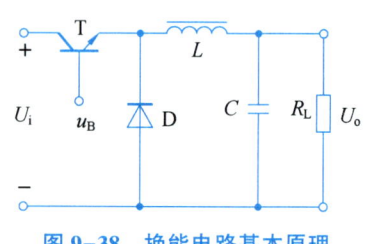

图 9-38 换能电路基本原理

等效电路及工作原理：

当 u_B 为高电平时，T 饱和导通，D 因承受反偏电压而截止，电感 L 存储能量，电容 C 充电；发射极电位 $u_E = U_i - U_{CES} \approx U_i$。

当 u_B 为低电平时，T 截止，此时虽然发射极电流为零，但是 L 释放能量，其感生电动势使 D 导通，与此同时 C 放电，负载电流方向不变，$u_E = -U_D \approx 0$。

9.6.2.2 串联开关型稳压电路的组成

在图 9-39 所示的换能电路中，当输入电压波动或负载变化时，输出电压将随之增大或减小。如果能在 U_o 增大时减小占空比，而在 U_o 减小时增大占空比，那么输出电压就可获得稳定。将 U_o 的采样电压通过反馈来调节控制 u_B 的占空比，就可达到稳压的目的。由此而构成的串联开关型稳压电源的结构框图如图 9-40 所示。它包括调整管及其开关驱动电路（电压比较器）、取样电路（电阻 R_1 和 R_2）、三角波发生电路、基准电压电路、比较放大电路、滤波电路（电感 L、电容 C 和续流二极管 D）等几个部分。

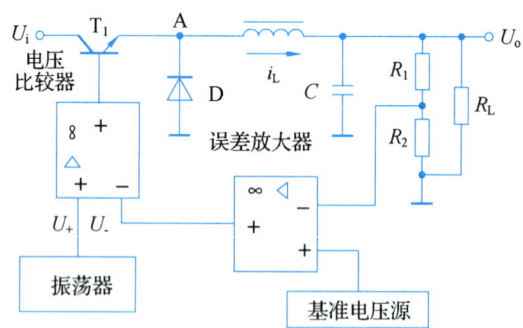

图 9-39 串联开关型稳压电路的组成

经分析推导可得输入电压与输入电压的关系为：

$$U_o = \frac{T_{on}}{T} U_i = q U_i \tag{9-20}$$

式(9-20)中：T 为 u_B 变化周期；T_{on} 为"调整"管 T_1 导通时间。改变占空比 q，即可改变输出电压的大小。

9.6.2.3 工作原理

基准电压电路输出稳定的电压，取样电压 u_{N1} 与基准电压 U_{REF} 之差经 A_1 放大后，作为由 A_2 组成的电压比较器的阈值电压 u_{P2}，三角波发生电路的输出电压与之相比较，得到控制信号 u_B，控制调整管的工作状态。如图 9-40 所示。

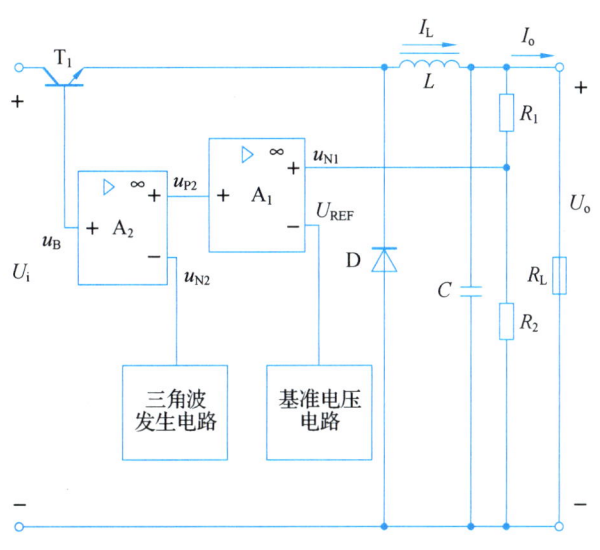

图 9-40　串联开关型稳压电路的原理

9.6.2.4 波形分析

波形如图 9-41 所示，为使问题简单，图中将 i_L 折线化。在 U_B 的一个周期 T 内，T_{on} 为调整管导通时间，T_{off} 为调整管截止时间，占空比 $q = T_{on}/T$。

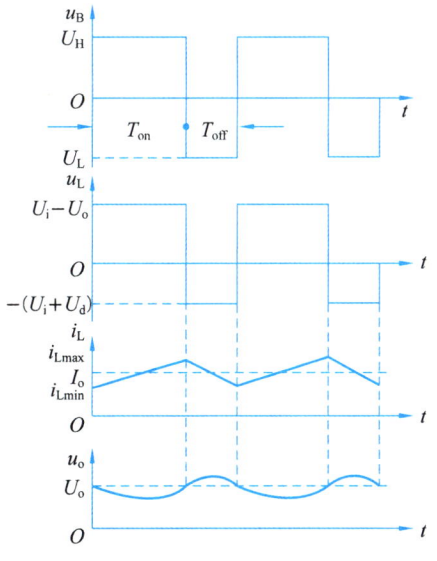

图 9-41　串联开关型稳压电路波形

在换能电路中，如果电感 L 数值太小，在 T_{on} 期间储能不足，那么在 T_{off} 还未结束时，能量已经放尽，将导致输出电压为零，波形出现台阶，这是不允许的。同时为了使输出电压的交流分量足够小，C 的取值应足够大。换言之，只有在 L 和 C 足够大时，输出电压 U_o 和负载电流 I_o 才为连续的，L 和 C 越大，U_o 的波形越平滑。由于 I_o 是 U_i 通过开关调整管 T 和 LC 滤波电路轮流提供，通常脉动成分比线性稳压电源要大一些。

9.6.3 并联开关型稳压电路

9.6.3.1 并联开关稳压电路的组成

并联开关稳压电路如图 9-42 所示，电路中 T_1 为调整管，控制电压 u_B，T_1 开关周期为 T，导通时间 $t_{on} = qT$，截止时间 $t_{off} = (1-q)T$，L 为储能电感，D 为限流二极管。

9.6.3.2 并联开关稳压电路工作原理

在导通期间，开关管 T_1 导通，U_i 加到电感 L 两端，D 反向截止。因 L 很大，L 中的电流近乎线性增加，并储存磁能。导通期间 i_L 的增量：

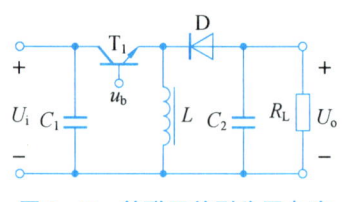

图 9-42 并联开关型稳压电路

$$\Delta i_{L1} = \frac{U_i}{L} qT \tag{9-21}$$

在 T_1 截止期间，储能电感 L 感应出上负下正电动势，使 D 导通，L 中磁能通过二极管 D 传到负载 R_L 上，与此同时电容 C 充电。T_1 截止时，L 的释放电流近似线性下降，电流减少量 Δi_{L2} 为：

$$\Delta i_{L2} = \frac{U_o}{L}(1-q)T$$

在电路平衡时，储能与放能相等

$$\Delta i_{L1} = \Delta i_{L2}$$

输出电压为

$$U_o = \frac{q}{1-q} U_i$$

即调整 u_B 脉冲占空比，可改变 U_o 的大小。

9.6.4 集成式脉冲调制开关稳压器电路

采用 CW3524 集成控制器组成的脉宽调制式串联型开关稳压电源实用电路如图 9-43 所示，该稳压电源输出电压 $U_o = 5$ V，输出电流 $I_o = 1$ A。

9.6.4.1 电路结构

（1）CW3524 集成控制器引脚

CW3524 芯片共有 16 只引脚，各引脚功能如图 9-44 所示，其中 P_{15}、P_8 分别接输入电压 U_i 的正、负端；P_{12}、P_{11} 和 P_{14}、P_{13} 为驱动开关调整管基极的开关信号的两个输出端（即脉宽调制式电压比较器输出信号 U_{O2}），两个输出端可单独使用，亦可并联使用，连接时一

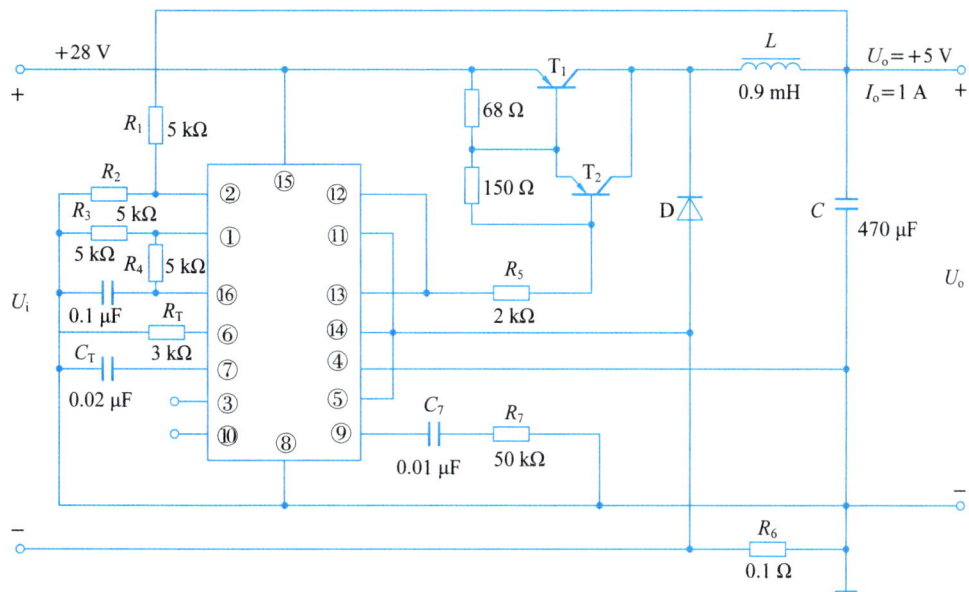

图 9-43　采用 CW3524 集成控制器组成的脉宽调制式串联型开关稳压电源实用电路

端接开关调整管基极，另一端接 P_8 脚（即地）；P_1、P_2 分别为比较放大器 A_1 的反相和同相输入端；P_{16} 为基准电压源输出端；P_6、P_7 分别为三角波振荡器外接振荡元件 R_T 和 C_T 的联接端，P_9 为防止自激的相位校正元件 R_4 和 C_4 的联接端。

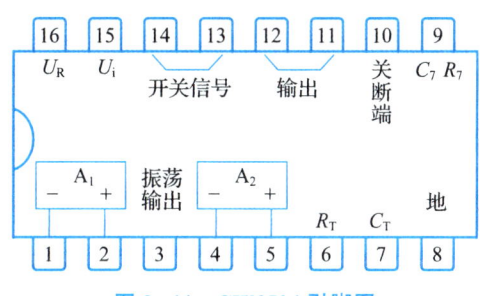

图 9-44　CW3524 引脚图

（2）外电路组成

开关调整管 T_1、T_2 均为 PNP 型硅功率管，T_1 选 3CD15；T_2 选 3CG14；T_3 为续流二极管；L 和 C 组成倒 L 型滤波电路，$L = 0.9\ mH$，$C = 470\ \mu F$；R_1 和 R_2 组成采样分压器电路；R_3 和 R_4 是基准电压源的分压电路；R_5 为限流电阻；R_6 为过载保护取样电阻。

R_T 一般在 $1.8 \sim 100\ k\Omega$ 之间选取，C_T 一般在 $0.1 \sim 1000\ \mu F$ 之间选取。控制器的最高频率为 300 kHz，工作时一般在 100 kHz 以下。

9.6.4.2　工作原理及稳压过程

（1）集成控制器 CW3524 工作原理

CW3524 内部的基准电压源 $U_R = 5\ V$，由 P_{16} 脚引出，通过 R_3 和 R_4（都是 5 kΩ）分压，以 $0.5U_R$ 加在比较放大器的反相输入端（P_1 脚）；输出电压 U_o 通过 R_1 和 R_2（都是 5 kΩ）分压，以 $0.5U_o$（2.5 V）加在比较放大器的同相输入端（P_2 脚），此时，比较放大器因 $U_+ = U_-$，其输

出 $U_{o1}=0$。调整管在集成控制器作用下,开关稳压电路输入电压 $U_i = 28$ V 时,输出电压为稳定值 5 V。

当输出电压因输入电压(电网波动引起)或负载变化引起变动时,U_o 增大→U_{o1} 为正,U_{o2} 高电平脉宽变宽(P_{12} 输出高电平脉宽变宽)→ 开关调整管(PNP)导通时间变短(t_o 减小)→ U_o,U_o 维持不变。

(2) CW3524 稳压电路工作过程

在触发脉冲作用下,T_1 处于开关状态,当 T_1 基极电压为正时饱和导通,U_i 对 L_1 进行充电,充电电流为 I_1,此时 L_1 储存能量;当 T_1 基极为负时,T_1 截止,储存在变压器初级线圈中的能量通过次级线圈 L_2 及二极管 D_2 向电容 C 充电,产生输出直流电压。当输入的交流电源电压波动或负载电流发生变化,引起输出电压 U_o 变化时,通过取样比较电路组成的控制电路去改变开关调整管的导通与截止时间,使输出电压得以稳定。开关管的导通时间 t_o 增大时,输出电压升高;反之,导通时间 t_o 减小时,输出电压就降低。当由于某种原因使输出电压升高时,通过取样比较电路使 T_1 提前截止,引起 t_o 增大,导致 U_o 减小,使输出电压保持稳定。

> **思考题**
>
> 1. 开关型直流电源比线性直流电源效率高的原因是什么?
> 2. 在脉宽调制式串联型开关稳压电路中,为使输出电压增大,对调整管基极控制信号的要求是什么?

本章小结

1. 在各种电子系统中,均需要将交流电网的电压转换为直流电提供给电子设备,为此,使用降压、整流、滤波和稳压等环节实现交直流的转换工作。

2. 整流过程是利用二极管的单向导电性实现,常见的单相整流电路有半波整流电路、全波整流电路和精密整流电路。半波整流结构简单、整流二极管承受的反压低,但是由于丢掉了负半周信号,因此整流效率低,全波整流采用了两个整流二极管,利用了负半周信号,整流效率有所提高,但是整流二极管承受的反压提高一倍。

3. 为抑制整流输出中的纹波,在整流电路后接入滤波电路,常见的滤波电路有电容滤波、电感滤波、倒 L 型滤波、RC-π 型滤波和 LC-π 型滤波,电容滤波用于输出电流不大、负载几乎不变的情形,而电感滤波用于输出大电流的场合。

4. 为保证输出电压不受电网电压波动、负载的变化而产生的波动,接入稳压电路。小功率稳压电源一般采用串联反馈式稳压方式,功率要求较高的则采用开关稳压电路。

5. 串联反馈式稳压电路调整管工作于线性放大区,开关稳压电路的功率管则工作在开关状态,利用开关管的导通和截止时间转换去控制和稳定主出电压;相对于串联反馈式稳压电路而言,开关电源的效率高、体积小、质量轻,应用越来越广泛。

练习题

一、选择题

1. 在题图 9-1 中，已知变压器副边电压有效值 U_2 为 10 V，测得输出电压平均值 $U_{O(AV)}$ 可能的数值为_____。

    A. 14 V   B. 12 V   C. 9 V   D. 4.5 V

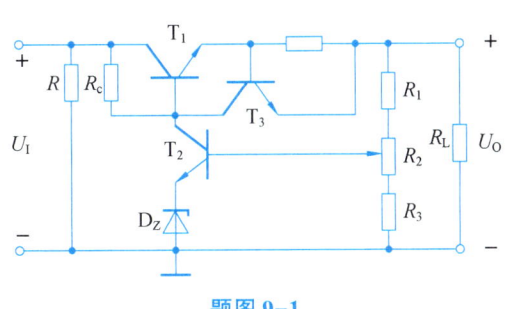

题图 9-1

2. 整流的目的是_____。
    A. 将交流变为直流   B. 将高频变为低频   C. 将正弦波变为方波

3. 在单相桥式整流电路中，若有一个整流管接反，则_____。
    A. 输出电压约为 $2U_D$ B. 变为半波直流   C. 整流管将因电流过大而烧坏

4. 直流稳压电源中滤波电路的目的是_____。
    A. 将交流变为直流
    B. 将高频变为低频
    C. 将交、直流混合量中的交流成分滤掉

5. 滤波电路应选用_____。
    A. 高通滤波电路   B. 低通滤波电路   C. 带通滤波电路

6. 若要组成输出电压可调、最大输出电流为 3 A 的直流稳压电源，则应采用_____。
    A. 电容滤波稳压管稳压电路   B. 电感滤波稳压管稳压电路
    C. 电容滤波串联型稳压电路   D. 电感滤波串联型稳压电路

7. 串联型稳压电路中的放大环节所放大的对象是_____。
    A. 基准电压   B. 采样电压   C. 基准电压与采样电压之差

8. 开关型直流电源比线性直流电源效率高的原因是_____。
    A. 调整管工作在开关状态
    B. 输出端有 LC 滤波电路
    C. 可以不用电源变压器

9. 在脉宽调制式串联型开关稳压电路中，为使输出电压增大，对调整管基极控制信号的要求是_____。

A. 周期不变，占空比增大

B. 频率增大，占空比不变

C. 在一个周期内，高电平时间不变，周期增大

二、判断题

1. 直流电源是一种将正弦信号转换为直流信号的波形变换电路。（　　）

2. 直流电源是一种能量转换电路，它将交流能量转换为直流能量。（　　）

3. 在变压器副边电压和负载电阻相同的情况下，桥式整流电路的输出电流是半波整流电路输出电流的 2 倍。（　　）

4. 若 U_2 为电源变压器副边电压的有效值，则半波整流电容滤波电路和全波整流电容滤波电路在空载时的输出电压均为 $\sqrt{2}U_2$。（　　）

5. 当输入电压 U_I 和负载电流 I_L 变化时，稳压电路的输出电压是绝对不变的。（　　）

6. 一般情况下，开关型稳压电路比线性稳压电路效率高。（　　）

7. 整流电路可将正弦电压变为脉动的直流电压。（　　）

8. 电容滤波电路适用于小负载电流，而电感滤波电路适用于大负载电流。（　　）

9. 在单相桥式整流电容滤波电路中，若有一个整流管断开，输出电压平均值变为原来的一半。（　　）

10. 对于理想的稳压电路，$\triangle U_O / \triangle U_I = 0$，$R_o = 0$。（　　）

11. 线性直流电源中的调整管工作在放大状态，开关型直流电源中的调整管工作在开关状态。（　　）

12. 因为串联型稳压电路中引入了深度负反馈，因此也可能产生自激振荡。（　　）

13. 在稳压管稳压电路中，稳压管的最大稳定电流必须大于最大负载电流。（　　）

三、问答题

1. 电路如题图 9-2 所示，变压器副边电压有效值 $U_{21} = 30$ V，$U_{22} = 10$ V。试问：

① 输出电压平均值 $U_{O1(AV)}$ 和 $U_{O2(AV)}$ 各为多少？

② 各二极管承受的最大反向电压为多少？

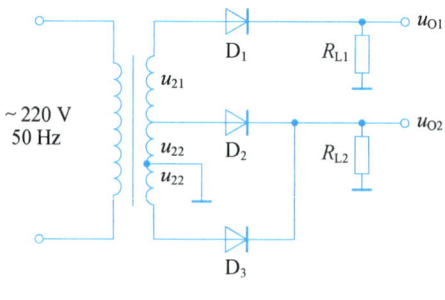

题图 9-2

2. 分别判断题图 9-3 所示各电路能否作为滤波电路，简述理由。

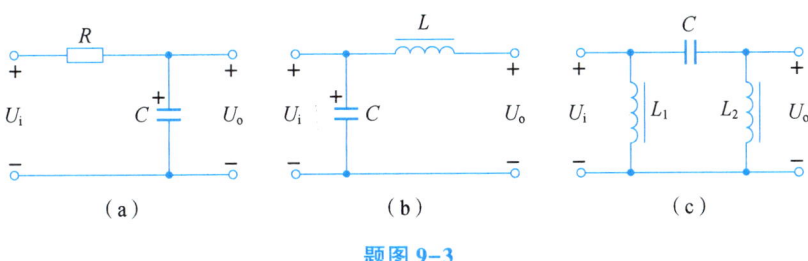

题图 9-3

3. 试在题图 9-4 所示电路中，标出各电容两端电压的极性和数值，并分析负载电阻上能够获得几倍电压的输出。

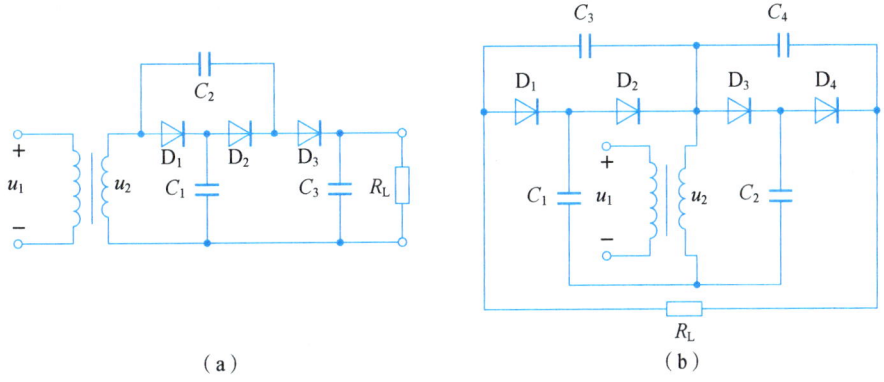

题图 9-4

4. 电路如题图 9-5 所示，已知稳压管的稳定电压为 6 V，最小稳定电流为 5 mA，允许耗散功率为 240 mW，输入电压为 20~24 V，$R_1 = 360\ \Omega$。试回答下面问题：

① 为保证空载时稳压管能够安全工作，R_2 应选多大？

② 当 R_2 按上面原则选定后，负载电阻允许的变化范围是多少？

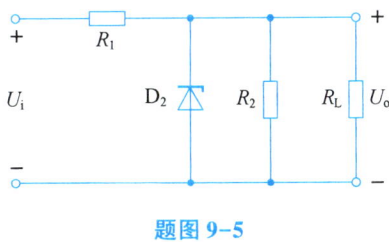

题图 9-5

5. 电路如题图 9-6 所示，已知稳压管的稳定电压 $U_Z = 6$ V，晶体管的 $U_{BE} = 0.7$ V，$R_1 = R_2 = R_3 = 300\ \Omega$，$U_I = 24$ V。判断出现下列现象时，分别因为电路产生什么故障（即哪个元件开路或短路）。

① $U_o \approx 24$ V。

② $U_o \approx 23.3$ V。

③ $U_o \approx 12$ V 且不可调。

④ $U_o \approx 6$ V 且不可调。

⑤ U_o 可调范围变为 6~12 V。

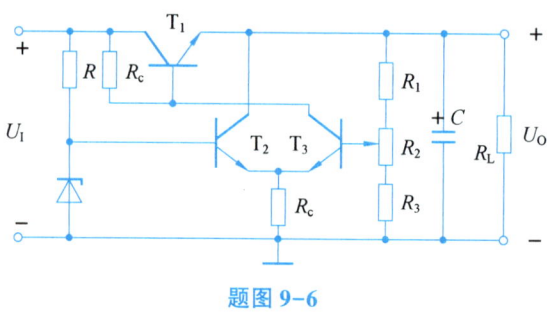

题图 9-6

6. 直流稳压电源如题图 9-7 所示。

① 说明电路的整流电路、滤波电路、调整管、基准电压电路、比较放大电路、采样电路等部分各由哪些元件组成。

② 标出集成运放的同相输入端和反相输入端。

③ 写出输出电压的表达式。

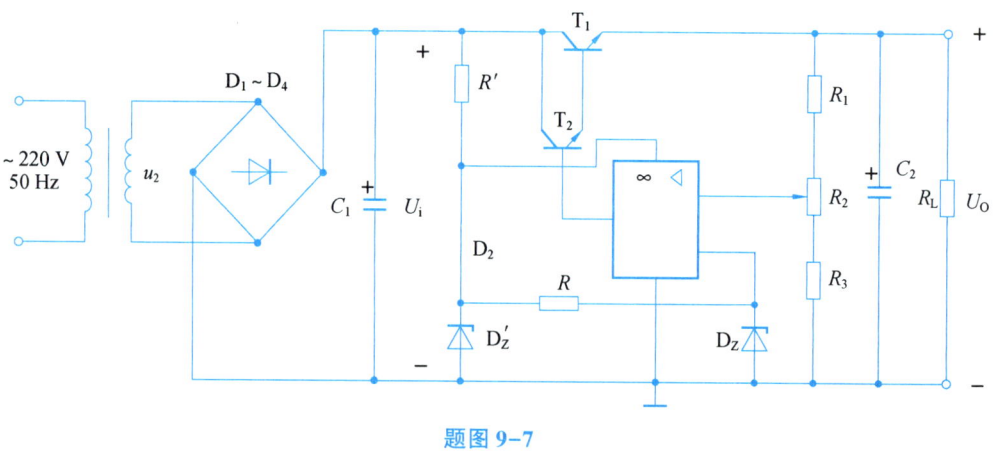

题图 9-7

7. 试分别求出题图 9-8 所示各电路输出电压的表达式。

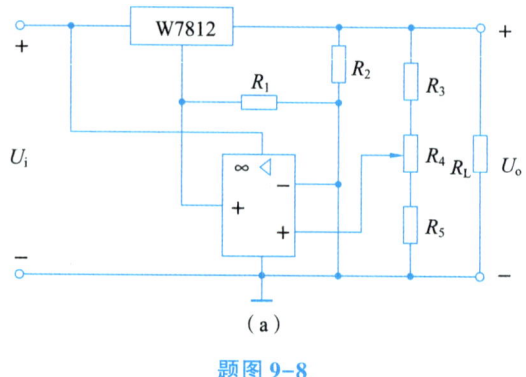

(a)

题图 9-8

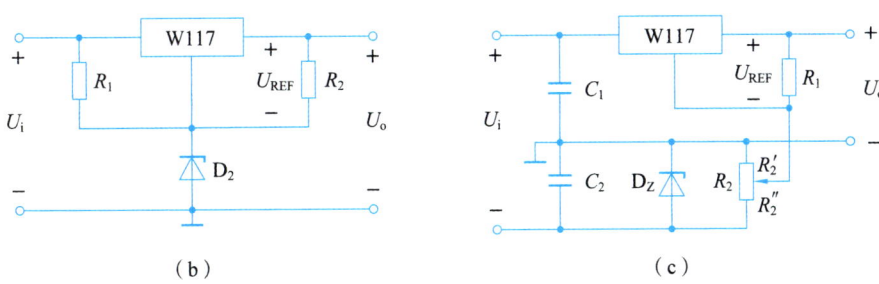

(b)   (c)

题图 9-8(续图)

8. 两个恒流源电路分别如题图 9-9(a)(b)所示。

①求解各电路负载电流的表达式。

②设输入电压为 20 V，晶体管饱和压降为 3 V，b-e 间电压数值 $|U_{BE}|=0.7$ V，W7805 输入端和输出端间的电压最小值为 3 V，稳压管的稳定电压 $U_Z=5$ V，$R_1=R=50\ \Omega$。分别求出两电路负载电阻的最大值。

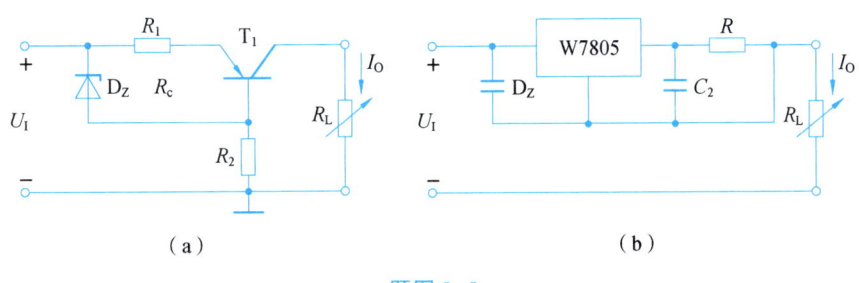

(a)   (b)

题图 9-9

五、综合题

1. 电路如题图 9-10 所示，变压器副边电压有效值为 $2U_2$。

①画出 u_2、u_{D1} 和 u_o 的波形。

②求出输出电压平均值 $U_{O(AV)}$ 和输出电流平均值 $I_{L(AV)}$ 的表达式。

③二极管的平均电流 $I_{D(AV)}$ 和所承受的最大反向电压 U_{Rmax} 的表达式。

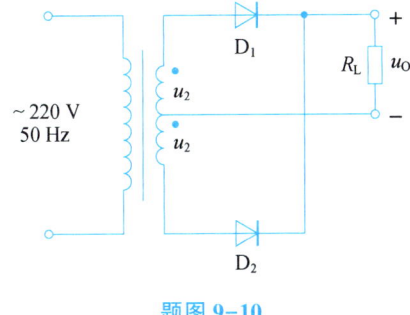

题图 9-10

2. 电路如题图 9-11 所示。

①分别标出 U_{O1} 和 U_{O2} 对地的极性。

299

② U_{O1}、U_{O2} 分别是半波整流还是全波整流？

③ 当 $U_{21} = U_{22} = 20$ V 时，$U_{O1(AV)}$ 和 $U_{O2(AV)}$ 各为多少？

④ 当 $U_{21} = 15$ V，$U_{22} = 20$ V 时，画出 u_{o1}、u_{o2} 的波形；并求出 $U_{O1(AV)}$ 和 $U_{O2(AV)}$ 各为多少。

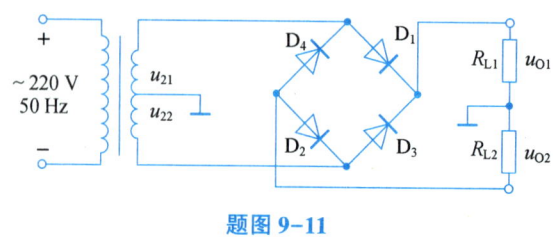

题图 9-11

第 10 章 模拟电子电路的分析与设计

学习目标

了解电子电路图分析的一般流程；
了解单元电路分析方法的共性问题；
了解模拟电路分析实例；
了解模拟电子系统设计理论与方法。

素质目标

通过剖析模拟电子电路系统设计全过程，打开学生视野，进一步将理论知识与生产实际结合，提升学生解决复杂工程问题的能力。

10.1 电子电路图一般分析流程

电子电路图通常用于表示实际电子电路的组成、结构及元器件标称值等信息。看懂电子产品的电路图是电子专业技术的人员的一项基本技能，因此，掌握各种电路图的分析方法是电子技术学习的第一步。

分析电路图，应遵循从整体到局部、从输入到输出、化整为零及聚零为整的思路，用整机工作原理指导具体电路的分析，用具体电路的分析诠释整机工作原理。通常可以按以下步骤进行。

（1）明确电路图的整体功能和主要技术指标

设备的电路图是为了完成和实现这个设备的整体功能而设计的，明确电路图的整体功能和主要技术指标就可以在宏观上对该电路图有一个基本认识。

电路图的整体功能一般可以从设备名称入手，根据名称可以大致知道它的功能，如直流稳压电源的功能是将交流电源转换为稳定的直流电源输出；红外无线发送与接收设备的功能是将声音（如音响设备或麦克风等的声音）调制在红外线上发射出去，再由接收机接收解调后还原为声音信号，通过耳机播放。

(2) 判断电路图信号处理的流程和方向

电路图一般是以处理信号的流程为顺序、按照一定的习惯规律绘制的，因此分析电路图时需要明确该图的信号处理流程和方向。根据电路图的整体功能，找出整个电路图的总输入端和总输出端，即可判断出电路图的信号处理流程和方向。通常，电路图的画法是将信号处理流程按照从左到右的方法依次排序。

(3) 以主要元器件为核心将电路图分解为若干单元

除了一些非常简单的电路外，大多数电路图都是由若干单元电路组成，掌握了电路图的整体功能和信号处理流程方向，就可以对电路有一个整体的基本功能，但是要深入分析电路工作原理，还需要将复杂的电路图分解为若干个单元电路。

一般而言，在模拟电路中，晶体管和集成电路等是各个单元电路的核心器件，在数字电路中，微处理器一般是单元电路的核心器件，因此我们可以以核心器件为标志，按照信号处理流程和方向将电路图分解为若干个单元电路。

(4) 分析主通道电路的基本功能及其相互接口关系

对于较简单的电路图，一般只有一个信号通道。对于较复杂的电路图，往往具有几个信号通道，包括一个主通道和若干个辅助通道。整机电路的基本功能是由主通道各单元电路实现的，因此分析电路图时应首先分析主通道各单元电路的功能，以及各单元电路之间的接口关系。

(5) 分析辅助电路的功能及其与主电路的相互关系

辅助电路的作用是提高基本电路的性能和增加辅助功能。在弄懂主通道电路的基本功能和原理后，就可以对辅助电路的功能及其主电路的关系进行分析。

(6) 分析直流供电电路

整机的直流电源是电池或整流稳压电源，通常将电源安排在电路图的右侧，直流供电电路按照从右到左的方向排列。

(7) 详细分析各个单元电路的工作原理

在以上电路图整体分析的基础上，即可对各个单元电路进行详细地分析，弄清楚其工作原理和各个元器件的作用，计算各项技术指标。

10.2 单元电路分析方法

单元电路是能够完成某一电路功能的最小电路单元，它可以是某一级控制器电路，或某一级放大器电路，或某一个振荡器电路、变频器电路，等等。从广义上讲，一个集成电路的应用电路也是一个单元电路。

单元电路图能够完整表述某一级电路的结构和工作原理,有时还会全部标出电路中各元器件的参数,如标称阻值、标称容量和三极管型号等,但有时,为了电路的简洁,单元电路图会对电源、输入端和输出端进行简化。

比如,在电路图中,若用+V表示直流工作电压,其中正号表示正极性直流电压给电路供电,地端接电源的负极;若用-V表示直流工作电压,其中负号表示负极性直流电压给电路供电,地端接电源的正极。U_i表示输入信号,是这一单元电路所要放大或处理的信号;U_o表示输出信号,是经过这一单元电路放大或处理后的信号。

单元电路种类繁多,具体分析方法不尽相同,这里只对共性问题进行说明。

(1) 有源电路分析

有源电路就是需要直流电压才能工作的电路,因此,首先分析直流电压供给电路,此时,将电路图中的所有电容看成开路(电容具有隔直特性),将电感看成短路(电感具有通直特性)。直流电路分析一般先从右到左,再从上到下。

(2) 信号传输过程分析

信号传输过程分析就是分析信号在该单元电路中如何从输入端传输到输出端,信号在这一传输过程中受到了怎样的处理(如放大、衰减、变换、控制等)。信号传输的分析一般从左向右进行。

(3) 元器件作用分析

元器件作用分析就是分析电路中各元器件起什么作用,只要从直流和交流两个角度分析。

(4) 电路故障分析

电路故障分析就是分析电路中元器件出现开路、短路、性能变坏等情况后,对整个电路工作会造成什么样的不良影响,使输出信号出现什么故障现象(如没有输出信号、输出信号很小、信号失真、出现噪声等)。

10.3 模拟电子电路分析实例

实际工程中的模拟电子电路种类很多,功能各异。本节主要结合课本知识,介绍与人们日常生活密切相关的电路。

10.3.1 红外线探测防盗报警电路

该报警器基于红外传感器设计,当有人进入报警器监视区域内,即会发出报警声,适用于家庭、办公室、仓库、实验室等比较重要的场所。电路如图10-1所示。

该电路主要由红外线传感器、信号放大电路、电压比较器、延时电路和音响报警电路组成。

红外线探测传感器IC_1探测到前方人体辐射出的红外线信号时,由IC_1的②脚输出微弱的电信号,经三极管VT_1等组成第一级放大电路放大,再通过C_2输入到运算放大器IC_{2A}中进行高增益、低噪声放大。

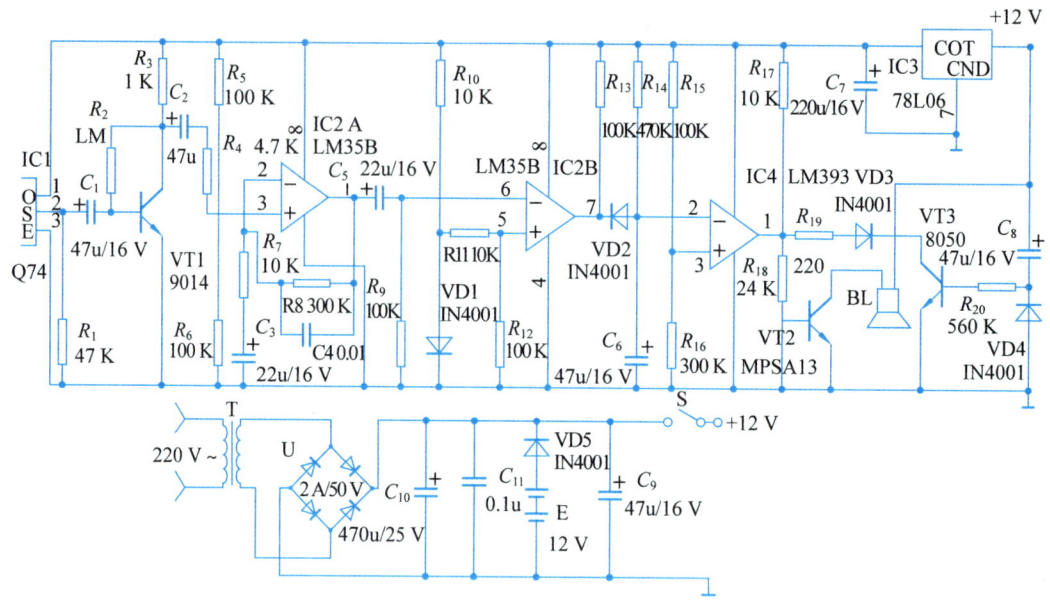

图 10-1 红外线探测防盗报警电路图

IC_{2B} 作为电压比较器,它的第⑤脚由 R_{10}、VD_1 提供基准电压,当 IC_{2A} ①脚输出的信号电压到达 IC_{2B} 的⑥脚时,两个输入端的电压进行比较,当⑥脚电压大于基准电压时,IC_{2B} 的⑦脚输出将由原来的高电平变为低电平。

IC_4、R_{14} 和 C_6 组成报警延时电路。当 IC_{2B} 的⑦脚变为低电平时,C_6 通过 VD_2 放电,此时 IC_4 的②脚变为低电平,它与 IC_4 的③脚基准电压进行比较,当它低于基准电压时,IC_4 的①脚变为高电平,VT_2 导通,报警器 BL 通电发出报警声。人体的红外线信号消失后,IC_{2B} 的⑦脚又恢复高电平输出,此时 VD_2 截止。由于 C_6 两端的电压不能突变,故通过 R_{14} 向 C_6 缓慢充电,当 C_6 两端的电压高于基准电压时,IC_4 的①脚才变为低电平,时间约为 1 min,即持续 1 min 报警。

开机延时电路由 VT_3、R_{20} 和 C_8 组成,时间也约为 1 min,它的设置主要是防止使用者开机后立即报警,好让使用者有足够的时间离开监视现场,同时可防止停电后又来电时产生误报。

该电路采用 12 V 直流电压源供电,220 V 交流电由变压器降压,桥式整流电路整流,电容滤波再稳压输出。此外,该电路可交直流两用,自动无间断转换。

10.3.2 高保真 BTL 功率放大器

这里介绍一种无须调试、保真度高、成本低廉的 BTL 功率放大电路,电路图如图 10-2 所示。使用者可以根据情况选取末级功放集成电路,由于通用性较强,给音响爱好者制作带来极大方便。

该电路音频信号从电路左边 U_i 输入,经运算放大器 IC_{1A} 放大后(放大倍数由 R_1、R_2 决定),一路经 IC_{1B} 反相放大,其增益为 1;另一路经 IC_{1C}、IC_{1D} 作两次反相放大,增益仍然为 1,其实质是 IC_{1C}、IC_{1D} 共同构成增益为 1 的正相放大器,所以在 IC_{1B} 输出端和 IC_{1D} 的输出端

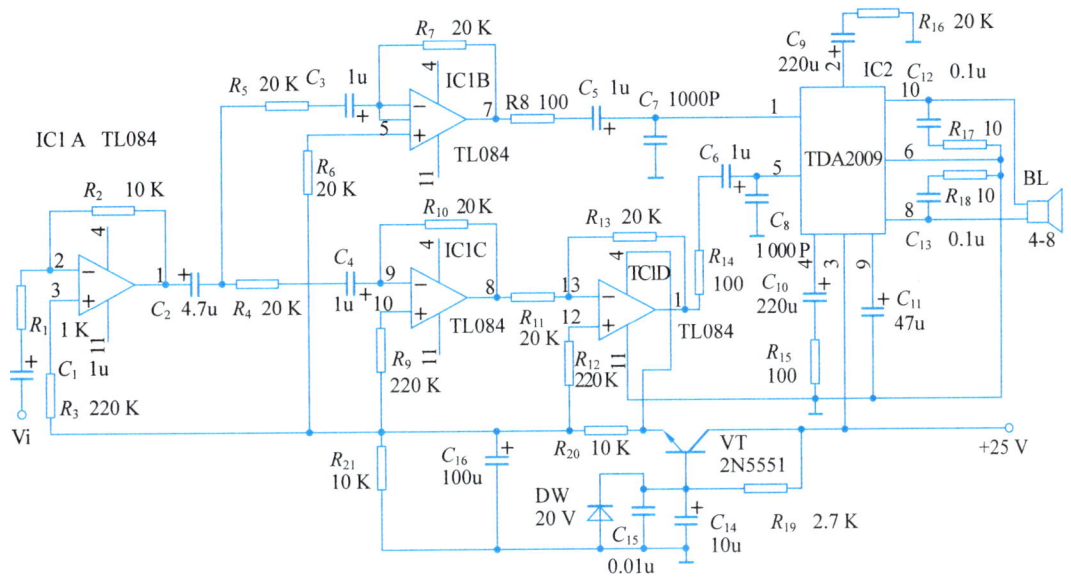

图 10-2 高保真 BTL 功率放大器电路图

得到的是两个大小相等而相位相反的音频信号。这两个互为反相的音频信号分别通过 R_8、C_5 和 R_{14}、C_6 加到双音频功率放大集成电路 IC_2(TDA2009) 的①和⑤脚，这两个输入端是同相输入和反相输入端，因此在 IC_2 的内部进行功率放大后，分别从 IC_2 的⑩脚和⑧脚输出，推动扬声器 BL。

这里只给出了其中一个通道的电路图，另一个通道完全相同。

10.3.3 电话自动录音控制器

本电路不需在来电时手动打开录音机，只要当电话来时，拿起电话皆可自动录音，非常方便实用。电路图如图 10-3 所示。

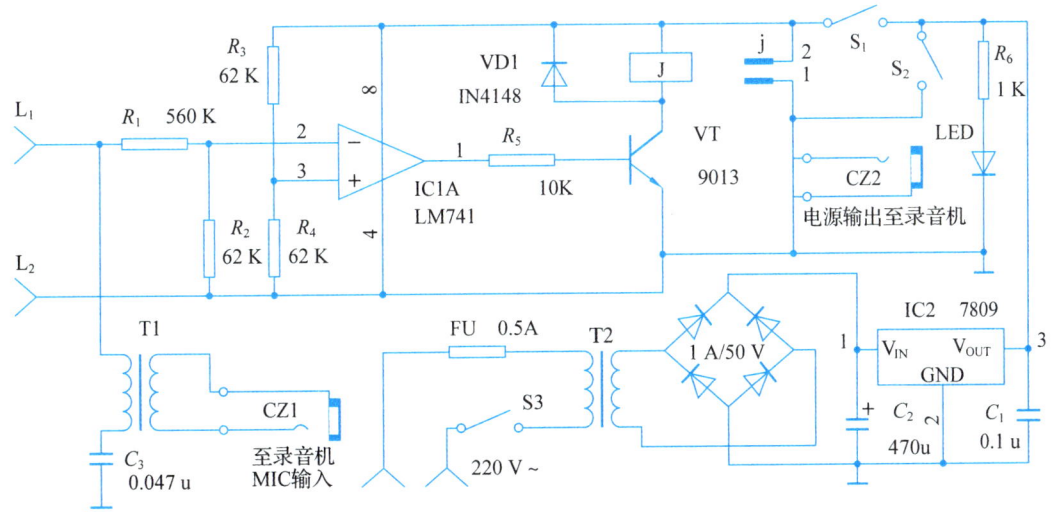

图 10-3 电话自动录音控制器

普通拨号电话挂机时 L_1、L_2 之间的电压为 60 V 左右，有铃流时叠加一个 100 V 左右的交流信号，当拿起听筒时，L_1、L_2 之间电压降至 10 V 左右。根据这个电压变化，便可判断电话机的工作状态。

集成电路 IC_1 及外围元件组成电压比较器，用以监测电话外线 L_1、L_2 之间的电压状况。当拿起听筒时，控制电路自动给录音机加电，开始录音；挂上电话机时，录音机自动断电，停止录音。

运放比较器 IC_1 的正输入端由电阻 R_3、R_4 偏置为 V/2，V 指的是录音机的工作电压，一般为 9 V，则 IC_1 正输入端电压为 4.5 V。静态电时，L_1、L_2 之间电压为 60 V，经 R_1、R_2 分压，则 IC1 的负输入端电压为 6 V。由于 IC_1 的负输入端电压比正输入端电压高，则 IC_1 输出低电平，三极管 VT 截止，继电器 J 触点断开，录音机断电不工作。

振铃时，尽管 IC_1 的负输入端电压降到 5 V，但仍高于正输入端的 4.5 V，故 IC_1 仍输出低电平，录音机仍处于断电状态。当振铃后拿起听筒，L_1、L_2 之间电压降至 10 V，此时 IC_1 的负输入端电压降为 1 V 左右，低于正输入端电压，故 IC_1 输出跳变为高电平，三极管 VT 导通，继电器 J 触点吸合，9 V 电压经 CZ2 给录音机供电，开始录音。注意，录音机应事先置于"录音守候"状态。通话完毕，挂上听筒时，L_1、L_2 之间电压又升至 60 V，如前所述，继电器 J 又断开，录音停止。

用户可将开关 S_2 闭合，直接给录音机加电重放、整理录音资料。注意，开关 S_2 平时应置于断开位置。S_1 用于控制自动录音，当不需电话录音时，可将 S_1 打开。录音机的音频输出信号由 L_1、L_2 传输，经 C_3、T_1 隔直耦合至录音机的 MIC 输入口。

10.4　模拟电子电路设计方法及案例

电子信息系统的设计分为纯硬件设计和软硬件结合的设计两种情况，无论哪种情况，在设计时都要根据设计任务书仔细审题，分析相关技术指标，据此展开并完成最终设计。

10.4.1　模拟电子电路设计方法

一般来说，模拟电子电路设计包括总体方案设计、单元电路设计、整体电路设计、电路安装与调试、设计报告撰写等过程。

10.4.1.1　总体方案设计

电路总体设计方案需要根据设计要求进行选择，通常采用系统框图形式描述，从满足功能角度考虑哪些种类的电路可以实现，不用考虑具体器件。总体设计方案基本步骤包括提出方案、分析比较确定。

（1）提出方案

在提出方案之前，应对设计任务、要求和条件进行仔细分析，找出关键问题并提出实现方法，画出原理框图。这需要建立在查阅大量资料、集思广益的基础之上，提出各种方案，以便作出更合理的选择。

（2）方案分析比较确定

总体方案论证只能从方案关键部分的可行性、整个方案的复杂程度和实现的难易程度等进行初步选择。

10.4.1.2 单元电路设计

单元电路的设计过程中，首先要明确系统对各单元电路的任务与功能要求，确定出主要单元电路的性能指标；其次注意各单元电路之间的相互配合和连接，尽最大可能减少电路的复杂性；最后再分别设计各单元电路的结构形式、元器件的选择以及参数计算等。这里，需要考虑一点：设计时应从全局出发，选择合适的元器件，组合出最好的电路单元。

（1）元器件的选择

从某种意义上说，电子电路的设计是选择最合适的而不是最好的元器件，首先需要考虑实现单元电路任务对元器件性能指标的要求，其次考虑价格和体积等方面的要求。

随着微电子技术的飞速发展，集成电路的应用越来越广泛，它的性能、体积、成本、安装等都优于分立元件构成的单元电路，对集成电路的选择要从性能指标、工作条件、性能价格比等方面入手，但是在高频、宽频、高电压和大电流等特殊场合，或者对于功能十分简单的电路，分立元件更具优越性。

（2）元器件参数的计算

在电子电路设计过程中，需要计算某些参数作为挑选元器件的依据。具体要求包括弄清电路原理，运用合理的分析方法，用好计算公式。计算时应注意两点：

①元器件的额定电流、电压、频率和功耗等应在允许的范围内，在规定的条件下能正常工作，并能使电路达到性能要求，且留有适当余量。另外，电阻和电容的参数应选计算值附近的标称值。

②计算参数时，对于环境温度、电网电压等工作条件应按最不利的情况考虑。比如，对于晶体三极管的极限参数，如击穿电压 U_{CEO} 一般按外接电源的 1.5 倍左右考虑。

10.4.1.3 整体电路设计

各单元电路确定以后，需要考虑它们之间的级联问题，主要包括电气特性的相互匹配、信号耦合方式以及相互干扰等。

（1）电气性能互相匹配问题

单元电路之间电气性能互相匹配问题主要有：阻抗匹配、线性范围匹配、负载能力匹配等。

线性范围匹配涉及到前后级单元电路中信号的动态范围。显然，为保证信号不失真地放大，要求后一级单元电路动态范围大于前级。

负载能力匹配是前后两级电路都必须考虑的问题。从提高放大倍数和带负载能力考虑，希望后一级的输入电阻要大，前一级的输出电阻要小，但从改善频率响应角度考虑，则要求后一级的输入电阻要小。负载能力匹配实际上就是前一级能否正常驱动后一级的问题。在模拟电路中，如果对驱动能力要求不高，可以采用运放构成的电压跟随器，否则需要采用功率集成电路或互补对称输出电路。

（2）信号耦合方式

常见的单元电路之间的信号耦合方式主要有四种：直接耦合、阻容耦合、变压器耦合和光电耦合。这部分内容在多级放大电路章节中有详细论述，这里不再重复讨论。

10.4.1.4　电路安装与调试

（1）电路组装

组装电路通常采用焊接和面包板上插接的两种方式。焊接组装可提高学生焊接技术，但不便调试，且元器件可重复利用率低。这里主要介绍在面包板上用插接方式组装电路的方法。

①根据电路图的各部分功能确定元器件在面包板上的位置，并按信号的流向将元器件顺序地连接，以易于调试。

②插接集成电路时，首先应认清方向，不要倒插，所有集成电路的插入方向保持一致，注意管脚不能弯曲。

③导线直径应和面包板的插孔直径相一致，过粗会损坏插孔，过细则与括孔接触不良。导线可以选用不同颜色，一般正电源用红线，负电源用蓝线，接地线用黑线，信号线用其他颜色的线。连接用的导线要求紧贴在插接板上，避免接触不良。连线不允许跨在集成电路上，且尽量做到横平竖直，这样便于查线和更换器件，但高频电路部分的连线应尽量短。组装电路时应注意，电路之间要共地。

（2）电路调试

按照设计进行安装后，如果不进行调试，很难达到预期效果。因为各种复杂的客观因素，如元器件的误差、器件参数的分散性、分布参数的影响等，必须通过安装后的测试和调整来发现和纠正设计方案的不足和安装的不合理，然后采取措施加以改进，使电路达到预定目标。

①电路安装完毕后不要急于通电，先要认真检查电路连线是否正确，包括错线、少线和多线；检查元器件引脚间有无短路，连接处有无接触不良，二极管、三极管、集成电路和电解电容极性是否连接有误；检查电源端对地是否存在短路；等等。

②接入经过准确测量的电源，观察有无异常现象。包括有无冒烟，是否有异常气味，手模元器件是否发烫，电源是否有短路现象，等等。如果出现异常，应立即切断电源，待排除故障后才能再通电。然后测量各路总电源电压和各器件引脚的电源电压，以保证元器件正常工作。

③电子电路的调试有静态调试和动态调试之分。静态调试一般是指在没有外加信号的条件下所进行的直流测试。对于运算放大器，主要检查输入为零时，输出端是否接近零，调零电位器是否起作用。动态调试是在静态调试达到要求的基础上进行的。调试的方法是在电路的输入端接人适当频率和幅值的信号，并根据信号的流向逐级检测各有关点的波形、参数和性能指标。发现故障现象，应采取不同的方法缩小故障范围，最后设法排除故障。

10.4.1.5 设计报告撰写

设计报告的撰写是对学生写作科研总结报告和科技论文能力的训练。通过书写报告不仅把设计、组装和调试进行全面总结,而且把实践内容上升到理论高度。总结报告一般包括以下几部分:

①设计题目名称。

②内容摘要。

③设计内容及要求。

④电路总体设计方案。

⑤单元电路设计、参数计算和器件选择。

⑥电路安装与调试。

⑦分析总结。

⑧参考文献。

10.4.2 模拟电子电路设计实例

直流稳压电源是电子系统中不可缺少的设备之一,也是模拟电路理论知识的基本内容之一,因此,以直流稳压电源为例,介绍模拟电子电路的设计方法。

直流稳压电源设计

设计一个直流稳压电源,其技术指标要求为:

①共有 4 路直流输出电源:±15 V/1 A、±12 V/100 mA。

②电压调整率:$S \leqslant 0.2\%$(输入电压~220 V,变化±10%,满载)。

③负载调整率≤1%(输入电压~220 V,空载到满载)。

④纹波抑制比≥35 dB(输入电压~220 V,满载)。

(1)总体方案设计

直流稳压电源系统框图如图 10-4 所示。

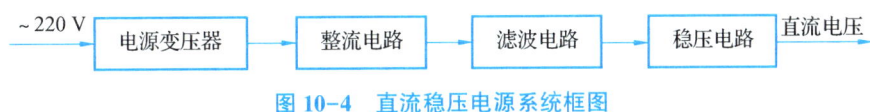

图 10-4 直流稳压电源系统框图

①电源变压器通过降压变压器实现。

②整流部分一般采用桥式整流,可采用 4 个整流二极管接成桥式,也可采用二极管整流桥堆。

③滤波电路在电流输出不大的情况下一般选用电容滤波。

④稳压电路种类很多。硅稳压管并联式稳压电路结构简单,但输出电压固定,负载能力小;串联反馈式线性稳压电路输出电压稳定性、负载能力和可调节性都较好;三端集成稳压器是前两种电路的集成化和优化;串联或并联型开关稳压电路最大优点是效率高,能够在

75%~90%范围内。由于本设计指标对系统效率未做要求,因此这里选择三端集成稳压器。三端集成稳压器有固定输出和可调输出两种。由于要求输出电源是固定的,所以稳压部分选用输出电压固定的三端集成稳压器。

(2)单元电路设计

①双路输出变压器、整流、滤波电路。

变压器的选择主要考虑初、次级的电压电流要求。由于W7815(7915)要求输入电压为+18.5~+28.5 V(-18.5~+28.5 V),设 U_I 为20 V,则根据电容滤波电路中的电压关系:若 $u_2 = \sqrt{2}U_2\sin\omega t$,则 $U_2 \approx U_I/1.2$,可求得变压器次级电压有效值 $2 \times U_2 \approx 2 \times 18$ V = 36 V。根据技术指标要求,稳压电路输出负载电流1A,变压器电流应为 $(1.5~2)I_L$,所以取变压器为36 V/2 A即可。

整流电路可用4个整流二极管组成桥式整流电路,也可直接选用桥式整流堆,只要做到使每只整流管的最大反向电压 $U_{RM} > \sqrt{2}U_2$,整流电流为 $(1.5~2)I_L$ 即可。例如这里可选50V/2A的桥式整流堆。

滤波电容的容量 C 应按式 $R_L C \geq (3~5)T/2$ 确定。其中,R_L 为电容所带负载,这里为集成稳压电路的等效输入电阻,T 为 u_2 的周期。这里 C 取为1000 μF/36 V可满足要求。

双路输出变压器、整流、滤波电路电路图如图10-5所示。

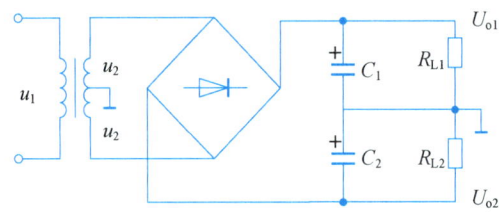

图10-5 双路输出变压器、整流、滤波电路

(3)稳压电路

根据技术指标要求,选择W7815、W7915、W7812、W7912三端集成稳压器,其性能指标如表10-1所示。

表中,电压调整率的定义为在保持负载电流和环境温度不变的条件下:$S_V = \dfrac{\Delta U_o / U_o}{\Delta U_i / U_i}$,该参数反应了稳压电源克服输入电压变化影响的能力,越小越好。

电流调整率的定义:在规定输入电压下,负载电流从0(空载)到最大值(满载)变化时,输出电压的相对变化率,即 $S_i = \dfrac{\Delta U_o}{U_o}$。该参数反映了负载变化时,稳压电源维持输出电压稳定的能力。

纹波抑制比的定义为:$RR = 20 \lg \dfrac{U_{IP-P}}{U_{OP-P}}$,式中:$U_{IP-P}$ 和 U_{OP-P} 分别表示输入纹波电压和输出纹波电压的峰-峰值。显然,由表10-1可知,所选三端集成稳压器满足技术指标要求。

表 10-1　三端集成稳压器性能指标

参数	测试条件	W7815 W7915	W7812 W7912
输入电压 U_i	+18.5~+28.5 V −18.5~+28.5 V	+15~+25 V −15~+25 V	—
输出电压 U_o	I_o = 500 mA I_o = 200 mA	+15 V −15 V	+12 V −12 V
电压调整率 S_v	U_i: 18.5~28.5 V U_i: 12~20 V	<0.1% <0.1%	<0.1% <0.1%
电流调整率 S_I	I_o: 10 mA ~ 1.5A I_o: 0~500 mA	≤2% ≤0.1%	≤0.1% ≤0.1%
负载电流 I_o	U_i: 18.5~28.5 V U_i: 12~20 V	最大 1.5 A	最大 0.5A
纹波抑制比 RR	I_o = 500 mA U_i: 18.5~28.5 V I_o = 200 mA U_i: 12~20 V f = 500 Hz	37~53	49~55

再考虑一些常规的滤波和保护电路，可设计出稳压部分电路图，如图 10-6 所示。图中 D_1 ~ D_8 为保护二极管。

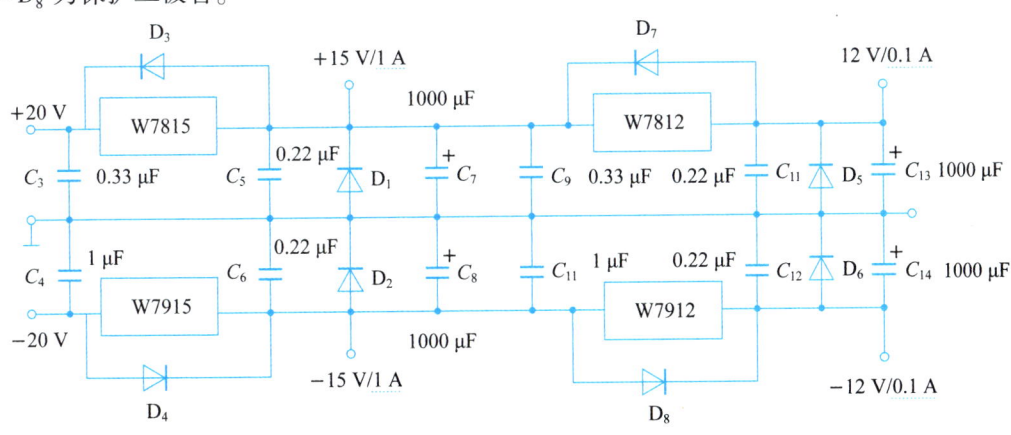

图 10-6　稳压电路

(4) 整体电路图(略)
(5) 元器件清单列表
将整体电路的元器件分类型、按在图中的序号逐一列出。如表 10-2 所示。

表 10-2　元器件清单

元件序号	型号	主要参数	数量	备注
R1				
T1				
D1				
……				

(6)电路安装与调试

按设计进行实际电路的安装与调试。须要提醒的是，在实际安装调试过程中，由于布局布线以及元器件的误差等影响，可能和理论设计有差别，有些元器件的参数还要进一步调节。

(7)分析总结(略)

(8)参考文献(略)

附 录

附录 A 常用半导体分立器件的主要参数

A.1 二极管

型号	最大整流电流 I_{OM}/mA	最大电流正向压降 U_F/V	反向工作峰值电压 U_{RWM}/V	型号	最大整流电流 I_{OM}/mA	最大电流正向压降 U_F/V	反向工作峰值电压 U_{RWM}/V
2AP1	16	≤1.2	20	2CZ55B	1000	≤1	50
2AP2	16		30	2CZ55C			100
2AP3	25		30	2CZ55D			200
2AP4	16		50	2CZ55E			300
2AP5	16		75	2CZ55F			400
2AP6	12		100	2CZ55G			500
2AP7	12		100	2CZ55H			600
2CZ52B	100	≤1	50	2CZ56B	3000	≤0.8	50
2CZ52C			100	2CZ56C			100
2CZ52D			200	2CZ56D			200
2CZ52E			300	2CZ56E			300
2CZ52F			400	2CZ56F			400
2CZ52G			500	2CZ56G			500
2CZ52H			600	2CZ56H			600

A.2 稳压二极管

参数	稳定电压	稳定电流	耗散功率	最大稳流	动态电阻
符号/单位	U_Z/V	I_Z/mA	P_Z/mW	I_{ZM}/mA	r_Z/Ω
测试条件	工作电流等于稳定电流	工作电压等于稳定电压	−60~+50 ℃	−60~+50 ℃	工作电流等于稳定电流
型号 2CW52	3.2~4.5	10	250	55	≤70
2CW53	4~5.8	10	250	41	≤50
2CW54	5.5~6.5	10	250	38	≤30
2CW55	6.2~7.5	10	250	33	≤15
2CW56	7~8.8	10	250	27	≤15
2CW57	8.5~9.5	5	250	26	≤20
2CW58	9.2~10.5	5	250	23	≤25
2CW59	10~11.8	5	250	20	≤30
2CW60	11.5~12.5	5	250	19	≤40
2CW61	12.2~14	3	250	16	≤50

A.3 双极性三极管(BJT)

参数符号	单位	测试条件	型号 3DG100A	3DG100C	9013A	9014A	9018E
直流参数 I_{CBO}	μA	U_{CB} = 10 V	≤0.1	≤0.1	≤0.1	≤0.1	≤0.1
I_{EBO}	μA	U_{EB} = 1.5 V	≤0.1	≤0.1	≤0.1	≤0.1	≤0.1
I_{CEO}	μA	U_{CE} = 10 V	≤0.1	≤0.1	≤0.1	≤0.1	≤0.1
$U_{BE(sat)}$	V	I_B = 1 mA, I_C = 10 mA	≤1.1	≤1.1	≤1.1	≤1.1	≤1.1
$h_{FE(β)}$		U_{CB} = 10 V, I_C = 3 mA	≥30	≥30	≥30	≥50	≥30
交流参数 f_T	MHz	U_{CE} = 10 V, I_C = 3 mA, f = 30 MHz	≥150	≥300	≥100	≥150	≥600
C_{ob}	pF	U_{CB} = 10 V, I_C = 3 mA, f = 5 MHz	≤4	≤3	≤5	≤5	≤1

续表

参数符号		单位	测试条件	型号				
				3DG100A	3DG100C	9013A	9014A	9018E
极限参数	$U_{(BR)CBO}$	V	$I_C = 100$ μA	≥30	≥30	≥40	≥50	≥30
	$U_{(BR)CEO}$	V	$I_C = 200$ μA	≥20	≥20	≥20	≥40	≥15
	$U_{(BR)EBO}$	V	$I_E = 100$ μA	≥4	≥4	≥5	≥5	≥5
	I_{CM}	mA		20	20	500	100	50
	P_{CM}	mW		100	100	600	450	400
	T_{jM}	℃		150	150	150	150	150

A.4 晶闸管

参数	符号	单位	型号				
			KP5	KP20	KP50	KP200	KP500
正向重复峰值电压	U_{FRM}	V	100~3000	100~3000	100~3000	100~3000	100~3000
反向重复峰值电压	U_{RRM}	V	100~3000	100~3000	100~3000	100~3000	100~3000
导通时平均电压	U_F	V	1.2	1.2	1.2	0.8	0.8
正向平均电流	I_F	A	5	20	50	200	500
维持电流	I_H	mA	40	60	60	100	100
控制极触发电压	U_G	V	≤3.5	≤3.5	≤3.5	≤4	≤5
控制极触发电流	I_G	mA	5~70	5~100	8~150	10~250	20~300

附录 B　部分模拟集成电路主要参数

B.1　集成电压比较器

型号	名称	电源电压	开环差模增益/V A_{od}/V/mV	输入偏置电流 I_{IB}/μA	输入失调电流 I_{IO}/μA	输入失调电压 I_{IO}/μA	响应时间 t_r/ns	输出兼容电路
CJ0119	双精密电压比较器	±15 或 5	40	0.5	0.075	4	80	TTL DTL
CJ0306	高速电压比较器	+12~-12	40	25	5	5	40	TTL DTL
CJ0311	单电压比较器	±15~5	200	0.25	0.06	2	200	TTL DTL
CJ0339	低功耗低失调四电压比较	±1~±18 或 5~36	200	0.25	5	0.05	1300	TTL ECL
CJ0361	高速互补输出电压比较器	±5~±15(5)	3	15	4	4	12	TTL DTL
CJ0393	低功耗低失调双电压比较器	±1~±18 或 5~36	200	0.25	5	0.05	1300	TTL ECL
CJ0510	高速电压比较器	+12~-6	33	15	3	2	30	TTL DTL
CJ0514	双高速电压比较器	+12~-6	33	15	3	2	30	TTL DTL
CJ0710	高速电压比较器	+12~-6	1.5	25	5	5	40	TTL DTL
CJ0811	双高速电压比较器	+12~-6	17.5	20	3	3.5	33	TTL DTL

续表

型号	名称	电源电压	开环差模增益/V	输入偏置电流 $A_{od}/$ V/mV	输入失调电流 $I_{IB}/\mu A$	输入失调电压 $I_{IO}/\mu A$	响应时间 t_r/ns	输出兼容电路
CJ1311	EFT 输入电压比较器	36	200	1.5×10^{-3}	75×10^{-6}	10	200	TTL DTL
CJ1414	双高速电压比较器	+12~-6	1.5	25	5	4	30	TTL DTL
CJ0734	精密电压比较器	±15	≥25	0.15	25	5	200	TTL DTL

B.2　W7800 系列和 W7900 系列集成稳压器

参数名称	符号	单位	7805	7815	7820	7905	7915	7920
输出电压	U_o	V	5(1±5%)	15(1±5%)	20(1±5%)	-5(1±5%)	-15(1±5%)	-20(1±5%)
输入电压	U_i	V	10	23	28	-10	-23	-28
电压最大调整率	S_a	mV	50	150	200	50	150	200
静态工作电流	I_o	mA	6	6	6	6	6	6
输出电压温漂	S_r	mV/℃	0.6	1.8	2.5	-0.4	-0.9	-1
最小输入电压	U_{imin}	V	7.5	17.5	22.5	-7	-17	-22
最大输入电压	U_{imax}	V	35	35	35	-35	-35	-35
最大输出电压	I_{omax}	A	1.5	1.5	1.5	1.5	1.5	1.5

附录 C 集成运算放大器国内外型号对照表

名　　称	型号	相同产品型号		类同产品型号	
		国内	国外	国内	国外
通用Ⅱ型运算放大器	4E304	F005			
高速度运算放大器	4E321			F054	
通用Ⅲ型运算放大器	4E322			F006	
高精度运算放大器	4E325	FC72		F030	AD508
高速运算放大器	4E502			F050	μA772
通用Ⅱ运算放大器	5G23	F004			
		DL792			
通用Ⅲ型运算放大器	5G24	F007	μA741（FSC）		
低功能运算放大器	5G26	F012			
高阻抗运算放大器	5G28	F076			
通用Ⅰ型运算放大器	5G922	BG301		F001	μA702
		8FC1		7XC1	
通用Ⅰ型运算放大器	7XC1			F001	μA702
通用Ⅱ型运算放大器	7XC2	8FC2		F003	
通用Ⅲ型运算放大器	7XC3			F006	μA741
低功耗运算放大器	7XC4			F010	
高速运算放大器	7XC5			F052	LM318
高速运算放大器	7XC9			F051	μA772
通用Ⅰ型运算放大器	8FC1	BG301		X50	μA702
通用Ⅱ型运算放大器	8FC2	XFC2		X51	
	8FC2 Ⅰ	7XC2			
通用Ⅱ型运算放大器	8FC3			X52	
通用Ⅲ型运算放大器	8FC4			F009	μA741
高精度运算放大器	8FC5			F033	μA725

续表

名　　称	型号	相同产品型号		类同产品型号	
		国内	国外	国内	国外
高速运算放大器	8FC6			F055	μA715
单电源运算放大器	8FC7			（1/2）F158	（1/2）LM158
通用Ⅰ型运算放大器	BG301	5G922		X50	μA702
		8FC1			
通用Ⅲ型运算放大器	BG303			F008	
通用Ⅱ型运算放大器	BG305	SG006			
通用Ⅲ型运算放大器	BG308			F006	
低漂移运算放大器	BG312			F032	
高阻抗运算放大器	BG313	F074			
高压运算放大器	BG315				
通用Ⅲ型运算放大器	BG318	F004	μA741（FSC）		
双通用Ⅲ型运算放大器	BG320	F747	μA747（FSC）		
宽带放大器	BG323	F733	μA733（FSC）	FC91	
		SG012		XFC-79	
高精度运算放大器	DL154	F033	μPC154（NEC）	8FC5	
			μA725（FSC）		
低功耗运算放大器	DL253	F011	μPC253（NEC）		
高精度运算放大器	DL508			F030	AD508
通用Ⅲ型运算放大器	DL741Ⅰ	F006			
通用Ⅲ型运算放大器	DL741Ⅱ	F007	μA741（FSC）		
低功耗运算放大器	DL791			FC54	
通用Ⅱ型运算放大器	DL792	5G23			
		F004			
通用Ⅰ型运算放大器	F001			BG301	μA702
				5G922	
				8FC1	
				7XC1	
				FC1	
通用Ⅰ型运算放大器	F002			F001	μA709
				F702	TL702
通用Ⅱ型运算放大器	F003			FC3	μA709

续表

名　　称	型号	相同产品型号		类同产品型号	
		国内	国外	国内	国外
通用Ⅱ型运算放大器	F004	5G23			
		DL792			
通用Ⅱ型运算放大器	F005	F709	μA709(FSC)	F003	
			LM709(NSC)	FC3	
			MC1709(MOTA)	8FC2	
			μPC55A(NEC)		
			RC709(RTN)		
			SFC2709(THCH)		
通用Ⅲ型运算放大器	F006	DL741 Ⅰ		BG308	μA741
通用Ⅲ型运算放大器	F007	F741	μA741(FSC)		
		5G24	LM741(NSC)		
		BG318	AD741(ANA)		
		DL741 Ⅱ	MC1741(MOTA)		
			CA741(RCA)		
			SN52/72 741(TⅡ)		
			μPC741(NEC)		
			μPC151(NEC)		
			RC741(RTN)		
			SFC2741(THCF)		
通用Ⅲ型运算放大器	F008			BG303	
通用Ⅲ型运算放大器	F009			8FC4	
低功耗运算放大器	F010			FC54	μPC253
				XFC-75	
低功耗运算放大器	F010			DL791	
低功耗运算放大器	F011	F253	μPC253(NEC)	FC54	
低功耗运算放大器	F012	5G26			
低功耗运算放大器	F013	FC6		KD203	
高精度运算放大器	F030			4E325	
				FC72	
高精度运算放大器	F031	F508	AD508(ANA)	FC72	
				DL508	

续表

名称	型号	相同产品型号		类同产品型号	
		国内	国外	国内	国外
高精度运算放大器	F032			BG312	
高精度运算放大器	F033	DL154	μA725(FSC)	8FC5	
			LM725(NSC)		
			μPC154(NEC)		
			RC725(RTN)		
高精度运算放大器	F034			XFC-78	
				KD205	
高速运算放大器	F050			4E502	μA772
高速运算放大器	F051	F772	μA722(FSC)		
高速运算放大器	F052	F318	LM318(NSC)	X55	
			SFC2318(THCF)	XFC-76	
高速运算放大器	F054	4E321		FC92	
高速运算放大器	F055			F715	μA715
				8FC6	μPC159
高阻运算放大器	F070		LH0022(NSC)		
高阻运算放大器	F071	F157	μAF157(FSC)		
高阻运算放大器	F072	F3140	CA3140(RCA)		
高阻运算放大器	F073	F081	TL081(TII)		
高阻运算放大器	F074	BG313			
高阻运算放大器	F075	FC61			TL081
高阻运算放大器	F076	5G28			
高阻运算放大器	F081	F073	TL081(TII)		
			LF351(NSC)		
			μAF771(FSC)		
通用Ⅲ型运算放大器	F101	SG101	LM101(NSC)		
			μA101(FSC)		
			AD101(ANA)		
			MLM101(MOTA)		
			CA101(RCA)		
			LM101(TII)		
			SFC2101(THCF)		

续表

名　　称	型号	相同产品型号		类同产品型号	
		国内	国外	国内	国外
电压跟随器	F102		LM102(NSC)		
			μA102(FSC)		
通用Ⅲ型运算放大器	F107		LM107(NSC)		
			μA107(FSC)		
			MLM107(MOTA)		
			CA107(RCA)		
电压跟随器	F110		LM110(NSC)		
			μA110(FSC)		
			SFC2110(THCF)		
通用四运算放大器	F124		LM124(NSC)		
			μA124(FSC)		
高压运算放大器	F143		LM143(NSC)		
程控四运算放大器	F146		LM146(NSC)		
通用四运算放大器	F148		LM148(NSC)		
			μA148(FSC)		
高阻运算放大器	F157		LF157(NSC)		
			μA157(FSC)		
通用双运算放大器	F158		LM158(NSC)	8FC7	
			MLM158(MOTA)		
			CA158(RCA)		
低功耗运算放大器	F253	F011	μPC235(NEC)	F010	
		DL253		FC54	
				XFC-75	
高速运算放大器	F318	F052	LM318(NSC)	X55	
			SFC2316	XFC-76	
宽带四运算放大器	F347		LF347(NSC)		
			μA347(FSC)		
			MC34004(MOTA)		
			TL084(TII)		

续表

名　　称	型号	相同产品型号		类同产品型号	
		国内	国外	国内	国外
宽带运算放大器	F351		LF351(NSC)		
			μAF771(FSC)		
			TL081(TII)		
宽带双运算放大器	F353		LF353(NSC)		
			μA772(FSC)		
			MC34002(MOTA)		
			TL082(TII)		
高速、宽带运算放大器	F507		AD507(ANA)		
			HA2620(HAS)		
通用Ⅰ型运算放大器	F702		μA702(FSC)	F002	
			MC1702(MOTA)		
			TL702(TII)		
通用Ⅱ型运算放大器	F709	F005	μM709(FSC)	F003	
通用Ⅱ型运算放大器	F709		LM709(NSC)	FC3	
			MC1709(MOTA)	8FC2	
			SN52/72 709(TII)		
			SFC2709(THCF)		
			RC709(RTN)		
			μPC55A(NEC)		
高精度运算放大器	F714		OP07(PMI)		
高速运算放大器	F715		μA715(FSC)	F055	
				8FC6	
高精度运算放大器	F725	F033	μA725(FSC)		
		8FC5	LM725(NSC)		
		DL154	μPC154(NEC)		
			RC725(RTN)		
宽带放大器	F733	BG323	LM733(NSC)		
		SG012	μA733(FSC)	FC91	
			MC1723(MOTA)		
			RC733(RTN)		

323

续表

名　　称	型号	相同产品型号		类同产品型号	
		国内	国外	国内	国外
通用Ⅲ型运算放大器	F741	F007	μA741（FSC）		
		DL741Ⅱ	LM741（NSC）		
		BG318	AD741（ANA）		
		5G24	MC1741（MOTA）		
			SFC2741（THCF）		
			μPC741（NEC）		
			μPC151（NEC）		
			RC741（RTN）		
			CA741（RCA）		
通用双运算放大器	F747	BG320	μA747（FSC）		
通用双运算放大器	F747		LM747（NSC）		
			MC1747（MOTA）		
			CA747（RCA）		
			SN52/72 747（TII）		
高速运算放大器	F772	F052	μA772（FSC）		
宽带运算放大器	F1520	FC9	MC1520（MOTA）		
高压运算放大器	F1536	FC10	MC1536（MOTA）		
电流型四运算放大器	F1900	BG3401	LM1900（NSC）		
			μA3301/3401（MOTA）		
			CA3401（RCA）		
跨导运算放大器	F3080		LM3080（NSC）		
			CA3080（RCA）		
高阻运算放大器	F3130		CA3130（RCA）		
高阻运算放大器	F3140	F072	CA3140（RCA）		
程控运算放大器	F4250		LM4250（NSC）		
高阻抗运算放大器	F7613				
程控功率算放大器	F13080		LM13080（NSC）		
双跨导运算放大器（带缓冲）	F13600		LM13600（NSC）		
四程控运算放大器	F14573		MC14573（MOTA）		
通用Ⅰ型运算放大器	FC1			X50	
通用Ⅱ型运算放大器	FC3			F003	μA709

续表

名　称	型号	相同产品型号		类同产品型号	
		国内	国外	国内	国外
通用Ⅲ型运算放大器	FC4			F006	
低功耗运算放大器	FC6	F031		KD203	
宽带运算放大器	FC9	F1520	MC1520(MOTA)		
高压运算放大器	FC10	F1536	MC1536(MOTA)		
通用Ⅱ型运算放大器	FC52			X52	
低功耗运算放大器	FC54			X54	
高阻抗运算放大器	FC61	F075			TL081
高精度运算放大器	FC72			4E325	AD508
高精度前置放大器	FC74				
宽带放大器	FC91				μA733
高速运算放大器	FC92			4E321	
通用Ⅱ型运算放大器	FG301	BG305			
高阻抗运算放大器	FG070			F070	
通用Ⅲ型运算放大器	FX05			F006	
高速运算放大器	FX07	4E321		F054	
通用型运算放大器	KD203				
高精度运算放大器	KD205				
通用Ⅲ型运算放大器	NG04				μA741
通用Ⅱ型运算放大器	SG005	BG305			
宽带放大器	SG012		μA733(FSC)		
通用运算放大器	SG101	F101	LM101(NSC)		
高阻抗运算放大器	TD04				
高阻抗运算放大器	TD05				
通用Ⅰ型运算放大器	X50			BG301	μA702
通用Ⅱ型运算放大器	X51			8FC2	μA709
通用Ⅱ型运算放大器	X52			8FC23	
低功耗运算放大器	X54			FC54	μPC253
高速运算放大器	X55			XFC-76	LM318
高阻运算放大器	X56				CA3140
通用Ⅱ型运算放大器	XFC2			8FC2	
通用Ⅱ型运算放大器	XFC3			8FC3	

续表

名 称	型号	相同产品型号		类同产品型号	
		国内	国外	国内	国外
低功耗运算放大器	XFC4			F010	
低功耗运算放大器	XFC-75			FC54	μPC253
高速运算放大器	XFC-76			X55	LM318
通用运算放大器	XFC-77			KD203	
高精度运算放大器	XFC-78			KD205	
宽带放大器	XFC-79				μA733
双运算放大器	XFC-80				

附录 D 本书部分文字符号说明

一、基本符号

1. 电流和电压

I、i	电流的通用符号
U、u	电压的通用符号
$\dot{I}_f$、$\dot{U}_f$	反馈电流、电压
$\dot{I}_i$、$\dot{U}_i$	交流输入电流、电压
$\dot{I}_o$、$\dot{U}_o$	交流输出电流、电压
I_Q、U_Q	电流、电压静态值
I_R、U_R 或 I_{REF}、U_{REF}	参考电流、电压
i_+、u_+	集成运放同相输入电流、电压
i_-、u_-	集成运放反相输入电流、电压
u_{Ic}	共模输入电压
u_{Id}	差模输入电压
$\dot{U}_s$	交流信号源电压
U_T	电压比较器的阈值电压
U_{OH}	电压比较器的输出高电平
U_{OL}	电压比较器的输出低电平
U_{BB}	基极回路电源电压
U_{CC}	集电极回路电源电压
U_{DD}	漏极回路电源电压
U_{EE}	发射极回路电源电压
U_{SS}	源极回路电源电压
$I_{B(AV)}$	表示平均值
$I_{B(IBQ)}$	大写字母、大写下标，表示直流量(或静态电流)
i_B	小写字母、大写下标，表示包含直流量的瞬时总量
I_b	大写字母、小写下标，表示交流有效值
i_b	小写字母、小写下标，表示交流瞬时值
$\triangle I_B$	表示直流变化量

$\triangle i_B$		表示瞬时值的变化量
$\dot{I}_b$		表示交流复数值

2. 功率和效率

P	功率通用符号
p	瞬时功率
P_o	输出交流功率
P_{om}	最大输出交流功率
P_T	晶体管耗散功率
P_E	电源消耗的功率

3. 频率

f	频率通用符号
f_{bm}	通频带
f_C	使放大电路增益为 0 dB 时的信号频率
f_H	放大电路的上限截止频率
f_L	放大电路的下限截止频率
f_p	滤波电路的截止频率
f_o	电路的振荡频率、中心频率
ω	角频率通用符号

4. 电阻、电导、电容、电感

R	电阻或等效电阻
r	器件内部的等效电阻
G	电导通用符号
C	电容通用符号
L	电感通用符号
r_i	放大电路的输入电阻
r_{if}	负反馈放大电路的输入电阻
R_L	负载电阻
r_o	放大电路的输出电阻
r_{of}	负反馈放大电路的输出电阻
R_S	信号源内阻

5. 放大倍数、增益

A	放大倍数或增益的通用符号
A_C	共模电压放大倍数
A_d	差模电压放大倍数
$\dot{A}_u$	电压放大倍数的通用符号，$\dot{A}_u = \dot{U}_o / \dot{U}_i$
F	反馈系数通用符号
$\dot{F}_{uu}$	第一个下标为反馈量，第二个下标为输出量，$\dot{F}_{uu} = \dot{U}_f / \dot{U}_o$

二、器件与参数符号

1. P 型、N 型半导体和 PN 结

I_S	PN 结的反向饱和电流
C_b	势垒电容
C_d	扩散电容
C_j	结电容
N	电子型半导体
P	空穴型半导体
U_D	PN 结平衡时的电位壁垒
U_T	温度的电压当量

2. 二极管

D	二极管
D_Z	稳压二极管
I_D	二极管的电流
I_F	二极管的最大整流平均电流
I_R	二极管的反向电流
r_d	二极管导通时的动态电阻
r_Z	稳压管工作在稳压状态下的动态电阻
U_{on}	二极管的导通电压
u_D	二极管的工作电压
U_{BR}	二极管的反向击穿电压

3. 双极型三极管

T	晶体管三极管
b	晶体管三极管基极
c	晶体管三极管集电极
e	晶体管三极管发射极
f_β	晶体管共射接法电流放大系数的上限截止频率
f_α	晶体管共基接法电流放大系数的上限截止频率
f_T	晶体管的特征频率，即共射接法下使电流放大系数为 1 的频率
g_m	跨导
I_{CBO}	发射极开路时 b-c 间的反向电流
I_{CEO}	基极开路时 c-e 间的穿透电流
I_{CM}	集电极最大允许电流
P_{CM}	集电极最大允许耗散功率
$r_{bb'}$	基区体电阻
r_{be}	发射结微变等效电阻

$U_{(BR)CBO}$	发射极开路时 b—c 间的击穿电压
$U_{(BR)CEO}$	基极开路时 c—e 间的击穿电压
U_{CES}	晶体管饱和管压降
U_{op}	晶体管 b—e 间的开启电压
α	晶体管共基交流电流放大系数
$\bar{\alpha}$	晶体管共基直流电流放大系数
β	晶体管共射交流电流放大系数
$\bar{\beta}$	晶体管共射直流电流放大系数

4. 单极型管

T	场效应三极管
d	场效应三极管漏极
g	场效应三极管栅极
s	场效应三极管源极
C_{ds}	d–s 间的等效电容
I_D	漏极电流
I_{DO}	增强型 MOS 管 $U_{GS}=2\,U_{GS(th)}$ 时的漏极电流
I_{DSS}	耗尽型场效应管 $U_{GS}=0$ 时的漏极电流
I_S	场效应管的源极电流
P_{DM}	漏极最大允许耗散功率
r_{ds}	d–s 间的微变等效电阻
U_P 或 $U_{GS(off)}$	耗尽型场效应管的夹断电压
U_T 或 $U_{GS(th)}$	增强型场效应管的开启电压

5. 集成运放

A	集成运算放大器
A_{od}	开环差模增益
dI_{IO}/dT	I_{IO} 的温漂
dU_{IO}/dT	U_{IO} 的温漂
BW_G	单位增益带宽
f_H	−3 dB 带宽
I_{IB}	输入级偏置电流
I_{IO}	输入失调电流
K_{CMR}	共模抑制比
r_{id}	差模输入电阻
S_R	转换速率
U_{IO}	输入失调电压

三、其他符号

D	非线性失真系数

K	热力学温度的单位
N_F	噪声系数
Q	静态工作点
S	整流电路的脉动系数
S_u	稳压电路中的稳压系数
T	温度,周期
η	效率,等于输出功率与电源提供的功率之比
τ	时间常数
φ	相位角

参 考 文 献

[1] 童诗白，华成英. 模拟电子技术基础［M］.4 版. 北京：高等教育出版社，2006.
[2] 杨素行. 模拟电子技术基础简明教程［M］.3 版. 北京：高等教育出版社，2006.
[3] 康华光. 电子技术基础：模拟部分［M］.5 版. 北京：高等教育出版社，2006.
[4] 陈大钦. 模拟电子技术基础［M］. 武汉：武汉理工大学出版社，2001.
[5] 林涛. 模拟电子技术基础［M］. 重庆：重庆大学出版社，2003.
[6] 华成英，王洪宝. 模拟电子技术基础［M］.1 版. 北京：高等教育出版社，2001.
[7] 郭维芹. 模拟电子技术［M］. 北京：科学出版社，1993.
[8] 王远. 模拟电子技术［M］. 北京：机械工业出版社，1999.
[9] 江晓安，董秀峰. 模拟电子技术［M］.2 版. 西安：西安电子科技大学出版社，2002.
[10] 苏士美. 模拟电子技术［M］. 北京：人民邮电出版社，2005.
[11] 周雪. 模拟电子技术［M］. 西安：西安电子科技大学出版社，2002.
[12] 殷瑞祥，朱宁西，丘晓华. 模拟电子技术［M］. 广州：华南理工大学出版社，2004.
[13] 杨拴科. 模拟电子技术基础［M］. 北京：高等教育出版社，2003.
[14] 周淑阁. 模拟电子技术基础［M］. 北京：高等教育出版社，2004.
[15] 华成英. 模拟电子技术基本教程［M］. 北京：清华大学出版社，2006.
[16] 朱传琴，高安芹. 电子技术基础［M］. 北京：中国电力出版社，2005.
[17] 李锋，刘晓魁. 模拟电子技术［M］. 长沙：湖南大学出版社，2004.
[18] 赵保经. 中国集成电路大全［M］. 北京：国防工业出版社，1987.
[19] 李树雄. 电路基础与模拟电子技术［M］. 北京：北京航空航天大学出版社，2005.
[20] 殷瑞祥. 电路与模拟电子技术［M］. 北京：高等教育出版社，2004.
[21] 程开明，唐治德. 模拟电子技术［M］.2 版. 重庆：重庆大学出版社，1995.
[22] 漆德宁. 模拟电子技术［M］. 合肥：中国科学技术大学出版社，2000.
[23] 梁明理，邓仁清. 电子线路［M］.4 版. 北京：高等教育出版社，2001.
[24] 沈复兴，陈利永. 电子技术基础：上册［M］. 北京：电子工业出版社，2003.
[25] 杨拴科，赵进全.《模拟电子技术基础》学习指导与解题指南［M］. 北京：高等教育出版社，2004.
[26] 吴金. 电子技术基础模拟部分学·练·考［M］. 北京：清华大学出版社，2004.
[27] 张万奎. 模拟电子技术［M］. 长沙：湖南大学出版社，2004.
[28] 罗振中. 模拟电子技术［M］. 北京：清华大学出版社，2005.

[29] 谢红.模拟电子技术基础[M].哈尔滨:哈尔滨工程大学出版社,2001.
[30] 黄毓霞.电子技术基础标准化练习册模拟部分B册[M].北京:高等教育出版社,2003.
[31] 陶桓齐.模拟电子技术[M].2版.武汉:华中科技大学出版社,2013.
[32] 陈大钦.模拟电子技术基础:问答·例题·试题[M].武汉:华中科技大学出版社,2005.
[33] 左芬,杨军.模拟电子技术[M].2版.南京:南京大学出版社,2021.